Kohärente Optik

W. Lauterborn T. Kurz M. Wiesenfeldt

Kohärente Optik

Grundlagen für Physiker und Ingenieure

Mit 183 Abbildungen, 1 Hologramm,
73 Aufgaben und vollständigen Lösungen

Springer-Verlag
Berlin Heidelberg New York
London Paris Tokyo
Hong Kong Barcelona
Budapest

Prof. Dr. Werner Lauterborn
Dr. rer. nat. Thomas Kurz
Dipl.-Phys. Martin Wiesenfeldt

Institut für Angewandte Physik
Technische Hochschule Darmstadt
Schloßgartenstr. 7
D-64289 Darmstadt

ISBN-13:978-3-540-56769-1   e-ISBN-13:978-3-642-78264-0
DOI: 10.1007/978-3-642-78264-0

Die Deutsche Bibliothek – CIP-Einheitsaufnahme
Lauterborn, Werner: Kohärente Optik: Grundlagen für Physiker und Ingenieure; mit 73
Aufgaben und vollständigen Lösungen / W. Lauterborn; T. Kurz; M. Wiesenfeldt. – Berlin;
Heidelberg; New York; London; Paris; Tokyo; Hong Kong; Barcelona; Budapest: Springer,
1993
ISBN-13:978-3-540-56769-1
NE: Kurz, Thomas:; Wiesenfeldt, Martin:

Satz: Reproduktionsfertige Vorlagen vom Autor
56/3140 – 5 4 3 2 1 0 – Gedruckt auf säurefreiem Papier

Vorwort

Die kohärente Optik hat seit der Erfindung des Lasers einen stetigen, bis heute anhaltenden Aufstieg genommen. Der Grund liegt darin, daß kohärentes Licht mit seinen so ganz andersartigen Eigenschaften als das uns täglich umgebende Licht sich vielfältig in Forschung, Technik und Leben einsetzen läßt. Von der holographischen Interferometrie mit den vorgeschlagenen Gravitationswellendetektoren bis zum CD–Spieler für Musik, Film und Computer, vom Lichtskalpell, mit dem man im Innern z.B. des Auges schneiden kann, ohne die davorliegenden Schichten zerstörend zu durchdringen, bis zur optischen Nachrichtentechnik und Datenverarbeitung, die unsere Informationsgesellschaft noch grundlegend prägen werden, reicht die Bandbreite der kohärenten Optik. Der Bedeutung entsprechend sollten die Grundlagen des Gebietes bereits im Grundstudium vermittelt werden, oder anders formuliert, die kohärente Optik ist aus dem Grundstudium eines Naturwissenschaftlers gar nicht mehr wegzudenken, will er sich auf sein zukünftiges Tätigkeitsfeld im Berufsleben als Physiker oder Ingenieur zeitgemäß vorbereiten.

Das vorliegende Buch ist in der Absicht entstanden, die notwendigen Grundlagen dafür zu liefern. Dabei wird Wert auf eine möglichst vollständige Durchdringung des angesprochenen Stoffes gelegt, damit der Leser in den Stand versetzt wird, von sicherer Grundlage aus der gegenwärtigen Entwicklung zu folgen und sie beurteilen zu können. Dies ist nur durch eine Beschränkung des zu behandelnden Stoffes möglich. Von den Hauptgebieten der Optik wird daher die Wellenoptik als der weitreichendste Kern herausgehoben und die klassische Beschreibung in den Vordergrund gestellt. Dies geschieht nach einem Ausflug durch die Geschichte der Physik aus dem Blickwinkel der Optik mit der dabei implizit vorgenommenen Würdigung des Beitrages, den die Optik zu eigentlich allen Grundlagen der Physik geleistet hat und einer kurzen Übersicht über die vier grundlegenden Gebiete der Optik.

Der Kohärenzbegriff wird in einem eigenen Kapitel erläutert, wobei die zeitliche, die räumliche und die raumzeitliche Kohärenz in möglichst einfacher und verständlicher Form dargelegt werden, sowie die wesentlichen Meßverfahren, zu denen sie Anlaß gegeben haben. Die Erscheinung der Granulation, oft störend, aber auch meßtechnisch einsetzbar, wird ebenso eingehend behandelt wie die Vielstrahlinterferenz. Besondere Beachtung findet die Holographie und ihre Meßtechnik sowie die Fourieroptik, eine elegante Methode zur Behandlung von Beugungsphänomenen. Das beigefügte Hologramm zeigt den inzwischen erreichten Stand der Holographietechnik, sehr lichtstarke Hologramme zu erzeugen, die im normalen Licht betrachtet werden können. Der Laser darf natürlich in einer Darstellung der kohärenten Optik nicht fehlen. Aber er ist ein inzwischen so weit verbreitetes Instrument geworden, daß er eine eigene, weit verzweigte Literatur hervorgebracht hat. Hier wird ein moderner Aspekt des Lasers, seine nichtlineare Dynamik, herausgegriffen. Den Grundlagen der nichtlinearen Optik ist ein eigenes Kapitel gewidmet. Hier werden Photonen zerlegt und zusammengesetzt! Die Faseroptik kommt im Verein mit der optischen Nachrichtentechnik zu Wort.

Ein Buch entsteht nicht an einem Tag und auch nicht ohne eine vielfältige Wechselwirkung mit der Umgebung. Für die Auswahl der Themen war die Erfahrung eines der Verfasser (W. L.) mit 29 vierzehntägigen Intensivkursen über Laserphysik und Holographie von unschätzbarem Wert, die er an der Universität Göttingen gehalten hat. Den Mitarbeitern an diesen Kursen, insbesondere den Kollegen Herrn K. Hinsch und Herrn K.–J. Ebeling sowie den Herren Dr. W. Hentschel und Dr. A. Vogel, aber auch den Teilnehmern, die mit ihren Fragen viel zu einer klaren Darstellung beigetragen haben, sei an dieser Stelle gedankt. Die den Text belebenden Illustrationen entstammen zum überwiegenden Teil diesen Kursen. Auch aus der Forschungsarbeit der Autoren ist einiges in den Text eingeflossen, z. B. zur nichtlinearen Dynamik des Lasers und nichtlinearer Oszillatoren.

Eine erste Fassung des Manuskripts wurde durch die unermüdliche Arbeit von Frau Päffgen ermöglicht, die die handschriftlichen Hieroglyphen in den Computer eingab und uns den Weg erleichterte. Die ersten Kontakte zum Springer–Verlag knüpfte Herr Dr. E. F. Hefter, wofür wir ihm sehr zu Dank verpflichtet sind. Im weiteren hatte Herr Dr. H. J. Kölsch ein offenes Ohr für unsere Art der Gestaltung des Buches. Es wurde vollelektronisch mit LATEX in Postscript erstellt. Einzig das Weißlichthologramm auf Seite 120 entzog sich dieser Darstellung, obwohl die Ansätze dazu in Form digitaler Hologramme, die ausführlich beschrieben werden, bereits vorhanden sind. Möge dieses Buch dem Leser von Nutzen sein und auch Freude bereiten.

Darmstadt und Göttingen, Mai 1993

W. Lauterborn
T. Kurz
M. Wiesenfeldt

Inhaltsverzeichnis

1. Die Entwicklung der Optik

Die Optik hat sich aus unserem Sehvermögen heraus entwickelt. Das Sehen ist eine der wichtigsten Fähigkeiten, mit deren Hilfe wir mit der uns umgebenden Natur in Wechselwirkung treten und damit etwas über die Natur erfahren können. Die optischen Erscheinungen haben daher schon früh die Aufmerksamkeit des Menschen erregt.

1.1 Vergangenheit

Das erste optische Instrument dürfte ein Spiegel gewesen sein. Spiegel waren jedenfalls den alten Ägyptern und Chinesen bekannt und sind zum Teil gut erhalten bei Ausgrabungen gefunden worden.

Die Griechen besaßen neben Spiegeln auch Brenngläser. Auch wissen wir, daß sie sich Gedanken über die Natur des Lichtes gemacht und durch Beobachtung der Ausbreitung von Licht bereits eine Reihe von Gesetzen gefunden haben. So kannten sie die geradlinige Ausbreitung und das Reflexionsgesetz. *Claudius Ptolemäus* (ca. 100–170 n.Chr.) hatte ein Brechungsgesetz für kleine Winkel gefunden (Ausfallswinkel proportional zum Einfallswinkel) und wußte, daß die Ausbreitung von Licht ungeheuer schnell vor sich gehen muß. *Empedokles* (ca. 495–435 v.Chr.) war der Überzeugung, daß die Lichtgeschwindigkeit endlich sei.

Die Römer haben die Kenntnisse der Griechen im wesentlichen bewahrt. Man vermutet, daß sie die vergrößernden Eigenschaften von Linsen im Kunsthandwerk bei der Herstellung feiner Teile benutzt haben. Nach dem Untergang des Weströmischen Reiches (475 n.Chr.) wurden die Kenntnisse der Optik in der arabisch-moslemischen Welt bewahrt und fortgeführt, insbesondere von *Ibn al Haitham* (963–1039 n.Chr.), im Mittelalter *Alhazen* genannt. Er fand, daß das Brechungsgesetz von *Ptolemäus* für große Winkel nicht gilt, ohne jedoch das richtige Gesetz angeben zu können.

Alhazen war ein Experimentalphysiker, wie wir heute sagen würden, da er zu allen optischen Fragen selbst Experimente anstellte, dies lange vor *Sir Francis Bacon* (1215–1294) und *Galileo Galilei* (1564–1642), die wir als Väter der Experimentalwissenschaft ansehen, und die beide auch die Optik gefördert haben. Der Fortschritt im Mittelalter war langsam.

Erst *Leonardo da Vinci* (1452–1519) vergrößerte mit der camera obscura (Lochkamera) das optische Instrumentarium.

Im 17. Jahrhundert wurden in Holland das Fernrohr und das Mikroskop erfunden. *Snellius* (1591–1626), Professor in Leyden, entdeckt 1621 das Brechungsgesetz. Es wird von *René Descartes* (1596–1650) in die heutige Form gebracht. Das war ein gewaltiger Fortschritt, da man jetzt Optiken berechnen konnte.

Beugung von Licht wird erstmals von *Francesco Maria Grimaldi* (1618–1663) in Bologna erwähnt. Er beobachtete u.a. Beugungssäume im Schatten eines Stabes, der von einer kleinen Lichtquelle beleuchtet wurde. *Robert Hooke* (1635–1703) beobachtet ebenfalls Beugungseffekte und untersucht die Beugungserscheinungen an dünnen Blättchen. Er schlägt als Erklärung die Interferenz zwischen dem Licht, das von der Vorderseite, und dem Licht, das von der Rückseite reflektiert wird, vor. Weiter schlägt er vor, sich Licht als aus schnellen Schwingungen bestehend vorzustellen, also eine Wellentheorie des Lichts. Die Farben dünner Blättchen konnte er aber nicht erklären. Grundlegende Erkenntnisse über farbiges Licht erlangte *Isaak Newton* (1642–1727) im Jahre 1666, als er die Zerlegung weißen Lichts in ein Spektrum farbigen Lichts entdeckte. Er stellte eine Korpuskulartheorie des Lichtes auf [1.1].

Christian Huygens (1629–1695) entwickelt die Wellentheorie weiter und entdeckt die Polarisation von Licht. Im Jahr 1676 wird die Lichtgeschwindigkeit von *Olaf Römer* (1644–1710) gemessen.

Neuen Aufschwung nimmt die Optik erst wieder im Jahre 1801 mit *Thomas Young* (1773–1829). Er führt das Interferenzprinzip ein, das wir als ein Überlagerungsprinzip für Wellen ansehen können, und gibt eine grobe Abschätzung der Lichtwellenlängen an. *Augustin Jean Fresnel* (1788–1827) ist in der Lage, damit und mit Huygens' Prinzip die Beugung an verschiedenen Objekten zu berechnen. Man dachte sich damals die Lichtwellen noch als longitudinale Wellen. Das Phänomen der Polarisation führte *Young* schließlich zur Annahme transversaler Wellen. *Léon Bernard Foucault* (1819–1868) findet 1850, daß die Lichtgeschwindigkeit in Wasser kleiner ist als in Luft. Dies wurde als endgültiger Sieg der Wellentheorie des Lichtes angesehen, da die Korpuskulartheorie eine größere Geschwindigkeit postuliert hatte, um die Brechung zum Einfallslot von Luft nach Wasser zu erklären.

Der weitere Fortschritt in der Optik kam aus einer ganz neuen Richtung, den Untersuchungen der Elektrizität und des Magnetismus. *Michael Faraday* (1791–1867) stellte 1845 eine Beziehung zwischen Elektromagnetismus und Licht fest. Er fand, daß die Polarisationsrichtung von Licht in einem Kristall durch ein starkes Magnetfeld geändert werden kann. *James Clerk Maxwell* (1831–1879) faßte die damals bekannten Erscheinungen in einer Theorie zusammen: den Maxwellschen Gleichungen. Aus dieser Theorie folgerte *Maxwell* die Existenz elektromagnetischer Wellen. Der experimentelle Nachweis gelang *Heinrich Hertz* (1857–1894) im Jahre 1888. Um diese Zeit war man überzeugt, auch Licht sei eine elektromagnetische Störung in der Form einer Welle, die sich in einem Trägermedium, Äther genannt, mit der endlichen Lichtgeschwindigkeit $c = v \cdot \lambda$ (v = Frequenz, λ = Wellenlänge) ausbreitet.

Die nächste Aufgabe lag nahe: die Eigenschaften des Trägers der elektromagnetischen Wellen, also auch von Licht, zu bestimmen. Hier geriet man bald in Schwierigkeiten, da der postulierte Äther sehr seltsame Eigenschaften haben mußte. Er mußte sehr durchlässig sein, da sich ja die Himmelskörper offensichtlich ungehindert darin bewegen können, gleichzeitig aber außerordentlich starke Rückstellkräfte haben, um die extrem hohen Frequenzen von Licht ($\sim 10^{15}$Hz) und die hohe Lichtgeschwindigkeit hervorzubringen. Die experimentellen Bemühungen, die Bewegung der Erde relativ zum Äther zu messen, gipfeln in den Versuchen von *Albert Abraham Michelson* (1852–1931). Das Ergebnis ist negativ (publiziert 1881). Es kann kein Einfluß der Bewegung der Erde auf die Ausbreitung von Licht im Äther festgestellt werden. Schon seit *James Bradley* (1693–1762) aber war die sogenannte stellare Aberration bekannt. Will man sie mit der Wellentheorie erklären, muß man eine relative Bewegung von Erde und Äther annehmen. Außerdem gab es zusätzliche Schwierigkeiten mit der Erscheinung der Mitführung von Licht in bewegten Medien (Versuche von *Armand Hippolyte Louis Fizeau* und *Sir George Biddell Airy*). Die Auflösung dieser Schwierigkeiten gelang *Albert Einstein* (1879–1955) im Jahre 1905 auf überraschende Weise. In seiner speziellen Relativitätstheorie erklärt er den Äther für überflüssig:

> „Die Einführung eines "Lichtäthers" wird sich insofern als überflüssig erweisen, als nach der zu entwickelnden Auffassung weder ein mit besonderen Eigenschaften ausgestatteter "absoluter Raum" eingeführt, noch einem Punkte des leeren Raumes, in welchem elektromagnetische Prozesse stattfinden, ein Geschwindigkeitsvektor zugeordnet wird " [1.2].

Der neue Stand der Erkenntnis war: Licht ist eine elektromagnetische Welle, die sich im leeren Raum, dem Vakuum, ausbreitet.

Damit schließt sich in gewisser Weise der Kreis zu den frühen Überlegungen der Griechen zur Natur, die uns durch *Lukrez* (ca. 55 v. Chr.) in dem fundamentalen Werk *De rerum natura* (Von der Natur der Dinge) überliefert sind [1.3]. Dort wird *Epikur* (341–270 v. Chr.) das Postulat zugeschrieben: es gibt nur Objekte und den leeren Raum.

Die Theorie des Lichtes war damit noch lange nicht abgeschlossen. Es gab noch viele offene Fragen, z.B. zum Spektrum der Hohlraumstrahlung und zur Erzeugung von Licht (Absorption und Emission, Existenz scharfer Spektrallinien). Diese führten zu einer weiteren großen Umwälzung in unserer Kenntnis der Natur, der Quantentheorie. Sie wurde von *Max Planck* (1858–1947) im Jahre 1900 eingeleitet. *Planck* stellte fest, daß man zur Erklärung des gemessenen Spektrums der Hohlraumstrahlung annehmen muß, daß das elektromagnetische Feld Energie nur in diskreten Portionen der Größe

$$E = h\nu \tag{1.1}$$

aufnimmt und abgibt. Dabei sind $h = 6.626176 \cdot 10^{-34}$ Js eine Konstante, die Plancksches Wirkungsquantum genannt wird, und ν die Frequenz der Lichtwelle.

Die Formel für das Spektrum der Strahlung schwarzer Körper fand *Planck* zunächst durch Anpassung an experimentelle Kurven. Sie lautet für die spektrale Energiedichte $\rho(\nu)$, d.h. die Energie pro Volumen und Frequenzintervall,

$$\rho(\nu)d\nu = \frac{8\pi}{c^3}\nu^2\frac{h\nu}{e^{\frac{h\nu}{kT}} - 1}d\nu. \tag{1.2}$$

Darin bedeuten T die Temperatur in K und $k = 1.380662 \cdot 10^{-23}$ J/K die Boltzmannkonstante.

Der Versuch, die Strahlungsformel theoretisch herzuleiten, führte *Planck* zu seiner berühmten Quantenhypothese:

> „Wir betrachten aber – und dies ist der wesentlichste Punkt der ganzen Berechnung – E als zusammengesetzt aus einer ganz bestimmten Anzahl endlicher gleicher Teile und bedienen uns dazu der Naturkonstanten $h = 6,55 \cdot 10^{-27}$ (erg·s)" [1.4].

Dies veranlaßte *Albert Einstein* im Jahre 1905, das elektromagnetische Feld selbst in Quanten der Energie $E = h\nu$ einzuteilen. Damit konnte er dann zwanglos den lichtelektrischen Effekt erklären [1.5]. Diese Energieportionen erhielten später den Namen Photon.

Der Aufbau der Quantentheorie erfolgte stürmisch in den Jahren von 1925 bis etwa 1930 mit der Wellenmechanik von *Erwin Schrödinger* (1887–1961) und der Matrizenmechanik von *Werner Heisenberg* (1901–1976). Deren Äquivalenz wurde von *John von Neumann* (1903–1957) in Göttingen gezeigt. Eine Reihe wunderbar einfacher Beziehungen wurde gefunden. Teilchen erhielten jetzt Wellencharakter: ein Teilchen mit dem Impuls p hat eine zugehörige Wellenlänge von $\lambda = h/p$ (*Louis de Broglie*, 1892–1987). Diese Entdeckungen haben u.a. zum Bau des Elektronenmikroskops geführt (*Ernst Ruska*, 1906–1988). *Einstein* hatte vorher schon gezeigt, daß Masse nichts weiter ist als eine Form von Energie: $E = mc^2$. Lichtteilchen haben Energie, daher kann ihnen auch eine Masse m zugeordnet werden:

$$E = h\nu = mc^2 \rightarrow m = \frac{h\nu}{c^2}. \tag{1.3}$$

Ebenso besitzen sie einen Impuls

$$p = \frac{h}{\lambda} = \frac{h\nu}{c} = mc. \tag{1.4}$$

Der uralte Streit zwischen der Korpuskulartheorie und der Wellentheorie des Lichtes ist in der Quantentheorie des Lichtes aufgehoben. Licht hat je

nach Phänomen Wellen- und Teilchenaspekte, die einheitlich nur in der
Quantenmechanik beschrieben werden können. Dieser Welle–Teilchen–
Dualismus ist nicht nur dem Licht eigentümlich, sondern durchdringt
alle Erscheinungen. An der Aufdeckung dieses Tatbestandes hat die Optik
wesentlichen Anteil.

1.2 Gegenwart

Mit der Erfindung des Lasers durch *Theodore Harold Maiman* (*1927)
im Jahre 1960 hat die Optik einen weiteren Schritt nach vorn getan.
Kohärentes Licht, d.h. Licht extrem hoher spektraler Reinheit, ist heut-
zutage mit hoher Intensität im gesamten sichtbaren Bereich und darüber
hinaus bis weit in den ultravioletten (UV) und infraroten (IR) Spektralbereich hinein verfügbar. Die Optik ist dadurch um eine Vielzahl neuer
Methoden und Geräte bereichert worden, die sowohl Auswirkungen auf
das tägliche Leben haben, z.B. in der Telekommunikation, als auch subti-
le Aussagen zu tiefgreifenden physikalischen Fragestellungen erlauben,
z.B. zur Gültigkeit der Quantenmechanik. Den nachhaltigsten Eindruck
im Bewußtsein der Allgemeinheit hat sicherlich die Holographie [1.6] hinterlassen mit ihrer Möglichkeit der Aufzeichnung und Wiedergabe dreidimensionaler Bilder, da durch sie unsere Sehfähigkeiten unmittelbar
angesprochen werden. Ein Beispiel wird der Leser in diesem Buch ent-
decken.

Viel fundamentaler aber ist die Tatsache, daß die Lichtgeschwindigkeit
im Vakuum ihren Platz als festgelegte Naturkonstante

$$c_0 = 299\,792\,458 \text{ m/s} \tag{1.5}$$

im gegenwärtigen Einheitensystem gefunden hat. Die Einheit der Länge,
das Meter, ist damit zu einer abgeleiteten Größe geworden und wird mit
Hilfe von c_0 definiert als diejenige Strecke, die Licht im Vakuum in der
Zeit 1/299 792 458 Sekunde zurücklegt.

Die optische Meßtechnik hat sich erheblich ausgeweitet und eine kaum
noch zu überschauende Vielfalt an Meßmethoden und -verfahren hervorgebracht, von denen hier nur einige beispielhaft aufgezählt werden sollen:

- die holographische Interferometrie und Granulationsphotographie,
  mit deren Hilfe kleine Deformationen auch rauher Oberflächen beliebiger Objekte vermessen werden können;

- rückgekoppelte (dual–recycling) Interferometer, vorgeschlagen zum
  Nachweis von Gravitationswellen;

- die Laser–Doppler– und Phasen–Doppler–Anemometrie für Geschwindigkeitsmessungen von Teilchen in Strömungen;

- Photonenkorrelationsmethoden, z.B. zur Messung von Sterndurchmessern;

- das sogenannte Laser–Vibrometer zur Messung schwingender Oberflächen;

- faseroptische Sensoren, z.B. optische Mikrofone;

- die rein optische Filterung von Bildern zur Bildverarbeitung und Mustererkennung;

- die nichtlineare Optik mit ihren mannigfachen Ausformungen der Harmonischenerzeugung und des optischen Wellenmischens, der Phasenkonjugation, optischer Bistabilität und nichtlinearer Spektroskopie (Sättigungsspektroskopie, Doppler–freie Spektroskopie u.a.).

Diese Vielfalt hat ihren Grund: Licht, insbesondere auch in der Form kohärenten Lichtes, hat sich als ein ideales Meß- und Abtastinstrument erwiesen, da es gewöhnlich das Untersuchungsobjekt gar nicht oder vernachlässigbar wenig stört.

Die Optik geht Verbindungen ein mit Elektronik, Akustik und Mechanik. Es gibt akustooptische Ablenker und elektrooptische Geräte wie Pockelszellen. Mechanisch deformierbare Spiegel werden in der sogenannten adaptiven Optik eingesetzt, um insbesondere in der Astronomie hochaufgelöste Bilder vom Sternenhimmel zu erhalten. Optik wird "integriert", d.h. miniaturisiert, und übernimmt in steigendem Maße Aufgaben der Nachrichtentechnik. Informationen werden durch Glasfaserkabel übertragen und können optisch gespeichert werden (CD–Plattenspieler, magnetooptische Laufwerke).

Neben der refraktiven Optik, die den unterschiedlichen Brechungsindex von Materialien ausnutzt, entwickelt sich in immer stärkerem Maße die diffraktive Optik, die die Beugung von Licht an feinen Strukturen verwendet. Die Anzahl unterschiedlich beugender Strukturen ist Legion, und damit ergeben sich ungeahnte Möglichkeiten der Beeinflussung von Licht. Ein Hologramm z.B., das ein dreidimensionales Bild gespeichert hat, ist eine beugende Struktur und gehört damit zur diffraktiven Optik im weitesten Sinne. Kolibris machen von der diffraktiven Optik Gebrauch, um sich ein in prächtigen Farben schillerndes Federkleid zuzulegen. In der Technik spielen diffraktive Optiken u.a. im Röntgenbereich eine Rolle, z.B. in der Röntgenmikroskopie, da Materialien mit starker Refraktion in diesem Wellenlängenbereich nicht bekannt sind. In zunehmendem Maße werden diffraktive optische Elemente für viele, spezielle Anwendungszwecke in der Form digitaler Hologramme (holographisch optische Elemente) berechnet und hergestellt, z.B. Strahlteiler und holographische Linsen mit mehreren Brennpunkten.

Der elektronische Rechner ist zu einem unentbehrlichen Hilfsmittel der Linsenkonstrukteure geworden und kann selbst als ein universelles optisches Element bezeichnet werden, insofern, als er Bilder zu bearbeiten, zu filtern und auszuwerten erlaubt. Er kann Fourierspektren von Bildern berechnen, die man auch mit einer Linse erhalten ("berechnen") kann. Leistungsfähige, mit vielen Prozessoren arbeitende Parallelrechner und die Optik vermischen sich neuerdings auf ganz seltsame Weise zu einer neuen Form der Realität, der sogenannten "virtuellen Realität". Ausgestattet mit einem Sichthelm und einem sogenannten Datenhandschuh, kann man sich in einer vom Rechner erzeugten Welt interaktiv bewegen und komplexe Strukturen, z.B. ein DNA–Molekül, erforschen, eine völlig neue Art optischer Erfahrung.

1.3 Zukunft

Was wird die Zukunft bringen? Es sind mehrere große Gebiete erkennbar, auf die die Optik einen wesentlichen Einfluß nehmen wird:

Auf der Anwendungsseite wird die Optik immer weiter in die Bereiche der Nachrichtentechnik und Datenverarbeitung vorstoßen. Breitbandnetze auf der Basis von Glasfasern werden entstehen, und die elektronische Datenverarbeitung wird zunehmend durch die optische Datenverarbeitung ergänzt werden. Die diffraktive, adaptive und integrierte Optik werden dabei eine große Rolle spielen. Da Photonen im Gegensatz zu Elektronen praktisch nicht miteinander wechselwirken, lassen sich optisch im Prinzip sehr viel komplexere, vor allem auch parallele, Verschaltungen verwirklichen als elektronisch. Die Implementierung neuronaler Netze mit optischen Bauteilen wird derzeit versucht und wird noch lange Gegenstand der Forschung bleiben. Die ersten Demonstrationsmodelle für den digitalen, rein optischen Rechner zeigen die prinzipielle Möglichkeit des Rechnens mit Photonen. In Anlehnung an das Wort Elektronik bezeichnet man dieses im Entstehen begriffene Gebiet als Photonik.

Auf der physikalischen Seite sind von der nichtlinearen Optik mit den Teilgebieten Laserphysik und Quantenoptik neue Einsichten in die Natur der Dinge zu erwarten. Hier warten der Röntgenlaser und die Laserfusion auf ihren Durchbruch. Laserinstabilitäten und chaotische Laserdynamik können Beiträge leisten zu einem erweiterten Naturverständnis, dem deterministischen Chaos. Sowohl die Frage, inwieweit Determinismus und Vorhersagbarkeit zusammenhängen, als auch die nicht sehr intuitive Welt der Quantenphysik, können wahrscheinlich am besten mit Hilfe von laserphysikalischen und nichtlinear optischen Experimenten exemplarisch belegt werden.

Licht kann so bei der Beantwortung der Frage helfen: Was können wir wissen? Aber wissen wir schon vollständig, was Licht ist?

Übungsaufgaben

1.1. Berechnen Sie die Frequenz, die Energie, den Impuls und die (dynamische) Masse eines Photons bei der Wellenlänge 550 nm (gelbes Licht).

1.2. Betrachten Sie das Plancksche Strahlungsgesetz (1.2).
a) Wie lautet die Formel für die spektrale Energiedichte $\rho(\lambda)$ als Funktion der Wellenlänge?
b) Wo liegen die Maxima ν_{max} bzw. λ_{max} der spektralen Verteilungen $\rho(\nu)$ bzw. $\rho(\lambda)$? Warum liegen die beiden Maxima nicht an der gleichen Stelle, d.h. warum ist $\nu_{max} \neq c/\lambda_{max}$?
c) Wie hängt die gesamte, über die Frequenz integrierte Energiedichte von der Temperatur T ab?
Hinweise: Die Gleichung $e^z(3-z) = 3$ hat neben der Null eine Lösung $z = 2.821\ldots$. Die Gleichung $e^z(5-z) = 5$ besitzt neben der Null die Lösung $z = 4.965\ldots$. Es gilt folgende Identität: $\int_0^\infty z^3(\exp(z)-1)^{-1}dz = \pi^4/15$.

Literatur

1.1 I. Newton: *Opticks* (Dover, New York 1952), deutsche Ausgabe: Vieweg, Wiesbaden 1983.
1.2 A. Einstein: „Zur Elektrodynamik bewegter Körper", Ann. Phys. **17**, 891–921 (1905)
1.3 Lukrez: *De rerum natura / Welt aus Atomen* (Reclam, Stuttgart 1973)
1.4 M. Planck: „Zur Theorie des Gesetzes der Energieverteilung im Normalspektrum", Vortrag vom 19.10.1900, in Verh. Dtsch. phys. Ges. Berlin **2**, 202 (1900)
1.5 A. Einstein: „Über einen die Erzeugung und Verwandlung des Lichtes betreffenden heuristischen Gesichtspunkt", Ann. Physik **17**, 132 (1905)
1.6 D. Gabor: „A new microscopic principle", Nature **161**, 777 (1948)

Weiterführende Literatur

Born, M.: *Optik* (Springer, Berlin, Heidelberg 1972)
Goodman, J. W. (Hrsg.): *International Trends in Optics*, (Academic, Boston 1991)
Hecht, E.: *Optik* (Addison-Wesley, Bonn 1992)
Horgan, J.: „Quanten-Philosophie", Spektrum der Wissenschaft, Sept. 1992, 82–91.
Hund, F.: *Geschichte der physikalischen Begriffe*, Band 1 und 2 (Bibliographisches Institut, Mannheim 1978)

2. Die Hauptgebiete der Optik

Die optischen Erscheinungen werden zur Zeit in vier Hauptgebiete einge-
teilt, die geometrische Optik, die Wellenoptik, die Quantenoptik und die
statistische Optik. Wir werden uns in diesem Buch zum überwiegenden
Teil mit der Wellenoptik beschäftigen.

2.1 Geometrische Optik

Die *geometrische Optik* kann immer dann verwendet werden, wenn Beu-
gungs- und Interferenzerscheinungen vernachlässigt werden können, also wenn die Dimensionen der Spiegel, Linsen und anderer Objekte im
Strahlengang als auch die verwendeten Strahlenbündel groß gegen die
Wellenlänge des Lichtes sind. In dieser einfachsten Theorie des Lichtes
arbeitet man mit "Lichtstrahlen", die sich in einem durchsichtigen Medium ausbreiten. Im wesentlichen wird mit dem Reflexionsgesetz und dem
Brechungsgesetz gearbeitet.

Eine interessante neuere Anwendung hat die geometrische Optik in
der Form des "ray–tracing" erfahren, mit dessen Hilfe auch Beugungserscheinungen berechnet werden können. Die sich überlagernden Teilwellen werden dabei durch Lichtstrahlen ersetzt. Ihre Momentanamplitude
wird durch den Lichtweg modulo der Lichtwellenlänge ermittelt und bei
der Überlagerung mit anderen Strahlen verwendet. Auf diese Weise werden zum Beispiel digitale Hologramme (holographisch optische Elemente)
berechnet (Abb. 2.1), die in Abschnitt 7.4 eingehend besprochen werden.

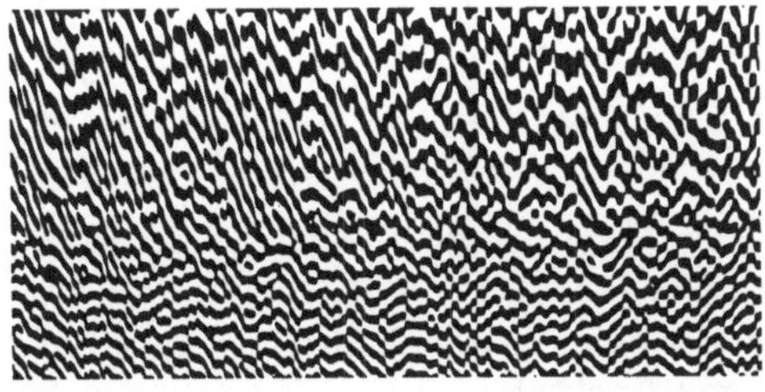

Abb. 2.1. Ausschnitt aus einem digitalen Hologramm.

2.2 Wellenoptik

Mit Hilfe der *Wellenoptik* können Beugungs- und Interferenzerscheinungen beschrieben werden. Grundlage sind die Maxwellschen Gleichungen, die völlig unabhängig von der Optik auf Grund elektromagnetischer Erscheinungen aufgestellt wurden. Nach dieser Theorie setzt sich Licht aus elektromagnetischen Wellen verschiedener Frequenzen zusammen. Der optische Bereich stellt dabei nur einen sehr kleinen Bereich dar (Abb. 2.2).

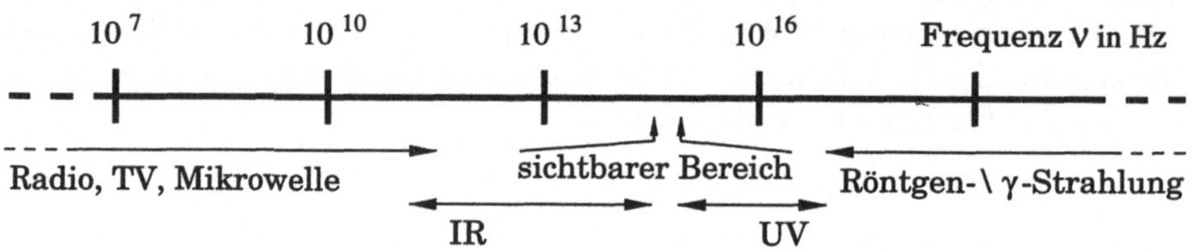

Abb. 2.2. Das Spektrum elektromagnetischer Strahlung.

Zur Wellenoptik gehören so interessante Gebiete wie die Holographie und die Fourieroptik mit ihren Möglichkeiten der zweidimensionalen Signalverarbeitung, die Glasfaseroptik mit den physikalisch interessanten Solitonen und in großen Teilen der optische Digitalrechner. In Verbindung mit Nichtlinearitäten zeigt die Wellenoptik überraschende Erscheinungen. Ein Beispiel dafür ist die optische Phasenkonjugation, die sich holographisch leicht verwirklichen läßt (siehe Abschnitt 7.1.4). Mit nichtlinearen Kristallen lassen sich phasenkonjugierende Spiegel realisieren, die die Eigenschaft haben, eine einfallende Lichtwelle in sich zurückzureflektieren (Abb. 2.3). In einem solchen Spiegel kann man sich nicht betrachten. Man sieht nur die Öffnungen der eigenen Pupillen.

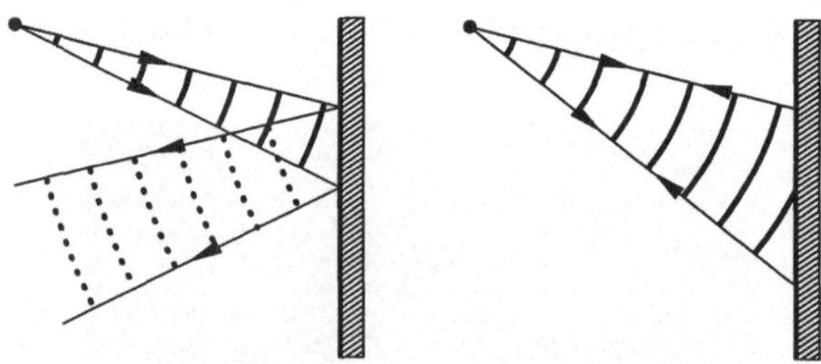

Abb. 2.3. Wirkungsweise eines gewöhnlichen Spiegels (links) und eines phasenkonjugierenden Spiegels (rechts).

2.3 Quantenoptik

Absorptions– und Emissionsprozesse sind mit den Maxwellschen Gleichungen allein nicht beschreibbar. Hierfür ist die *Quantenoptik* zuständig oder in noch größerem Umfang die Quantenelektrodynamik oder Quantenfeldtheorie. In der Quantenoptik macht man Gebrauch von der Vorstellung, daß das elektromagnetische Feld nur in Energieportionen $E = h\nu$ oder Vielfachen davon mit der Umgebung wechselwirken kann und daß Energiedifferenzen in Atomen als Licht bzw. elektromagnetische Strahlung in solchen Portionen emittiert werden. Hiermit läßt sich eine einfache Vorstellung und Beschreibung einer großen Anzahl von Phänomenen gewinnen, z.B. der Absorption, der stimulierten und der spontanen Emission. Die spontane Emission erfordert dabei zur vollständigen Beschreibung eine Quantisierung des Lichtfeldes.

Das wichtigste quantenoptische Instrument ist der Laser. Seine Wirkungsweise beruht auf den oben genannten drei grundlegenden Wechselwirkungsprozessen (Abb. 2.4). Er ist unentbehrlich für die kohärente Optik. Mit Hilfe des Lasers gelingt es heute sogar, Quantenzustände und

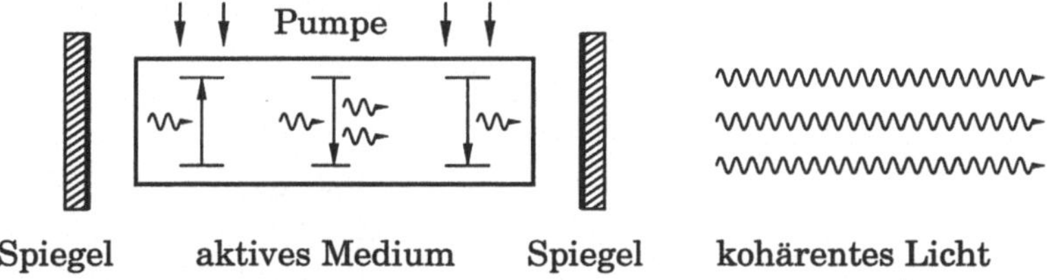

Abb. 2.4. Prinzipskizze eines Lasers mit seinen zugrundeliegenden physikalischen Prozessen Absorption, stimulierter Emission und spontaner Emission.

Quantensprünge einzelner Atome zu messen. Dabei wird das Atom (Ion) in einer Paul–Falle gehalten, und ein geeigneter Übergang wird resonant angeregt [2.1]. Je nachdem, ob sich das Atom im Grundzustand oder einem dritten, angeregten Zustand befindet, beobachtet man Fluoreszenzlicht oder nicht (Abb. 2.5). Auf diese Weise wurde durch ein optisches Experiment die Frage der Beobachtbarkeit von Quantensprüngen geklärt.

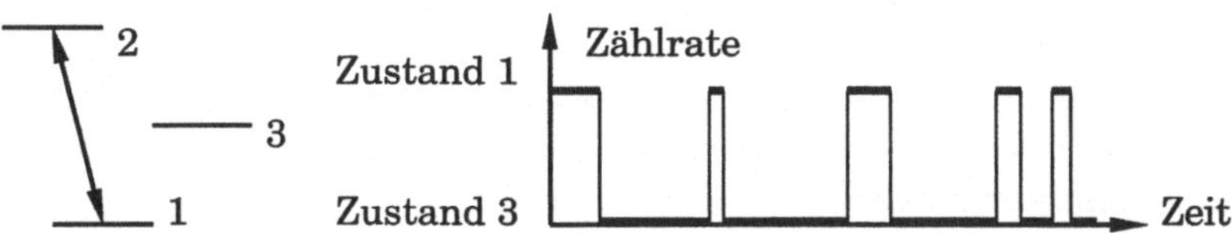

Abb. 2.5. Termschema und Ergebnis eines Experiments zur laserinduzierten Resonanzfluoreszenz.

2.4 Statistische Optik

Die *statistische Optik* ist ein relativ neuer Zweig der Optik. Sie ist erst nach der Entdeckung des Lasers tiefergehend behandelt worden. Bei einer Reihe von Messungen interessiert man sich für die Photonenstatistik in fluktuierenden Lichtwellenfeldern. Die Fluktuation kommt dabei durch Überlagerung vieler Lichtwellen zustande. Die Lichtwellen können verschiedene Frequenzen besitzen wie bei Glühlicht oder z.B. durch Streuung an einer rauhen Oberfläche entstehen. Bei monofrequentem (monochromatischem) Licht entsteht dann das Phänomen der Granulation (siehe das Kapitel Granulation).

Eine typische Messung in der statistischen Optik sieht etwa so aus, daß eine Photodiode in ein Lichtfeld gestellt wird, zunächst abgedeckt, so daß kein Licht auf den Detektor fällt. Dann wird für eine bestimmte Zeit ein Verschluß geöffnet, so daß ankommende Photonen gezählt werden. Man kann im Rahmen dieses Versuches z.B. die Frage nach der Verteilung der Zählraten stellen, wenn das Experiment wiederholt wird. Man kann nach zeitlichen Korrelationen fragen, d.h. der Korrelation der Photonenzahlen zeitlich verschobener Messungen (Abb. 2.6). Man kann auch

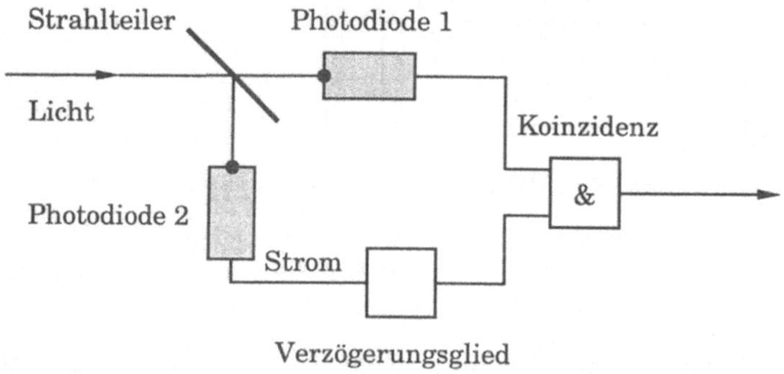

Abb. 2.6. Hanbury Brown und Twiss Experiment zur zeitlichen Korrelation von Photonen.

nach räumlichen Korrelationen fragen, wenn man mit zwei Photodioden an verschiedenen Orten in einem Lichtwellenfeld mißt [2.2].

Bei Glühlicht erhält man ein gehäuftes Auftreten von Photonen, englisch "bunching", beim Ein–Moden Laserlicht sind die Schwankungen in der Zählrate kleiner (Abb. 2.7). Auch sogenanntes nichtklassisches Licht, d.h. Licht mit Intensitätsschwankungen, die noch kleiner sind als bei Laserlicht, ist verwirklicht worden (siehe [2.3]).

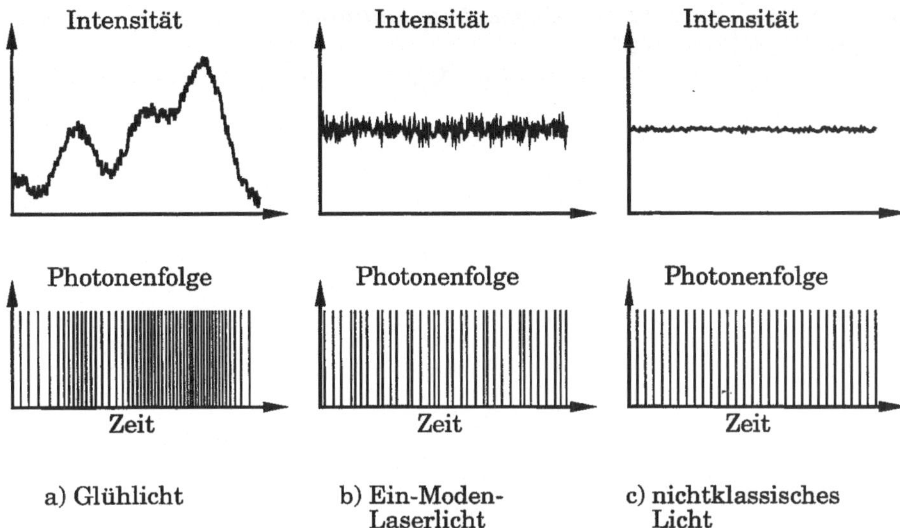

Abb. 2.7. Photonenfolge und die zugehörigen Intensitätsschwankungen (oben) für Glühlicht, Ein–Moden Laserlicht und nichtklassisches Licht.

Literatur

2.1 T. Sauter, W. Neuhauser, R. Blatt, P. E. Toschek: „Observation of Quantum Jumps", Phys. Rev. Lett. **57**, 1696–1698 (1986)
J. C. Bergquist, R. G. Hulet, W. M. Itano, D. J. Wineland: „Observation of Quantum Jumps in a Single Atom", Phys. Rev. Lett. **57**, 1699–1702 (1986)
2.2 R. Hanbury Brown, R. Q. Twiss: „Correlation between photons in two coherent beams of light", Nature **177**, 27–29 (1956)
2.3 H. Walther: „Atome im nichtklassischen Licht", Phys. Bl. **47**, No.1, 38–42 (1991)

Weiterführende Literatur

Goodman, J. W.: *Statistical Optics* (Wiley, New York 1985)
Haken, H.: *Licht und Materie*, Band 1 und 2 (Bibliographisches Institut, Mannheim 1979 und 1981)
Jenkins, F. A., H. E. White: *Fundamentals of Optics* (McGraw–Hill, New York 1976)
Loudon, R.: *The quantum theory of light* (Clarendon, Oxford 1983)
Louisell, W. H.: *Quantum Statistical Properties of Radiation* (Wiley, New York 1973)

Meystre, P., M. Sargent III: *Elements of Quantum Optics* (Springer, Berlin, Heidelberg 1991)
Wolf, E. (Hrsg.): *Progress in Optics*, Vol. I bis Vol. XXX (North–Holland, Amsterdam 1961 bis 1992)

3. Grundlagen der Wellenoptik

Licht besitzt, wie wir heute wissen, einen Wellen- und einen Quantenaspekt. Der Wellenaspekt dominiert bei der Ausbreitung von Licht. Die zugehörige Theorie ist die klassische Theorie elektromagnetischer Felder, wie sie von Maxwell vollendet wurde. Ihre Grundlagen werden in diesem Kapitel dargestellt.

3.1 Die Maxwellschen Gleichungen

Die Wellenoptik geht aus von den Maxwellschen Gleichungen (siehe z.B. [3.1]). Sie lauten im SI–Einheiten–System und in der Schreibweise mit nur einer elektrischen und einer magnetischen Feldgröße:

$$\operatorname{div} \boldsymbol{E}_m = \frac{\rho}{\varepsilon_0}, \tag{3.1}$$

$$\operatorname{div} \boldsymbol{B}_m = 0, \tag{3.2}$$

$$\operatorname{rot} \boldsymbol{E} = -\frac{\partial \boldsymbol{B}_m}{\partial t}, \tag{3.3}$$

$$\operatorname{rot} \boldsymbol{B} = \varepsilon_0\mu_0 \frac{\partial \boldsymbol{E}_m}{\partial t} + \mu_0 \boldsymbol{J}. \tag{3.4}$$

Die einzelnen Gleichungen formulieren in dieser Reihenfolge das Coulombsche Gesetz, die Quellenfreiheit des Magnetfeldes, das Faradaysche Gesetz und das Ampèresche Gesetz mit dem von Maxwell eingeführten Term, der den Verschiebungsstrom berücksichtigt. Die in den Formeln auftretenden Größen haben folgende Bedeutung:

$\boldsymbol{E}$ elektrische Feldstärke in V/m,
$\boldsymbol{E}_m$ der dielektrischen Verschiebung entsprechende Feldstärke in V/m,
$\boldsymbol{B}$ magnetische Feldstärke in Vs/m^2,
$\boldsymbol{B}_m$ magnetische Feldstärke bei Anwesenheit von Materie in Vs/m^2,
ρ Ladungsdichte in As/m^3,
ε_0 elektrische Feldkonstante = $1/\mu_0 c_0^2$ in As/Vm (exakt),
μ_0 magnetische Feldkonstante = $4\pi 10^{-7}$ Vs/Am (exakt),
c_0 Lichtgeschwindigkeit im Vakuum = 299 792 458 m/s (exakt),
$\boldsymbol{J}$ Stromdichte in A/m^2.

In Materie setzt man aufgrund der zusätzlich vorhandenen inneren Felder und Ströme:

$$\boldsymbol{E}_m = \boldsymbol{E} + \frac{1}{\varepsilon_0}\boldsymbol{P}, \tag{3.5}$$

$$\boldsymbol{B}_m = \boldsymbol{B} + \mu_0\boldsymbol{M}, \tag{3.6}$$

$$\boldsymbol{J} = \sigma\boldsymbol{E}. \tag{3.7}$$

Die Materialeigenschaften werden durch folgende Größen, die Funktionen der Feldstärken $\boldsymbol{E}$ bzw. $\boldsymbol{B}$ in Materie sind, beschrieben:

$\boldsymbol{P}$ Polarisation in As/m^2,
$\boldsymbol{M}$ Magnetisierung in A/m,
σ spezifische Leitfähigkeit in A/Vm.

Für kleine Feldstärken sind üblicherweise die spezifische elektrische Leitfähigkeit σ konstant (Ohmsches Gesetz) und die dielektrische Polarisation $\boldsymbol{P}$ und die Magnetisierung $\boldsymbol{M}$ proportional zum anliegenden Feld:

$$\boldsymbol{P} = \chi\varepsilon_0\boldsymbol{E}, \tag{3.8}$$

$$\boldsymbol{M} = \frac{\kappa}{\mu_0}\boldsymbol{B}. \tag{3.9}$$

Die Proportionalitätsfaktoren χ und κ heißen dielektrische bzw. magnetische Suszeptibilität. In nichtlinearen Medien hängen sie von der jeweiligen Feldstärke im Material ab (siehe Kapitel Nichtlineare Optik).

Im Vakuum vereinfachen sich die Maxwellschen Gleichungen erheblich, da dort die meisten Quellterme entfallen. Es gilt:

ρ = 0, d.h. es existieren keine freien Ladungen,
$\boldsymbol{P}$ = $\boldsymbol{0}$, d.h. das Vakuum ist nicht polarisierbar,
$\boldsymbol{M}$ = $\boldsymbol{0}$, d.h. das Vakuum ist nicht magnetisierbar,
σ = 0, d.h. das Vakuum ist ein Nichtleiter.

Die Feldgleichungen (3.1)–(3.4) nehmen dann wegen $\boldsymbol{E}_m = \boldsymbol{E}$, $\boldsymbol{B}_m = \boldsymbol{B}$ und $\boldsymbol{J} = \boldsymbol{0}$ die folgende einfache Gestalt an:

$$\mathrm{div}\,\boldsymbol{E} = 0, \tag{3.10}$$

$$\mathrm{div}\,\boldsymbol{B} = 0, \tag{3.11}$$

$$\mathrm{rot}\,\boldsymbol{E} = -\frac{\partial \boldsymbol{B}}{\partial t}, \tag{3.12}$$

$$\mathrm{rot}\,\boldsymbol{B} = \varepsilon_0\mu_0\frac{\partial \boldsymbol{E}}{\partial t}. \tag{3.13}$$

In homogenen, nichtleitenden und linearen Medien gelten zwar auch $\rho = 0$ und $\sigma = 0$, allerdings wirken die Polarisation und Magnetisierung als zusätzliche Quellterme. Dies führt zu geänderten effektiven Feldkonstanten $\varepsilon\varepsilon_0$ und $\mu\mu_0$ und damit zu einer anderen, im allgemeinen kleineren Ausbreitungsgeschwindigkeit $c_m = c_0/\sqrt{\varepsilon\mu} = c_0/n$. Dabei sind $\varepsilon = 1 + \chi$ die Dielektrizitätskonstante, $\mu = 1 + \kappa$ die (relative) Permeabilität und n der Brechungsindex des Materials.

3.2 Die Wellengleichung

Wir wollen die Lichtausbreitung im Vakuum betrachten. Sie wird durch die Maxwellschen Gleichungen (3.10)–(3.13) beschrieben. Aus ihnen kann man die sogenannte Wellengleichung ableiten. Dazu wenden wir die Operation rot auf (3.12) an und erhalten

$$\text{rot}\,\text{rot}\,\boldsymbol{E} = -\text{rot}\,\frac{\partial \boldsymbol{B}}{\partial t} = -\frac{\partial}{\partial t}\,\text{rot}\,\boldsymbol{B}, \tag{3.14}$$

wenn wir noch annehmen, daß die Differentiation nach der Zeit und nach dem Ort vertauschbar sind. In die erhaltene Gleichung setzen wir rot $\boldsymbol{B}$ aus (3.13) ein. Das ergibt

$$\text{rot}\,\text{rot}\,\boldsymbol{E} = -\mu_0 \varepsilon_0 \frac{\partial^2 \boldsymbol{E}}{\partial t^2}. \tag{3.15}$$

Nun gilt die Identität

$$\text{rot}\,\text{rot} = \text{grad}\,\text{div} - \Delta, \tag{3.16}$$

wobei Δ der Laplace–Operator ist. Er lautet in kartesischen Koordinaten:

$$\Delta = \frac{\partial^2}{\partial x^2} + \frac{\partial^2}{\partial y^2} + \frac{\partial^2}{\partial z^2}. \tag{3.17}$$

Benutzen wir (3.16) für die elektrische Feldstärke $\boldsymbol{E}$ und berücksichtigen (3.10), folgt

$$\text{rot}\,\text{rot}\,\boldsymbol{E} = \text{grad}\,\text{div}\,\boldsymbol{E} - \Delta\boldsymbol{E} = -\Delta\boldsymbol{E}, \tag{3.18}$$

also zusammen mit (3.15)

$$\Delta\boldsymbol{E} - \varepsilon_0 \mu_0 \frac{\partial^2 \boldsymbol{E}}{\partial t^2} = 0. \tag{3.19}$$

Diese Gleichung heißt Wellengeichung. Wir haben sie hier für die Ausbreitung elektromagnetischer Wellen im Vakuum hergeleitet. Die Wellengleichung tritt in vielen verschiedenen Gebieten der Physik auf, z.B. in der Akustik bei der Ausbreitung von Schallwellen. Aus Dimensionsgründen erkennt man sofort, daß

$$\varepsilon_0 \mu_0 = \frac{1}{v^2} \tag{3.20}$$

sein muß, wobei v die Ausbreitungsgeschwindigkeit einer Welle oder Störung ist, die durch die Wellengleichung beschrieben wird. Die Wellengleichung lautet in dieser Schreibweise

$$\Delta\boldsymbol{E} - \frac{1}{v^2}\frac{\partial^2 \boldsymbol{E}}{\partial t^2} = 0. \tag{3.21}$$

Für eine skalare Welle E, die sich in z–Richtung ausbreitet, vereinfacht sich die Beziehung zu

$$\frac{\partial^2 E}{\partial z^2} - \frac{1}{v^2}\frac{\partial^2 E}{\partial t^2} = 0. \tag{3.22}$$

Man kann sich sehr leicht davon überzeugen, daß diese Gleichung Lösungen der Form

$$E(z,t) = f(z - vt) \quad \text{oder} \quad E(z,t) = g(z + vt) \tag{3.23}$$

besitzt, mit weitgehend beliebigen Funktionen f und g. Eine Störung oder Welle behält während der Ausbreitung ihre Form bei und ist zu späterer Zeit nur an einer anderen Stelle zu finden.

Dieser Gedankengang führte Maxwell dazu, die Geschwindigkeit v dieser damals noch hypothetischen elektromagnetischen Wellen zu bestimmen bzw. aus den Werten von ε_0 und μ_0 vorauszusagen. Er benutzte dabei Werte, die von *Rudolph Kohlrausch* und *Wilhelm Weber* im Jahre 1856 in Leipzig gemessen worden waren, und erhielt

$$v = \frac{1}{\sqrt{\varepsilon_0 \mu_0}} \approx 3 \cdot 10^8 \frac{\text{m}}{\text{s}}. \tag{3.24}$$

Dieser Wert lag so nahe an dem bekannten Wert für die Lichtgeschwindigkeit, daß er die Voraussage wagte: Licht ist nichts anderes als eine elektromagnetische Welle.

Damit ist eine Aufgabe der Wellenoptik vorgegeben: Die Wellengleichung ist unter den verschiedensten Randbedingungen, gegeben durch Blenden und Hindernisse, zu lösen. Wenn die Ergebnisse mit entsprechenden Experimenten mit Licht übereinstimmen, wird man dies als eine Bestätigung der Vorstellung von Licht als einer elektromagnetischen Welle ansehen. Beugungsexperimente haben die Maxwellsche Theorie glänzend bestätigt.

Wir haben der Einfachheit halber die Wellengleichung nur für das Vakuum hergeleitet. Ist die Leitfähigkeit $\sigma \neq 0$, so kann man die obige Herleitung ebenfalls durchführen und erhält dann die sogenannte Telegraphengleichung

$$\Delta E = \varepsilon_0 \mu_0 \frac{\partial^2 E}{\partial t^2} + \mu_0 \sigma \frac{\partial E}{\partial t}. \tag{3.25}$$

In der nichtlinearen Optik werden die Verhältnisse sehr viel komplexer, da man dort den Term $\operatorname{rot}\operatorname{rot} E$ nicht einfach durch $-\Delta E$ ersetzen darf.

3.3 Wellen

Wenn man die Eigenschaften von Licht verstehen will, muß man sich also mit der Theorie der Wellenausbreitung beschäftigen. Das wollen wir jetzt tun.

3.3.1 Eindimensionale Wellen

Um die Anfangsbetrachtungen möglichst einfach zu halten, beginnen wir mit eindimensionalen, skalaren Wellen im Vakuum. Für diese lautet die Wellengleichung, wenn wir uns auf die Ausbreitung einer linear polarisierten Lichtwelle in z–Richtung mit der Lichtgeschwindigkeit c beschränken:

$$\frac{\partial^2 E}{\partial z^2} - \frac{1}{c^2}\frac{\partial^2 E}{\partial t^2} = 0 \tag{3.26}$$

oder

$$\left(\frac{\partial}{\partial z} + \frac{1}{c}\frac{\partial}{\partial t}\right)\left(\frac{\partial}{\partial z} - \frac{1}{c}\frac{\partial}{\partial t}\right) E = 0. \tag{3.27}$$

Aus der zweiten Schreibweise erkennt man sofort, daß sowohl

$$E(z, t) = f(z - ct), \tag{3.28}$$

als auch

$$E(z, t) = g(z + ct) \tag{3.29}$$

Lösungen der eindimensionalen Wellengleichung (3.26) sind. Wegen der Linearität der Wellengleichung ist dann auch

$$E(z, t) = a\, f(z - ct) + b\, g(z + ct) \tag{3.30}$$

mit zwei beliebigen Funktionen f und g eine Lösung. Man nennt dies das Superpositionsprinzip für Wellen. Es gilt ganz allgemein für lineare Differentialgleichungen, also auch für die dreidimensionale Wellengleichung (3.19) bzw. (3.21).

Die Interferenz von Licht wird durch die Superposition, d.h. die additive Überlagerung, von Lichtwellen beschrieben. Danach sollten Interferenzerscheinungen ganz einfacher Natur sein: eine einfache Addition verschiedener Lichtwellen. Dazu ist folgendes zu bemerken. Auf der Ebene der Beschreibung der Interferenz mit Lichtwellen ist Interferenz in der Tat durch eine der einfachsten mathematischen Operationen gegeben. Leider können wir aber eine Lichtwelle nicht direkt als Welle mit ihrer Zeitabhängigkeit messen, geschweige denn mit dem Auge wahrnehmen. Wir können nur die Intensität einer Lichtwelle feststellen (in der Akustik ist dies anders). Dadurch werden die Interferenzerscheinungen erheblich verwickelter, da die Intensitätsbildung eine nichtlineare Operation beinhaltet. Interferenzerscheinungen in nichtlinearen Medien sind darüber hinaus noch komplizierter, da das Superpositionsprinzip in der obigen Form nicht mehr gilt. In einigen Fällen, z.B. Solitonen in Glasfasern, die einer nichtlinearen Schrödingergleichung gehorchen, hat man allerdings spezielle, nichtlineare Superpositionsprinzipien gefunden [3.2].

Die Gültigkeit des Superpositionsprinzips für Lichtwellen im Vakuum erlaubt die Zusammensetzung beliebiger Wellenformen aus einfachen

Grundtypen. Der wichtigste Wellentyp ist dabei die sogenannte harmonische Welle. Sie ist in reeller Form und bei Ausbreitung in positiver z-Richtung bei geeigneter Festlegung des Zeitnullpunktes gegeben durch

$$E(z, t) = A \, \sin(kz - \omega t). \tag{3.31}$$

A ist die Amplitude der Welle, und der Ausdruck $(kz - \omega t)$ heißt Phase der Welle. Die Wellenzahl k ist mit der Wellenlänge λ durch die Beziehung

$$k = \frac{2\pi}{\lambda} \tag{3.32}$$

verknüpft. Die Kreisfrequenz ω hängt mit der gewöhnlichen Frequenz v (=Anzahl der Schwingungen pro Sekunde) gemäß

$$\omega = 2\pi v \tag{3.33}$$

zusammen, bzw. mit der Schwingungszeit oder Schwingungsdauer T über

$$\omega = \frac{2\pi}{T}. \tag{3.34}$$

Man kann die harmonische Welle (3.31) daher auch mit den anschaulichen Merkmalen Wellenlänge und Schwingungsdauer schreiben als

$$E(z, t) = A \, \sin \left(\frac{2\pi z}{\lambda} - \frac{2\pi t}{T} \right). \tag{3.35}$$

Abbildung 3.1 zeigt zwei verschiedene Ansichten dieser Welle. Ein Punkt konstanter Phase bewegt sich mit der Ausbreitungsgeschwindigkeit der Welle

$$c = \frac{\lambda}{T} = v\lambda = \frac{\omega}{k}, \tag{3.36}$$

der sogenannten Phasengeschwindigkeit. Bei gegebener Ausbreitungsgeschwindigkeit c sind also ω und k nicht unabhängig voneinander. Die

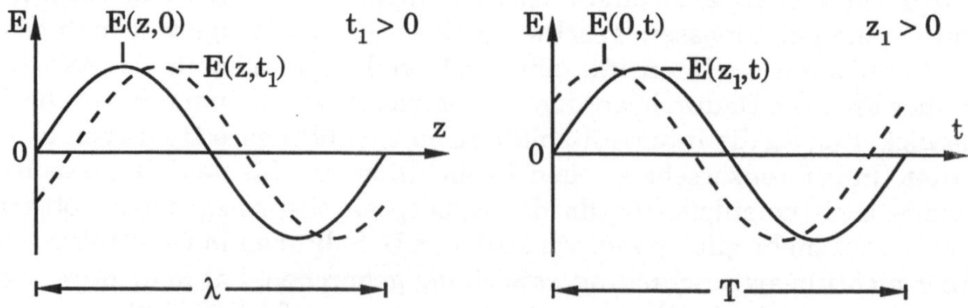

Abb. 3.1. Harmonische Welle E in Abhängigkeit vom Ort und von der Zeit.

Beziehung zwischen ω und k nennt man Dispersionsrelation. Sie ist in diesem Fall sehr einfach:

$$\omega = ck. \tag{3.37}$$

Die Verwendung trigonometrischer Funktionen bei der Überlagerung von Wellen führt zu mühseligen Rechnungen. Man verwendet daher heute fast ausschließlich die komplexe Schreibweise. Dazu ersetzt man den Sinus durch Exponentialfunktionen gemäß der Eulerschen Formel

$$\sin \alpha = \frac{1}{2i}(e^{i\alpha} - e^{-i\alpha}). \tag{3.38}$$

Dann lautet die harmonische Welle (3.31)

$$E(z, t) = \tfrac{1}{2}E_0\, e^{i(kz-\omega t)} + \tfrac{1}{2}E_0^*\, e^{i(-kz+\omega t)}. \tag{3.39}$$

mit der komplexen Amplitude

$$E_0 = \frac{A}{i}. \tag{3.40}$$

E_0^* ist die zu E_0 konjugiert komplexe Amplitude. Man schreibt oft auch der Bequemlichkeit halber

$$E(z, t) = \tfrac{1}{2}E_0 e^{i(kz-\omega t)} + c.c., \tag{3.41}$$

wobei $c.c.$ das konjugiert Komplexe des davorstehenden Ausdrucks bedeutet.

Wenn man nur mit linearen Beziehungen arbeitet, kann man noch einen Schritt weiter gehen und eine harmonische Welle in der rein komplexen Schreibweise

$$E(z, t) = E_0 e^{i(kz-\omega t)} \tag{3.42}$$

angeben mit der Maßgabe, daß nach Beendigung der Rechnung der Realteil (oder der Imaginärteil) zu nehmen ist. In dieser Schreibweise ist bei der Intensitätsberechnung wegen der Nichtlinearität Vorsicht geboten.

3.3.2 Ebene Wellen

Unter einer ebenen Welle im Raum versteht man eine Welle, die, bei fester Zeit t, in allen Ebenen senkrecht zur Ausbreitungsrichtung jeweils eine konstante Phase besitzt. Um einen Ausdruck für eine solche Welle zu finden, braucht man nur zu wissen, daß

$$\boldsymbol{k} \cdot \boldsymbol{r} = \text{const} \tag{3.43}$$

die Gleichung für eine Ebene im Raum ist, wobei $\boldsymbol{k} = (k_x, k_y, k_z)$ den Wellenvektor und $\boldsymbol{r} = (x, y, z)$ den Ortsvektor bezeichnen.

Eine ebene, harmonische Welle ist bei Betrachtung zur Zeit $t = 0$ gegeben durch

$$E(r) = A \sin(k \cdot r) \qquad (3.44)$$

$$\text{oder} \quad E(r) = \tfrac{1}{2} E_0\, e^{ik \cdot r} + \text{c.c.} \qquad (3.45)$$

$$\text{oder} \quad E(r) = E_0\, e^{ik \cdot r}. \qquad (3.46)$$

Die Welle wiederholt sich in Richtung von k nach einer Strecke λ, der Wellenlänge. Denn mit $|k| = k$, $k \cdot k = k^2$ und wegen $k = 2\pi/\lambda$ gilt

$$
\begin{aligned}
E\left(r + \lambda\frac{k}{k}\right) &= A \sin\left(k \cdot \left(r + \lambda\frac{k}{k}\right)\right), \\
&= A \sin(k \cdot r + \lambda k) \\
&= A \sin(k \cdot r + 2\pi) \\
&= A \sin(k \cdot r) \\
&= E(r). \qquad (3.47)
\end{aligned}
$$

Wir haben bisher die ebene Welle nur zu einer festen Zeit, sozusagen als eine Momentaufnahme, betrachtet. Führen wir eine Zeitabhängigkeit wie bei den eindimensionalen Wellen ein, ergibt sich

$$E(r, t) = A \sin(k \cdot r \mp \omega t) \qquad (3.48)$$

$$\text{oder} \quad E(r, t) = \tfrac{1}{2} E_0\, e^{i(k \cdot r \mp \omega t)} + \text{c.c.} \qquad (3.49)$$

$$\text{oder} \quad E(r, t) = E_0\, e^{i(k \cdot r \mp \omega t)}. \qquad (3.50)$$

Das Minuszeichen gilt für eine Welle, die sich in Richtung des Wellenvektors k ausbreitet, das Pluszeichen für eine Welle, die sich entgegen der Richtung des Wellenvektors k ausbreitet.

Da die trigonometrischen und die komplexen Exponentialfunktionen jeweils ein vollständiges Funktionensystem darstellen, lassen sich kompl
ziertere Wellen durch Überlagerung von ebenen Wellen darstellen.

3.3.3 Kugelwellen

Eine andere, oft gebrauchte Wellenform ist die Kugelwelle. Ihre große Bedeutung erhält sie durch das Huygens'sche Prinzip, nach dem jeder von einer Welle erregte Raumpunkt Ausgangspunkt einer Kugelwelle ist.

Um zu einer Darstellung einer Kugelwelle zu kommen, bei der die Phase auf einer Kugelfläche konstant ist, schreibt man die Wellengleichung zweckmäßig in Kugelkoordinaten (r, Θ, φ) um:

$$
\begin{aligned}
x &= r \sin\Theta \cos\varphi, \\
y &= r \sin\Theta \sin\varphi, \qquad (3.51) \\
z &= r \cos\Theta.
\end{aligned}
$$

Der Laplace-Operator Δ lautet in Kugelkoordinaten

$$\Delta = \frac{1}{r^2}\frac{\partial}{\partial r}\left(r^2\frac{\partial}{\partial r}\right) + \frac{1}{r^2\sin\Theta}\frac{\partial}{\partial\Theta}\left(\sin\Theta\frac{\partial}{\partial\Theta}\right) + \frac{1}{r^2\sin^2\Theta}\frac{\partial^2}{\partial\varphi^2}. \tag{3.52}$$

Dies ist ein recht komplizierter Ausdruck. Glücklicherweise ist eine Kugelwelle sphärisch symmetrisch, d.h. zeigt keine Abhängigkeit von Θ und φ. Daher vereinfacht sich der Ausdruck für den Laplace–Operator zu

$$\Delta = \frac{1}{r^2}\frac{\partial}{\partial r}\left(r^2\frac{\partial}{\partial r}\right) = \frac{\partial^2}{\partial r^2} + \frac{2}{r}\frac{\partial}{\partial r} \tag{3.53}$$

oder

$$\Delta E = \frac{1}{r}\frac{\partial^2}{\partial r^2}(rE). \tag{3.54}$$

Die Wellengleichung lautet dann

$$\frac{1}{r}\frac{\partial^2}{\partial r^2}(rE) - \frac{1}{c^2}\frac{\partial^2 E}{\partial t^2} = 0. \tag{3.55}$$

Wenn die Gleichung mit r multipliziert wird, erhält man

$$\frac{\partial^2}{\partial r^2}(rE) - \frac{1}{c^2}\frac{\partial^2}{\partial t^2}(rE) = 0, \tag{3.56}$$

d.h. die eindimensionale Wellengleichung für die Größe rE. Wir können daher die früheren, allgemeinen Lösungen (3.28) und (3.29) übernehmen: $rE(r,t) = f(r-ct)$ und $rE(r,t) = g(r+ct)$. Man bezeichnet

$$E(r,t) = \frac{1}{r}f(r-ct) \tag{3.57}$$

als auslaufende Kugelwelle, da sie sich vom Ursprung $r = 0$ radial nach außen ausbreitet, und

$$E(r,t) = \frac{1}{r}g(r+ct) \tag{3.58}$$

als einlaufende Kugelwelle, da sie sich auf den Ursprung $r = 0$ zusammenzieht.

Von besonderer Bedeutung sind wieder die harmonischen Kugelwellen

$$E(r,t) \;=\; \frac{A}{r}\sin(kr \mp \omega t) \tag{3.59}$$

$$\text{oder}\quad E(r,t) \;=\; \frac{\frac{1}{2}E_0}{r}e^{i(kr\mp\omega t)} + \text{c.c.} \tag{3.60}$$

$$\text{oder}\quad E(r,t) \;=\; \frac{E_0}{r}e^{i(kr\mp\omega t)}. \tag{3.61}$$

Die Amplitude E_0/r einer Kugelwelle fällt proportional zu $1/r$ ab. Außerdem kann man sich klarmachen, daß in großer Entfernung vom Ursprung eine Kugelwelle lokal in eine ebene Welle übergeht.

3.3.4 Besselwellen

Die Wellengleichung

$$\Delta E(r, t) - \frac{1}{c^2}\frac{\partial^2 E(r, t)}{\partial t^2} = 0 \tag{3.62}$$

besitzt eine Klasse interessanter Lösungen, die erst in den letzten Jahren entdeckt worden ist, die Klasse beugungsfreier Wellen [3.3]. Beugungsfrei bedeutet dabei, daß die Welle bei der Ausbreitung im freien Raum in z–Richtung ihre Intensitätsverteilung in der (x, y)–Ebene unabhängig von z beibehält (zur Definition der Intensität siehe den folgenden Abschnitt):

$$I(x, y, z) = I(x, y, 0), \qquad z \geq 0. \tag{3.63}$$

Ein Beispiel ist die ebene Welle. Diese stellt aber nur einen Grenzfall dar, bei dem $I(x, y)$ über den Querschnitt konstant ist. Normalerweise würde man bei Kenntnis der skalaren Beugungstheorie erwarten, daß ein im Querschnitt stark lokalisiertes Lichtbündel bei der Ausbreitung seine Form nicht beibehalten kann. Genau solche Lösungen gibt es jedoch, und sie konnten auch bereits angenähert realisiert werden [3.4].

Das einfachste, nichttriviale Beispiel einer beugungsfreien Welle ist die sogenannte fundamentale Besselwelle

$$E(r, t) = E_0 J_0(\alpha\rho)e^{-i(\omega t - \beta z)} \tag{3.64}$$

mit $\beta^2 = k^2 - \alpha^2$, $\beta \geq 0$, $0 < \alpha \leq k = 2\pi/\lambda = \omega/c$, $\rho^2 = x^2 + y^2$, $r = (x, y, z)$, wie man durch Einsetzen in die Wellengleichung feststellen kann. Die bekannte Besselfunktion J_0 ist dabei definiert durch [3.5]

$$J_0(s) = \frac{1}{2\pi}\int\limits_0^{2\pi} e^{is\sin\xi}d\xi. \tag{3.65}$$

Abbildung 3.2 zeigt den Graphen der Funktion $J_0(\alpha\rho)$ für verschiedene Werte von α. Man erkennt, daß die Welle quer zur Ausbreitungsrichtung rotationssymmetrisch ist, und der Parameter α die Breite des zentralen Lichtbündels beschreibt. Die Breite ist um so kleiner, je größer $\alpha \leq k$ $= 2\pi/\lambda$. Sie wird im Grenzfall $\alpha = k$ von der Größenordnung einer Wellenlänge λ, kann also sehr klein werden. Trotzdem erfolgt keine durch Ausbreitung im freien Raum sich ergebende Aufweitung.

Die ebene Welle erhält man aus (3.64) für $\alpha = 0$. Ebenso wie die ebene Welle besitzt die Besselwelle keine endliche Energie, aber eine endliche Energiedichte. Sie ist daher ebenso wie die ebene Welle nur näherungsweise praktisch zu verwirklichen. Die einfachste effektive Art der Herstellung einer Besselwelle besteht darin, ein Axicon zu benutzen, d.h. einen Glaskegel, der in Richtung der Kegelspitze mit einer ebenen Welle beleuchtet wird (Abb. 3.3).

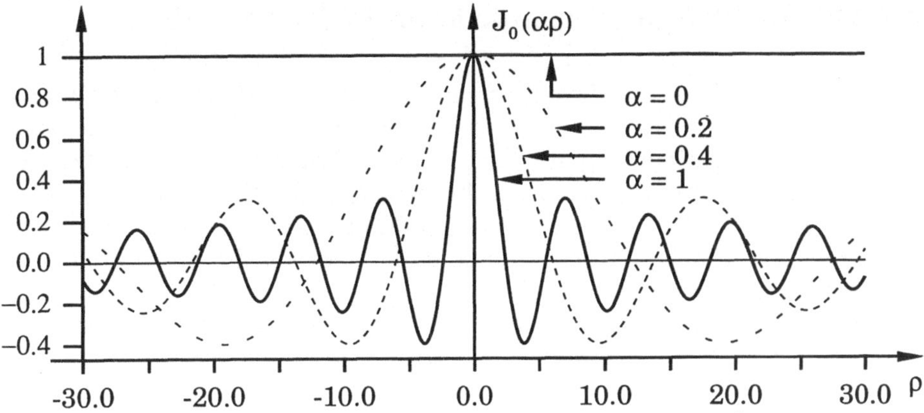

Abb. 3.2. Radiale Feldstärkeverteilung $J_0(\alpha\rho)$ von Besselwellen.

Der Bereich z_B, in dem die Besselwelle vorliegt, ist durch den Überlappungsbereich der vom Axicon gebrochenen Lichtwellen gegeben. Er ist, für kleine Winkel γ, proportional zum Axiconradius R und umgekehrt proportional zum Axiconwinkel γ. Nur sehr große Axicons können daher über längere Strecken annähernd beugungsfreie Besselwellen liefern; und nur im Grenzfall unendlich großer Axicons wird auch die beugungsfreie Strecke z_B unendlich groß.

Besselwellen sind unter anderem für die Materialbearbeitung vorgeschlagen worden, z.B. um tiefe Löcher zu bohren oder gekrümmte Objekte zu beschriften. Die Axiconanordnung der Abb. 3.3 ist auch als Pumpgeometrie zur Erzeugung einer linienhaften Anregung für Röntgenlaser benutzt worden.

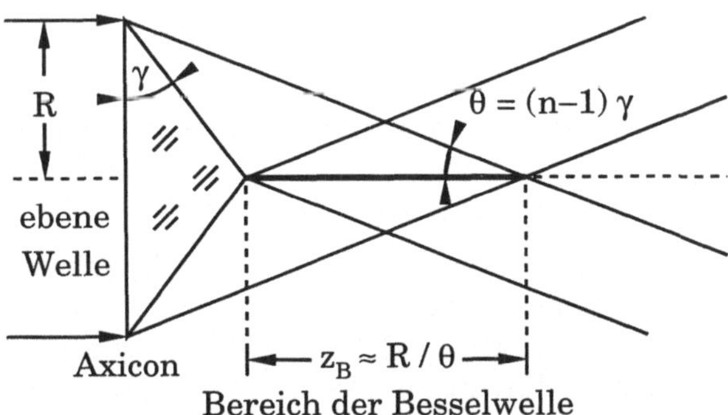

Abb. 3.3. Experimentelle Verwirklichung einer Besselwelle mit einem Axicon mit dem Radius R, Brechungsindex n und Winkel γ.

3.4 Der Begriff der Intensität einer Lichtwelle

Lichtwellen sind uns in ihrem Verlauf leider noch nicht direkt zugänglich, sondern nur in Form der Intensität einer Lichtwelle. Die Intensität ist daher ein wichtiger Begriff. Sie gehört zu den schwierigeren Begriffsbildungen, da unter anderem die Feldstärke nichtlinear eingeht. Man darf z.B. keinesfalls, außer in Ausnahmefällen, die Intensitäten harmonischer Wellen einfach addieren, um zu einer richtigen Beschreibung eines optischen Vorgangs zu kommen.

Unter Intensität versteht man eine Größe, die aus der Energie, die durch eine Fläche pro gegebener Zeit strömt, gebildet wird:

$$\text{Intensität} = \frac{\text{Energie}}{\text{Fläche} \cdot \text{Zeitintervall}} \, .$$

Um an diese Größe zu kommen, betrachtet man die Energiedichte u, d.h. die Energie in einem Volumen des elektromagnetischen Feldes. Für das elektrische Feld allein gilt (siehe z.B. Plattenkondensator)

$$u_E = \frac{\varepsilon_0}{2} E^2, \qquad E \text{ reell}, \tag{3.66}$$

und für das magnetische Feld allein (siehe z.B. Spule)

$$u_B = \frac{1}{2\mu_0} B^2, \qquad B \text{ reell}. \tag{3.67}$$

Wir betrachten hier skalare, d.h. linear polarisierte Felder. Man kann relativ leicht zeigen, daß für eine ebene Welle gilt

$$E = cB. \tag{3.68}$$

Daraus folgt die Gleichheit von elektrischer und magnetischer Energiedichte

$$u_E = u_B, \tag{3.69}$$

eine Beziehung, die ganz allgemein für sich ausbreitende elektromagnetische Felder gilt. Damit kann man die Gesamtenergiedichte u schreiben als

$$u = u_E + u_B = 2\,u_E = \varepsilon_0 E^2. \tag{3.70}$$

Um die Intensität zu erhalten, betrachten wir die Energie, die pro Zeiteinheit Δt durch eine Flächeneinheit ΔA senkrecht zur Ausbreitungsrichtung hindurchströmt. Einen Ausdruck dafür erhalten wir, indem wir die Energiedichte u mit dem Volumen $c\Delta t\ \Delta A$ multiplizieren und durch $\Delta t\ \Delta A$ teilen. Das ergibt

$$I = \frac{uc\Delta t\Delta A}{\Delta t\Delta A} = uc \tag{3.71}$$

und damit

$$I = \varepsilon_0 c E^2. \tag{3.72}$$

Wichtig an dieser Beziehung ist, daß I proportional zu E^2 ist

$$I \sim E^2 \quad (E \text{ reell}). \tag{3.73}$$

In der vorliegenden Form (3.73) kann die Intensität, die wir die Momentanintensität nennen wollen, noch nicht zu Meßzwecken verwendet werden, da bisher kein Detektor existiert, der den Lichtfrequenzen folgen könnte. Daher ist jede Intensitätsmessung ein Mittelwert über eine Meßzeit T_m, die groß ist gegen die Schwingungsperiode der Lichtwelle $T = 2\pi/\omega$.

Für eine eindimensionale, harmonische Welle ergibt sich, wenn wir sie in der komplexen Form (3.39)

$$\begin{aligned} E(z,t) &= \tfrac{1}{2}E_0\, e^{i(kz-\omega t)} + \tfrac{1}{2}E_0^*\, e^{-i(kz-\omega t)} & \tag{3.74}\\ &= \tfrac{1}{2}E_R\, e^{-i\omega t} + \tfrac{1}{2}E_R^*\, e^{i\omega t} & \tag{3.75} \end{aligned}$$

schreiben,

$$I(z,t) \sim E^2(z,t) = \tfrac{1}{4}(E_R^2\, e^{-2i\omega t} + E_R^{*2}\, e^{2i\omega t} + 2E_R E_R^*). \tag{3.76}$$

Dabei haben wir die Abkürzung für die räumliche Abhängigkeit der Welle

$$E_R = E_R(z) = E_0\, e^{ikz} \tag{3.77}$$

benutzt. Bilden wir den Mittelwert über die Meßzeit T_m

$$\bar{I}(z) = \frac{1}{T_m} \int\limits_{-T_m/2}^{+T_m/2} I(z,t)\,dt, \tag{3.78}$$

so ergibt sich, wenn wir zusätzlich den Faktor $\tfrac{1}{4}$ weglassen,

$$\bar{I}(z) \sim \frac{1}{T_m} \int\limits_{-T_m/2}^{+T_m/2} [E_R^2\, e^{-2i\omega t} + E_R^{*2}\, e^{2i\omega t} + 2E_R E_R^*]\,dt$$

$$= \frac{E_R^2}{2i\omega T_m}(e^{+i\omega T_m} - e^{-i\omega T_m}) + \frac{E_R^{*2}}{2i\omega T_m}(e^{+i\omega T_m} - e^{-i\omega T_m}) + 2E_R E_R^*. \tag{3.79}$$

Wenn die Meßzeit T_m groß gegen die Schwingungsperiode T ist,

$$T_m \gg T = \frac{2\pi}{\omega} \quad \text{oder} \quad \omega T_m \gg 1, \tag{3.80}$$

kann man die beiden ersten Terme in (3.79) gegen $2E_R E_R^*$ vernachlässigen und erhält unter Verwendung von (3.77)

$$\bar{I}(z) \sim 2E_R E_R^* = 2E_0 e^{ikz} E_0^* e^{-ikz} = 2E_0 E_0^*. \tag{3.81}$$

Eine harmonische Welle besitzt also eine räumlich und zeitlich konstante Intensität. Daher definiert man unter Weglassung von Proportionalitätsfaktoren die Intensität durch

$$I = E_0 E_0^* = |E_0|^2. \tag{3.82}$$

Man beachte, daß diese Definition die oben durchgeführte zeitliche Mittelwertbildung enthält.

Allgemeinere Wellenfelder lassen sich, wie in Abschnitt 4.4 gezeigt wird, ebenfalls durch eine komplexe Feldstärke $E(r, t)$, das sogenannte analytische Signal, repräsentieren. Die Definition der Intensität überträgt sich auf diesen allgemeineren Fall bei Vorliegen eines stationären Wellenfeldes wie folgt:

$$I(r) = \lim_{T_m \to \infty} \frac{1}{T_m} \int_{-T_m/2}^{+T_m/2} E(r, t') E^*(r, t') dt' \stackrel{\text{def}}{=} \langle EE^* \rangle_\infty. \tag{3.83}$$

Diese theoretisch befriedigende Definition erweist sich für viele Zwecke als zu eng. Fluktuationen und andere, pulsartige Vorgänge lassen sich damit nicht adäquat beschreiben. Daher führt man die sogenannte Kurzzeitintensität

$$I(r, t; T_m) = \frac{1}{T_m} \int_{t-T_m/2}^{t+T_m/2} E(r, t') E^*(r, t') dt' \tag{3.84}$$

ein. Sie entspricht dem gleitenden Mittel mit einem um t zentrierten Fenster der Breite T_m. Die Mittelungszeit T_m, deren Angabe zur Kurzzeitintensität dazugehört, ist üblicherweise groß gegen die Periode der Lichtwelle und muß kleiner als die Zeitskala des zu untersuchenden Vorganges gewählt werden.

Übungsaufgaben

3.1. Berechnen Sie die Überlagerung zweier harmonischer, eindimensionaler Wellen gleicher Frequenz und Wellenlänge einmal in reeller Schreibweise,

$$E(z, t) = E_1 \sin(kz - \omega t + \varphi_1) + E_2 \sin(kz - \omega t + \varphi_2),$$

und einmal in komplexer Schreibweise (3.42),

$$E(z, t) = \tilde{E}_1 \exp(i[kz - \omega t]) + \tilde{E}_2 \exp(i[kz - \omega t]),$$

mit $\tilde{E}_{1,2} = E_{1,2} \exp(i\varphi'_{1,2})$. Geben Sie die Amplitude und Phase der resultierenden Welle an.

3.2. Bestimmen Sie Frequenz, Schwingungsperiode, Wellenzahl, Wellenlänge, Amplitude, Phasengeschwindigkeit und Ausbreitungsrichtung der folgenden Welle:

$$E(z, t) = 4\sin(2\pi(3z - 5t)) + 3\cos(\pi(6z - 10t)).$$

Geben Sie die komplexe Amplitude der Welle in der Schreibweise (3.42) an.

3.3. Eine Punktlichtquelle sende eine monofrequente Kugelwelle mit $\lambda = 550\,\mathrm{nm}$ aus. In welcher Entfernung von der Quelle weicht die Wellenfront auf einer Kreisfläche mit 1 cm Durchmesser um weniger als $\lambda/10$ von einer ebenen Wellenfront ab?

3.4. In einem dispersiven Material gelte die Wellengleichung

$$\frac{\partial^2 E}{\partial z^2} + \eta\frac{\partial^4 E}{\partial z^4} - \frac{1}{c^2}\frac{\partial^2 E}{\partial t^2} = 0.$$

Welche Dispersionsrelation hat das Medium?

3.5. Geben Sie einen Ausdruck für eine um die z–Achse zylindersymmetrische, skalare, monofrequente Welle an. Überlegen Sie sich unter Verwendung der Energieerhaltung, wie die Amplitude $E(\rho)$ der Zylinderwelle vom Abstand ρ von der Achse abhängt (für große ρ). Der Laplace–Operator Δ lautet in Zylinderkoordinaten (ρ, Θ, z):

$$\Delta = \frac{1}{\rho}\frac{\partial}{\partial\rho}\left(\rho\frac{\partial}{\partial\rho}\right) + \frac{1}{\rho^2}\frac{\partial^2}{\partial\Theta^2} + \frac{\partial^2}{\partial z^2}.$$

Leiten Sie damit eine Differentialgleichung für $E(\rho)$ her und zeigen Sie mit den in Aufgabe 3.7 gegebenen Hinweisen, daß die Funktion $E(\rho) = J_0(k\rho)$ eine Lösung ist.

3.6. Welchen Durchmesser müßte ein Axicon ($n = 1.5$, $\gamma = 15°$, siehe Abb. 3.3) haben, um damit eine Besselwelle über eine Strecke von 1 km zu realisieren?

3.7. Verifizieren Sie, daß die Besselwelle (3.64) eine Lösung der dreidimensionalen, skalaren Wellengleichung ist. Beschreiben und skizzieren Sie die Lösung für $\alpha = \pm k$. Die Besselwelle (3.64) kann als Überlagerung ebener Wellen der Form $\exp(i(\boldsymbol{kr} - \omega t))$ geschrieben werden. Welche Wellenvektoren $\boldsymbol{k}$ kommen darin vor? Erläutern Sie, von diesem Ergebnis ausgehend, die Funktionsweise eines Axicons und begründen Sie die in Abb. (3.3) gegebenen Beziehungen für Θ und z_B. Es gilt: $dJ_0(z)/dz = -J_1(z)$, $d^2J_0/dz^2 = J_1(z)/z - J_0(z)$ und $J_0(s) = (2\pi)^{-1}\int_0^{2\pi}\exp(is\cos\xi)d\xi$.

3.8. Eine 100 W Glühlampe wandle 2% der elektrischen Energie in Licht um. Durch einen Reflektor wird bewirkt, daß die Lichtleistung gleichmäßig in einen Raumwinkelbereich von 1 sterad emittiert wird. Wie groß ist dort die Lichtintensität in 50 cm Entfernung von der Lampe, wie groß die entsprechende elektrische Feldstärkeamplitude (bei Annahme harmonischer Wellen)?

3.9. Schreiben Sie die Überlagerung (Schwebung) zweier harmonischer Schwingungen mit gleicher Amplitude E_0 (reell),

$$E(z, t) = E_0 e^{-i\omega_1 t} + E_0 e^{-i\omega_2 t},$$

als Produkt zweier Schwingungen. Dabei gelte $|\omega_1 - \omega_2| \ll (\omega_1 + \omega_2)/2$. Berechnen Sie die Momentanintensität, die Kurzzeitintensität (Meßzeit T_m) und die Intensität des Schwebungssignals. Skizzieren Sie den zeitlichen Verlauf der Kurzzeitintensität für $T_m \ll T_s$, $T_m \approx T_s$ und $T_m \gg T_s$, mit $T_s = 2\pi/|\omega_1 - \omega_2|$.

Literatur

3.1 R.P. Feynman, R.B. Leighton, M. Sands: *The Feynman Lectures on Physics, Vol.II* (Addison-Wesley, Reading 1964)
M. Alonso, E. J. Finn: *Physics* (Addison-Wesley, Reading 1992)
3.2 R. Hasegawa: *Optical Solitons in Fibers* (Springer, Berlin, Heidelberg 1990)
3.3 J. Durnin, J. J. Miceli Jr., J. H. Eberly: „Diffraction–free beams", Phys. Rev. Lett. **58**, 1499–1501 (1987)
J. Durnin: „Exact solutions for nondiffracting beams. I. The scalar theory", J. Opt. Soc. Am. **A4**, 651–654 (1987)
F. Gori, G. Guattari. C. Padovani: „Bessel–Gauss beams", Opt. Commun. **64**, 491–495 (1987)
3.4 A. Vasara, J. Turunen, A. T. Friberg: „Realization of general nondiffracting beams with computer–generated holograms", J. Opt. Soc. Am. **A6**, 1748–1754 (1989)
G. Scott, N. McArdle: „Efficient generation of nearly diffraction–free beams using an axicon", Opt. Eng. **31**, 2640–2643 (1992)
3.5 I. N. Bronstein, K. A. Semendjajew: *Taschenbuch der Mathematik* (Harri Deutsch, Thun 1979)

Weiterführende Literatur

Born, M.: *Optik* (Springer, Berlin, Heidelberg 1972)
Born, M., Wolf, E.: *Principles of Optics* (Pergamon, Oxford 1984)
Crawford, F. S.: *Berkeley Kurs Physik, Schwingungen und Wellen* (Vieweg, Braunschweig 1986)
Hecht, E.: *Optik* (Addison–Wesley, Bonn 1992)
Klein, M. V., T. E. Furtak: *Optik* (Springer, Berlin, Heidelberg 1988)

4. Kohärenz

Der ursprüngliche Sinn des Wortes Kohärenz in der Optik bezog sich auf die Fähigkeit einer Strahlung, Interferenzerscheinungen hervorzurufen. Heute wird der Begriff der Kohärenz allgemeiner durch die Gesamtheit der Korrelationseigenschaften zwischen Größen des optischen Feldes definiert. Interferenz ist dabei das einfachste Phänomen, das Korrelation zwischen Lichtwellen enthüllt.

Man unterscheidet als Grenzfälle einer allgemeineren Art der Beschreibung die zeitliche und die räumliche Kohärenz. Dies ist zum Teil historisch bedingt, zum Teil, weil diese Grenzfälle jeweils meßtechnisch gut realisiert werden können.

Zur Messung der zeitlichen Kohärenz hat *Michelson* ein Verfahren angegeben. Das dabei verwendete Instrument heißt heute Michelson–Interferometer (Abschnitt 4.1). Zur Erläuterung der räumlichen Kohärenz zieht man den Youngschen Doppelspaltversuch heran (Abschnitt 4.2).

4.1 Zeitliche Kohärenz

Wir betrachten den Strahlengang in einem Michelson–Interferometer (Abb. 4.1). Das zu untersuchende Licht wird in einem Strahlteiler in zwei Strahlen aufgeteilt. Ein Strahl wird von einem feststehenden Spiegel in sich zurückreflektiert; der andere Strahl wird ebenfalls an einem Spiegel, der aber verschoben werden kann, in sich zurückreflektiert. Die beiden reflektierten Strahlen werden am Strahlteiler jeweils wieder aufgeteilt, wobei je ein Teil in dieselbe Richtung läuft und auf einem Schirm aufgefangen wird. Der Sinn dieser Anordnung besteht darin, einen Lichtstrahl zeitverschoben mit sich selbst zu überlagern.

Wir wollen nun eine mathematische Beschreibung finden. Auf dem Schirm haben wir zunächst die Überlagerung zweier Wellen E_1 und E_2. Sei E_1 die Lichtwelle, die über den feststehenden Spiegel den Schirm erreicht, und E_2 die Lichtwelle, die über den verschiebbaren Spiegel den Schirm erreicht. Dann gilt an einem festen Punkt auf dem Schirm, wenn die einfallende Welle am Strahlteiler gleichmäßig aufgespalten wurde,

$$E_2(t) = E_1(t + \tau), \qquad \text{bzw.} \qquad E_1(t) = E_2(t - \tau). \qquad (4.1)$$

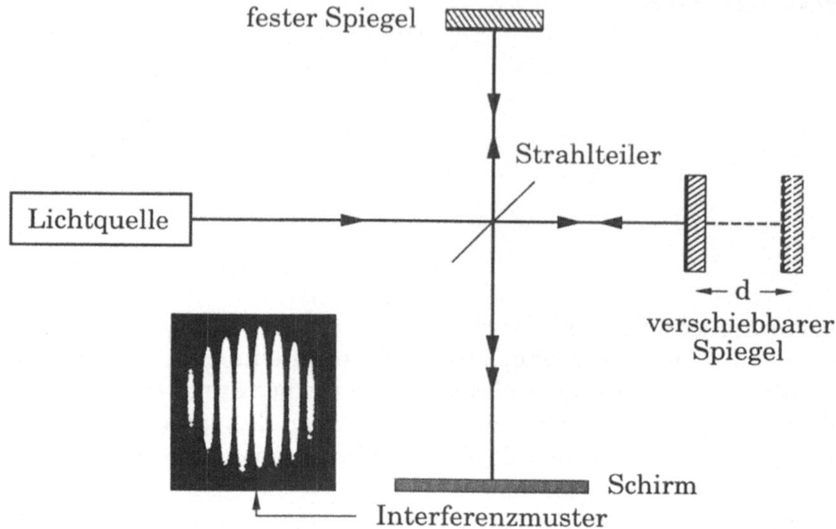

Abb. 4.1. Das Michelson–Interferometer.

Die Welle E_2 muß also früher loslaufen, um nach dem Umweg $2d$ zur Zeit t am Schirm einzutreffen. Die Größe τ hängt mit der Spiegelverschiebung d gemäß

$$\tau = \frac{2d}{c} \tag{4.2}$$

zusammen. Auf dem Schirm beobachten wir dann die Interferenz der beiden Wellen, die durch die Überlagerung der Feldstärken

$$E(t) = E_1(t) + E_2(t) = E_1(t) + E_1(t + \tau) \tag{4.3}$$

zustandekommt. Diese Überlagerung ist nicht direkt sichtbar, sondern nur die Intensität:

$$\begin{aligned}
I &= \langle EE^* \rangle = \langle (E_1 + E_2)(E_1 + E_2)^* \rangle \\
&= \langle E_1 E_1^* \rangle + \langle E_2 E_2^* \rangle + \langle E_2 E_1^* \rangle + \langle E_1 E_2^* \rangle \\
&= I_1 + I_2 + 2\,\mathrm{Re}\{\langle E_1^* E_2 \rangle\} \\
&= 2I_1 + 2\,\mathrm{Re}\{\langle E_1^* E_2 \rangle\}.
\end{aligned} \tag{4.4}$$

Man erkennt, daß die Gesamtintensität I auf dem Schirm durch die Summe aus der Intensität I_1 der ersten Welle und I_2 der zweiten Welle und einem Interferenzterm gegeben ist. Die wichtige Information steckt in dem Ausdruck $\langle E_1^* E_2 \rangle$. Man definiert daher mit $E_2(t) = E_1(t + \tau)$

$$\begin{aligned}
\Gamma(\tau) &= \langle E_1^*(t) E_1(t + \tau) \rangle \\
&= \lim_{T_m \to \infty} \frac{1}{T_m} \int\limits_{-T_m/2}^{+T_m/2} E_1^*(t) E_1(t + \tau)\, dt
\end{aligned} \tag{4.5}$$

und nennt $\Gamma(\tau)$ die komplexe Selbstkohärenzfunktion. Sie ist die Autokorrelationsfunktion der komplexen Lichtwelle $E_1(t)$. Für die Intensität $I(\tau)$ gilt dann

$$I(\tau) = I_1 + I_2 + 2\,\mathrm{Re}\{\Gamma(\tau)\} = 2I_1 + 2\,\mathrm{Re}\{\Gamma(\tau)\}. \tag{4.6}$$

Als Beispiel betrachten wir eine harmonische Welle:

$$E_1(t) = E_0 e^{-i\omega t}. \tag{4.7}$$

Dann ist

$$\begin{aligned}
\Gamma(\tau) &= \lim_{T_m \to \infty} \frac{1}{T_m} \int_{-T_m/2}^{+T_m/2} E_1^*(t) E_1(t+\tau)\,dt \\
&= \lim_{T_m \to \infty} \frac{1}{T_m} \int_{-T_m/2}^{+T_m/2} |E_0|^2 e^{i\omega t} e^{-i\omega(t+\tau)}\,dt \\
&= |E_0|^2 e^{-i\omega\tau} = I_1 e^{-i\omega\tau}, \tag{4.8}
\end{aligned}$$

d.h., die Selbstkohärenzfunktion hängt ebenfalls harmonisch von der Zeitverschiebung τ ab. Die Intensität der harmonischen Welle, die durch die zeitverschobene Überlagerung entsteht, erhalten wir durch Einsetzen in (4.6) zu

$$\begin{aligned}
I(\tau) &= 2I_1 + 2\,\mathrm{Re}\{\Gamma(\tau)\} \\
&= 2I_1 + 2I_1\,\mathrm{Re}\{e^{-i\omega\tau}\} \\
&= 2I_1 + 2I_1 \cos\omega t \\
&= 2I_1(1 + \cos\omega\tau). \tag{4.9}
\end{aligned}$$

Der Verlauf $I(\tau)$ ist in Abb. 4.2 dargestellt. Er ist im Michelson-Interferometer bei leicht verkipptem Spiegel unmittelbar als Streifenmuster zu sehen (Abb. 4.1).

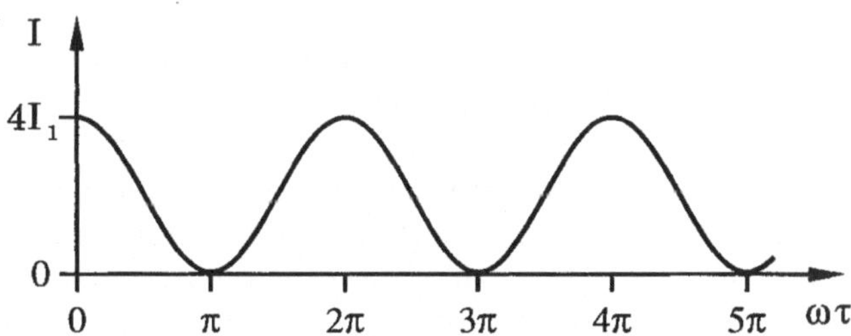

Abb. 4.2. Verlauf der Intensität im Michelson–Interferometer für eine harmonische Welle in Abhängigkeit von der zeitlichen Verschiebung $\tau = 2d/c$, wobei d die Spiegelverschiebung ist.

Man kann sich leicht vorstellen, daß man auf dem Schirm nicht zwei zeitverschobene Lichtwellen aus derselben Lichtquelle überlagert, sondern zwei Lichtwellen aus verschiedenen Quellen, deren Kohärenz man feststellen möchte. Interferenzexperimente dieser Art mit Lasern können nichttriviale Ergebnisse liefern [4.1]. Für einen solchen Fall muß die obige Definition der zeitlichen Kohärenz erweitert werden, und man erhält die sogenannte Kreuzkohärenzfunktion

$$\Gamma(\tau) = \langle E_1^*(t)E_2(t+\tau)\rangle. \tag{4.10}$$

Sie ist die Kreuzkorrelationsfunktion der beiden Lichtwellen. Sie wird wie die Selbstkohärenzfunktion an einem Raumpunkt gebildet.
Man kann die komplexe Selbstkohärenzfunktion $\Gamma(\tau)$ noch normieren:

$$\gamma(\tau) = \frac{\Gamma(\tau)}{\Gamma(0)}. \tag{4.11}$$

Die Größe $\gamma(\tau)$ heißt komplexer Selbstkohärenzgrad. Da $\Gamma(0) = I_1$ stets reell und der größte vorkommende Wert des Betrages der Autokorrelationsfunktion $\Gamma(\tau)$ ist, gilt

$$|\gamma(\tau)| \le 1. \tag{4.12}$$

Die Intensität $I(\tau)$ läßt sich dann so formulieren:

$$\begin{aligned} I(\tau) &= 2I_1 + 2I_1\,\mathrm{Re}\{\gamma(\tau)\} \\ &= 2I_1(1 + \mathrm{Re}\{\gamma(\tau)\}). \end{aligned} \tag{4.13}$$

Die Kohärenzfunktionen $\Gamma(\tau)$ bzw. $\gamma(\tau)$ sind im Interferenzterm, der nur durch die Intensitätsbildung zustandekommt, enthalten und nicht unmittelbar meßbar. Leicht läßt sich dagegen der Kontrast der Interferenzstreifen bestimmen. Diese bereits von *Michelson* eingeführte Größe wird mit Hilfe der maximalen und minimalen Intensität, I_{max} und I_{min}, gebildet:

$$K = \frac{I_{max} - I_{min}}{I_{max} + I_{min}}. \tag{4.14}$$

Der sich einstellende Kontrast K ist natürlich von der gegenseitigen, zeitlichen Verschiebung τ der Lichtwellen abhängig, d.h., K ist eine Funktion von τ. Eine präzise Definition des Kontrastes muß berücksichtigen, daß die maximale und die minimale Intensität der Interferenzstreifen nicht bei derselben zeitlichen Verschiebung der Lichtwellen auftreten (siehe Abb. 4.2). Seien τ_1 und τ_2, $\tau_2 > \tau_1$, die Zeitverschiebungen, die zu benachbarten Interferenzstreifen maximaler und minimaler Intensität gehören, $I_{max}(\tau_1)$ und $I_{min}(\tau_2)$, so wird man die Kontrastfunktion $K(\tau)$ im Intervall $[\tau_1, \tau_2[$ definieren als

$$K(\tau) = \frac{I_{max}(\tau_1) - I_{min}(\tau_2)}{I_{max}(\tau_1) + I_{min}(\tau_2)}. \tag{4.15}$$

Üblicherweise ist im Experiment $\tau_2 - \tau_1$, entsprechend einer halben mittleren Wellenlänge, klein gegen die Dauer des zu untersuchenden Wellenzuges. Nur in diesem Fall ist die Definition sinnvoll. Dann läßt sich

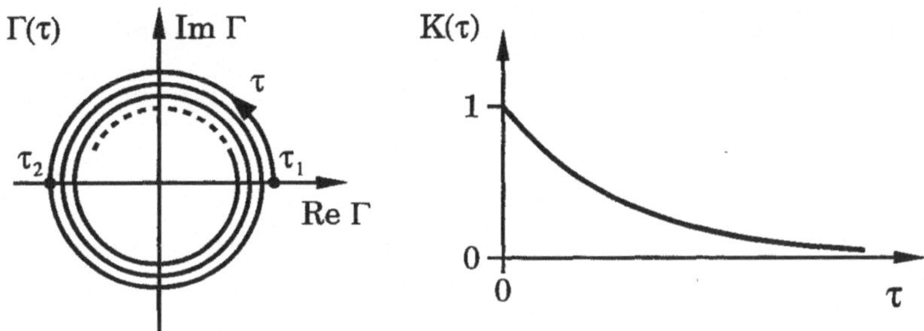

Abb. 4.3. Die Selbstkohärenzfunktion $\Gamma(\tau)$ in der komplexen Ebene (links) und die Kontrastfunktion $K(\tau)$ für quasimonochromatisches Licht.

die Kontrastfunktion $K(\tau)$ durch die Selbstkohärenzfunktion $\Gamma(\tau)$ ausdrücken.

Wir zeigen dies am Beispiel quasimonochromatischen Lichtes, d.h. von Licht kleiner relativer Bandbreite ($\Delta\omega/\omega \ll 1$). Der prinzipielle Verlauf der Selbstkohärenzfunktion ist in Abb. 4.3 dargestellt. Man erkennt, daß gemäß (4.6) das Intensitätsmaximum bei maximalem $\mathrm{Re}\{\Gamma(\tau)\}$, d.h. bei τ_1, angenommen wird und entsprechend das Intensitätsminimum bei minimalem $\mathrm{Re}\{\Gamma(\tau)\}$, d.h. bei τ_2. Außerdem erkennt man, daß sich der Betrag von $\Gamma(\tau)$ im Intervall $[\tau_1, \tau_2[$ praktisch nicht ändert. Daraus folgt für τ aus diesem Intervall

$$\mathrm{Re}\{\Gamma(\tau_1)\} = |\Gamma(\tau)| \qquad \text{und} \qquad \mathrm{Re}\{\Gamma(\tau_2)\} = -|\Gamma(\tau)|. \tag{4.16}$$

Damit erhält man für die Intensitäten

$$I_{max}(\tau_1) \;=\; 2I_1 + 2\,\mathrm{Re}\{\Gamma(\tau_1)\} = 2I_1 + 2|\Gamma(\tau)|, \tag{4.17}$$

$$I_{min}(\tau_2) \;=\; 2I_1 + 2\,\mathrm{Re}\{\Gamma(\tau_2)\} = 2I_1 - 2|\Gamma(\tau)| \tag{4.18}$$

und für die Kontrastfunktion

$$\begin{aligned}
K(\tau) &= \frac{2I_1 + 2|\Gamma(\tau)| - 2I_1 + 2|\Gamma(\tau)|}{2I_1 + 2|\Gamma(\tau)| + 2I_1 - 2|\Gamma(\tau)|} \\
&= \frac{4|\Gamma(\tau)|}{4I_1} = \frac{|\Gamma(\tau)|}{I_1} = \frac{|\Gamma(\tau)|}{\Gamma(0)} \\
&= |\gamma(\tau)|.
\end{aligned} \tag{4.19}$$

Die Kontrastfunktion $K(\tau)$ ist also gleich dem Betrag des komplexen Selbstkohärenzgrades. Dies gilt für gleichintensive Wellen, andernfalls ergeben sich Vorfaktoren.

Für das betrachtete quasimonochromatische Licht mit einer Selbstkohärenzfunktion, die, wie in Abb. 4.3 dargestellt, langsam in den Ursprung spiralt, erkennt man sofort, daß sich eine monoton abfallende Kontrastfunktion ergibt, da der Betrag von $\gamma(\tau)$ monoton abnimmt.

Für das Beipiel der oben betrachteten harmonischen Welle erhält man mit

$$\gamma(\tau) = e^{-i\omega\tau} \tag{4.20}$$

sofort

$$K(\tau) = |\gamma(\tau)| = 1. \tag{4.21}$$

Man darf also die harmonische Welle beliebig zeitlich verschoben mit sich überlagern, ohne daß sich an der Interferenzfähigkeit etwas ändert. Derartiges Licht nennt man vollständig kohärent. Dies ist natürlich ein Grenzfall. Er tritt aber, z.B. beim stabilisierten Ein–Moden–Laser, angenähert auf.

Die Kontrastfunktion kann je nach Lichtquelle sehr unterschiedliche Formen annehmen. Ein weiterer Grenzfall ist vollständig inkohärentes Licht, das durch $|\gamma(\tau)| = 0$ für $\tau \neq 0$ charakterisiert wird (es gilt stets $\gamma(0) = 1$). Der zugehörige Feldstärkeverlauf entspricht einem Gemisch von Lichtwellen aller Wellenlängen mit statistischer Phasenverteilung. Auch dieser Fall tritt angenähert auf. Gute Beispiele sind das Tageslicht und das Licht einer Glühlampe.

Die beiden Grenzfälle des vollständig kohärenten und vollständig inkohärenten Lichts sind mit Feldstärkeverlauf, Selbstkohärenzfunktion und Kontrastfunktion in Abb. 4.4 und Abb. 4.5 dargestellt.

Der große Zwischenbereich zwischen diesen beiden Grenzfällen heißt partiell kohärent. Man unterscheidet daher folgende Fälle ($\tau \neq 0$, $|\gamma(0)| = 1$)

$$\begin{aligned}
|\gamma(\tau)| &\equiv 1 \quad \text{vollkommen kohärent,} \\
0 \leq |\gamma(\tau)| &\leq 1 \quad \text{partiell kohärent,} \\
|\gamma(\tau)| &\equiv 0 \quad \text{vollkommen inkohärent.}
\end{aligned}$$

Viele natürliche und künstliche Lichtquellen haben eine monoton abfallende Kontrastfunktion, wie etwa das Licht einer Spektrallampe. Abbildung 4.6 zeigt als Beispiel den prinzipiellen Verlauf der Feldstärke, die Selbstkohärenzfunktion und die Kontrastfunktion für Licht einer Quecksilberdampflampe. Zur Charakterisierung des Abfalls der Kontrastfunktion führt man die Kohärenzzeit τ_c ein. Sie ist definiert als die zeitliche Verschiebung, bei der die Kontrastfunktion auf den Wert $1/e$ abgefallen ist. In optischen Aufbauten, wie etwa dem Michelson–Interferometer, kommt die Zeitverschiebung der überlagerten Wellen durch unterschiedliche optische Weglängen zustande. Man verwendet daher äquivalent zur Kohärenzzeit auch die Kohärenzlänge

$$l_c = c\tau_c \tag{4.22}$$

zur Charakterisierung der Interferenzfähigkeit des verwendeten Lichtes. Typische Werte der Kohärenzlänge sind für Glühlampenlicht einige Mikrometer, für Ein–Moden–Laserlicht einige Kilometer.

Die Begriffe Kohärenzzeit und Kohärenzlänge lassen sich für all diejenigen Quellen problemlos einführen, die einen monoton abfallenden Verlauf der Kontrastfunktion wie in Abb. 4.6 zeigen.

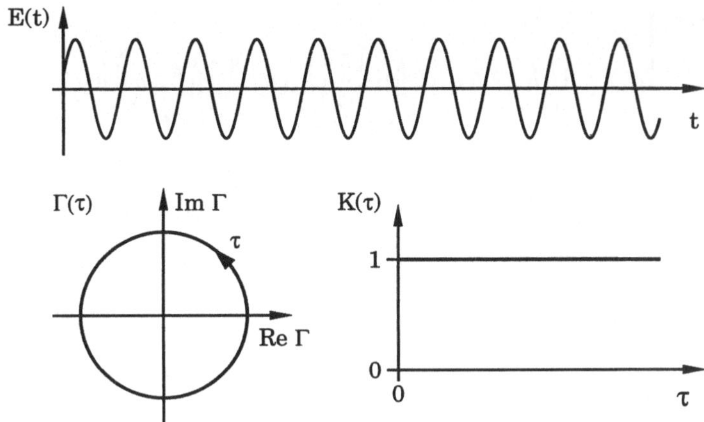

Abb. 4.4. Feldstärkeverlauf, Selbstkohärenzfunktion und Kontrastfunktion für vollständig kohärentes Licht.

Der Abfall muß aber nicht monoton erfolgen. Betrachtet man z.B. die Überlagerung zweier harmonischer Wellen unterschiedlicher Frequenz, so erhält man als Feldstärkeverlauf eine Schwebung (Abb. 4.7). Dieser Fall ist angenähert im Zwei–Moden–Laser realisiert. Wie sieht die Kontrastfunktion für derartiges Licht aus? Dazu betrachten wir zwei harmonische Wellen gleicher Amplitude

$$E(t) = E_0 e^{-i\omega_1 t} + E_0 e^{-i\omega_2 t}. \tag{4.23}$$

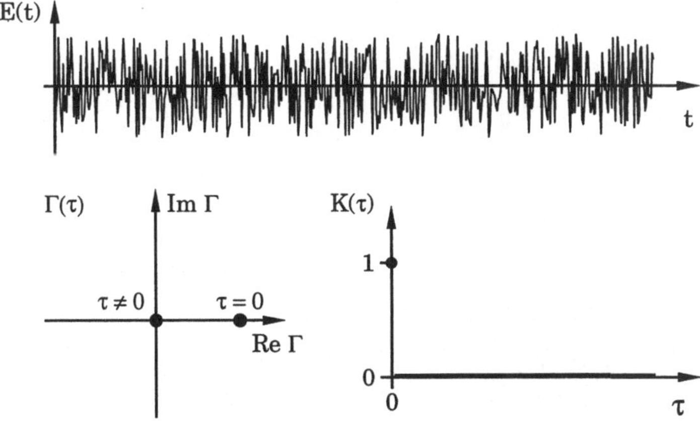

Abb. 4.5. Feldstärkeverlauf, Selbstkohärenzfunktion und Kontrastfunktion für vollständig inkohärentes Licht.

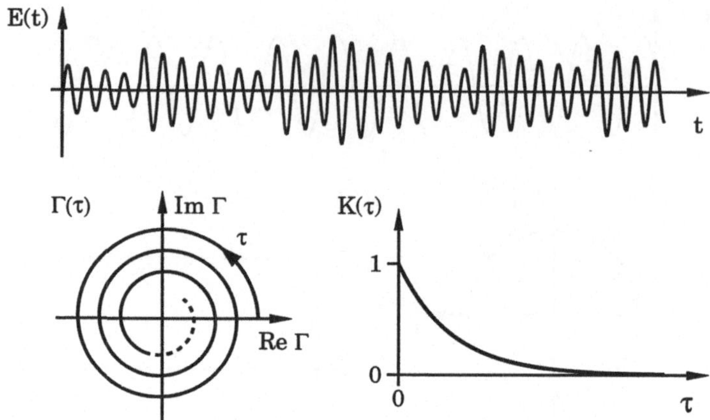

Abb. 4.6. Feldstärkeverlauf, Selbstkohärenzfunktion und Kontrastfunktion für Licht einer Quecksilberdampflampe.

Dann folgt nach (4.5) für die Selbstkohärenzfunktion

$$
\begin{aligned}
\Gamma(\tau) &= \lim_{T_m \to \infty} \frac{1}{T_m} \int_{-T_m/2}^{+T_m/2} \left(E_0^* e^{i\omega_1 t} + E_0^* e^{i\omega_2 t} \right) \left(E_0 e^{-i\omega_1(t+\tau)} + E_0 e^{-i\omega_2(t+\tau)} \right) dt \\
&= \lim_{T_m \to \infty} \frac{|E_0^2|}{T_m} \int_{-T_m/2}^{+T_m/2} (e^{-i\omega_1 \tau} + e^{-i\omega_2 \tau} + \underbrace{e^{-i\omega_1 \tau} e^{-i(\omega_1-\omega_2)t} + e^{-i\omega_2 \tau} e^{-i(\omega_2-\omega_1)t}}_{\text{kein Beitrag, da Mittelwert 0}}) dt \\
&= |E_0^2| \left(e^{-i\omega_1 \tau} + e^{-i\omega_2 \tau} \right).
\end{aligned}
\tag{4.24}
$$

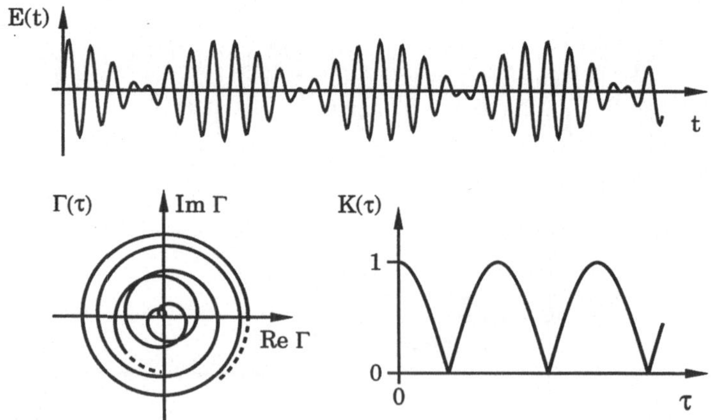

Abb. 4.7. Feldstärkeverlauf, Selbstkohärenzfunktion und Kontrastfunktion für Licht eines Zwei–Moden–Lasers.

Mit (4.11) erhält man wegen $\Gamma(0) = 2|E_0^2|$

$$\gamma(\tau) = \frac{1}{2}\left(e^{-i\omega_1\tau} + e^{-i\omega_2\tau}\right). \tag{4.25}$$

Mit (4.19) ergibt sich also für die Kontrastfunktion

$$\begin{aligned}
K(\tau) &= |\gamma(\tau)| = \frac{1}{2}|e^{-i\omega_1\tau} + e^{-i\omega_2\tau}| \\
&= \frac{1}{2}\sqrt{(e^{-i\omega_1\tau} + e^{-i\omega_2\tau})(e^{i\omega_1\tau} + e^{i\omega_2\tau})} \\
&= \frac{1}{2}\sqrt{2 + 2\cos(\omega_1 - \omega_2)\tau} = \frac{1}{2}\sqrt{4\cos^2\frac{(\omega_1 - \omega_2)}{2}\tau} \\
&= \left|\cos\left(\frac{\omega_1 - \omega_2}{2}\tau\right)\right|.
\end{aligned} \tag{4.26}$$

Die Kontrastfunktion hat in diesem Fall einen periodischen Verlauf (Abb. 4.7). Eine Kohärenzzeit bzw. Kohärenzlänge im obigen Sinne läßt sich hier also nicht sinnvoll angeben, da der Kontrast immer wieder den Wert eins erreicht. In diesem Fall gibt man die Lage der ersten Nullstelle oder des ersten Minimums der Kontrastfunktion an.

Das Ergebnis für die Selbstkohärenzfunktion zweier harmonischer Wellen unterschiedlicher Frequenz läßt sich leicht auf eine Summe vieler harmonischer Wellen verschiedener Frequenzen erweitern. Sei

$$E(t) = \sum_{m=1}^{M} E_{0m}e^{-i\omega_m t}, \tag{4.27}$$

so ergibt sich sofort

$$\Gamma(\tau) = \sum_{m=1}^{M} |E_{0m}|^2\, e^{-i\omega_m\tau}. \tag{4.28}$$

Im Grenzfall beliebig dicht liegender harmonischer Wellen kann man schreiben

$$E(t) = \int_0^{\infty} E_0(v)e^{-i2\pi vt}dv \tag{4.29}$$

und erhält dann für die Selbstkohärenzfunktion

$$\begin{aligned}
\Gamma(\tau) &= \int_0^{\infty} |E_0(v)|^2\, e^{-i2\pi v\tau}dv \\
&= \int_0^{\infty} W(v)e^{-i2\pi v\tau}dv.
\end{aligned} \tag{4.30}$$

Die Funktion $W(v) = |E_0(v)|^2$ ist gerade das Leistungsspektrum des komplexen Lichtwellenfeldes [4.2].

4.2 Räumliche Kohärenz

Bei vielen Lichtquellen geht die Interferenzfähigkeit des Lichtes durch die Ausdehnung der Lichtquelle verloren, z.B. bei Glühlampen, Spektrallampen, aber auch bei Lasern (Rubinlaser, Kupferdampflaser). Ausgedehnte Lichtquellen unterliegen daher gewissen Einschränkungen im optischen Aufbau, wenn man mit ihnen Interferenzexperimente machen will. Für sie spielt die Interferenzfähigkeit der Lichtwellen, die von verschiedenen Raumpunkten stammen, eine Rolle. Sie wird mit dem Begriff der räumlichen Kohärenz erfaßt. Das grundlegende Experiment dazu ist der Youngsche Interferenzversuch (siehe Abb. 4.8).

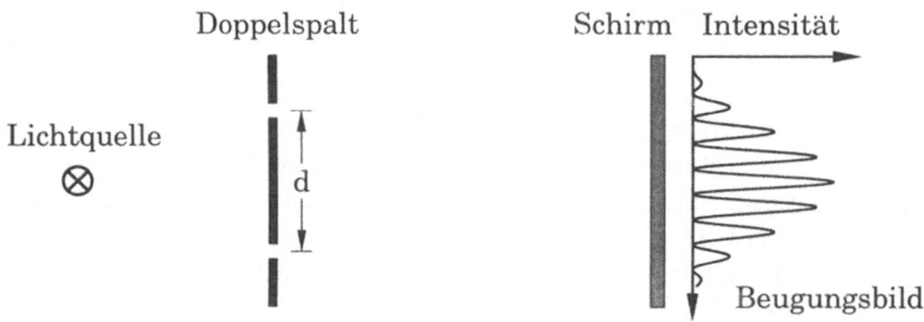

Abb. 4.8. Youngscher Doppelspaltversuch.

Um die vollständige Behandlung des Versuchs vorzubereiten, betrachten wir die Interferenz zweier Kugelwellen in folgender Anordnung (Abb. 4.9). Von zwei Punktlichtquellen L_1 und L_2 mit Abstand d gehen Kugelwellen aus, die sich auf einem Schirm in der Entfernung z_L überlagern. Wir fragen nach dem Interferenzmuster auf dem Schirm.

Dazu betrachten wir den Punkt P, der die Koordinaten $(x, y, 0)$ haben möge. Die von L_1 ausgehende Kugelwelle erzeugt dort die elektrische Feldstärke

$$E_1(s_1, t) = A(s_1)e^{i(ks_1 - \omega t + \varphi_1)}, \tag{4.31}$$

wobei die bisher verwendete komplexe Amplitude E_0 durch Betrag A (reell) und Phase φ_1 ausgedrückt ist. Entsprechend erzeugt L_2 die Feldstärke

$$E_2(s_2, t) = A(s_2)e^{i(ks_2 - \omega t + \varphi_2)}. \tag{4.32}$$

Im Punkt P ergibt sich dann

$$E(x, y, 0, t) = E_1(s_1, t) + E_2(s_2, t). \tag{4.33}$$

Hiervon können wir nur die Intensität $I(x, y, 0)$ beobachten, also

$$\begin{aligned} I &= \langle EE^* \rangle = \langle (E_1 + E_2)(E_1 + E_2)^* \rangle \\ &= A^2(s_1) + A^2(s_2) + 2A(s_1)A(s_2)\cos(k(s_2 - s_1) + \varphi_2 - \varphi_1). \end{aligned} \tag{4.34}$$

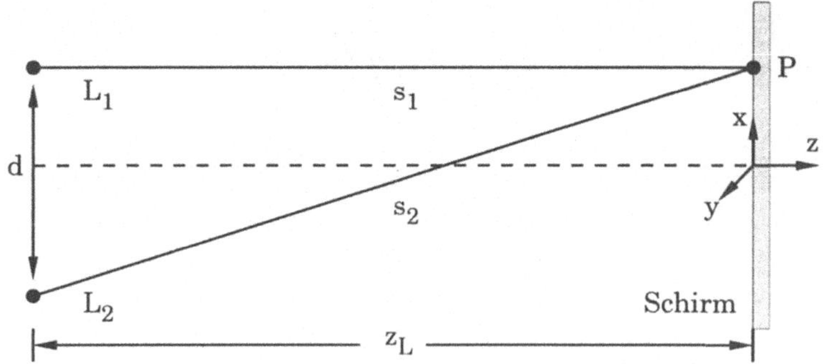

Abb. 4.9. Skizze zur Interferenz zweier Kugelwellen.

In dieser Form kann man noch nicht sehen, wie die Interferenzerscheinung auf dem Schirm aussehen wird, da die Abhängigkeit der Größe s_2-s_1 von der Lage des Punktes $P = (x, y, 0)$ nicht unmittelbar erkennbar ist. Wir werden also $s_2 - s_1$ durch x und y ausdrücken. Dazu machen wir einige praktisch immer zutreffende Annahmen über die Geometrie des Aufbaus und seine Größe relativ zur Lichtwellenlänge. Erstens sei

$$\frac{d}{z_L} \ll 1, \tag{4.35}$$

d.h., der Abstand d der beiden Punktlichtquellen sei klein verglichen mit dem Abstand zum Beobachtungsschirm. Zweitens sei das Beobachtungsfeld auf dem Schirm eingeschränkt durch

$$\frac{x}{z_L} \ll 1, \qquad \frac{y}{z_L} \ll 1. \tag{4.36}$$

Dann können die Ausdrücke für s_1 und s_2 genähert werden, so daß die Interferenzfigur einfach beschrieben werden kann. Mit $L_1 = (d/2, 0, -z_L)$ und $L_2 = (-d/2, 0, -z_L)$ als Koordinaten für die beiden Punktlichtquellen ergibt sich für die Abstände s_1 und s_2

$$s_1 = \sqrt{(x - d/2)^2 + y^2 + z_L^2}, \qquad s_2 = \sqrt{(x + d/2)^2 + y^2 + z_L^2}. \tag{4.37}$$

Mit den Annahmen (4.35) und (4.36) können die Wurzeln entwickelt werden

$$\begin{aligned} s_{1,2} &= z_L \sqrt{1 + \frac{y^2}{z_L^2} + \left(\frac{x \mp d/2}{z_L}\right)^2} \\ &= z_L \left(1 + \frac{1}{2}\frac{y^2}{z_L^2} + \frac{1}{2}\frac{(x \mp d/2)^2}{z_L^2}\right). \end{aligned} \tag{4.38}$$

Daraus folgt

$$s_2 - s_1 = \frac{1}{2}\frac{xd}{z_L} + \frac{1}{2}\frac{xd}{z_L} = \frac{d}{z_L}x. \qquad (4.39)$$

Die Differenz ist also linear in x mit dem Proportionalitätsfaktor d/z_L. Zur weiteren Vereinfachung machen wir eine dritte Annahme. Die beiden von L_1 und L_2 ausgehenden Kugelwellen seien gleichintensiv, d.h., die mit $1/s$ abfallenden Amplituden können geschrieben werden als

$$A(s_1) = \frac{A_0(L_1)}{s_1} = \frac{A_0}{s_1}, \qquad A(s_2) = \frac{A_0(L_2)}{s_2} = \frac{A_0}{s_2}. \qquad (4.40)$$

Zusammen mit den früheren Annahmen folgt dann

$$A(s_1) \;=\; \frac{A_0}{s_1} \approx \frac{A_0}{z_L} = A(z_L) \qquad (4.41)$$

$$A(s_2) \;=\; \frac{A_0}{s_2} \approx \frac{A_0}{z_L} = A(z_L), \qquad (4.42)$$

d.h., die Amplituden der beiden Kugelwellen sind über die betrachtete Schirmfläche konstant und gleich. Damit erhalten wir für die Intensität durch Einsetzen in (4.34)

$$I(x,y,0) = 2A^2(z_L)\left[1 + \cos\left(\frac{2\pi d}{\lambda z_L}x + \varphi_2 - \varphi_1\right)\right]. \qquad (4.43)$$

Dies ist ein Streifenmuster, moduliert in x–Richtung, ausgedehnt in y–Richtung (Abb. 4.10). Der Abstand der Streifen beträgt

$$a = \frac{\lambda z_L}{d}. \qquad (4.44)$$

Das erste Maximum in der Nähe der optischen Achse ist proportional zu $\varphi_1 - \varphi_2$ verschoben:

$$x_m = \frac{\lambda z_L}{d}\frac{\varphi_1 - \varphi_2}{2\pi} = a\frac{\varphi_1 - \varphi_2}{2\pi}. \qquad (4.45)$$

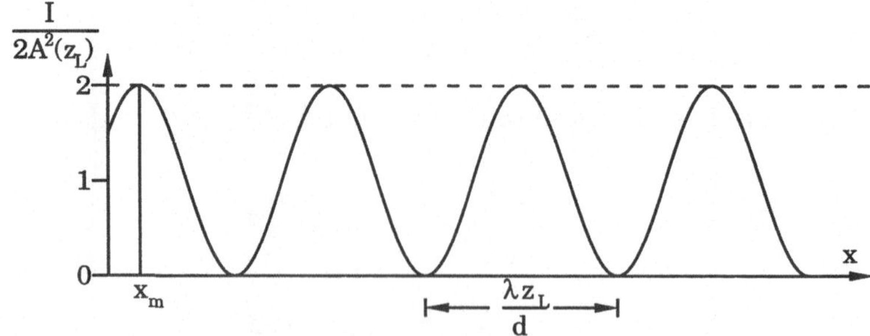

Abb. 4.10. Interferenzfigur bei der Überlagerung zweier Kugelwellen

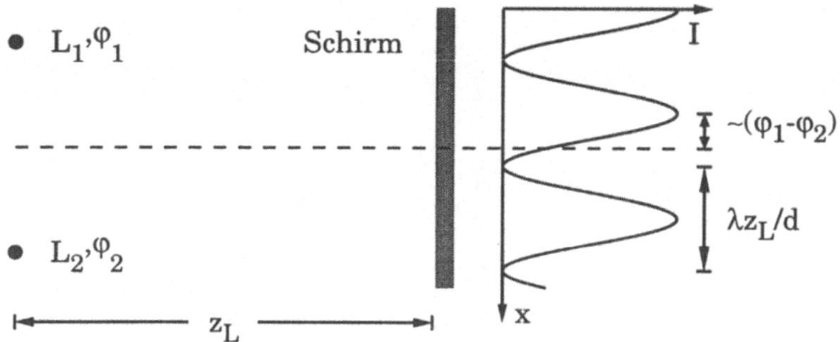

Abb. 4.11. Zur Lage der Interferenzstreifen auf dem Schirm.

Die Phasenbeziehung zwischen den beiden Kugelwellen wird also in der Verschiebung des ersten Maximums der Intensitätsverteilung gespeichert.

Nach dieser Betrachtung über die achsennahe Interferenzfigur von zwei Kugelwellen kommen wir jetzt zurück zur räumlichen Kohärenz. Wir gehen nun zu einer Anordnung gemäß Abb. 4.12 über, bei der eine ausgedehnte Lichtquelle mit Durchmesser L eine Doppellochblende beleuchtet. Die ausgedehnte Lichtquelle kann man sich aus einzelnen, unabhängigen Punktquellen zusammengesetzt denken , die jeweils Ausgangspunkt harmonischer Kugelwellen sein sollen. Wir interessieren uns für das auf dem Beobachtungsschirm entstehende Interferenzmuster, das durch Überlagerung der von den beiden Lochblenden L_1 und L_2 ausgehenden Sekundärwellen zustande kommt.

Wir betrachten zunächst nur einen Lichtpunkt Q_0 der Lichtquelle auf der optischen Achse. Von diesem Lichtpunkt geht eine Kugelwelle aus, die gleichphasig auf die beiden Löcher L_1 und L_2 trifft. Auf dem Schirm ergibt sich daher ein Streifensystem mit einem Maximum auf der optischen Achse. Ein Lichtpunkt Q_1 seitlich zur optischen Achse erzeugt ein Streifensystem, das seitlich verschoben ist. Dies erkennt man unmittelbar daran, daß die Strecken $r_1 = \overline{Q_1L_1}$ und $r_2 = \overline{Q_1L_2}$ nicht gleich lang sind. Daher existiert eine Phasendifferenz zwischen den beiden von L_1 und L_2 neu ausgesandten Sekundärwellen

$$\varphi_1 - \varphi_2 = \frac{2\pi}{\lambda}(r_1 - r_2). \tag{4.46}$$

Nach unseren vorigen Überlegungen ergibt dies eine seitliche Verschiebung der Interferenzstreifen

$$x_m = \frac{a}{\lambda}(r_1 - r_2). \tag{4.47}$$

Nun lassen wir Q_0 und Q_1 gleichzeitig strahlen. Existiert dabei zwischen

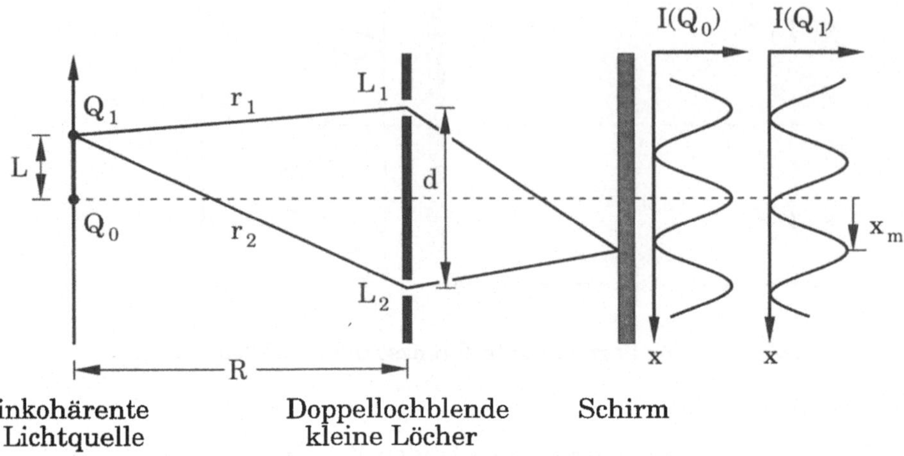

Abb. 4.12. Youngsches Interferenzexperiment.

Q_0 und Q_1 eine feste Phasenbeziehung, so werden wir nur ein Interferenzmuster ähnlich dem von Q_0 oder Q_1 allein erhalten. Haben wir aber eine "inkohärente" Lichtquelle mit regellos schwankender Phase zwischen Q_0 und Q_1, so weiß man, daß sich in diesem Falle die Lichtwellenfelder so überlagern, daß man im Mittelwert nur die Summe der Intensitäten der beiden Lichtwellenfelder mißt. Die Interferenzterme, deren Wert sich ständig ändert, mitteln sich heraus. Als Endresultat müssen wir also die Intensitäten auf dem Schirm überlagern, d.h. addieren.

Die Bedingung für die Sichtbarkeit von Interferenzstreifen wird dann sein, daß die beiden von Q_0 und Q_1 erzeugten Streifensysteme nicht zu weit gegeneinander verschoben sein dürfen, z.B. nicht das Maximum des einen Streifensystems auf das Minimum des anderen fallen darf. Man fordert daher, falls nur die Punkte Q_0 und Q_1 der Lichtquelle strahlen, daß

$$|x_m| < a/2. \tag{4.48}$$

Mit (4.47) kann man diese Forderung auch so formulieren:

$$|r_1 - r_2| < \frac{\lambda}{2}. \tag{4.49}$$

Diese Beziehung läßt sich bei Annahme einiger Einschränkungen durch die geometrischen Größen des Aufbaus ausdrücken. Diese Größen sind

R = Abstand Lichtquelle – Doppellochblende,
L = Ausdehnung der Lichtquelle,
d = Abstand der beiden Löcher der Doppellochblende.

Jetzt berechnen wir genau wie früher bei der Überlagerung zweier Kugelwellen die Wegdifferenz vom Punkt Q_1 der Lichtquelle zu den beiden Löchern. Die y–Koordinate lassen wir bei den Berechnungen der Einfachheit halber weg. Dann gilt (vgl. Abb. 4.12)

$$r_{1,2} = \sqrt{(L \mp d/2)^2 + R^2} \tag{4.50}$$

und genähert

$$r_{1,2} = R \left(1 + \frac{1}{2} \frac{(L \mp d/2)^2}{R^2}\right). \tag{4.51}$$

Daraus folgt

$$|r_1 - r_2| = \frac{dL}{R} \tag{4.52}$$

und damit nach (4.49)

$$\frac{dL}{R} < \frac{\lambda}{2}. \tag{4.53}$$

Wenn jetzt alle Punkte Q_i der ausgedehnten Lichtquelle strahlen, so sind eigentlich alle entsprechend verschobenen Interferenzmuster zu überlagern. Da die äußersten Punkte der Lichtquelle die größte Verschiebung der zu überlagernden Interferenzmuster liefern, bleibt (4.53) auch für die ausgedehnte Lichtquelle in sehr guter Näherung gültig. Wir haben zwar eine seitlich versetzte, ausgedehnte Lichtquelle betrachtet, die genaue Lage spielt aber keine Rolle, da sich das gesamte Interferenzmuster nur entsprechend der seitlichen Versetzung mitverschiebt. Damit ist

$$\frac{dL}{R} < \frac{\lambda}{2} \tag{4.54}$$

die Bedingung für räumliche Kohärenz bei ausgedehnten, inkohärenten Lichtquellen.

Meist wird diese Bedingung anders, nicht ganz so symmetrisch, formuliert. Wenn man Winkel Θ und φ gemäß der Abb. 4.13 einführt, so gilt wegen

$$\frac{d}{R} = 2 \tan \frac{\varphi}{2} \approx \varphi \approx \sin \varphi$$

$$\text{bzw.} \qquad \frac{L}{R} = 2 \tan \frac{\Theta}{2} \approx \Theta \approx \sin \Theta$$

näherungsweise

$$L \sin \varphi < \frac{\lambda}{2} \tag{4.55}$$

$$\text{bzw.} \qquad d \sin \Theta < \frac{\lambda}{2}. \tag{4.56}$$

Dies sind, wie wir aus (4.54) ersehen, zwei äquivalente Formulierungen der räumlichen Kohärenzbedingung.

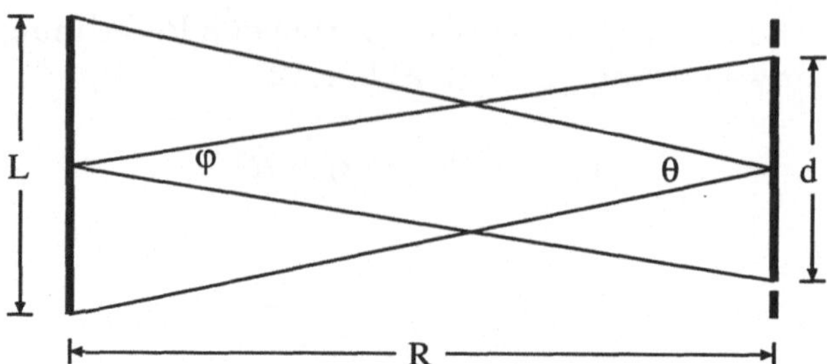

Abb. 4.13. Winkelbezeichnungen bei der Formulierung der räumlichen Kohärenzbedingung.

Wenn wir die obige Herleitung analysieren, stellen wir fest, daß die Kohärenzeigenschaften des Lichtfeldes allein durch das Feld an den beiden Löchern bestimmt werden. Alles übrige ist nur Zutat. Der Schirm z.B. dient zur Messung der Intensität der Überlagerung der Teilwellen, die von den Lochblenden ausgehen. Diese Überlagerung findet zwar auf dem Schirm statt, doch sind die Feldstärkeverläufe der Teilwellen dort bis auf eine zeitliche Verschiebung gleich denen am Ort der jeweiligen Blende.

Für das achsennahe Interferenzmuster sind die Weglängen von den beiden Löchern zum Schirm praktisch gleich. Es gibt uns daher Auskunft über die Ähnlichkeit der Wellenformen $E(r_1, t)$ und $E(r_2, t)$ an den Orten r_1 und r_2 der Blenden, ohne relative zeitliche Verschiebung. Diese Ähnlichkeit erfaßt man durch die Kreuzkorrelationsfunktion

$$\Gamma(\boldsymbol{r_1}, \boldsymbol{r_2}, 0) = \Gamma_{12}(0) = \langle E(\boldsymbol{r_1}, t)E^*(\boldsymbol{r_2}, t)\rangle . \tag{4.57}$$

Sie wird in diesem Zusammenhang räumliche Kohärenzfunktion genannt. Die beiden Punkte r_1, r_2 entsprechen dabei den Löchern im Youngschen Interferenzversuch.

4.3 Raumzeitliche Kohärenz

Bei der zeitlichen Kohärenz vergleicht man eine Lichtwelle mit sich selbst zu verschiedenen Zeitpunkten. Bei der räumlichen Kohärenz vergleicht man zwei Lichtwellen, die an verschiedenen Orten vorliegen. Zur Beschreibung der beiden Fälle hatten wir die Selbstkohärenzfunktion und die räumliche Kohärenzfunktion eingeführt. Diese beiden Begriffe erfassen die Interferenzfähigkeit eines Lichtwellenfeldes aber noch nicht vollständig. Im Youngschen Versuch z.B. sind für Interferenzen abseits der optischen Achse die Lichtwege von den beiden Löchern unterschiedlich lang, d.h. die von den beiden Raumpunkten ausgehenden Teilwellen überlagern sich zeitverschoben. Um diesen allgemeineren Fall zu erfassen, führt man als Erweiterung der zeitlichen und räumlichen Kohärenz den Begriff der raumzeitlichen Kohärenz ein und definiert die (komplexe) gegenseitige Kohärenzfunktion:

$$\Gamma(\mathbf{r}_1, \mathbf{r}_2, t_1, t_2) = \Gamma_{12}(t_2 - t_1) = \Gamma_{12}(\tau) = \langle E(\mathbf{r}_1, t + \tau)E^*(\mathbf{r}_2, t)\rangle. \qquad (4.58)$$

Man setzt dabei ein stationäres Lichtwellenfeld voraus. Unter dieser Voraussetzung ist die Kohärenzfunktion außer von $\mathbf{r}_1$ und $\mathbf{r}_2$ nur von der zeitlichen Verschiebung τ abhängig. Für $\mathbf{r}_1 = \mathbf{r}_2$ liegt rein zeitliche Kohärenz, für $\tau = 0$ rein räumliche Kohärenz vor. In der gegenseitigen Kohärenzfunktion finden sich frühere Begriffe in folgender Form wieder:

$$\begin{aligned}
\Gamma_{11}(\tau) &= \text{Selbstkohärenzfunktion am Ort } \mathbf{r}_1, \\
\Gamma_{22}(\tau) &= \text{Selbstkohärenzfunktion am Ort } \mathbf{r}_2, \\
\Gamma_{12}(0) &= \text{räumliche Kohärenzfunktion}, \\
\Gamma_{11}(0) &= \text{Intensität im Punkt } \mathbf{r}_1, \\
\Gamma_{22}(0) &= \text{Intensität im Punkt } \mathbf{r}_2.
\end{aligned}$$

Wie die Selbstkohärenzfunktion, so kann man auch die gegenseitige Kohärenzfunktion normieren. Die normierte Größe

$$\gamma_{12}(\tau) = \frac{\Gamma_{12}(\tau)}{\sqrt{\Gamma_{11}(0)\Gamma_{22}(0)}} \qquad (4.59)$$

heißt (komplexer) gegenseitiger Kohärenzgrad. Ähnlich wie beim Selbstkohärenzgrad gilt für die Intensität I_p im Punkt P (Abb. 4.14)

$$I_p = I_p^{(1)} + I_p^{(2)} + 2\sqrt{I_p^{(1)}I_p^{(2)}}\,\text{Re}\{\gamma_{12}(\tau)\}. \qquad (4.60)$$

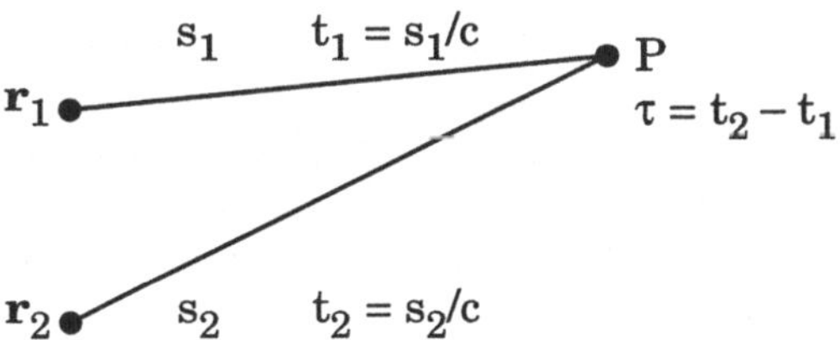

Abb. 4.14. Zur Herleitung von (4.60).

Ebenso kann man wie beim Selbstkohärenzgrad aus dem gegenseitigen Kohärenzgrad den Kontrast von Interferenzstreifen ermitteln:

$$K = \frac{I_{max} - I_{min}}{I_{max} + I_{min}} = 2\frac{\sqrt{\Gamma_{11}(0)\Gamma_{22}(0)}}{\Gamma_{11}(0) + \Gamma_{22}(0)}|\gamma_{12}(\tau)|. \qquad (4.61)$$

Bei gleicher Intensität der interferierenden Wellen gilt also wieder

$$K = |\gamma_{12}(\tau)|. \tag{4.62}$$

Die gegenseitige Kohärenzfunktion und der gegenseitige Kohärenzgrad enthalten sowohl den Einfluß der zeitlichen als auch der räumlichen Kohärenz.

Wie im Fall der zeitlichen Kohärenz kann man wieder folgende Fälle unterscheiden:

$$|\gamma_{12}| \equiv 1 \quad \text{(vollständige) Kohärenz,}$$
$$0 \leq |\gamma_{12}| \leq 1 \quad \text{partielle Kohärenz,}$$
$$|\gamma_{12}| \equiv 0 \quad \text{(vollständige) Inkohärenz.}$$

Bei der vollständigen Inkohärenz ist von den Argumenten $\tau = 0$, $r_1 = r_2$ abzusehen, da dann γ_{12} für ein nichtverschwindendes Feld immer gleich eins ist.

Ohne Beweis führen wir noch einige Eigenschaften des gegenseitigen Kohärenzgrades an [4.3].

Ist $|\gamma_{12}(\tau)| \equiv 1$ für alle τ und alle r_1 und r_2, dann kann das Lichtwellenfeld nur eine Frequenz enthalten.

Ist $|\gamma_{12}(\tau)| \equiv 0$, so muß das Lichtwellenfeld verschwinden, d.h. ein vollkommen inkohärentes Lichtwellenfeld kann nicht existieren. Dies kann man anschaulich folgendermaßen verstehen. Angenommen, man habe eine Lichtquelle, die vollständig inkohärentes Licht erzeugt. Wenn man nur weit genug von dieser Quelle weggeht und den Abstand der beiden Punkte r_1 und r_2 klein genug wählt, so werden gemäß der räumlichen Kohärenzbedingung (4.54) Interferenzen erzeugbar sein, d.h. das Licht zeigt kohärente Eigenschaften. Das ist ein Widerspruch zu der Annahme, daß das Wellenfeld vollständig inkohärent sein sollte. Also kann $|\gamma_{12}| \equiv 0$ nur für ein verschwindendes Lichtwellenfeld gelten.

Licht kann durch Ausbreitung kohärenter werden. Kohärenz oder Inkohärenz sind also keine Eigenschaften einer Lichtquelle. Ein Experiment, das in der Nähe einer gegebenen Lichtquelle keine Interferenz zeigt, ergibt in genügend großem Abstand von dieser Quelle Interferenzen. Ein Stern zum Beispiel, eine riesige thermische Lichtquelle, liefert auf der Erde interferenzfähiges Licht (vergleiche hierzu Abschnitt 4.5 über Stellarinterferometrie).

Der gegenseitige Kohärenzgrad $\gamma_{12}(\tau)$ gehorcht zwei Wellengleichungen, die in kartesischen Koordinaten $r_\nu = (x_\nu, y_\nu, z_\nu)$, $\nu = 1, 2$, lauten:

$$\Delta_\nu \gamma_{12}(\tau) - \frac{1}{c^2} \frac{\partial^2 \gamma_{12}(\tau)}{\partial \tau^2} = 0, \tag{4.63}$$

mit

$$\Delta_\nu = \frac{\partial^2}{\partial x_\nu^2} + \frac{\partial^2}{\partial y_\nu^2} + \frac{\partial^2}{\partial z_\nu^2}. \tag{4.64}$$

Wir haben in diesem Kapitel den Kohärenzbegriff im Rahmen der klassischen Wellentheorie behandelt. In der Quantentheorie des Lichtes findet man auch Zustände des Lichtfeldes, die sich klassisch nicht beschreiben lassen [4.4]. Die Kohärenz dieses "nichtklassischen Lichtes" ist mit den hier vorgestellten Begriffen nicht erfaßt.

4.4 Zur komplexen Darstellung des Lichtwellenfeldes

Für eine ebene Lichtwelle

$$E(\boldsymbol{r}, t) = A \sin(\boldsymbol{k} \cdot \boldsymbol{r} - \omega t + \varphi) \tag{4.65}$$

konnten wir wegen der sinusförmigen Orts– und Zeitabhängigkeit mit der Eulerschen Formel (3.38) eine natürliche komplexe Darstellung

$$E(\boldsymbol{r}, t) = E_0 e^{i(\boldsymbol{k} \cdot \boldsymbol{r} - \omega t)} \tag{4.66}$$

finden. Es stellt sich die Frage, wie die komplexe Darstellung einer beliebigen, d.h. nicht unbedingt monofrequenten Wellenform aussieht.

Wir gehen dazu von der Fourierdarstellung eines gegebenen, reellen Signals $E^{(r)}(t)$ aus,

$$E^{(r)}(t) = \int\limits_{-\infty}^{+\infty} H(v) e^{-i2\pi v t} dv. \tag{4.67}$$

Da $E^{(r)}(t)$ reell ist, gilt für das Spektrum $H(v)$ die Bedingung

$$H(-v) = H^*(v), \tag{4.68}$$

d.h. die Fourierkoeffizienten bei negativen Frequenzen entsprechen den konjugiert komplexen Koeffizienten bei positiven Frequenzen. Die vollständige Information über das Signal ist daher bereits in der positiven oder negativen Hälfte des Spektrums enthalten.

In Analogie zum Fall der monofrequenten Welle kann man dem reellen Signal $E^{(r)}(t)$ eine komplexe Darstellung der Form

$$\tilde{E}(t) = 2 \int\limits_{0}^{\infty} H(v) e^{-i2\pi v t} dv \tag{4.69}$$

zuordnen, in der nur über die positiven Frequenzen des Spektrums $H(v)$ integriert wird. Die Funktion $\tilde{E}(t)$ heißt das komplexe analytische Signal.

Für den Fall einer quasimonochromatischen Lichtwelle, deren Wellenform sich in der sogenannten Enveloppendarstellung als

$$E^{(r)}(t) = E_0(t) \cos(2\pi v t + \alpha(t)) \tag{4.70}$$

mit langsam veränderlicher Amplitude $E_0(t)$ und Phase $\alpha(t)$ schreiben läßt, kann man zeigen, daß die Definition (4.69) die einzig mögliche ist,

wenn die Enveloppendarstellung im Sinne des kleinsten Fehlerquadrates
so langsam wie möglich schwanken soll. Unabhängig davon zeigt sich
die Stärke dieser Definition in der Eleganz der Beschreibungen und in
der Korrespondenz mit der quantenstatistischen Beschreibung des Lichts
(siehe [4.5]).

Das analytische Signal wurde so definiert, daß sein Realteil gerade dem
gegebenen reellen Signal entspricht, d. h.

$$\tilde{E}(t) = E^{(r)}(t) + iE^{(i)}(t). \tag{4.71}$$

Der Imaginärteil $E^{(i)}(t)$ enthält keine neue Information über das Lichtwellenfeld, muß also aus $E^{(r)}$ berechenbar sein. Zwischen Real– und Imaginärteil besteht die Beziehung

$$E^{(i)}(t) = \frac{1}{\pi} \int\limits_{-\infty}^{+\infty} \frac{E^{(r)}(t')}{t' - t} dt'. \tag{4.72}$$

Das Integral hat die Form eines Faltungsintegrals und entspricht einer
Hilberttransformation des reellen Signals. Es gilt umgekehrt

$$E^{(r)}(t) = -\frac{1}{\pi} \int\limits_{-\infty}^{+\infty} \frac{E^{(i)}(t')}{t' - t} dt'. \tag{4.73}$$

Sie Selbstkohärenzfunktion Γ ist ein analytisches Signal (siehe (4.30)).
Auch das Leistungsspektrum und die gegenseitige Kohärenzfunktion Γ_{12}
können als analytische Signale definiert werden.

4.5 Stellarinterferometrie

Man kann die Eigenschaften der räumlichen Kohärenz von Lichtwellenfeldern, insbesondere die Tatsache, daß sich die Kohärenzeigenschaften
mit der Ausbreitung des Lichtes ändern, meßtechnisch anwenden. *Michelson* hat dies ausgenutzt, um den Durchmesser von Sternen und den
Abstand von Doppelsternen zu messen. Am einfacheren Beispiel des Doppelsterns soll die Wirkungsweise erläutert werden. Die Doppelstern–
Lichtquelle wird dabei mit einem Doppelloch als Interferenzmeßgerät
vermessen, wie wir es beim Youngschen Experiment mit "inkohärenten"
Quellen kennengelernt haben (siehe Abb. 4.15). Jeder Stern liefert dann
in einem hinreichend schmalen Spektralbereich ein Streifensystem. Die
beiden Streifensysteme sind gegeneinander verschoben. Wegen der Inkohärenz der Strahlung von beiden Quellen ist das Endergebnis der
Überlagerung der Lichtwellen auf dem Schirm so, als hätten sich die
beiden Streifenmuster überlagert.

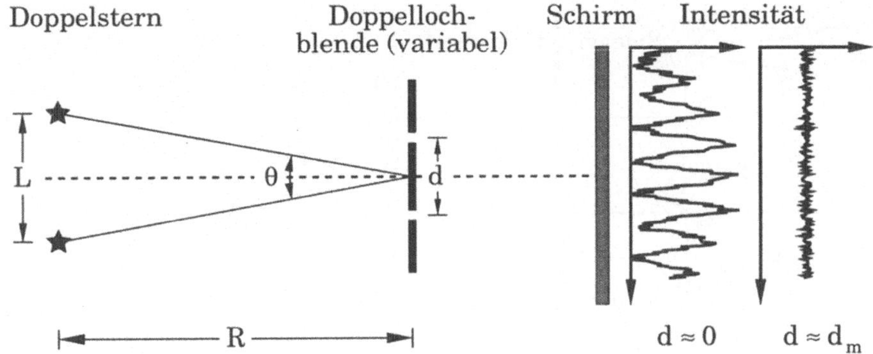

Abb. 4.15. Prinzipskizze zur Stellarinterferometrie.

Die Größe der Verschiebung hängt vom Lochabstand d ab, und zwar in der Form (siehe (4.52)):

$$|r_1 - r_2| = \frac{Ld}{R}.$$

Dadurch wird eine Phasenverschiebung von

$$\Delta\varphi = \bar{k} \cdot \frac{L}{R}d \qquad (4.74)$$

eingeführt, wobei $\bar{k} = 2\pi/\bar{\lambda}$ die mittlere Wellenzahl des Lichtes, $\bar{\lambda}$ die mittlere Wellenlänge bedeuten. Dies führt zu einer Phasenverschiebung der beiden Interferenzstreifensysteme gegeneinander, die proportional zum Lochabstand d ist. Für $d \to 0$ liefern beide Sterne das gleiche Streifenmuster. Für wachsendes d wird schließlich eine Größe d_m für d erreicht, so daß ein Maximum des einen Streifensystems auf das Minimum des anderen Streifensystems fällt. Dann verschwindet der Kontrast. Das ist bei $\Delta\varphi = \pi$ der Fall:

$$\Delta\varphi = \pi = \frac{2\pi}{\bar{\lambda}}\frac{L}{R}d_m, \qquad (4.75)$$

oder, nach d_m aufgelöst, bei

$$d_m = \bar{\lambda}\frac{R}{2L} = \frac{\bar{\lambda}}{2\Theta}, \qquad (4.76)$$

wenn $\Theta = L/R$ der Winkel ist, unter dem die beiden Sterne von der Erde aus erscheinen.

Der wirkliche Aufbau sieht ein wenig anders aus (Abb. 4.16). Da Θ üblicherweise sehr klein ist, wird d_m sehr groß. Um zu bequem beobachtbaren Interferenzstreifen zu kommen, transformiert man den Doppellochblendenabstand herunter auf den Abstand d'. Der Abstand d' bestimmt dann den Streifenabstand auf dem Schirm, der Abstand d bestimmt die eingefangene Phasenverschiebung.

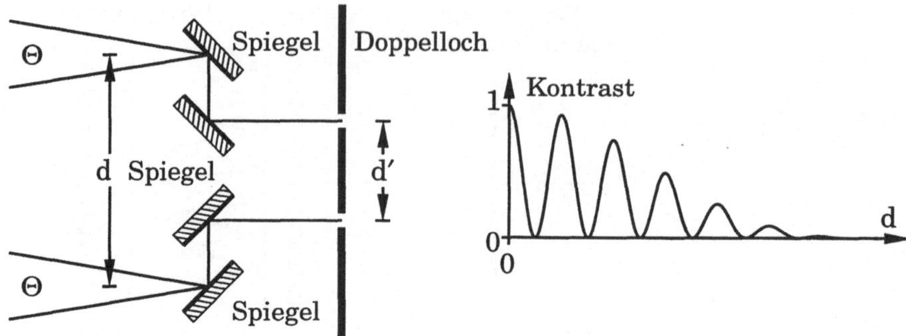

Abb. 4.16. Michelson–Stellarinterferometer.

4.6 Fourier-Spektroskopie

Bei der Besprechung der zeitlichen Kohärenz mit Hilfe des Michelson–Interferometers haben wir im Fall einer monofrequenten Welle

$$E_1(t) = E_0 e^{-i2\pi vt} \tag{4.77}$$

für die Intensität am Ausgang des Interferometers in Abhängigkeit von der Zeitverzögerung τ erhalten (siehe (4.9)):

$$I(\tau) = 2I_1(1 + \cos 2\pi v\tau). \tag{4.78}$$

Hierbei ist $I_1 = |E_0|^2$, und τ hängt mit der Spiegelverschiebung d über $\tau = 2d/c$ zusammen. Die Intensität $I(\tau)$ variiert je nach Frequenz der harmonischen Welle verschieden schnell. Betrachten wir daher ein Lichtwellenfeld, das sich aus einem Gemisch von Wellen verschiedener Frequenzen zusammensetzt,

$$E(t) = \int_0^\infty E_0(v)e^{-i2\pi vt}dv, \tag{4.79}$$

so erhalten wir am Ausgang des Interferometers die Intensitätsfunktion, auch Interferenzfunktion genannt,

$$\begin{aligned} I(\tau) &= 2\int_0^\infty |E_0(v)|^2(1 + \cos 2\pi v\tau)dv \\ &= 2\int_0^\infty W(v)dv + 2\int_0^\infty W(v)\cos(2\pi v\tau)dv. \end{aligned} \tag{4.80}$$

Die Größe $W(v) = |E_0(v)|^2$ ist dabei, wie in (4.30), das Leistungsspektrum der komplexen Lichtwelle. Der erste Term auf der rechten Seite ist eine Konstante und stellt die Gesamthelligkeit der Lichtquelle dar. Der zweite, veränderliche Term, der $\Delta I(\tau)$ abgekürzt werden soll, heißt Interferogramm und stellt eine Fouriertransformation dar. Das erkennt man, wenn man das Leistungsspektrum $W(\nu)$, das nach (4.79) nur für positive Frequenzen gegeben ist, gemäß $W(-\nu) = W(\nu)$ zu negativen Frequenzen hin ergänzt ($W(0)$ ist dabei korrekterweise doppelt zu zählen):

$$\Delta I(\tau) = 2 \int_0^\infty W(\nu)\cos(2\pi\nu\tau)d\nu$$

$$= \int_{-\infty}^\infty W(\nu)e^{-i2\pi\nu\tau}d\nu. \tag{4.81}$$

Durch Rücktransformation kann man aus dem gemessenen $\Delta I(\tau)$ dann das Leistungsspektrum $W(\nu)$ erhalten:

$$W(\nu) = \int_{-\infty}^\infty \Delta I(\tau)e^{+i2\pi\nu\tau}d\tau$$

$$= 2 \int_0^\infty \Delta I(\tau)\cos(2\pi\nu\tau)d\tau. \tag{4.82}$$

Aus der Messung des Interferogramms läßt sich demnach das Frequenzspektrum einer Lichtwelle bestimmen. Dieses Prinzip liegt der Fourier–Spektroskopie zugrunde. Abb. 4.17 zeigt für ein gegebenes Leistungsspektrum $W(\nu)$ das Interferogramm $\Delta I(\tau)$.

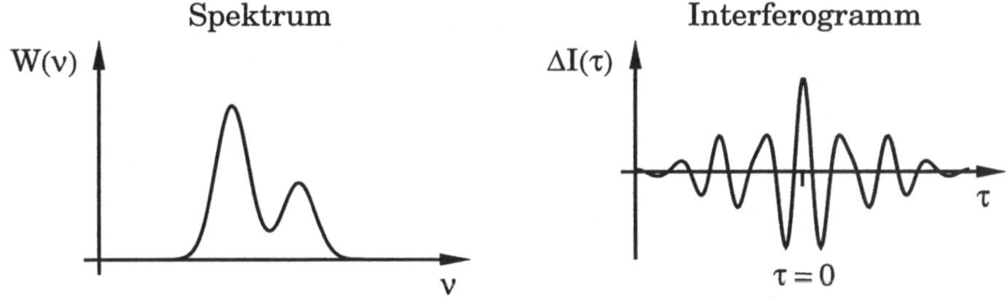

Abb. 4.17. Interferogramm für ein gegebenes Leistungsspektrum.

Man erkennt aus (4.82), daß man im Idealfall bis zu einer Zeitverzögerung $\tau = \infty$ messen müßte. Praktisch ist die Interferometerarmlänge begrenzt und daher nur ein maximales τ_{max} möglich. Dieses τ_{max} bestimmt die Frequenzauflösung $\Delta\nu_{min} \sim 1/\tau_{max}$.

Die Fourier–Spektroskopie wird bevorzugt im infraroten Spektralbereich eingesetzt, da sie dort trotz der geringen Photonenenergie schnelle Messungen bei hoher Auflösung mit erhöhtem Signal–Rauschverhältnis gegenüber wellenlängenselektiven abtastenden Spektrometern erlaubt.

Das erhöhte Signal–Rauschverhältnis kommt dadurch zustande, daß bei jeder Messung an einem Zeitverzögerungspunkt τ die Leistung aller Frequenzen im Spektrum benutzt wird, und nicht nur ein schmalbandiger Teil entsprechend der Frequenzauflösung.

4.7 Intensitätskorrelation

Wie wir bisher gesehen haben, kann man die Interferenzfähigkeit von Licht auf die Korrelation der Feldamplituden an je zwei Punkten mit Zeitverschiebung zurückführen. Man kann nun weiter fragen, ob ein Lichtfeld nicht auch nichttriviale höhere Korrelationen haben kann, d.h. ob nicht Ausdrücke, die mehr als zwei Feldstärkeamplituden verknüpfen, wichtige Einblicke in die Natur des Wellenfeldes liefern können. In der Tat kann man höhere Korrelationsfunktionen definieren. Von diesen hat sich die sogenannte Intensitätskorrelationsfunktion $K_{12}(\tau)$ als sehr wichtig und brauchbar erwiesen. Sie ist definiert als die Kreuzkorrelationsfunktion der an den Orten r_1, r_2 vorliegenden zeitverschobenen Intensitäten $I_1(t)$, $I_2(t+\tau)$:

$$K(r_1, r_2, \tau) = K_{12}(\tau) = \langle I_1(t+\tau)I_2(t)\rangle. \tag{4.83}$$

Sie hat den Vorzug, daß sie relativ leicht gemessen werden kann. Man stellt einfach zwei Photodetektoren in das Lichtwellenfeld an die Orte r_1 und r_2, mißt die Intensitäten und bildet elektronisch die Korrelation (Abb. 4.18). Dies ist eine erweiterte Version des Experiments von Hanbury Brown und Twiss, das wir bereits in Kap. 2 kennengelernt haben.

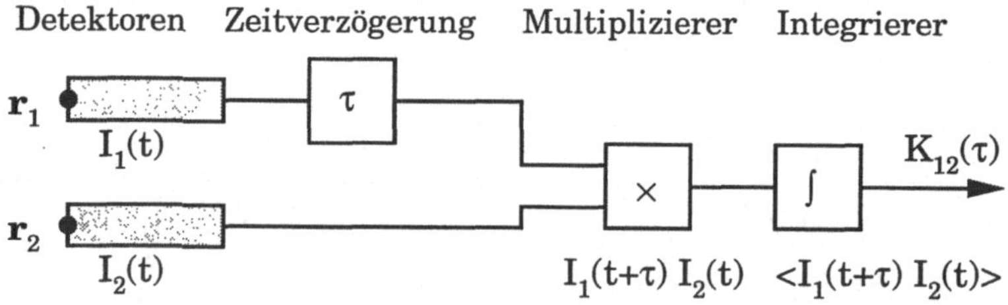

Detektoren   Zeitverzögerung   Multiplizierer   Integrierer

r_1 — $I_1(t)$ — τ

r_2 — $I_2(t)$

$\times$ — $\int$ — $K_{12}(\tau)$

$I_1(t+\tau)\,I_2(t)$ $\langle I_1(t+\tau)\,I_2(t)\rangle$

Abb. 4.18. Hanbury Brown und Twiss Experiment zur raumzeitlichen Kohärenz.

Nun ist

$$\langle I_1(t+\tau)I_2(t)\rangle = \langle E_1(t+\tau)E_1^*(t+\tau)E_2(t)E_2^*(t)\rangle, \tag{4.84}$$

d.h. wir haben eine Vierfachkorrelation des Lichtwellenfeldes in der einfachen Form, daß nur an zwei Orten gemessen wird. Man kann zeigen, daß für statistisch emittierende Lichtquellen (genauer: solche mit Gaußscher Statistik) gilt

$$K_{12}(\tau) = \langle I_1\rangle\langle I_2\rangle + |\Gamma_{12}(\tau)|^2, \tag{4.85}$$

$$\text{bzw.} \quad K_{12}(\tau) = \langle I_1\rangle\langle I_2\rangle(1 + |\gamma_{12}(\tau)|^2). \tag{4.86}$$

Die Größe $K_{12}(\tau)$ ist also vollständig durch $\Gamma_{12}(\tau)$ bestimmt, umgekehrt bietet die Messung von $K_{12}(\tau)$ die Möglichkeit, $|\Gamma_{12}(\tau)|$ zu bestimmen. Im Experiment verstärkt man oft nur die Fluktuationen der Intensität

$$\Delta I(t) = I(t) - \langle I \rangle. \tag{4.87}$$

Wenn man nur diese Fluktuationen ohne den jeweiligen Mittelwert von I korreliert, ergibt sich die sogenannte Intensitätsfluktuationskorrelationsfunktion R_{12},

$$\begin{aligned} R_{12}(\tau) &= \langle \Delta I_1(t+\tau)\Delta I_2(t) \rangle \\ &= \langle I_1(t+\tau)I_2(t) \rangle - \langle I_1 \rangle \langle I_2 \rangle \\ &= |\Gamma_{12}(\tau)|^2 \end{aligned} \tag{4.88}$$

bzw.

$$R_{12}(\tau) = \langle I_1 \rangle \langle I_2 \rangle |\gamma_{12}|^2. \tag{4.89}$$

Die Intensitätskorrelationsfunktion $K_{12}(\tau)$ bzw. die Intensitätsfluktuationskorrelationsfunktion $R_{12}(\tau)$ können also dazu dienen, $|\gamma_{12}(\tau)|^2$ und damit die Kontrastfunktion zu bestimmen. Diese Art der Messung nennt man Korrelationsinterferometrie.

Man kann auf diese Weise sehr ähnlich wie mit dem Michelsonschen Stellarinterferometer, nur sehr viel einfacher und genauer, Sterndurchmesser und Abstände von Doppelsternen messen. Der Vorteil liegt darin, daß man nicht phasenempfindlich abgleichen muß und die Verzögerung τ nicht durch Laufwege der Lichtwellen realisieren muß, sondern dies durch eine Verzögerung des elektrischen Signals erreichen kann. Eine derartige Anordnung ist in Abb. 4.19 skizziert.

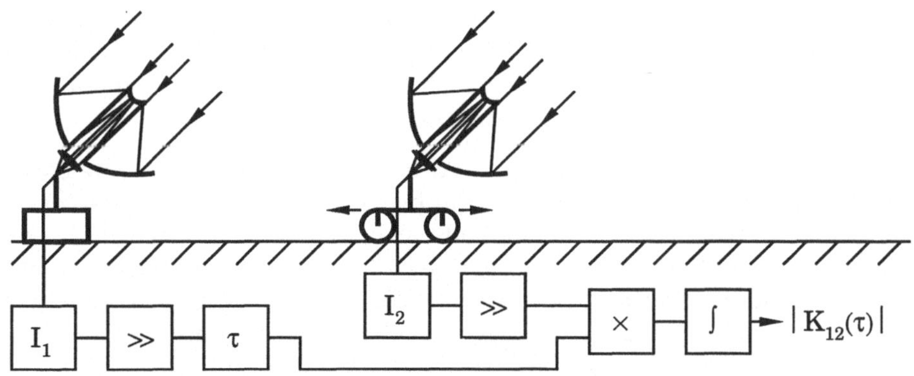

Abb. 4.19. Stellar–Korrelationsinterferometer.

Die Korrelationsinterferometrie wird auch in anderen Wellenlängenbereichen, vor allem in der Radioastronomie, erfolgreich eingesetzt. Bei der

Interferometrie mit großen Basislängen (englisch: Very Long Baseline Interferometry – VLBI) können mit Radioteleskopen, die sehr weit entfernt voneinander auf verschiedenen Kontinenten stehen, durch Korrelationstechniken (verbunden mit der sogenannten Apertursynthese) Radiobilder mit einer Auflösung von bis zu 1/1000 Bogensekunde gewonnen werden. Das Verfahren ist so genau, daß umgekehrt damit sogar die Kontinentaldrift nachgewiesen werden kann.

Übungsaufgaben

4.1. Berechnen und skizzieren Sie den Feldstärkeverlauf, die Selbstkohärenzfunktion, den komplexen Kohärenzgrad und die Kontrastfunktion der Überlagerung zweier harmonischer Schwingungen mit den Frequenzen ω_1 bzw. $\omega_2 (\neq \omega_1)$ und mit den Amplituden E_{01} bzw. E_{02}.

4.2. Wie muß man die Definition der Selbstkohärenzfunktion für Signale endlicher Gesamtenergie abwandeln? Berechnen Sie damit den komplexen Kohärenzgrad und die Kontrastfunktion für das folgende Wellenpaket, eine mit einer Gaußfunktion der Breite σ modulierte harmonische Welle:

$$E(t) = \frac{E_0}{\sqrt{2\pi}\sigma} \exp(-i\omega t) \exp(-\frac{t^2}{2\sigma^2}).$$

Wie groß ist die Kohärenzzeit des Signals?
Hinweis: $\int_{-\infty}^{+\infty} \exp(-t^2/\sigma^2)dt = \sigma\sqrt{\pi}$.

4.3. Rechnen Sie den Ausdruck (4.30) für die Selbstkohärenzfunktion einer Überlagerung von Teilschwingungen (4.29) durch Einsetzen in die Definition der Selbstkohärenzfunktion nach. Verwenden Sie (A.23).

4.4. Welchen Abstand dürfen zwei entsprechend kleine Blendenlöcher höchstens haben, um auf der Erde mit gelbgefiltertem Sonnenlicht ($\lambda = 550$ nm) in einem Youngschen Versuch Interferenzen zu erzeugen? Der Winkeldurchmesser der Sonne beträgt ca. 30 Bogenminuten.

4.5. Eine leuchtende Scheibe mit Radius R, die man sich aus monofrequenten, zueinander inkohärenten Punktlichtquellen (Wellenlänge λ) zusammengesetzt denken kann, befinde sich in einer Entfernung L_1 vor einer Doppellochblende. Der Abstand der Blendenlöcher sei d. Zeigen Sie, daß auf einem im Abstand L_2 hinter der Doppellochblende angebrachten Schirm das folgende Beugungsmuster beobachtet werden kann:

$$I(\xi, \eta) \sim \pi R^2 \left(1 + 2\cos(kd\xi/L_2)\frac{J_1(kdR/L_1)}{kdR/L_1} \right). \tag{4.90}$$

Die ξ–Achse läuft dabei parallel zur Verbindungslinie der Löcher. Hinweise: $J_0(z) = (2\pi)^{-1} \int_0^{2\pi} \cos(z\cos(t))dt$ und $\int_a^b zJ_0(z)dz = zJ_1(z)|_a^b$.

4.6. Leiten Sie für quasimonochromatisches Licht (4.61) aus der Definition des Kontrastes her. Berechnen Sie den gegenseitigen Kohärenzgrad $\Gamma_{12}(\tau)$ und den Kontrast K_{12} einer monofrequenten Kugelwelle.

4.7. Berechnen Sie das Fourierspektrum und das analytische Signal eines Rechteckpulses $f(t) = \text{rect}\,(t)$ (siehe den Anhang Fouriertransformation).

4.8. Beim Michelsonschen Stellarinterferometer ist (4.90) für einen Einzelstern in erster Näherung anwendbar. In welchem TERM dieser Gleichung taucht die Spiegelseparation d, in welchem der Blendenabstand d' auf? Michelson fand bei der Bestimmung des Durchmessers des roten Riesensterns Betelgeuse (α Orionis), daß das Interferenzmuster im Stellarinterferometer bei einem Abstand der äußeren Spiegel von 306.5 cm verschwand. Berechnen Sie den Durchmesser der ca. 400 Lichtjahre entfernten Betelgeuse (Wellenlänge: $\lambda = 570$ nm). Hinweis: Die erste Nullstelle von $J_1(z)$ liegt bei $z = 3.83$.

4.9. Am Narrabi-Observatorium (Australien) steht ein optisches Korrelationsinterferometer mit zwei Spiegeln (30 m^2 sammelnde Fläche) und einer Basislänge von 10 m ... 188 m zur Verfügung. Welchen kleinsten Winkeldurchmesser eines Sterns kann man damit bei der Wellenlänge $\lambda = 500$ nm noch messen? Verwenden Sie (4.90).

4.10. Begründen Sie, warum die Frequenzauflösung eines Fourierspektrometers durch $\Delta\nu = 1/\tau_{max}$ gegeben wird. Ein Fourierspektrometer für das nahe Infrarot ($\lambda = 0.78$ ... 3.0 μm) soll ein Auflösungsvermögen $A = \lambda/\Delta\lambda = 1000$ haben. Welche maximale Zeitverschiebung τ_{max} muß realisiert werden, um dieses Auflösungsvermögen zu erreichen? An wievielen Stellen des Verschiebungsintervalls muß die Intensität bei der Abtastung des Interferogramms gemessen werden?

4.11. Berechnen Sie das Interferogramm und das Leistungsspektrum eines abklingenden Wellenzugs

$$E(t) = \begin{cases} 0 & \text{für } t \leq 0, \\ \sin(\omega_0 t)\exp(-\sigma t)\} & \text{für } t \geq 0, \end{cases}$$

mit $\sigma \ll \omega$. Geben Sie die Kohärenzzeit τ_k und die Bandbreite $\Delta\nu$ (Halbwertsbreite des Leistungsspektrums) an. Welcher Zusammenhang besteht zwischen τ_k und $\Delta\nu$?

Literatur

4.1 H. Paul: „Interference between independent photons", Rev. Mod. Phys. **58**, 209–231 (1986)

4.2 J. W. Goodman: *Introduction to Fourier Optics* (McGraw Hill, New York 1988)

4.3 M. J. Beran, G. B. Parrent Jr.: *Theory of Partial Coherence* (Prentice-Hall, Englewood Cliffs 1964)

4.4 R. J. Glauber: „The Quantum Theory of Optical Coherence", Phys. Rev. **130**, 2529–2539 (1963)
R. J. Glauber: „Coherent and Incoherent States of the Radiation Field", Phys. Rev. **131**, 2766–2788 (1963)

4.5 H. Haken: *Licht und Materie*, Band 1 und 2 (Bibliographisches Institut, Mannheim 1979 und 1981)

Weiterführende Literatur

Born, M., E. Wolf: *Principles of Optics* (Pergamon, Oxford 1980)

Mandel, L.: „Fluctuations of Light Beams", in E. Wolf (Hrsg.): *Progress in Optics*, Vol. II, S. 181–248 (North–Holland, Amsterdam 1963)

Mandel, L.: „Coherence and indistinguishability", Opt. Lett. **16**, 1882–1883 (1991)

Marathay A. S.: *Elements of Optical Coherence Theory* (Wiley, New York 1982)

Miyamoto, Y., T. Kuga, M. Baba, M. Matsuoka: „Measurement of ultrafast optical pulses with two–photon interference", Opt. Lett. **18**, 900–902 (1993)

Ou, Z. Y., E. C. Gage, B. E. Magill, L. Mandel: „Fourth–order interference technique for determining the coherence time of a light beam", J. Opt. Soc. Am. **B6**, 100–103 (1989)

5. Vielstrahlinterferenz

Bei der Behandlung der Kohärenzeigenschaften von Licht haben wir bisher im wesentlichen zwei Lichtwellen miteinander verglichen. Die Herleitung der räumlichen Kohärenzbedingung ließ uns zwar schon Lichtquellen mit einer Vielzahl unabhängiger Punktstrahler betrachten, ihre Wellen haben wir jedoch inkohärent überlagert, indem wir die Teilintensitäten aufsummierten. Für eine Reihe von Phänomenen spielt die Überlagerung einer Vielzahl zueinander kohärenter Teilwellen eine Rolle: die sogenannte Vielstrahlinterferenz. Dazu zählen Newtonsche Ringe, Farben dünner Schichten, die Bragg–Reflexion, wie auch das Funktionsprinzip von Interferenzfiltern. Ein wichtiges Instrument, dessen Wirkungsweise auf der mehrfachen Überlagerung von Lichtwellen beruht, ist das Fabry–Perot–Interferometer.

5.1 Das Fabry–Perot–Interferometer

Das Fabry–Perot–Interferometer ist in seiner Wirkungsweise schon seit Ende des vorigen Jahrhunderts bekannt, aber keineswegs ein veraltetes Gerät. Es macht Gebrauch von der Vielstrahlinterferenz und besitzt in der modernen Optik vielfältige Einsatzmöglichkeiten. Vor allem dient es zur Spektroskopie von Licht mit sehr hohem Auflösungsvermögen und bildet als Resonator einen Bestandteil des Lasers.

In seiner Grundbauweise besteht ein Fabry–Perot–Interferometer lediglich aus zwei planparallelen spiegelnden Flächen mit hohem Reflexionsgrad, wobei gewöhnlich noch eine Vorrichtung vorgesehen ist, um den Lichtweg zwischen den Spiegelflächen zu ändern (Abb. 5.1). In der Form einer planparallelen Glasplatte, die beidseitig verspiegelt ist, heißt es Etalon (Abb. 5.2).

Die Wirkungsweise des Fabry–Perot–Interferometers beruht auf der Interferenz der Lichtstrahlen, die mehrfach, im Idealfall unendlich oft, zwischen den beiden spiegelnden Flächen hin und her reflektiert werden. Zur mathematischen Beschreibung der Wirkungsweise betrachten wir zunächst eine ebene Welle, die senkrecht auf die planparallelen Spiegel treffen möge. Die Spiegel sollen beide denselben Reflexions– und

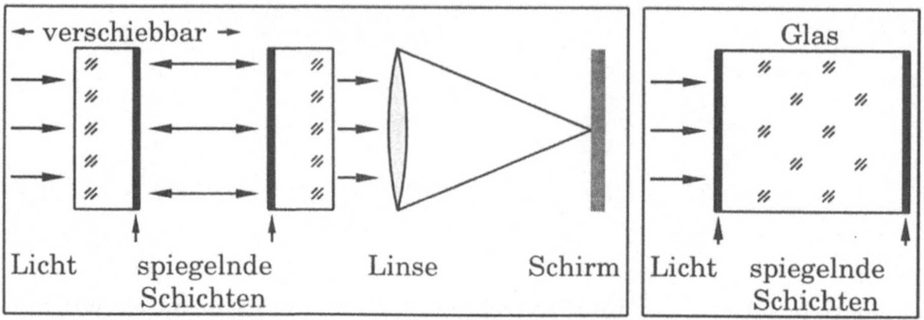

Abb. 5.1. Fabry–Perot–Interferometer.   **Abb. 5.2.** Etalon.

Transmissionsgrad haben und den Abstand L voneinander entfernt sein
(Abb. 5.3).

Die einfallende ebene Welle schreiben wir wieder in der Form (Ausbreitung nur in z–Richtung)

$$E_e = E_e(z, t) = E_0 e^{ikz-i\omega t}. \tag{5.1}$$

Die an einem Spiegel reflektierte Welle werde mit E_r, die transmittierte Welle mit E_t bezeichnet. Die bei der Reflexion und Transmission auftretenden Phasensprünge bzw. –verschiebungen werden hier nicht berücksichtigt. Dies ändert nichts am Prinzip unserer Überlegungen. Daher sind der Amplitudenreflexionsgrad r und der Amplitudentransmissionsgrad t, definiert durch

$$r = \frac{E_r}{E_e} \quad \text{und} \quad t = \frac{E_t}{E_e}, \tag{5.2}$$

reelle Zahlen zwischen Null und Eins.

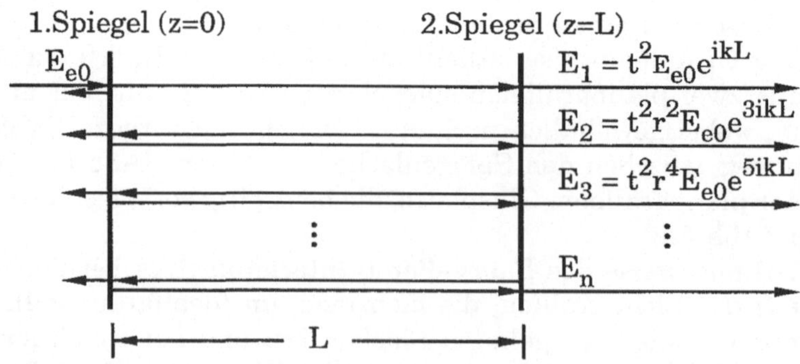

Abb. 5.3. Zur Berechnung der transmittierten Lichtwelle in einem Fabry––Perot–Interferometer.

Weiter sollen die Spiegel nicht absorbieren. Dann gilt aufgrund der Energieerhaltung:

$$r^2 + t^2 = 1. \tag{5.3}$$

Unter diesen Voraussetzungen erhalten wir für die elektrische Feldstärke unmittelbar hinter dem linken Spiegel (siehe Abb. 5.3) nach dem Durchtritt der einfallenden Welle E_e

$$E_t = tE_e(0, t) = tE_{e0}$$

und nach Durchtritt durch den zweiten Spiegel

$$E_1 = tE_t e^{ikL} = E_{e0}t^2 e^{ikL}. \tag{5.4}$$

Durch die Laufstrecke L zwischen den Spiegeln ergibt sich ein Phasenfaktor e^{ikL}. Ein Teil (E_{1r}) der am zweiten Spiegel eintreffenden Welle $E_t e^{ikL}$ wird dort reflektiert,

$$E_{1r} = trE_{e0}e^{ikL},$$

und kehrt zum ersten Spiegel zurück.

Nach abermaliger Reflexion am ersten Spiegel und Durchtritt durch den zweiten Spiegel ergibt sich die Amplitude

$$E_2 = E_{e0}t^2 r^2 e^{ik3L}, \tag{5.5}$$

da die Ausgangswelle insgesamt zwei Transmissionen (t^2) und zwei Reflexionen (r^2) erfahren und eine zusätzliche Phase $k3L$ durch die durchlaufene Wegstrecke $3L$ erhalten hat. Aus (5.4) und (5.5) erkennt man sofort das Bildungsgesetz. Jede folgende Welle ist mit $r^2 e^{ik2L}$ zu multiplizieren,

$$E_n = E_{n-1}r^2 e^{ik2L}, \qquad n = 2, 3, \ldots, \tag{5.6}$$

oder explizit

$$E_n = E_{e0}t^2 e^{ikL} r^{2(n-1)} e^{ik2(n-1)L}. \tag{5.7}$$

Da wir eine ebene Welle über den gesamten Spiegelquerschnitt angenommen haben, überlagern sich die Wellen E_1, E_2, E_3, ... hinter dem zweiten Spiegel zu einem Ausgangsfeld E_a

$$\begin{aligned}
E_a &= \sum_{n=1}^{\infty} E_n = E_{e0}t^2 e^{ikL} \sum_{n=1}^{\infty} r^{2(n-1)} e^{ik2(n-1)L} \\
&= E_{e0}t^2 e^{ikL} \sum_{n=0}^{\infty} r^{2n} e^{ik2nL} \\
&= E_{e0}t^2 e^{ikL} \sum_{n=0}^{\infty} (r^2 e^{ik2L})^n.
\end{aligned} \tag{5.8}$$

Die Summe bildet eine geometrische Reihe, deren Wert explizit angegeben werden kann,

$$\sum_{n=0}^{\infty} q^n = \frac{1}{1-q} \quad \text{für} \quad |q| < 1. \tag{5.9}$$

Daher erhält man mit

$$q = r^2 e^{ik2L} \tag{5.10}$$

für die Ausgangsfeldstärke aus dem Instrument

$$E_a = E_{e0} t^2 e^{ikL} \frac{1}{1 - r^2 e^{ik2L}}. \tag{5.11}$$

Wie immer können wir nur die Intensität $I_a = E_a E_a^*$ sehen oder messen. Zur Vereinfachung der Notation führen wir die sich bei einem Umlauf ergebende Phasenverschiebung δ ein:

$$\delta = k2L. \tag{5.12}$$

Mit der Intensität der einfallenden Welle $I_e = E_e E_e^* = E_{e0} E_{e0}^*$ gilt

$$\begin{aligned}
I_a &= E_a E_a^* = E_{e0} E_{e0}^* t^4 \frac{1}{(1 - r^2 e^{i\delta})(1 - r^2 e^{-i\delta})} \\
&= I_e t^4 \frac{1}{1 + r^4 - r^2 e^{-i\delta} - r^2 e^{i\delta}} \\
&= I_e t^4 \frac{1}{1 + r^4 - 2r^2 \cos \delta}.
\end{aligned} \tag{5.13}$$

Diesen Ausdruck schreibt man üblicherweise noch in einer anderen Form. Mit der Beziehung $\cos \delta = 1 - 2\sin^2(\delta/2)$ ergibt sich

$$\begin{aligned}
I_a &= I_e t^4 \frac{1}{1 + r^4 - 2r^2(1 - 2\sin^2(\delta/2))} \\
&= I_e t^4 \frac{1}{(1 - r^2)^2 + 4r^2 \sin^2(\delta/2)}.
\end{aligned} \tag{5.14}$$

Verwenden wir noch $r^2 + t^2 = 1$, so ergibt sich

$$\begin{aligned}
I_a &= \frac{I_e}{1 + (2r/(1 - r^2))^2 \sin^2(\delta/2)} \\
&= \frac{I_e}{1 + K \sin^2(\delta/2)} = \frac{I_e}{1 + K \sin^2(kL)}.
\end{aligned} \tag{5.15}$$

Die Größe

$$K = \left(\frac{2r}{1 - r^2} \right)^2 \tag{5.16}$$

heißt Finessekoeffizient.

Der Intensitätstransmissionsgrad T_I dieses Instruments aus zwei Spiegeln ist gegeben durch

$$T_I = \frac{I_a}{I_e} = \frac{1}{1 + K \sin^2 kL}. \tag{5.17}$$

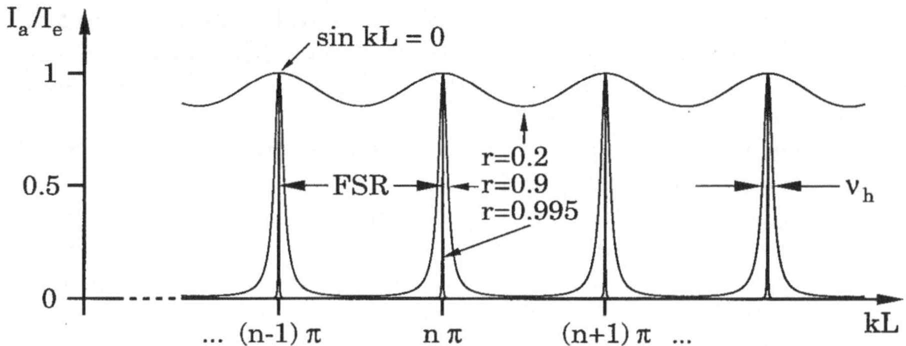

Abb. 5.4. Die Airy–Funktion für verschiedene Reflexionskoeffizienten r.

Diese Funktion heißt *Airy–Funktion* (Abb. 5.4). Man erkennt, daß die Funktion periodisch ist, wenn z.B. bei feststehendem L die Wellenzahl $k = 2\pi/\lambda$ bzw. die Wellenlänge λ geändert wird. Da die Sinusfunktion Null werden kann, ergibt sich periodisch die Transmission Eins, d.h. vollkommener Durchlaß für gewisse Wellenlängen oder Frequenzen. Das Instrument ist also wellenlängenselektiv bzw. frequenzselektiv und stellt ein Filter dar. Wegen der periodisch wiederkehrenden Durchlaßbereiche ist es ein sogenanntes Kammfilter.

Die vollkommene Durchsichtigkeit der beiden Spiegel, wenn der Abstand der Spiegel gerade $n \cdot \lambda/2$ bei der Wellenlänge λ des eingestrahlten Lichts beträgt, ist außerordentlich verwunderlich angesichts der Tatsache, daß jeder Spiegel z.B. 99.9% Reflektivität besitzt. In Abb. 5.5 ist der Sachverhalt nochmals im Schema einer meßtechnischen Anordnung dargestellt. Steht vor dem Detektor nur ein Spiegel mit der Reflektivität von

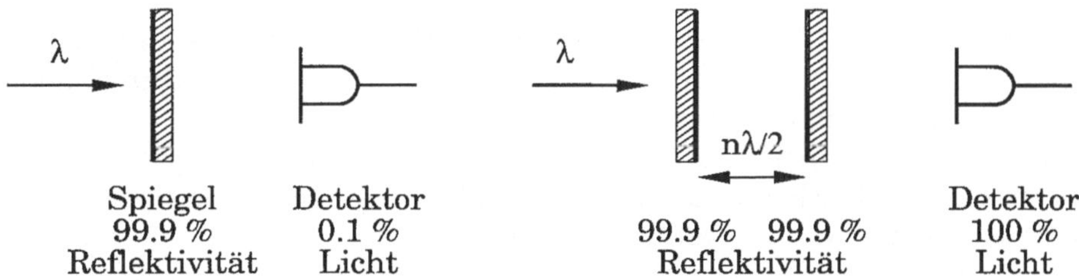

Abb. 5.5. Meßaufbau zur Demonstration der Reflektivitätseigenschaften eines und zweier Spiegel.

99.9%, so erreichen den Detektor nur 0.1% des eingestrahlten Lichtes. Stellt man im Abstand von $n \cdot \lambda/2$ einen zweiten Spiegel auf, der ebenfalls 99.9% Reflektivität besitzt, so erhält man nicht etwa nur 0.1% des zuvor vom ersten Spiegel durchgelassenen Lichtes von nur 0.1%, sondern volle

100%, als wären beide Spiegel gar nicht vorhanden. Man erkennt daran, daß man einem Spiegel keine absolute Reflektivität zuordnen kann, da die wirkliche Wirkung als Spiegel von der experimentellen Anordnung abhängt, z.B. der Aufstellung weiterer Spiegel in eventuell großer Entfernung. Ein Spiegel kann also seine Reflektivität ändern, ohne daß irgendetwas an ihm selbst geändert wird!

Die Abbildung 5.4 zeigt die Airy–Funktion als Funktion von kL für verschiedene Amplitudenreflexionsgrade r der Spiegel. Man erkennt, daß sich für r nahe bei eins sehr schmale und scharfe Durchlaßbereiche ergeben. Der Abstand der Maxima hat eine meßtechnische Bedeutung. Da man bei vollständiger Transparenz die Wellenlänge λ nicht eindeutig bestimmen kann, weil jede Wellenlänge λ_n, die die Gleichung

$$n\pi = k_n L = \frac{2\pi}{\lambda_n}L \text{ bzw. } n\frac{\lambda_n}{2} = L, \quad n \text{ ganzzahlig,} \tag{5.18}$$

erfüllt, möglich ist, ist nur ein Wellenlängen– oder Frequenzbereich zwischen zwei Maxima von Interesse. Diesen Abstand gibt man gewöhnlich als Frequenzdifferenz Δv an und nennt ihn *freien Spektralbereich* FSR (free spectral range). Man erhält ihn aus folgender Überlegung. Zwei aufeinanderfolgende Maxima der Transmission bei den Wellenzahlen k_n und k_{n+1} erfüllen jeweils die Bedingung (5.18) für die ganzen Zahlen n bzw. $n+1$. Subtrahiert man die entsprechenden Gleichungen (5.18) voneinander, ergibt sich

$$\pi = (k_{n+1} - k_n)L = \Delta k L = \frac{2\pi\Delta v}{c}L,$$

wobei noch $\Delta v = (c/2\pi)\Delta k$ verwendet wurde. Der freie Spektralbereich des Fabry–Perot–Interferometers ist daher

$$\Delta v = \frac{c}{2L}. \tag{5.19}$$

Zwei Frequenzen, deren Abstand kleiner als Δv ist, lassen sich mit dem Instrument eindeutig unterscheiden. Der absolute Wert des Durchlaßbereiches muß auf andere Weise ermittelt werden.

Eine weitere, wichtige Kenngröße eines Fabry–Perot–Interferometers ist die Finesse F. Sie gibt an, wieviele Linien in einem freien Spektralbereich auflösbar sind, und ist definiert als

$$F = \frac{\Delta v}{v_h}, \tag{5.20}$$

mit Δv dem freien Spektralbereich und v_h der Halbwertsbreite eines Durchlaßbereichs. Die Halbwertsbreite v_h ist definiert als die volle Frequenzbreite eines Bereichs, in dem die Transmission T größer oder gleich 1/2 ist (siehe Abb. 5.4). Wie man am Beispiel $r = 0.2$ dieser Abbildung sehen kann, ist v_h und damit die Finesse F nur für hinreichend große r definierbar. Aber nur diese Fälle sind auch interessant.

Die Halbwertsbreite v_h läßt sich durch die Parameter r und L des Interferometers auf folgende Weise ausdrücken. Es werde k'_h eingeführt gemäß

$$k'_h L = \frac{2\pi v_h'}{c} L = \frac{\pi v_h}{c} L \tag{5.21}$$

mit $2v_h' = v_h$, $v_h' =$ Frequenzbreite vom Maximum zum halben Maximum.

Aus (5.17) folgt ($T_h =$ Hälfte der vollen Transmission $= 1/2$)

$$T_h = \frac{1}{2} = \frac{1}{1 + K \sin^2(k_h' L)}. \tag{5.22}$$

Damit diese Beziehung erfüllt ist, muß

$$K \sin^2(k_h' L) = 1$$

gelten. Bei großem r sind die Durchlaßbereiche sehr schmal, und $k_h' L$ ist daher sehr klein. Dann kann man $\sin(k_h' L) \approx k_h' L$ setzen und erhält

$$K(k_h' L)^2 = 1 \quad \text{oder} \quad k_h' L = \frac{1}{\sqrt{K}}.$$

Zusammen mit (5.21) erhält man

$$k_h' L = \frac{\pi v_h}{c} L = \frac{1}{\sqrt{K}} \tag{5.23}$$

oder

$$v_h = \frac{c}{\pi L \sqrt{K}} = \frac{c(1 - r^2)}{\pi L 2r}. \tag{5.24}$$

Dies ist die gesuchte Beziehung für die Halbwertsbreite v_h. Damit ergibt sich für die Finesse F aus der Definition (5.20), zusammen mit (5.19) und (5.24)

$$F = \frac{\Delta v}{v_h} = \frac{c \pi L 2r}{2Lc(1 - r^2)} = \frac{\pi r}{1 - r^2}. \tag{5.25}$$

Aus dieser Gleichung folgt, daß die Zahl der auflösbaren Spektrallinien nur von der Reflektivität der Spiegel abhängt. Sie ist um so höher, je höher die Spiegelreflektivität ist. Ein Fabry–Perot–Interferometer mit $F = 100$ ist bereits ein gutes Instrument, $F = 10000$ ist zur Zeit erreichbar und kommerziell erhältlich.

Eine weitere wichtige Größe ist das Auflösungsvermögen A. Es ist wie bei jedem Spektralapparat definiert durch

$$A = \frac{v}{v_h}, \tag{5.26}$$

wobei v die (mittlere) Frequenz ist, bei der die Messung gemacht wird, und v_h wieder die Halbwertsbreite eines einzelnen Durchlaßbereiches, die sogenannte instrumentelle Linienbreite, bezeichnet. Mit Hilfe der Finesse

F und des freien Spektralbereiches Δv ergibt sich sofort aus der Definition $F = \Delta v / v_h$

$$v_h = \frac{\Delta v}{F} \qquad (5.27)$$

und damit für das Auflösungsvermögen

$$A = \frac{v}{\Delta v} F. \qquad (5.28)$$

Es sind mit diesem einfachen Instrument (zwei planparallele Spiegel) erstaunliche Auflösungsvermögen erreichbar. Ein typischer Wert für A ist 10^8! Ein Vergleich mit einem Gitterspektrographen zeigt dies deutlich. Mit einem Gitter von 1000 Linien erhält man in der ersten Beugungsordnung nur ein Auflösungsvermögen von 10^3. Dafür ist allerdings der freie Spektralbereich eines Fabry–Perot–Interferometers sehr viel kleiner als der eines Gitterspektrographen.

5.2 Modenspektrum eines Lasers

Ein Laser besitzt zur Rückkopplung des erzeugten Lichtes in das verstärkende Medium einen Resonator, der im einfachsten Fall aus zwei planparallelen Spiegeln im Abstand L besteht. Ohne das Lasermaterial zwischen den Spiegeln ist dies gerade eine Fabry–Perot–Anordnung, nur ist gewöhnlich die Reflektivität der Spiegel unterschiedlich, möglichst 100% für einen Spiegel und deutlich weniger für den zweiten Spiegel, den Auskoppelspiegel (ca. 96% beim He–Ne Laser). Ein solcher Laserresonator besitzt ein sogenanntes longitudinales Modenspektrum, das dem Linienspektrum eines Fabry–Perot–Interferometers sehr ähnlich ist. Die spektrale Bandbreite einer Laserlinie umfaßt gewöhnlich mehrere longitudinale Moden des Laserresonators. Genau die Moden, die hinreichend durch das Lasermaterial verstärkt werden, werden dann im Laser erzeugt und abgestrahlt (Abb. 5.6).

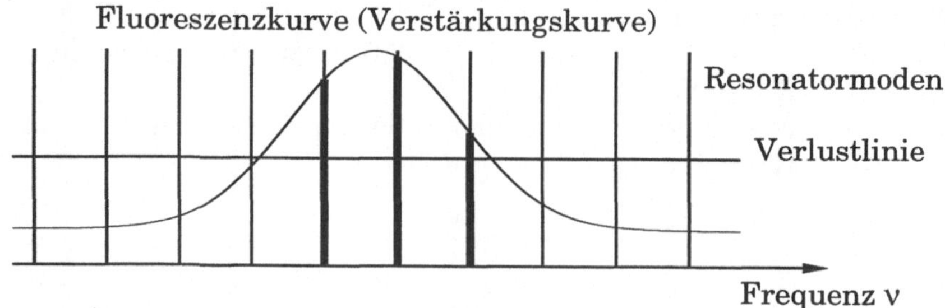

Abb. 5.6. Zum Zustandekommen des Spektrums von Laserlicht.

Laserlicht erhält seine Eigenschaften also durch Vielstrahlinterferenz. Zur Messung des Modenspektrums kann man verschiedene Methoden benutzen, die Interferenzspektroskopie und die Differenzfrequenzanalyse mit schnellen Photodioden.

5.2.1 Interferenzspektroskopie

Zur hochauflösenden Spektroskopie benutzt man in der Optik hauptsächlich das Fabry–Perot–Interferometer. Es eignet sich hervorragend zur Bestimmung des Modenspektrums eines Lasers. Der Aufbau dazu sieht folgendermaßen aus (Abb. 5.7): Mit einer Linse L_1 wird das Laserlicht leicht divergent gemacht und trifft auf die Spiegel des Fabry–Perot–Interferometers. Das austretende Licht wird mit einer Linse gesammelt und auf einen Schirm abgebildet, der sich in der hinteren Brennebene der Linse L_2 befindet. Dadurch werden alle Lichtstrahlen, die unter demselben Winkel aus dem Fabry–Perot–Interferometer austreten, in einem Punkt gesammelt. Wozu dient die Aufweitung mit der Linse L_1? Da viele Laser nur eine sehr schwache Divergenz des Lichtes aufweisen, ist es schwierig, den Abstand der Spiegel gerade so einzustellen, daß eine Mode des Laserlichtes durchgelassen wird. Fällt aber ein Lichtstrahl etwas (sehr wenig!) schräg auf das Spiegelpaar, so ist der Lichtweg L vergrößert (Abb. 5.8), und zwar bei einem Winkel von α zum Einfallslot zu

$$L_\alpha = \frac{L}{\cos \alpha}. \tag{5.29}$$

Ist der Winkel $\alpha = \alpha_{FSR}$ so groß, daß

$$\frac{L}{\cos \alpha_{FSR}} = L + \frac{\lambda}{2}$$

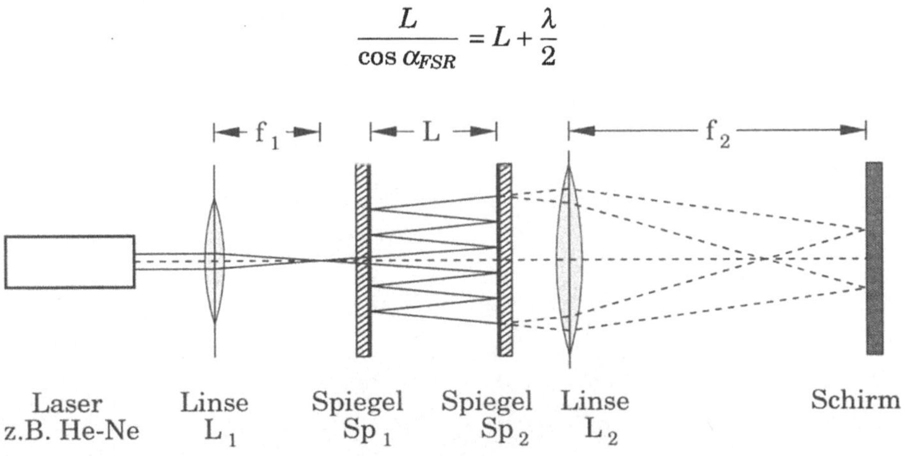

Abb. 5.7. Zur Bestimmung von Lasermoden mittels Fabry–Perot–Interferometer.

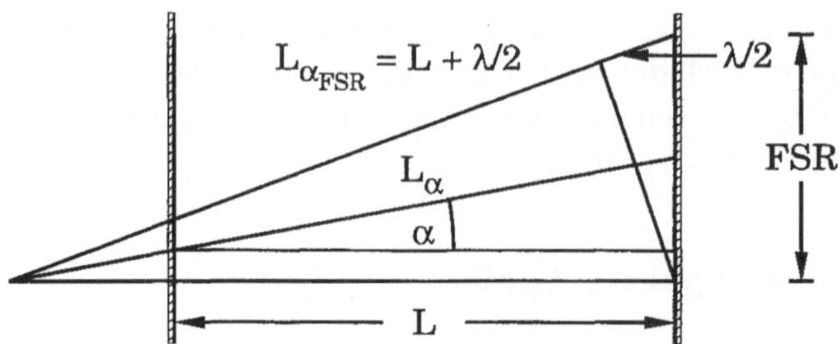

Abb. 5.8. Zur Ringstruktur am Ausgang des Fabry–Perot–Interferometers.

gilt, so wird dieselbe Wellenlänge λ wieder durchgelassen. Eine einzige Wellenlänge λ aus einem divergenten Lichtbündel tritt also unter diskreten, verschiedenen Winkeln aus dem Instrument wieder aus, z.B. unter $\alpha = 0$, α_{FSR}, ... Wegen der Rotationssymmetrie ergibt sich am Ausgang des Instruments ein Ringsystem. Hat man nicht nur eine einzige Wellenlänge, sondern mehrere, so bildet jede ihr eigenes Ringsystem aus, nur um einen entsprechenden Winkel verschoben, z.B. bei $\alpha = \alpha_1$, $\alpha_1 + \alpha_{FSR}$, ...

Man erkennt hieran deutlich die Bedeutung des freien Spektralbereichs $\Delta\nu$ (oder $\Delta\lambda$, oder $\Delta\alpha$). Man kann Abstände von Spektrallinien nur innerhalb eines freien Spektralbereichs bestimmen und muß sogar vorher wissen, daß die Abstände kleiner sind als der freie Spektralbereich. Dies kann man z.B. durch Verkleinern von L, dem Spiegelabstand, wodurch sich $\Delta\nu$ vergrößert, feststellen. Absolute Wellenlängenmessungen können üblicherweise mit einem Fabry–Perot–Interferometer nicht durchgeführt werden. Sehr gut können aber Differenzfrequenzen, z.B. Aufspaltungen von Spektrallinien und Lasermoden–Differenzfrequenzen, bis herab in den MHz–Bereich gemessen werden (siehe Abb. 5.9). In diesem Bereich schließen sich nahtlos elektrische Meßverfahren zu tieferen Frequenzen hin an.

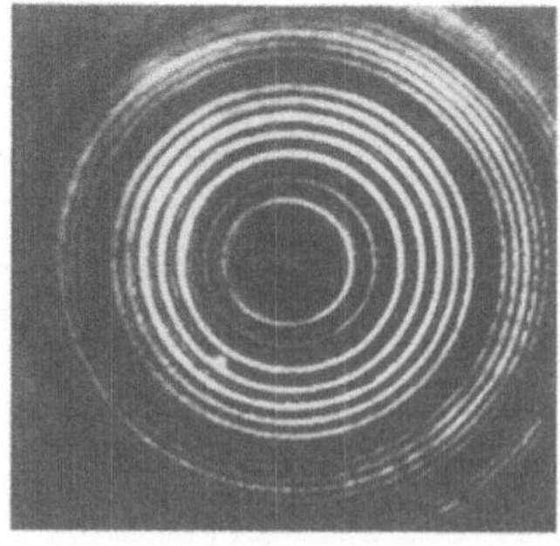

Abb. 5.9. Fabry–Perot Ringsystem von fünf Moden eines 15mW He–Ne–Lasers.

Eine andere Lösungsmöglichkeit zu unserem Meßproblem ist in Abb. 5.10 dargestellt. Man sammelt das Licht, das parallel zur optischen Achse eines Fabry–Perot–Interferometers läuft, und mißt es mit einer Photodiode. Um verschiedene Wellenlängen in den Durchlaßbereich zu schieben, ändert man die Länge L des Interferometers, meist wegen der kleinen Verstellwege piezoelektrisch, und stellt das Photodiodensignal (y–Achse) über der Längenänderung (x–Achse) auf einem Oszillographenschirm dar. Ist die Wellenlänge des eingestrahlten Lichtes λ, dann ergibt sich ein

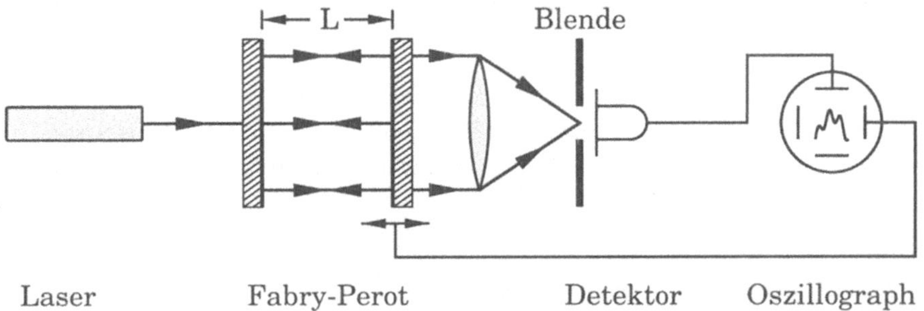

Abb. 5.10. Prinzip des Abtast–Fabry–Perot–Interferometers (Scanning FPI).

Durchlaßgebiet bei $\dots, (n-1) \cdot \lambda/2, n \cdot \lambda/2, (n+1) \cdot \lambda/2, \dots$, d.h. auch in diesem Fall ergibt sich eine Mehrdeutigkeit durch den endlichen, freien Spektralbereich von $\Delta L = \lambda/2$ (Abb. 5.11). Befinden sich in diesem Bereich weitere Linien, so werden sie bei der entsprechenden Länge L durchgelas-

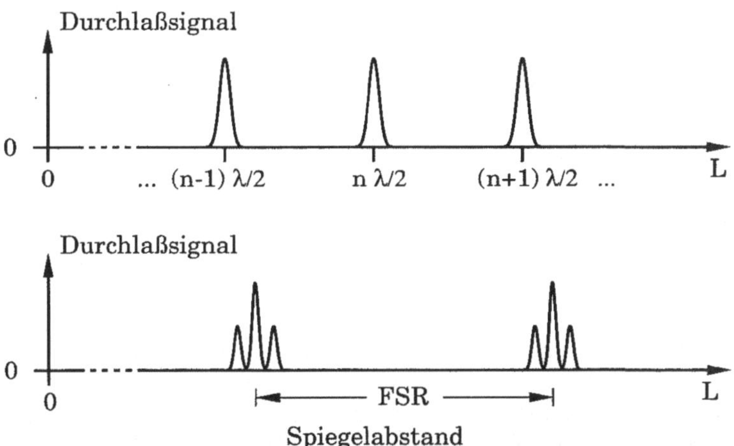

Abb. 5.11. Prinzipskizze des Signals eines Abtast–Fabry–Perot–Interferometers auf dem Oszillographenschirm bei Licht nur einer Wellenlänge (oben) und für einen Laser mit drei Moden (unten). Die Wiederholung der Signalgruppen entsteht, weil mehr als ein freier Spektralbereich in der Länge L geändert wurde.

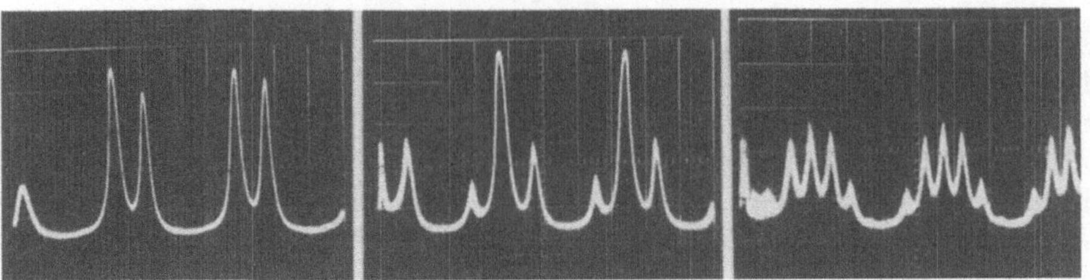

Abb. 5.12. Reale Aufnahmen vom Oszillographenschirm für einen 2–Moden, 3–Moden und 5–Moden He–Ne–Laser.

sen und erscheinen als Signal auf dem Oszillographenschirm (Abb. 5.11). Die Abb. 5.12 zeigt drei Aufnahmen solcher Signale von Messungen an drei verschiedenen Helium–Neon Lasern mit jeweils zwei, drei und fünf Longitudinalmoden.

5.2.2 Differenzfrequenzanalyse

Mit einer Photodiode kann man Lichtintensitäten messen. In einem großen Intensitätsbereich ist die Zahl der Photoelektronen n_i proportional zur eingestrahlten Intensität I:

$$n_i \sim I = |E|^2. \tag{5.30}$$

Diese führen nach Verstärkung zu einem Photostrom, der in eine Spannung U

$$U \sim n_i \sim I \tag{5.31}$$

umgewandelt und auf einem Oszillographenschirm angezeigt werden kann (Abb. 5.13). Photodioden mit Ansprechzeiten im Subnanosekunden-

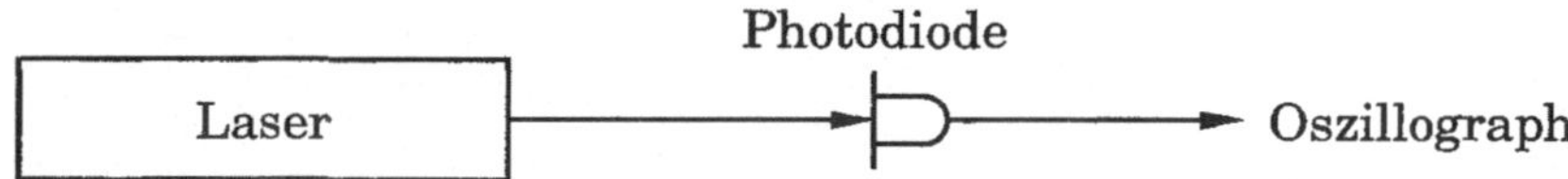

Abb. 5.13. Aufnahme von Laserlicht mittels einer schnellen Photodiode.

bereich sind heute im Handel erhältlich. Die Lichtschwingungen von etwa 10^{15} Hz im sichtbaren Bereich können dadurch zwar nicht verfolgt werden, wohl aber hinreichend tieffrequente Differenzfrequenzen aus einem Lichtfrequenzgemisch, wie sie ein Laser typischerweise aussendet. Die Überlagerung der verschiedenen Frequenzen führt zu einer Schwebung und damit zu einer zeitabhängigen Intensität, die bei hinreichend schneller Ansprechzeit der Photodiode verfolgt werden kann.

Sei $E(t)$ die Feldstärke der Überlagerung zweier Wellen mit den verschiedenen Frequenzen ω_1 und ω_2

$$E(t) = e^{-i\omega_1 t} + e^{-i\omega_2 t}, \tag{5.32}$$

so ergibt sich eine Abhängigkeit des Photostroms und damit der Spannung U von der Zeit zu

$$U(t) \sim I = 2 + 2\cos(\omega_1 - \omega_2)t. \tag{5.33}$$

Abbildung 5.14 zeigt die zeitabhängige Intensität (Kurzzeitintensität) für zwei He–Ne Laser unterschiedlicher Resonatorlänge.

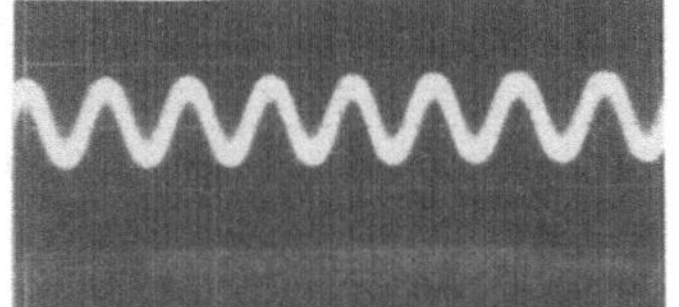
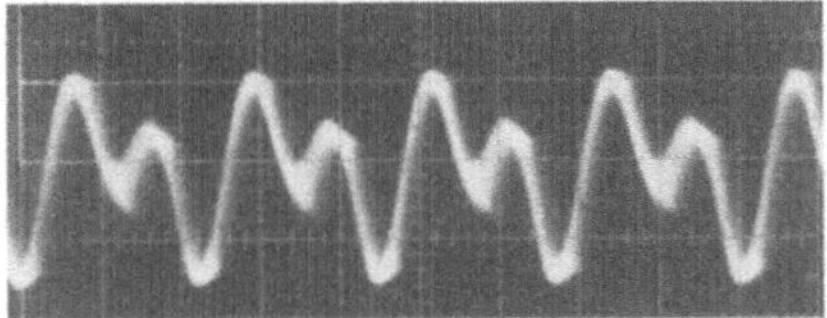

Abb. 5.14. Kurzzeitintensität als Funktion der Zeit für einen 5mW He–Ne Laser (linkes Bild) und einen 15mW He–Ne Laser (rechtes Bild).

Aus der Grundperiode der auf dem Oszillographenschirm angezeigten Schwingung läßt sich der Modenabstand bzw. die Resonatorlänge des Lasers entnehmen. Die heutige Meßtechnik erlaubt auch die direkte Anzeige der im Signal enthaltenen Frequenzen mit einem elektronischen Frequenzanalysator. Diese sind für Frequenzbereiche bis zu einigen 10 GHz erhältlich und daher auch für die vorliegende Meßaufgabe geeignet. Abbildung 5.15 zeigt den Bildschirm eines Spektrumsanalysators, der das Photodiodensignal von Licht eines He–Ne Lasers erhalten hat. Die Frequenz ist auf der horizontalen Achse aufgetragen. Ein Skalenteil entspricht 50 MHz. Vertikal ist die Stärke der Differenzfrequenzlinien in nicht kalibrierten Einheiten linear aufgetragen. Ganz links ist die Nullmarkierungslinie eingeblendet. Man erkennt eine starke Differenzfrequenzlinie bei etwa $\Delta\nu = 220$ MHz und eine schwache Linie bei der doppelten Frequenz von 440 MHz. Der Laser strahlt demnach drei Moden ab und hat eine Resonatorlänge von $L = c/2\Delta\nu = 68$ cm.

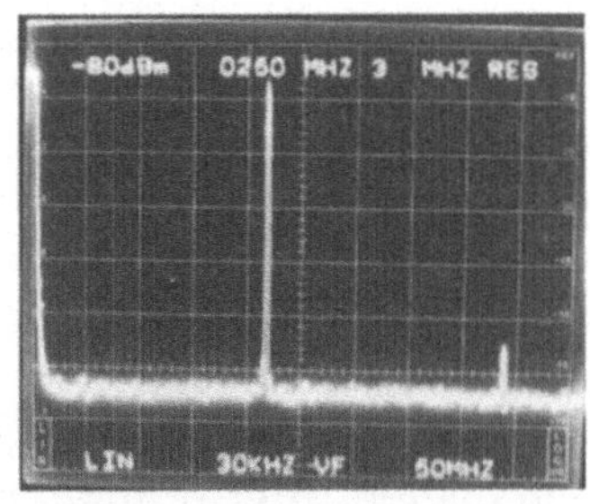

Abb. 5.15. Schirmbild eines Frequenzanalysators mit Mehrmoden–Laserlicht.

5.3 Rückgekoppelte Interferometer

Das Michelson–Interferometer hat durch die mit seiner Hilfe erhaltene Feststellung, daß die Ausbreitungsgeschwindigkeit des ausgesandten Lichts nicht von der Geschwindigkeit der Lichtquelle selbst abhängt, einen wesentlichen Anstoß zur Formulierung der speziellen Relativitätstheorie gegeben. Licht war auch im Spiel bei der ersten experimentellen Bestätigung der allgemeinen Relativitätstheorie, nämlich bei der Ablenkung von Licht im Gravitationsfeld der Sonne. Gravitationsfelder können regelrechte Linsen für Licht von Sternen oder fernen Galaxien bilden. Dabei handelt es sich um stationäre Gravitationsfelder. Die allgemeine Relativitätstheorie sagt aber auch die Existenz von Gravitationswellen voraus, d. h. von sich ausbreitenden Gravitationsfeldern. Sie sind bisher noch nicht direkt nachgewiesen worden, da die derzeit realisierten Gravitationswellendetektoren nicht empfindlich genug sind. Da durch eine Gravitationswelle der Abstand getrennter Körper geändert wird, bietet sich die Interferometrie als Meßverfahren an, z. B. das Michelson–Interferometer. Es überträgt eine Abstandsänderung in einem Arm des Interferometers in eine Phasenänderung einer Lichtwelle und mit Hilfe einer Referenzwelle aus dem Querarm des Interferometers in eine Intensitätsänderung. In seiner Grundform, bei der die phasenverschobene Lichtwelle nur einmal mit der Referenzwelle überlagert wird, ist das Michelson–Interferometer als Gravitationswellendetektor nicht empfindlich genug. Vom Fabry–Perot–Interferometer her wissen wir, daß durch Vielstrahlinterferenz die Empfindlichkeit erheblich gesteigert werden kann. Die Frage ist, ob man die gesteigerte Empfindlichkeit des Fabry–Perot–Interferometers auf das Michelson–Interferometer übertragen kann. Das ist in der Tat möglich durch Erweiterung des Michelson–Interferometers um zwei zusätzliche Spiegel am Ein– und Ausgang des Instruments zur Rückkopplung des von außen eingekoppelten monofrequenten Laserlichts zurück in das Interferometer (Abb. 5.16).

Auf den ersten Blick erscheint es nicht gerade intuitiv, daß ein Spiegel am Eingang des Interferometers die Empfindlichkeit des Instruments erhöhen soll, und noch weniger intuitiv, daß ein Spiegel vor dem Detektor am Ausgang ebenfalls eine Erhöhung der Empfindlichkeit bewirken soll. Um das zu verstehen, müssen wir einige Eigenschaften des Michelson– und des Fabry–Perot–Interferometers genauer betrachten. Beginnen wir mit dem Michelson–Interferometer ohne Rückkopplung. Angenommen, wir strahlen eine monofrequente Lichtwelle der Wellenlänge λ ein und verschieben einen Spiegel aus der abgeglichenen Position um $d = \lambda/4$. Dann beträgt der Lichtumweg $\lambda/2$, und der Detektor empfängt kein Licht, da sich die Wellen aus den beiden Interferometerarmen auslöschen.

Wo bleibt die Energie der beiden Lichtwellen? Sie wird in den Laser zurückreflektiert. Dazu muß man sich vergegenwärtigen, daß bei jeder Reflexion der Lichtwelle am Strahlteiler ein Phasensprung von $\pi/2$

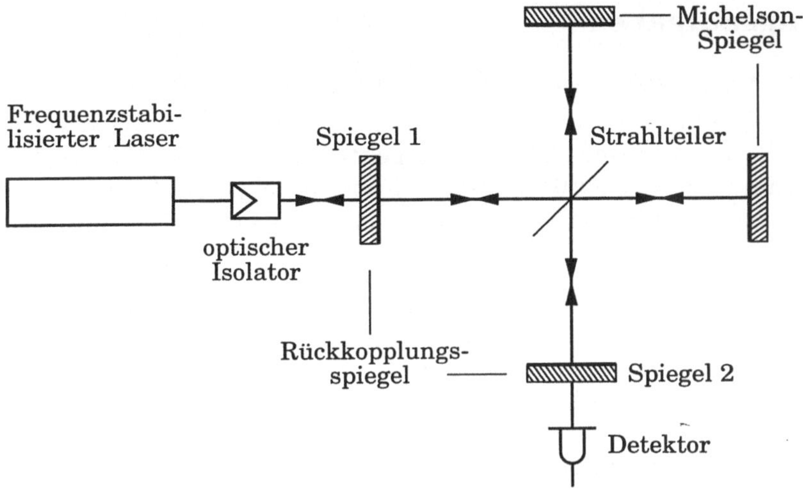

Abb. 5.16. Interferometer mit doppelter Rückkopplung.

entsteht. Die Reflexion der eingestrahlten Welle kann man direkt experimentell zeigen, indem man vor den Eingang des Interferometers einen weiteren Strahlteiler stellt, der das zurückreflektierte Licht teilweise umlenkt. Man erhält dann ein Maximum des zurückreflektierten Lichtes am Eingang, wenn der Detektor am Ausgang kein Licht anzeigt. Von außen betrachtet verhält sich das Michelson–Interferometer in diesem Zustand wie ein 100%–Spiegel.

Diesen Spiegel setzen wir jetzt als zweiten Spiegel eines Fabry–Perot–Interferometers ein, indem wir in den Eingang einen weiteren Spiegel stellen, den Rückkopplungsspiegel 1 als Eingangsspiegel zu unserem Fabry–Perot–Interferometer. Durch eine Kontrollelektronik mit Piezo-Stellelementen für die Spiegel ist sicherzustellen, daß das Michelson–Interferometer stets als Spiegel für die eingestrahlte Laserwellenlänge wirkt. Dann überträgt sich die Empfindlichkeit des Fabry–Perot–Interferometers auf das Michelson–Interferometer. Denselben Gedanken kann man ein zweites Mal auf das Licht anwenden, das durch die Einwirkung einer Gravitationswelle im Fabry–Perot–Michelson–Interferometer aus dem eingestrahlten Laserlicht durch Modulation entstanden ist.

Systeme mit doppelter Rückkopplung, wie in Abbildung 5.16 gezeigt, werden zur Zeit entwickelt. Schwierigkeiten bereiten die erforderlichen langen Michelson–Interferometerarme wegen der Schwingungsisolation, die präzise Einstellung und Steuerung der Spiegel, die weitgehende Ausschaltung der Wärmebewegung und sicherlich noch einige Störfaktoren, die erst beim aktuellen Betrieb in Erscheinung treten werden. Auf diesem Gerät aber ruhen die Hoffnungen der Astrophysiker zum direkten Nachweis von Gravitationswellen.

Übungsaufgaben

5.1. Ein Fabry–Perot–Interferometer habe eine Finesse $F = 10000$ und einen Spiegelabstand $L = 5$ cm. Bestimmen Sie den Amplitudenreflexionsgrad r der Spiegel, den freien Spektralbereich, die Halbwertsbreite einer Linie und das Auflösungsvermögen A (bei $\lambda = 500$ nm). Kann das Instrument zwei Spektrallinien bei 516.7 nm und 516.9 nm eindeutig trennen?

5.2. Berechnen Sie den Amplitudenreflexionsgrad R eines Fabry–Perot–Interferometers analog zu der im Text durchgeführten Rechnung für den Transmissiongrad T (durch Summation über Teilwellen). Verifizieren Sie, daß $|T|^2 + |R|^2 = 1$ gilt (Energieerhaltung). Hinweis: die am Eingangsspiegel außen reflektierte Teilwelle weist gegenüber den am Ausgangsspiegel innen reflektierten Teilwellen eine Phasenverschiebung von π auf.

5.3. Berechnen Sie die Finesse eines Michelson–Interferometers.

5.4. Ein Fabry–Perot–Interferometer (Finesse $F = 10000$) sei bei der Wellenlänge $\lambda = 632.8$ nm auf maximale Transmission eingestellt. Wieweit muß man die beiden Spiegel gegeneinander verschieben, damit die Ausgangsintensität auf die Hälfte abfällt? Wie groß ist die entsprechende Verschiebung beim Michelson–Interferometer?

5.5. Berechnen Sie das Wellenfeld und die Energiedichte im Innern eines Fabry–Perot Resonators bei Einfall einer ebenen Welle mit der Intensität I_e für maximale bzw. minimale Transmission T. Stellen Sie das Feld im Resonator als Überlagerung einer vor– und zurücklaufenden ebenen Welle dar und verwenden Sie die Stokesschen Formeln $r' = -r$ und $tt' = 1 - r^2$ (r bzw. r': Amplitudenreflexionskoeffizienten bei Reflexion an der äußeren bzw. inneren Spiegelseite, t bzw. t': Amplitudentransmissionskoeffizienten für Übergang der Welle in den bzw. aus dem Resonator).

5.6. Berechnen Sie den Frequenzabstand der Longitudinalmoden eines He–Ne Lasers ($\lambda = 632.8$ nm) mit 60 cm Resonatorlänge und eines Halbleiterlasers ($\lambda = 1.55\ \mu$m, Brechungsindex $n = 3.6$) mit 0.5 mm Länge. In dem He–Ne Laser seien drei benachbarte Moden im Amplitudenverhältnis $1 : 2 : 1$ angeregt. Das Laserlicht falle auf eine schnelle Photodiode mit linearer Kennlinie ($U \sim I(t)$, $I(t) =$ Kurzzeitintensität). Welche Frequenzkomponenten treten im Photostrom auf, welche Amplituden haben sie?

Weiterführende Literatur

Born, M.: *Optik* (Springer, Berlin, Heidelberg 1972)
Danzmann, K., H. Ruder: „Gravitationswellen", Phys. Bl. **49**, 103–108 (1993)
Hecht, E.: *Optik* (Addison–Wesley, Bonn 1992)

6. Granulation

Läßt man Laserlicht auf eine weiße Wand oder allgemein eine Oberfläche im Raum fallen, so beobachtet man ein granulationsartiges Muster. Der englische Ausdruck dafür ist "speckle pattern". Daher hat sich auch der Gebrauch des Wortes Speckelmuster eingebürgert. Ein Beispiel dafür ist in der Abbildung 6.1 wiedergegeben. Da dergleichen mit Glühlicht oder Licht von Spektrallampen nicht beobachtet wird, muß es sich um eine besondere Eigenschaft von Laserlicht handeln. In der Tat sind es die besonderen Kohärenzeigenschaften des Laserlichts, die zu dem Phänomen der Granulation Anlaß geben.

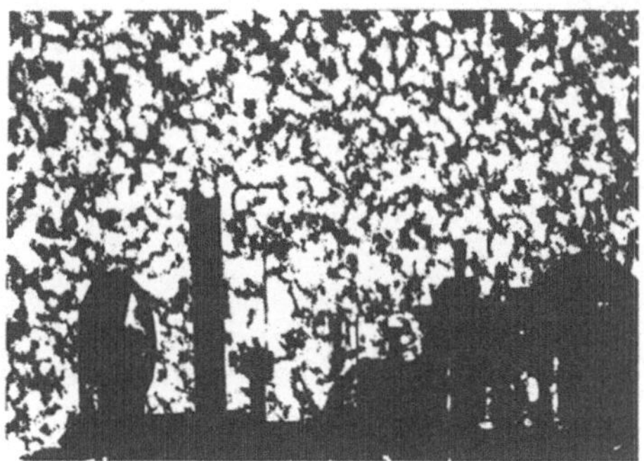

Abb. 6.1. Ein Speckelmuster im Labor.

Das Granulationsmuster sieht man bei Fokussierung auf jeden Punkt im Raum scharf. Das läßt sich folgendermaßen erklären. Durch das Streulicht von der rauhen Oberfläche der Wand wird wegen der hohen Kohärenz des Lichtes ein kompliziertes, stehendes Wellenfeld im Raum aufgebaut, das durch Interferenz der von verschiedenen Wandpunkten kommenden Lichtwellen statistisch verteilte Feldstärken und damit Intensitäten an verschiedenen Raumpunkten enthält. Die Granulation ist also ein Phänomen der statistischen Vielstrahlinterferenz. Die mathematische Behandlung ist nicht ganz einfach. Man braucht z.B. den zentralen Grenzwertsatz der Wahrscheinlichkeitsrechnung, um die Intensitätsstatistik in einem Speckelfeld zu finden. Abschätzungen für die Speckelkorngröße dagegen kann man mit Hilfe elementarer Überlegungen finden.

6.1 Intensitätsstatistik monofrequenter Speckelfelder

Bei der Betrachtung der Abbildung 6.1 stellen wir fest, daß im Granulati-
ons– oder Speckelfeld offenbar dunklere Stellen häufiger vorkommen als
helle Stellen. Man kann sich daher fragen, mit welcher Wahrscheinlich-
keit ein bestimmter Intensitätswert in einem beliebig herausgegriffenen
kleinen Flächenelement des Granulationsmusters auftritt.

Die Ableitung dieser Intensitätsstatistik wollen wir im folgenden nur
skizzieren. Dazu betrachten wir wieder ein skalares Feld einheitlicher
Polarisationsrichtung und nehmen an, das Speckelfeld werde durch die
Streuung an einer rauhen Wand erzeugt. Dann gehen von jedem Wand-
punkt Kugelwellen aus, deren gegenseitige Phasenlage zwar zeitlich konstant ist, aber statistisch mit dem Ausgangspunkt der Welle schwankt.

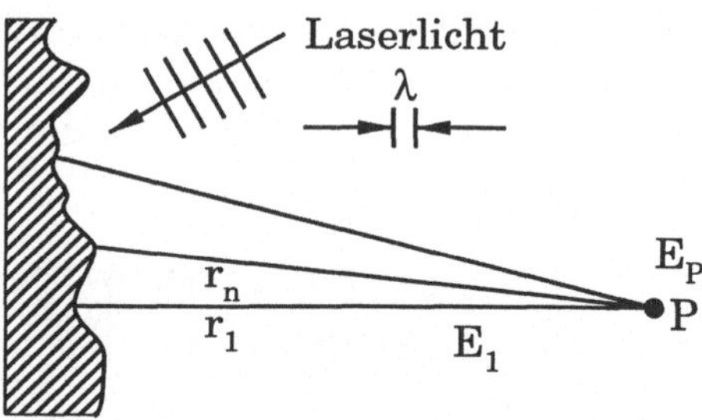

Abb. 6.2. Zur Berechnung der Interferenz im Raum bei Streuung von Laserlicht
an einer rauhen Wand.

An einem Ort P im Raum (Abb. 6.2) summieren sich die einzelnen
Feldstärken dieser Kugelwellen

$$E_n = \frac{A_n}{r_n} e^{ikr_n} \tag{6.1}$$

zu der Gesamtfeldstärke

$$E_p = \sum_n \frac{A_n}{r_n} e^{ikr_n}. \tag{6.2}$$

Diese Summation kann man in der komplexen Ebene als ein zweidimensionales "random walk"–Problem (Problem der statistischen Zufallsbe-
wegung) darstellen. In Abb. 6.3 ist gezeigt, wie man sich die erratische
Bewegung der Feldstärkeamplitude in der komplexen Ebene bei der Aufsummierung der einzelnen Teilwellen vorzustellen hat.

Für einen solchen Vorgang kann man die Verbundwahrscheinlichkeits-
dichtefunktion für den Real– und Imaginärteil berechnen und daraus
durch Transformation die Wahrscheinlichkeitsdichtefunktion $p(I)$ für die
Intensität gewinnen [6.1].

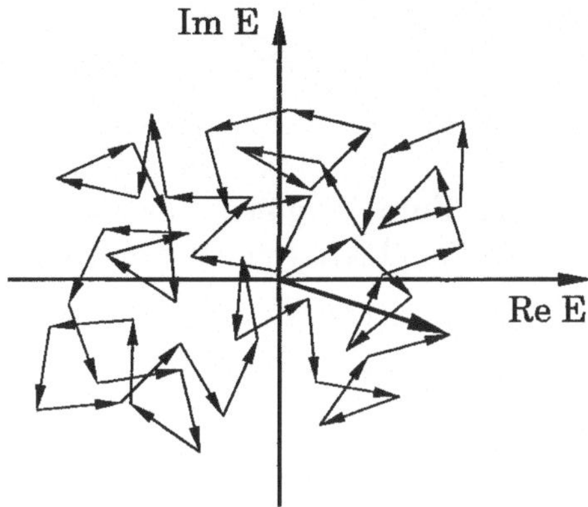

Abb. 6.3. "Statistische Schritte" in der komplexen Ebene.

Nach etwas längerer Rechnung bekommt man für $p(I)$ eine negative Exponentialverteilung:

$$p(I) = \frac{1}{\langle I \rangle} e^{-\frac{I}{\langle I \rangle}} \qquad \text{für } I \geq 0. \tag{6.3}$$

Sie ist links in der Abb. 6.4 skizziert. Das interessante Ergebnis, das auch den ersten visuellen Eindruck bestätigt, ist also, daß Intensitäten nahe Null am häufigsten vorkommen.

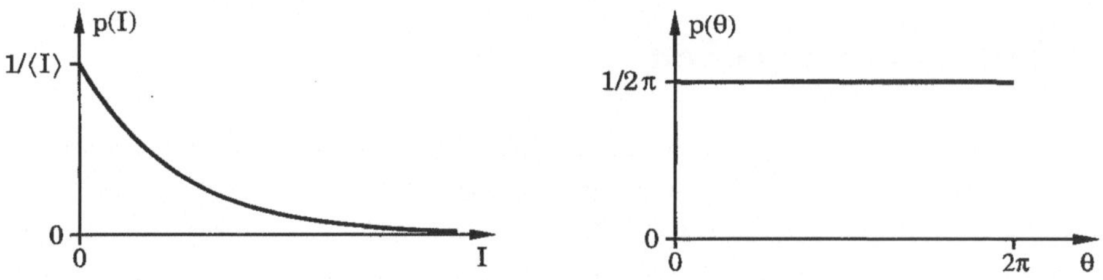

Abb. 6.4. Intensitätsverteilung (links) und Phasenverteilung (rechts) in einem monofrequenten Granulationsmuster.

Für die Phase Θ von $E_p = |E_p|e^{i\Theta}$ findet man die Wahrscheinlichkeitsdichte

$$p(\Theta) = \frac{1}{2\pi} \qquad \text{für} - \pi \leq \Theta < \pi. \tag{6.4}$$

Die Phase ist also gleichverteilt (Abb. 6.4, rechts).

Wichtig ist noch die Standardabweichung σ_I der Verteilung $p(I)$ bei polarisierten Granulationsmustern. Man findet

$$\sigma_I^2 = \langle I^2 \rangle - \langle I \rangle^2 = \langle I \rangle^2 \tag{6.5}$$

oder

$$\sigma_I = \langle I \rangle. \tag{6.6}$$

Die Standardabweichung ist also gleich der mittleren Intensität. Man kann auch sagen, der Kontrast ist eins oder das Granulationsmuster ist stets voll durchmoduliert. Zum Vergleich sei noch die Wahrscheinlichkeitsdichtefunktion für weißes Licht angegeben (siehe Abb. 6.5):

$$p(I) = \delta(I - \langle I \rangle), \qquad (\delta = \text{Diracsche } \delta\text{--Funktion}). \tag{6.7}$$

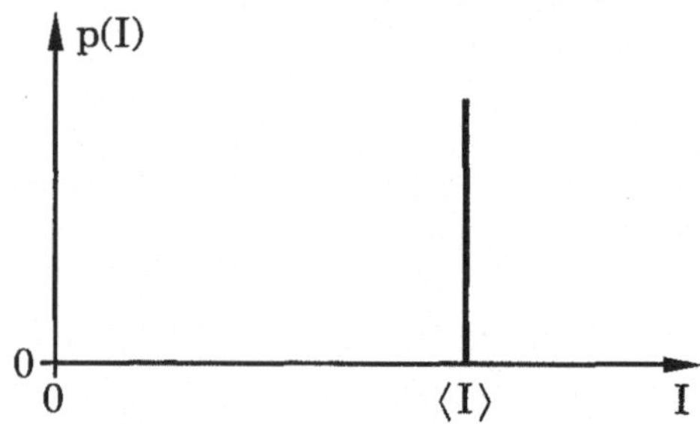

Abb. 6.5. Intensitätsverteilung bei weißem Licht.

Man mißt also in jedem Punkt dieselbe Intensität. Wie man erkennt, ist die Statistik der Intensität von kohärentem Licht (Laserlicht) und inkohärentem Licht (Glühlicht) wesentlich verschieden.

6.2 Speckelkorngrößen

In einem Granulationsmuster vermeint man Körner höherer Intensität zu erkennen, deren Größe je nach Abstand des Auges zur beleuchteten Fläche verschieden groß erscheint. Dies wirft die Frage nach der charakteristischen Größe von Granulationskörnern (Speckels, Speckelkörner) auf. Diese Frage können wir leicht beantworten, wenn wir uns an den Youngschen Doppelspaltversuch erinnern.

Dazu verändern wir leicht die Notation gegenüber dem Abschnitt 4.2: Den Durchmesser der beleuchteten Fläche nennen wir D (statt d), den Abstand beleuchtete Fläche – Schirm L (statt z_L) und den Abstand der Streifen d (statt a) (Abb. 6.6). Dann gilt (s. (4.44)), wenn wir zwei äußerste Punkte der ausgeleuchteten Fläche betrachten, für den Abstand der von diesem Punktepaar erzeugten Interferenzstreifen

$$d = \frac{\lambda L}{D}. \tag{6.8}$$

Da bei gegebenem Aufbau $d \sim 1/D$, wird der Streifenabstand größer, wenn der Abstand D der beiden Punkte verringert wird. Der Streifenabstand

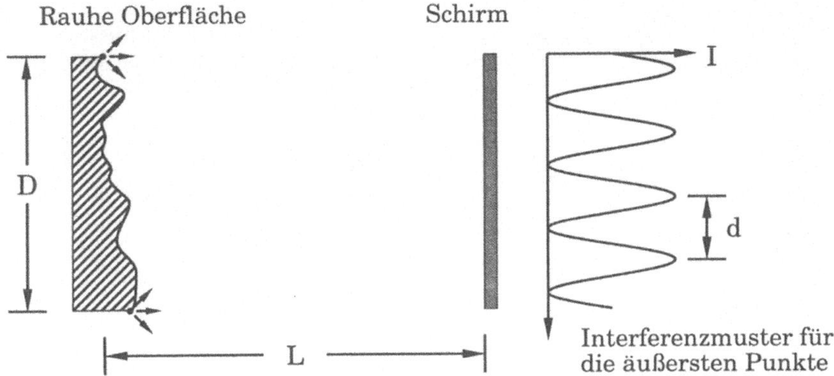

Abb. 6.6. Zur Größe der Granulationskörner, "objektive" Speckels.

d ist somit der kleinste Korndurchmesser, der möglich ist. Da von der gesamten Fläche Streulicht auf den Schirm fällt, wird dies nur eine Abschätzung sein, also $d \approx \lambda L/D$. Für die Größe der Granulationskörner gilt bei einer runden, ausgeleuchteten Fläche mit dem Durchmesser D ein Korrekturfaktor von 1.2 (wie beim Auflösungsvermögen des Mikroskops):

$$d \approx 1.2 \frac{\lambda L}{D}. \tag{6.9}$$

Diese Granulation nennt man auch "objektive" Granulation, da sie ohne Betrachtung durch das menschliche Auge vorhanden ist. Dies läßt schon vermuten, daß es auch eine sogenannte "subjektive" Granulation geben wird. In der Tat verändert ein Abbildungssystem natürlich die kohärente Überlagerung von Wellen und führt damit zu einer anderen Speckelkorngröße. Da wir beim Sehen immer eine Abbildung durch die Augenlinse auf die Netzhaut durchführen, "sehen" wir stets diesen Fall, eventuell überlagert mit objektiver Granulation, wenn ein auf eine Wand projiziertes objektives Granulationsmuster betrachtet wird.

Die objektiven Speckels können nur instrumentell bestimmt werden. Umgekehrt können aber auch die subjektiven Speckels objektiv auftreten, nämlich in jeder Abbildung mit kohärentem Licht. Wir betrachten dazu die Abbildungsgeometrie gemäß Abb. 6.7. Die einfachste Art der Ableitung der Speckelkorngröße in diesem Fall ist die folgende. Durch die Apertur D der Linse treten in jedem Punkt Wellen in praktisch alle Richtungen. Diese sind zwar untereinander jeweils kohärent, aber da sie von einer rauhen Fläche her kommen, haben benachbarte Wellen eine statistische, aber feste Phasenbeziehung zueinander. Daher kann man die Öffnung D als eine rauhe, strahlende Fläche ansehen und die gleiche Formel (6.9) wie bisher anwenden:

$$d \approx 1.2 \frac{\lambda L'}{D}. \tag{6.10}$$

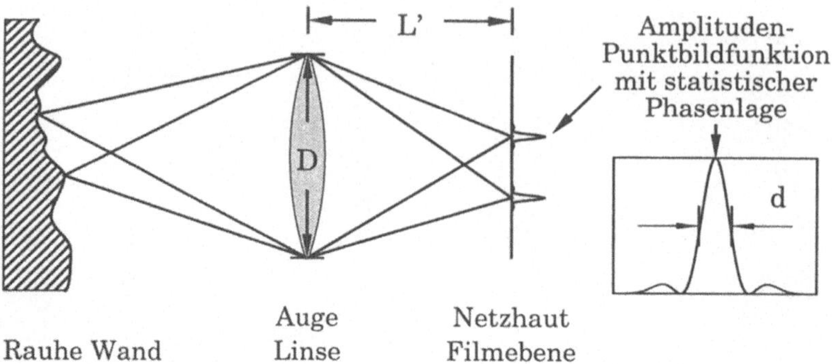

Abb. 6.7. Zur Größe der Granulationskörner, "subjektive" Speckles.

Die Bildweite L' läßt sich noch durch Größen des Objektivs ausdrücken. Mit der Blendenzahl des Objektivs, die definiert ist durch (f = Brennweite)

$$F = \frac{f}{D},$$ (6.11)

kann man für den Fall einer sehr weit entfernten rauhen Wand, deren Bild praktisch in der hinteren Brennebene liegt ($L'=f$), (6.10) auch schreiben als

$$d = 1.2\lambda F.$$ (6.12)

Man erkennt, daß d dem kleinsten noch auflösbaren Abstand, der Auflösung der optischen Anordnung, entspricht. Ist die Wand nicht unendlich weit entfernt, so ist L' nicht gleich der Brennweite f. Mit Hilfe der Linsengleichung

$$\frac{1}{Z} + \frac{1}{L'} = \frac{1}{f}$$ (6.13)

(Z = Objektabstand, L' = Bildabstand, f = Brennweite der Linse) kann man die Gleichung für die Speckelkorngröße auf andere am Objektiv zugängliche Größen umschreiben. Mit der Vergrößerung $V = L'/Z$ erhält man für L'

$$L' = f(V + 1)$$ (6.14)

und mit $f/D = F$, der Blendenzahl des für die Abbildung benutzten Objektives, für die Speckelkorngröße

$$d = 1.2(1 + V)\lambda F.$$ (6.15)

Für das Beispiel einer 1 : 1 Abbildung ($V=1$) erhält man

$$d = 1.2 \cdot 2 \cdot \lambda F.$$

Dies stimmt damit überein, daß bei einer 1 : 1 Abbildung $L' = 2f$, d.h. die Bildebene sich im Abstand der doppelten Brennweite hinter der Linse befindet.

Eine Mischung aus objektiven und subjektiven Speckels ergibt sich, wenn man ein auf eine Wand projiziertes, grobes Speckelfeld mit dem Auge betrachtet oder photographiert. Man entdeckt dann in den hellen Körnern der objektiven Speckels ein kleineres Kornmuster der subjektiven Speckels (Abb. 6.8).

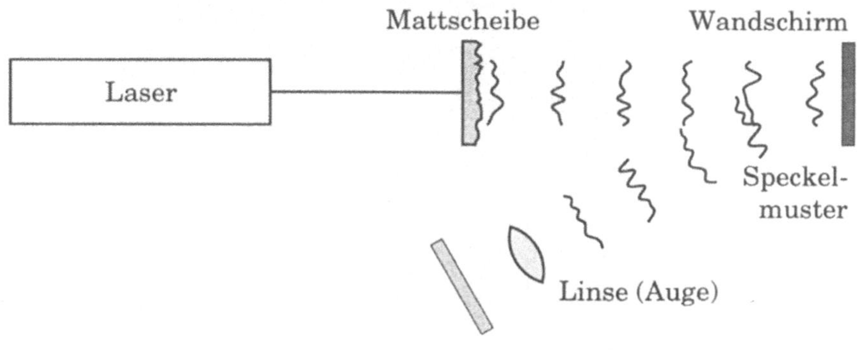

Abb. 6.8. Objektive und subjektive Speckels.

Zur Demonstration der Abhängigkeit der Speckelkorngröße von den geometrischen Verhältnissen kann der in Abb. 6.9 gezeigte Aufbau dienen. Mit Hilfe einer durchleuchteten Mattscheibe wird ein lichtstarkes Speckelfeld im Raum erzeugt und direkt auf einem photographischen Film aufgefangen. Dazu wird eine Kamera ohne Objektiv verwendet, die längs der optischen Achse verschoben werden kann (Veränderung des Parameters L in (6.8)). Zur Veränderung der Größe der ausgeleuchteten Fläche auf der Mattscheibe (Veränderung des Parameters D in (6.8)) dient eine Linse mit einer Brennweite von 11 cm, die ebenfalls längs der optischen Achse verschiebbar angeordnet ist. Abbildung 6.10 zeigt vier Speckelmuster, die mit dieser Anordnung erhalten wurden, und zwar für $a = 11$ cm und 16 cm, sowie $L = 33$ cm und 84 cm. Das Feinerwerden der Granulation mit kleiner werdendem Abstand des Schirms (Filmebene) von der Mattscheibe ist gut zu erkennen, ebenso das Feinerwerden bei

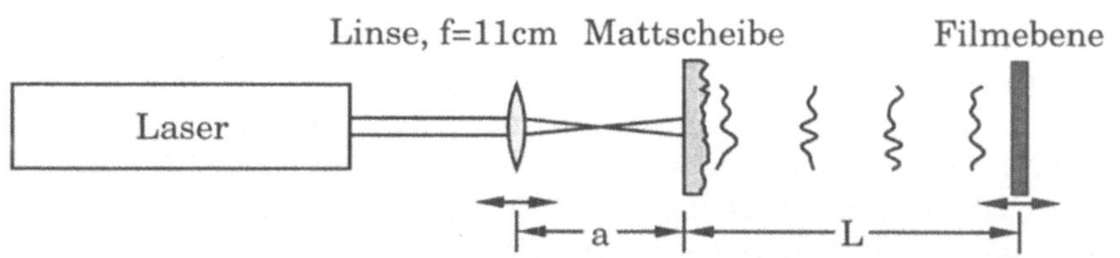

Abb. 6.9. Aufbau zur Erzeugung lichtstarker Speckelfelder unterschiedlicher Speckelkorngröße durch Verschieben der Linse und der Filmebene.

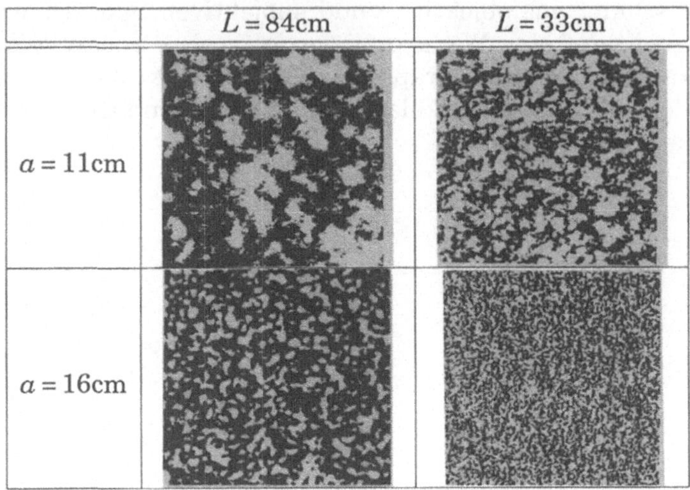

Abb. 6.10. Beispiele aufgenommener Granulationsmuster. Die Angaben für a und L beziehen sich auf Abb. 6.9.

größer ausgeleuchteter Fläche der Mattscheibe. Bei $a = 11\,\mathrm{cm}$ befindet sich nämlich die Mattscheibe gerade in der Brennebene der Linse. Die ausgeleuchtete Fläche ist dann am kleinsten, und gemäß (6.8) sind die Speckels am größten.

Die Speckelkorngröße ist wichtig bei holographischen Aufnahmen, wenn Linsen zur Abbildung, z.B. zur Vorvergrößerung, eingesetzt werden. Speckels können, obwohl sie ungefähr der Auflösungsgröße entsprechen, zu einer erheblichen Verschlechterung des kohärent auflösbaren Bildes führen. Durch die Granulation ist bisher eine holographische Mikroskopie, die ja den Vorzug großer Schärfentiefe hätte, verhindert worden.

Speckels bilden sich auch beim Durchgang eines nahezu ebenen Lichtwellenfeldes durch eine turbulente Luftschicht. Kleine Schwankungen der Dichte und damit des Brechungsindex in der Atmosphäre z.B. verzerren die Wellenfronten, die uns von einem Stern erreichen, in statistischer Weise, und führen damit zu einem zeitlich veränderlichen Speckelfeld. Dieses Phänomen können wir unmittelbar als "Funkeln" der Sterne (Szintillation) wahrnehmen. Es ist die Ursache dafür, daß das Auflösungsvermögen optischer Teleskope bei längeren Belichtungszeiten unabhängig vom Spiegeldurchmesser auf ca. eine Bogensekunde begrenzt wird. Planeten zeigen übrigens kaum eine Szintillation. Welchen Grund das hat, sollte der Leser herausfinden können.

6.3 Granulationsphotographie

Üblicherweise erweist sich das durch diffus reflektiertes Laserlicht entstehende Granulationsmuster als ein störendes und daher unerwünschtes Phänomen. Es verschiebt sich aber zusammen mit dem reflektierenden Objekt und kann daher zur Interferometrie herangezogen werden. Da das Granulationsmuster als Schnitt durch ein räumliches Interferenzmuster entsteht, das sich in der Ausbreitungsrichtung des reflektierten Lichtes nur wenig ändert, ist es relativ unempfindlich gegenüber Bewegungen längs dieser Ausbreitungsrichtung. Bei Bewegungen in der Objektflächenebene reagiert es wesentlich empfindlicher. Dies ist daher das Hauptanwendungsgebiet der sogenannten Granulationsphotographie. Es erlaubt die Messung kleiner Verschiebungen in der Ebene der Objektoberfläche.

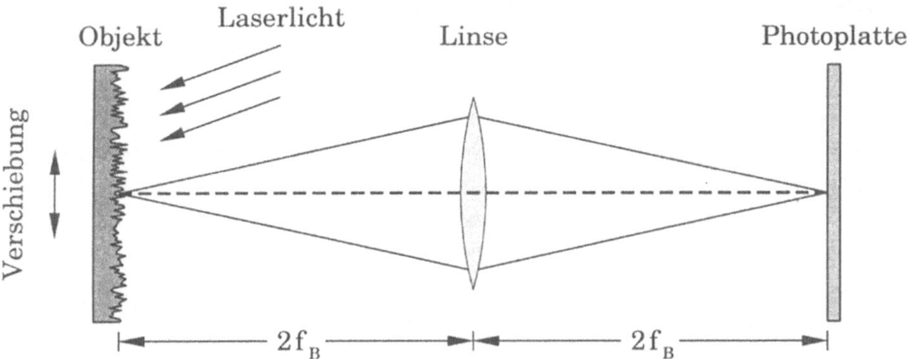

Abb. 6.11. Anordnung zur Aufnahme eines Speckelgramms bei 1:1 Abbildung.

Der experimentelle Aufbau für die Aufnahme von sogenannten Speckelgrammen ist relativ einfach. Es ist lediglich die photographische Abbildung des mit Laserlicht beleuchteten Objektes durch eine Linse auf hinreichend hochauflösenden Film notwendig (Abb. 6.11). Auf der Photoplatte erhält man eine Abbildung des Objektes, das aber von einem Speckelmuster mit einer Korngröße, die durch die Apertur der Linse gegeben ist, überzogen ist. Beim Doppelbelichtungsverfahren werden zwei Aufnahmen gemacht, wobei sich das Objekt in der Urbildebene von der ersten zur zweiten Aufnahme verschoben hat. Bei nicht zu großen Verschiebungen erhält man auf der Photoplatte zwei gegeneinander versetzte, sonst identische Speckelmuster.

Die Auswertung eines solchen Speckelgramms erfolgt durch Analyse seines Fourierspektrums. Dazu wird es mit dem unaufgeweiteten Strahl eines He–Ne Lasers durchstrahlt (Abb. 6.12). Mit einer Linse wird eine Fouriertransformation der abgetasteten, kleinen Fläche des Speckelgramms durchgeführt (siehe dazu das Kapitel Fourieroptik und den Anhang Fouriertransformation). Das Spektrum besteht im Falle der Doppelbelichtung aus einem Streifenmuster, den sogenannten Youngschen Streifen, aus dessen Lage und Streifenabstand die Verschiebung ermittelt werden kann.

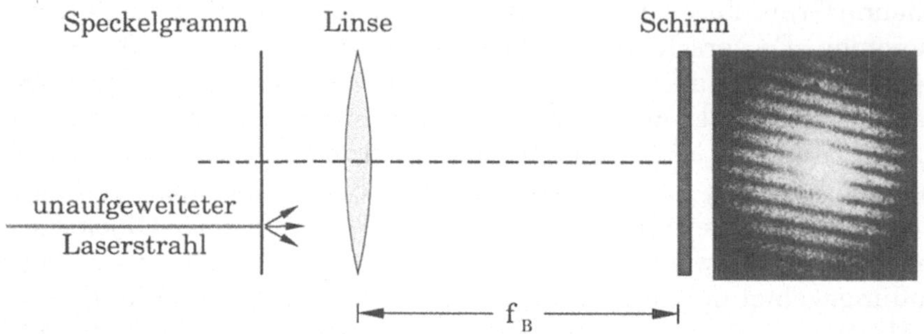

Abb. 6.12. Lokale optische Fouriertransformation der Schwärzungsverteilung eines Speckelgramms.

Es ist anschaulich klar, daß man für eine hohe Empfindlichkeit ein feinkörniges Speckelmuster auf der Photoplatte benötigt. Die Größe d der kleinsten Speckelkörner bei Abbildung durch eine Linse hatten wir soeben in (6.15) bei den subjektiven Speckels kennengelernt. Für eine Blende $F = 2$ und einer Aufnahmewellenlänge $\lambda = 0.6\,\mu$m ergibt sich bei einer 1 : 1 Abbildung eine typische Speckelkorngröße von ca. 3 μm, so daß durch die Auswertung mittels Fouriertransformation Verschiebungen von etwa 10 μm bis 30 μm leicht bestimmt werden können.

6.3.1 Doppelbelichtungsverfahren

Durch die Doppelbelichtung liegt nach der Entwicklung die folgende Transmissionsverteilung auf der Platte vor (siehe das Kapitel Holographie):

$$T(x, y) = a - \frac{bt_B}{2}[I(x, y) + I(x + \Delta x, y)]. \tag{6.16}$$

Dabei sind a der Ordinatenabschnitt und b die Steigung der photographischen Kennlinie am Ort der mittleren Belichtung und $t_B/2$ die Belichtungszeit für jede der beiden Aufnahmen. Die Intensitätsbildung $I(x, y)$ bzw. $I(x + \Delta x, y)$ bezeichnet das unverschobene, bzw. verschobene Speckelmuster. Zur Vereinfachung der Rechnungen wird die Verschiebung nur in Richtung der x-Achse angenommen. Die Verschiebung Δx der Speckelkörner auf der Photoplatte hängt mit der ursprünglichen Verschiebung Δs gemäß $\Delta x = V\Delta s$ zusammen. Bei der Auswertung wird die Platte mit einer ebenen Welle, die die Amplitude E_0 haben möge, bestrahlt. Damit erhält man hinter der Platte eine Amplitudenverteilung

$$E(x, y) = E_0 T(x, y). \tag{6.17}$$

Die Fouriertransformation dieser Amplitudenverteilung ergibt mit den Raumfrequenzkoordinaten v_x und v_y in der Fourierebene (siehe den Anhang Fouriertransformation und das Kapitel Fourieroptik)

$$
\begin{aligned}
\mathcal{F}[E(x,y)](v_x, v_y) &= \mathcal{F}[E_0 T(x,y)](v_x, v_y) \\
&= \mathcal{F}\left[E_0\left(a - \frac{bt_B}{2}\left(I(x,y) + I(x+\Delta x, y)\right)\right)\right](v_x, v_y) \\
&= E_0 a\,\delta(v_x, v_y) \\
&\quad - E_0\frac{bt_B}{2}\mathcal{F}[I(x,y) + I(x+\Delta x, y)](v_x, v_y).
\end{aligned}
\tag{6.18}
$$

Mit Hilfe des Verschiebungssatzes der Fouriertransformation

$$
\mathcal{F}\left[I(x+\Delta x, y)\right](v_x, v_y) = e^{2\pi i v_x \Delta x}\mathcal{F}\left[I(x,y)\right](v_x, v_y)
\tag{6.19}
$$

ergibt sich

$$
\mathcal{F}[E](v_x, v_y) = E_0 a\,\delta(v_x, v_y) - E_0\frac{bt_B}{2}\mathcal{F}[I](v_x, v_y)(1 + e^{2\pi i v_x \Delta x}).
\tag{6.20}
$$

Bei der Betrachtung sieht man nur die Intensität, also, wenn wir uns auf $(v_x, v_y) \neq (0, 0)$ beschränken,

$$
\begin{aligned}
|\mathcal{F}[E]|^2 &= |E_0|^2 b^2 \frac{t_B^2}{4}\left|\mathcal{F}[I](v_x, v_y)(1 + e^{2\pi i v_x \Delta x})\right|^2 \\
&\sim |\mathcal{F}[I](v_x, v_y)|^2 \cos^2 \pi v_x \Delta x.
\end{aligned}
\tag{6.21}
$$

Da die Intensität der Fouriertransformierten $|\mathcal{F}[I(x,y)](v_x, v_y)|^2$ eines Speckelmusters $I(x,y)$ wieder ein Speckelmuster ist, erhält man als Intensitätsverteilung in der Fourierebene ein Speckelmuster, das aber mit $\cos^2 \pi v_x \Delta x$ moduliert ist, also ein Streifensystem. Aus Richtung und Abstand der Streifen läßt sich auf die Bewegung des Objekts zurückschließen.

Die Streifen liegen immer senkrecht zur Bewegungsrichtung des Objekts. Dabei kann die $+x$–Richtung von der $-x$–Richtung nicht unterschieden werden. Den Abstand zweier Streifen Δv_x erhält man z.B. aus dem Abstand zweier Intensitätsmaxima. Aus

$$
\cos^2 \pi v_x \Delta x = 1 \qquad \text{folgt} \qquad \pi \Delta v_x \Delta x = \pi,
\tag{6.22}
$$

also

$$
\Delta x = \frac{1}{\Delta v_x}.
\tag{6.23}
$$

Der Raumfrequenzabstand Δv_x hängt mit dem Streifenabstand Δu in der hinteren Brennebene der zur Fouriertransformation verwendeten Linse mit der Brennweite f_B gemäß

$$
\Delta u = \lambda f_B \Delta v_x
\tag{6.24}
$$

zusammen (siehe Kapitel Fourieroptik, (9.25)). Durch Messung von Δu und bei Kenntnis von f_B und λ kann so die Verschiebung Δx der Speckelkörner auf der Photoplatte bestimmt werden:

$$\Delta x = \frac{1}{\Delta v_x} = \frac{\lambda f_B}{\Delta u}. \qquad (6.25)$$

Bei Kenntnis der Vergrößerung V bei der Aufnahme erhält man weiter die ursprüngliche Verschiebung

$$\Delta s = \frac{\lambda f_B}{V \Delta u}. \qquad (6.26)$$

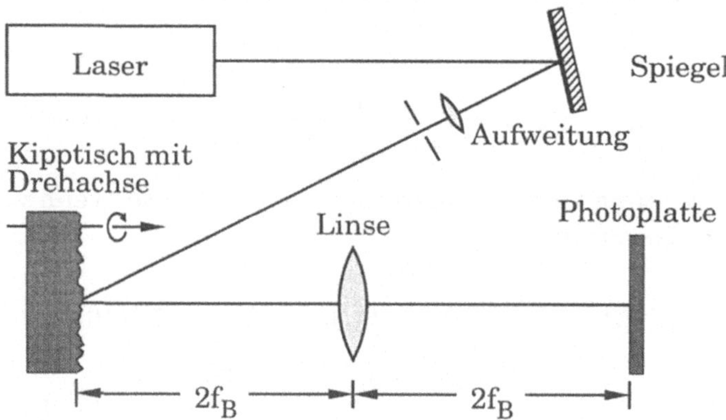

Abb. 6.13. Versuchsaufbau für die Aufnahme eines Doppelbelichtungsspeckelgramms eines Kipptisches.

Abbildung 6.13 zeigt einen Versuchsaufbau, um die unterschiedliche Bewegung nach Größe und Richtung für ein Objekt, hier einen Kipptisch, zu demonstrieren. Der Kipptisch trägt eine Metallplatte, die durch Drehen der Mikrometerschraube angehoben werden kann (Abb. 6.14). Die Photoplatte wird zweimal belichtet. Zwischen den beiden Belichtungen wird die Metallplatte und die obere Trägerplatte des Kipptisches durch Drehen der Mikrometerschraube ein wenig verkippt. Nach dem Entwickeln der Photoplatte wird diese an den eingetragenen vier Meßpunkten mit einem unaufgeweiteten He–Ne Laserstrahl durchleuchtet und die Fouriertransformierte der Amplitudentransmission auf weißes Papier projiziert, wobei die nullte Beugungsordnung, der direkte Strahl, durch ein kleines Loch hindurchgelassen wurde, damit er das Bild nicht überstrahlt (Abb. 6.14). Wie erwartet liegen die Youngschen Streifen mit zunehmender Verschiebung Δs, d.h. weiterer Entfernung vom Drehpunkt des Kipptisches, dichter. Auch liegen sie immer senkrecht zur Bewegungsrichtung.

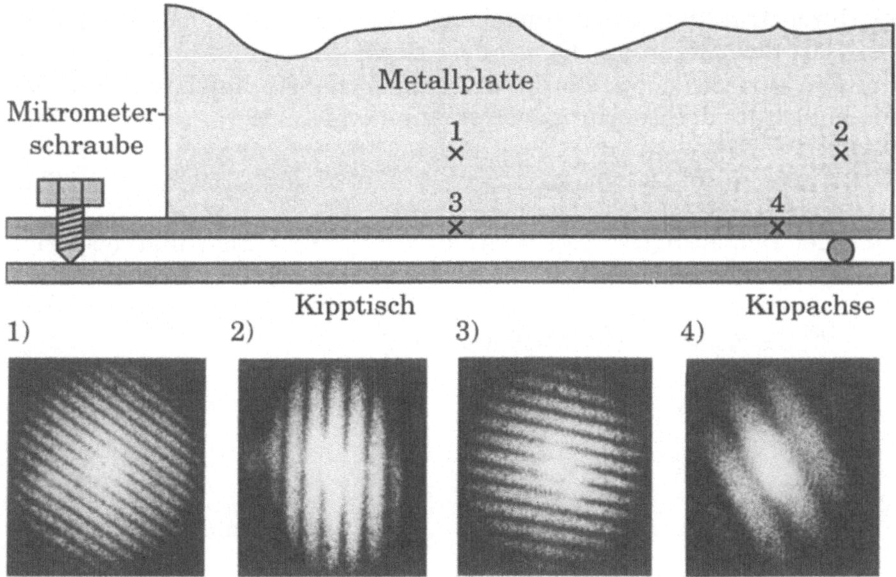

Abb. 6.14. Objekt des Doppelbelichtungsverfahrens (Kipptisch mit Metallplatte) und vier Meßpunkte, für die das Speckelgramm ausgewertet wurde.

6.3.2 Zeitmittelungsverfahren

Beim Doppelbelichtungsverfahren werden zwei verschobene Speckelmuster aufgezeichnet, wobei die Verschiebung ortsabhängig sein kann. Das Verfahren läßt sich auf regelmäßig bewegte, insbesondere harmonisch schwingende Objekte erweitern. Die Photoplatte nimmt dann ein zeitabhängiges Granulationsmuster auf. Betrachten wir der Einfachheit halber wieder eine eindimensionale Bewegung in x–Richtung, so ergibt sich nach der Entwicklung der Photoplatte eine Transmissionsverteilung

$$T(x,y) = a - b \int_0^{t_B} I(x,y,t)\,dt,\qquad (6.27)$$

die sich durch Aufsummieren der Momentanintensitäten ergibt. Das Integral kann für ein harmonisch in x–Richtung schwingendes Objekt geschlossen ausgewertet werden. Nehmen wir für die Schwingung die Form

$$s(t) = d\sin(\Omega t)\qquad (6.28)$$

an, so ergibt sich für (6.27) speziell

$$T(x,y) = a - b \int_0^{t_B} I(x + d\sin(\Omega t), y)\,dt.\qquad (6.29)$$

Bei Durchstrahlung einer Umgebung von x mit einer monofrequenten Welle mit der Amplitude E_0, ergibt sich wieder eine Amplitudenverteilung $E(x, y) = E_0 T(x, y)$. Die Fouriertransformierte liefert mit dem Verschiebungssatz der Fouriertransformation (vgl. (6.19)):

$$\mathcal{F}\left[I(x + d\sin(\Omega t), y)\right](v_x, v_y) = e^{2\pi i v_x d \sin(\Omega t)} \mathcal{F}\left[I(x, y)\right](v_x, v_y) \tag{6.30}$$

und einer Belichtungszeit $t_B = n2\pi/\Omega = nT_S$ (T_S = Schwingungsperiode des Objektes)

$$
\begin{aligned}
\mathcal{F}\left[E\right](v_x, v_y) &= \mathcal{F}\left[E_0 T(x, y)\right](v_x, v_y) \\
&= E_0 a\delta(v_x, v_y) - bE_0 \int_0^{t_B} \mathcal{F}\left[I(x + d\sin(\Omega t), y)\right](v_x, v_y)dt \\
&= E_0 a\delta(v_x, v_y) \\
&\quad - bE_0 n\mathcal{F}\left[I(x, y)\right](v_x, v_y) \int_0^{T_S} e^{2\pi i v_x d \sin(\Omega t)}dt.
\end{aligned}
\tag{6.31}
$$

Das Integral ist im wesentlichen die Besselfunktion J_0, die durch

$$J_0(\alpha) = \frac{1}{2\pi} \int_0^{2\pi} e^{i\alpha \sin t}dt \tag{6.32}$$

definiert ist. Damit ergibt sich für (6.31)

$$
\begin{aligned}
\mathcal{F}\left[E\right](v_x, v_y) &= \mathcal{F}\left[E_0 T(x, y)\right](v_x, v_y) \\
&= E_0 a\delta(v_x, v_y) \\
&\quad - bE_0 n T_S \mathcal{F}\left[I(x, y)\right](v_x, v_y)J_0(2\pi v_x d).
\end{aligned}
\tag{6.33}
$$

Außerhalb von $(v_x, v_y) = (0, 0)$ betrachtet gilt also

$$|\mathcal{F}\left[E\right]|^2(v_x, v_y) \sim |\mathcal{F}\left[I(x, y)\right]|^2 J_0^2(2\pi v_x d). \tag{6.34}$$

Dies ist ein mit der Besselfunktion J_0^2 moduliertes Speckelmuster $|\mathcal{F}\left[I(x, y)\right]|^2$. Abbildung 6.15 zeigt den Graphen der Besselfunktion $J_0^2(\alpha) = J_0^2(2\pi v_x d)$. Die Funktion hat Nullstellen bei $\alpha \approx 2.405,\ 5.52,\ \dots$ Sie liegen nicht äquidistant. Durch eine Auswertung der Nullstellen ist es möglich, die Schwingungsamplitude d des schwingenden Objektes zu bestimmen. Aus

$$\alpha_0 = 2\pi v_{x_0} d = 2.4 \tag{6.35}$$

findet man mit $v_{x_0} = u_0/\lambda f_B$

$$d = \frac{2.4}{2\pi v_{x_0}} = \frac{2.4\lambda f_B}{2\pi u_0}. \tag{6.36}$$

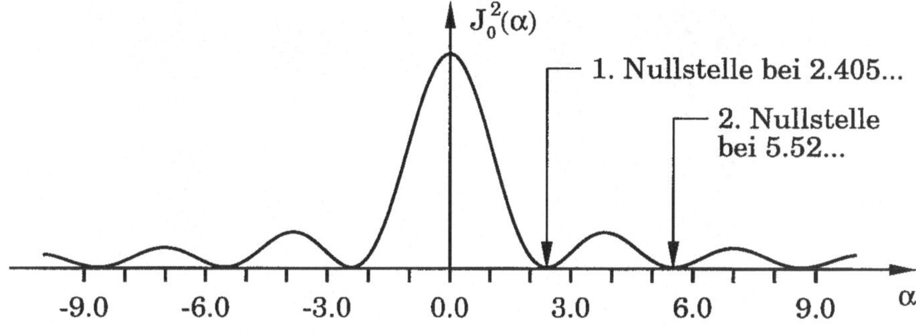

Abb. 6.15. Die Funktion $J_0^2(\alpha)$.

Dabei ist u_0 die Strecke in der Fourierebene von der optischen Achse bis zur ersten Nullstelle. Wurde bei der photographischen Aufnahme die Vergrößerung V verwendet, so erhält man

$$d = \frac{1}{V}\,\frac{2.4\lambda f_B}{2\pi u_0}. \tag{6.37}$$

Ein Anwendungsbeispiel dieser Meßmethode ist Abb. 6.16 gezeigt. Der Rüssel (Masonhorn) eines Ultraschallbohrers, der in vertikaler Richtung mit etwa 20 kHz in Schwingung versetzt wird, hat eine konusförmige Gestalt, um die geringe Ampitude bei der Schwingungserzeugung in eine hohe Amplitude für den Bohrvorgang zu transformieren. Um den Entwurf eines solchen Schwingungsamplitudentransformators in der realen Ausführung zu kontrollieren, bietet sich die Granulationsphotographie an, da sie mit einer einzigen Aufnahme die entlang des Rüssels auftretenden Schwingungsamplituden zu messen gestattet. In Abb. 6.16 sind von vier verschiedenen Stellen auf dem Rüssel die Beugungsbilder (Fouriertransformierten) gezeigt. Sie zeigen in der Tat eine Modulation. Die Streifenabstände sind in allen vier Bildern verschieden, die Schwingungsamplituden damit ebenfalls. Die Amplitude ist am kleinsten an der Antriebsseite mit großem Durchmesser des Rüssels.

6.3.3 Strömungsmeßtechnik

Die Methode der Speckelphotographie, die ursprünglich für die Messung von Verschiebungen und Deformationen fester Körper innerhalb der Oberfläche entwickelt wurde, kann auch zur Messung von Strömungsgeschwindigkeiten in durchsichtigen Flüssigkeiten verwendet werden (Abb. 6.17). Dazu wird die Flüssigkeit mit kleinen Streuteilchen versetzt und eine interessierende Schnittebene durch die Flüssigkeit mit einer geeigneten, kohärenten Lichtquelle (Rubinlaser, Argonlaser) beleuchtet. Diese Ebene wird mit einem Objektiv auf eine photographische Platte

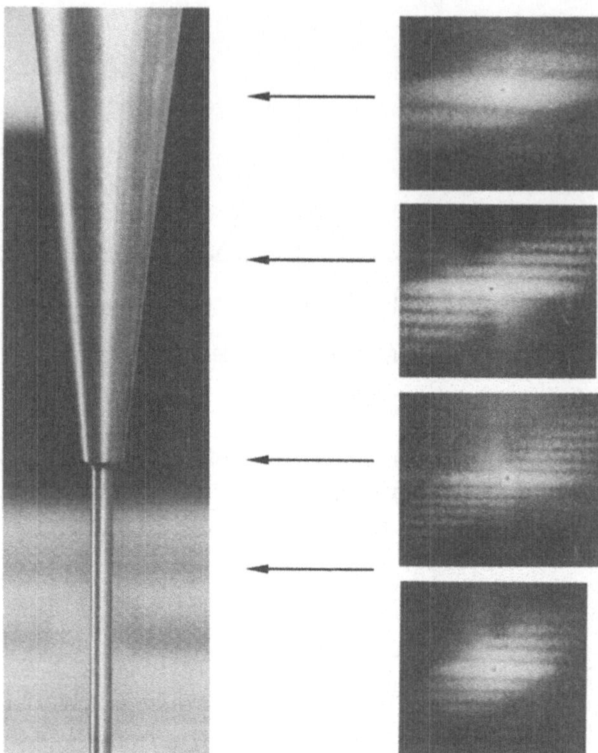

Abb. 6.16. Bewegungsanalyse mit Hilfe des Zeitmittelungsverfahrens der Granulationsphotographie. Dargestellt ist das untersuchte Objekt, ein Masonhorn, links, sowie die erhaltenen Aufnahmen an den am Objekt markierten Punkten rechts.

abgebildet. Die Streuteilchen in der Flüssigkeit wirken ähnlich wie die diffus streuende Oberfläche eines festen Körpers und bilden eine Art Speckelmuster auf der photographischen Platte. Die Speckelkorngröße ist wieder durch (6.15) gegeben. Üblicherweise verwendet man das Doppelbelichtungsverfahren. Wird das Zeitintervall zwischen den beiden Belichtungen geeignet gewählt und ist die Strömung nicht zu turbulent, dann haben sich die Speckels auf der Photoplatte nur wenige Durchmesser weit bewegt. Diese Bewegung kann wieder an verschiedenen Orten im Bild verschieden sein. Genauso, wie wir oben die Verdrehung des Kipptisches und der Platte durch Fouriertransformation lokaler Bildteile erhalten haben, kann durch schrittweises Abtasten des Speckelfeldes die Flüssigkeitsbewegung nach Richtung und Stärke in der beleuchteten Ebene erhalten werden. Auf diese Weise ist es möglich, das Geschwindigkeitssfeld innerhalb einern Fläche gleichzeitig zu messen. Natürlich erhält man nur die Geschwindigkeitskomponente in der ausgewählten

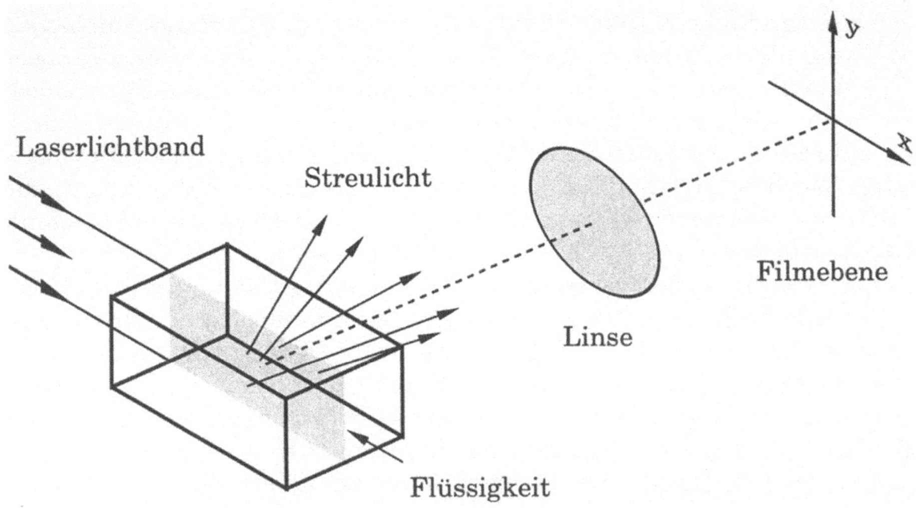

Abb. 6.17. Aufbau zur Messung von Strömungsgeschwindigkeiten in einer Ebene mit Hilfe der Speckelphotographie.

Ebene senkrecht zur optischen Achse. Strömungen in Richtung der optischen Achse werden nicht erfaßt.

Hat man nur relativ wenige Teilchen in der Strömung, so werden diese durch den photographischen Aufnahmeprozeß einzeln abgebildet und überlagern sich nicht zu einem Speckelmuster. Auch in diesem Fall kann aber bei entsprechender Doppelbelichtung die Auswertung über die Youngschen Streifen erfolgen. Man spricht wegen der Abbildung der Streuteilchen von Teilchenbild–Geschwindigkeitsmessung oder PIV, nach der englischen Bezeichnung particle image velocimetry.

Im Prinzip benötigen diese Systeme keine kohärent–optischen Bauteile mehr. Wegen der erforderlichen kurzen Pulse bei hoher Lichtenergie werden aber zur Beleuchtung der Streuteilchen weiterhin Laser eingesetzt. Deren Kohärenzeigenschaften werden jedoch nicht gebraucht, so daß auch z.B. Kupferdampflaser, die eine sehr geringe Kohärenzlänge besitzen, benutzt werden können. Die Auswertung kann direkt durch Einlesen des Photos mit den Teilchenpaaren in einen Rechner erfolgen. Wegen der großen Datenmengen geschieht das in kleinen Teilbildern der Größe der auszuwertenden Fläche (früherer Laserstrahldurchmesser zur Bildung der Youngschen Streifen). Jedes Teilbild wird einer zweidimensionalen Autokorrelation unterworfen; das entspricht einer Fouriertransformation des Youngschen Streifenbildes. Dies liefert im Idealfall drei Punkte auf einer Geraden senkrecht zu den Youngschen Streifen (siehe das Kapitel Fourieroptik). Der mittlere Punkt entspricht der nullten Beugungsordnung bei Durchleuchtung der photographierten Youngschen Streifen mit Laserlicht. Der Abstand der äußeren Punkte vom mittleren ist ein Maß für die Geschwindigkeit. Die Verbindungsgerade gibt bis auf das Vorzeichen die Strömungsrichtung an. Durch Bewegung des Films z.B. läßt sich diese Doppeldeutigkeit beseitigen. Die Bestimmung der Geschwindigkeit nach Größe und Richtung kann auf diese Weise automatisiert werden. Durch rasterförmiges Abtasten des PIV–Photos erhält man ein zweidimensionales Geschwindigkeitsfeld in der Ebene des Lichtschnitts durch die Flüssigkeit. Wegen der großen Bedeutung für die Strömungsmeßtechnik sind bereits komplette Systeme dieser Art kommerziell erhältlich.

In Erweiterung des Verfahrens können mehrere Lichtschnitte gleichzeitig aufgenommen werden, so daß eine Ausdehnung in den dreidimensionalen Raum möglich wird. Nach wie vor sind aber nur die in den jeweiligen Ebenen liegenden Geschwindigkeitskomponenten bestimmbar. Eine volle dreidimensionale Erfassung von Strömungen scheint nur mit Hilfe der Holographie möglich (siehe das Kapitel Holographie).

Was von den Erfordernissen der Strömungsmeßtechnik her noch fehlt, ist die zeitliche Entwicklung des Geschwindigkeitsfeldes, d.h. die Dynamik. Das PIV–Verfahren läßt sich auch dahingehend erweitern. Eine schnelle Sequenz von Bildern einer Ebene kann aufgenommen werden [6.2], sodaß die zeitliche Entwicklung der Strömung sichtbar gemacht werden kann. Die holographische Kinematographie (siehe Abschnitt 7.3.6) schließlich erlaubt die Aufnahme der vollen raumzeitlichen Dynamik, allerdings nur mit erheblichem gerätetechnischen Aufwand.

In diesem Zusammenhang soll ein weiteres Verfahren der Strömungsmeßtechnik, die Laser–Doppler–Anemometrie (LDA), besprochen werden [6.3]. Sie erlaubt es, die Strömungsgeschwindigkeit an einem Punkt in der Flüssigkeit zu messen. Das erscheint in Anbetracht der oben beschriebenen Möglichkeiten eine große Einschränkung zu sein, aber das Meßverfahren arbeitet quasikontinuierlich und liefert sofort Daten, ohne erst einen Film oder eine Hologrammplatte entwickeln zu müssen. Dies hat große Vorteile bei Messungen in Wind– und Wasserkanälen, die hohe Laufzeitkosten haben und in denen lange Totzeiten zur Auswertung von Messungen nicht toleriert werden können.

Bei der Laser–Doppler–Anemometrie werden zwei Laserstrahlen unter einem kleinen Winkel gekreuzt (Abb. 6.18). Dadurch entsteht ein Interferenzfeld der elektrischen Feldstärke. Es schwingt natürlich noch mit der hohen, zeitlich nicht auflösbaren Lichtfrequenz. Durch Einbringen eines Schirms senkrecht zum Streifensystem kann es als Intensitätsmuster sichtbar gemacht werden. Der Abstand der Interferenzstreifen beträgt

$$d = \frac{\lambda}{2 \sin \alpha}. \tag{6.38}$$

Dabei sind 2α der Winkel zwischen den beiden Laserstrahlen und λ die Wellenlänge des Laserlichtes. Im Grenzfall gegenläufiger Wellen ($\alpha=90°$) ergibt sich ein Streifenabstand von $\lambda/2$, der kleinstmögliche Abstand. Im Grenzfall paralleler Laserstrahlen ($\alpha=0$) wird der Streifenabstand unendlich groß.

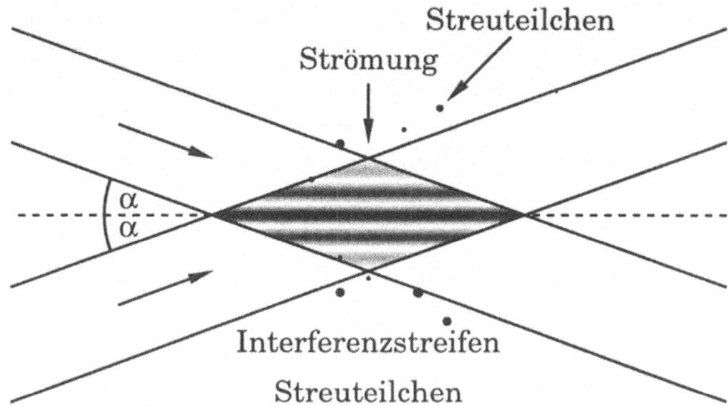

Abb. 6.18. Erzeugung eines Interferenzstreifenbildes der elektrischen Feldstärke durch sich kreuzende Laserstrahlen für die Laser–Doppler–Anemometrie. Feldstärkemaximum und Feldstärkeminimum liefern bei der Streuung beide ein Intensitätsmaximum.

Das Streifensystem kann auf folgende Weise zur Messung der Strömungsgeschwindigkeit in einer Flüssigkeit oder in einem Gas herangezogen werden. In die Flüssigkeit bzw. das Gas werden kleine Streuteilchen eingebracht. Beim Durchtritt durch das Streifensystem streuen sie Licht, wobei die Streuintensität $I(t)$ moduliert wird. Abbildung 6.19 zeigt ein typisches Streulichtsignal. Der zeitliche Abstand t_s benachbarter Intensitätsmaxima ergibt sich aus der Laufzeit des Teilchens von einem Feldstärkemaximum zum benachbarten Feldstärkeminimum im Interferenzfeld. Diese Laufzeit t_s hängt mit der Geschwindigkeitskomponente $u_\perp$ des Teilchens senkrecht zum Streifensystem und dem Streifenabstand d gemäß

$$t_s = \frac{d}{u_\perp} = \frac{\lambda}{2u_\perp \sin \alpha} \tag{6.39}$$

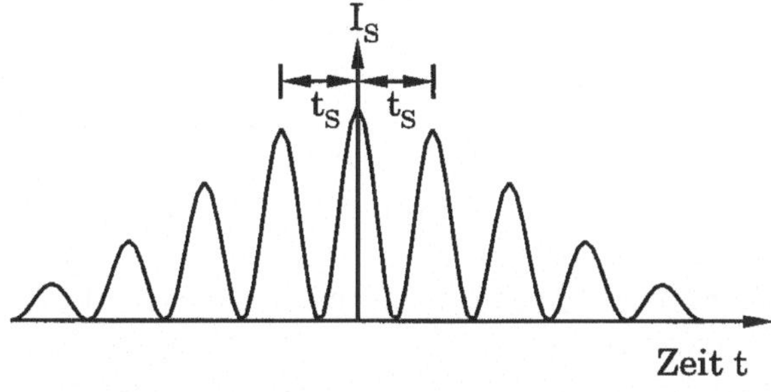

Abb. 6.19. Ein idealisiertes Streulichtsignal beim Durchtritt eines kleinen Teilchens durch das Feldstärkestreifensystem zweier gekreuzter Laserstrahlen.

zusammen. Die Messung von t_s erlaubt zusammen mit den bekannten Parametern der Meßanordnung α und λ die Bestimmung der Geschwindigkeit $u_\perp$. Nur die Geschwindigkeitskomponente des Teilchens senkrecht zum Streifensystem kann gemessen werden. Indem man drei Laserstrahlen verschiedener Wellenlänge (zum Trennen der Streulichtsignale mit Filtern) verwendet, lassen sich auch die übrigen Komponenten des Geschwindigkeitsvektors des Teilchens bestimmen. Die Messung der Zeit t_s geschieht gewöhnlich über die Berechnung der Autokorrelationsfunktion der Streulichtintensität $I_s(t)$, wobei über mehrere Signale gemittelt wird. LDA–Geräte sind kommerziell erhältlich und in der Strömungsmeßtechnik weit verbreitet, gestatten sie doch ohne Eingriff in die zu untersuchende Strömung kontinuierliche Geschwindigkeitsmessungen in Echtzeit z.B. an Tragflügeln in Windkanälen oder in der Nähe von Schiffspropellern.

6.4 Stellare Speckel–Interferometrie

Das Licht der Sterne, das uns auf der Erde erreicht, ist in hinreichend kleinen Raum– und Wellenlängenbereichen kohärent. Diese Eigenschaft wird beim Michelsonschen Stellarinterferometer (siehe Abschnitt 4.5) zur Bestimmung von Sterndurchmessern oder Doppelsternabständen ausgenutzt. Die Kohärenz des Sternlichts führt andererseits in der Erdatmosphäre zur Ausbildung eines zeitlich veränderlichen Speckelfeldes (siehe oben: Szintillation), das für astronomische Beobachtungen sehr störend ist. Die praktisch ebenen Wellenfronten, die uns von einem Stern erreichen, werden durch die Inhomogenitäten in der Luftschicht verbogen und verzerrt, ähnlich dem an einem rauhen Schirm gestreuten Laserlicht. Bei der Abbildung eines Sterns (Punktlichtquelle) durch ein Teleskop entsteht in der Bildebene ein Speckelmuster mit einem unter guten atmosphärischen Bedingungen typischen Winkeldurchmesser von etwa einer Bogensekunde, wobei die einzelnen Speckelkörner die Größe der beugungsbegrenzten Auflösung des Teleskops haben (Abb. 6.20). Da das Speckelmuster zudem zeitlich veränderlich ist, verschmieren bei einer längerbelichteten Aufnahme die Speckel zu einem hellen Fleck – das theoretische Auflösungsvermögen des Teleskops (z.B. für den 5–Meterspiegel des Mt. Palomar Observatoriums 0.027″ bei $\lambda = 550$ nm) wird in einer solchen Aufnahme bei weitem nicht erreicht.

Abhilfe kann hier in manchen Fällen die stellare Speckelinterferometrie schaffen. Dazu muß das interessierende Objekt, z.B. ein Doppelstern, mit einer hinreichend kurzen Belichtungszeit (im sichtbaren Licht etwa 10 msec) aufgenommen werden, so daß sich der Zustand der Atmosphäre in dieser Zeit praktisch nicht ändert und das Speckelmuster nicht verschmiert. Alle Wellen, die von verschiedenen Punkten des Objekts innerhalb eines bestimmten Raumwinkelbereichs, des sogenanten isoplanatischen Bereichs, ausgehen, durchlaufen im wesentlichen die gleichen Inhomogenitäten und liefern daher jeweils die gleiche Speckelverteilung. In der Bildebene des Teleskops überlagern sich diese von inkohärenten Punktlichtquellen stammenden Speckelmuster in ihrer Intensität. Für das Beispiel eines Doppelsterns ergibt sich als Intensitätsverteilung daher einfach die Überlagerung zweier leicht gegeneinander verschobener identischer Speckelverteilungen, analog zum Doppelbelichtungsverfahren der Speckelphotographie. Will man z. B. nur den Abstand des Doppelsternpaars bestimmen, so kann man im Prinzip wie bei der Auswertung von Doppelbelichtungsspeckelgrammen vorgehen.

Kompliziert strukturierte Objekte lassen sich auf diese Art und Weise nicht rekonstruieren. Bezeichnen wir mit $O(x, y)$ die (unbekannte, ungestörte) Intensitätsverteilung des Objekts, mit $P(x, y)$ diejenige des Speckelmusters für einen Objektpunkt (Punktbildfunktion), so ergibt sich für die gemessene Bildintensität die Faltung von O und P (siehe Anhang Fouriertransformation):

$$I(x, y) = (O * P)(x, y) = \int\limits_{-\infty}^{+\infty} \int\limits_{-\infty}^{+\infty} O(\xi, \eta) P(x - \xi, y - \eta)\, d\xi\, d\eta. \tag{6.40}$$

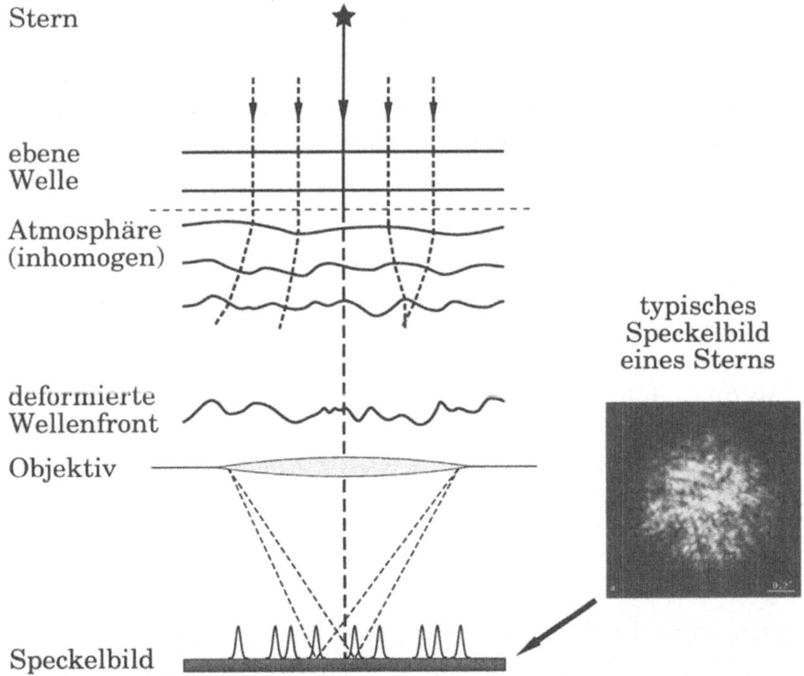

Abb. 6.20. Verzerrung der ebenen Wellenfront von Sternlicht durch Inhomogenitäten in der Atmosphäre und Entstehung des Speckelbildes im Teleskop.

Die Aufgabe der stellaren Speckel–Interferometrie besteht darin, aus der Kenntnis von I und des unabhängig bestimmten Speckelmusters P die Objektintensität O zu berechnen.

Die Berechnung von O aus I und P wird einfach, wenn man die Fouriertransformierte des Ausdrucks 6.40 betrachtet:

$$\begin{aligned} \tilde{I}(u, v) &= \mathcal{F}[I](u, v) = \mathcal{F}[O](u, v) \cdot \mathcal{F}[P](u, v) \\ &= \tilde{O}(u, v)\tilde{P}(u, v). \end{aligned} \tag{6.41}$$

Die Faltungsoperation wird hier durch eine Multiplikation ersetzt. Die auftretenden Fouriertransformationen lassen sich auf einem Digitalrechner schnell durchführen.

Das Speckelmuster P kann nur in Ausnahmefällen direkt bestimmt werden, nämlich dann, wenn in engem Abstand zum untersuchten Objekt, d.h. innerhalb des isoplanatischen Bereichs, ein punktförmiger Referenzstern zu beobachten ist, dessen Speckelmuster P mit aufgezeichnet wird. Dieses Speckelmuster wird zur Inversion von (6.40) herangezogen. In der Praxis mittelt man zur Verbesserung des Signal–Rauschverhältnisses über die so gewonnenen Objektbilder von mehreren hundert Speckelaufnahmen.

Steht kein geeigneter Referenzstern in unmittelbarer Nähe zum Objekt, so findet ein erstmals von A. *Labeyrie* [6.4] vorgeschlagenes Verfahren Verwendung. Die Idee dabei ist, durch Mittelung über Korrelationsfunktionen vieler Aufnahmen die Speckel zu unterdrücken.

Da sich das Speckelmuster von Aufnahme zu Aufnahme ändert, hat es natürlich keinen Sinn, die aufgenommenen Intensitäten direkt zu mitteln. Vielmehr wird für jedes Bild die Autokorrelationsfunktion

$$A(x, y) = \int\limits_{-\infty}^{+\infty} \int\limits_{-\infty}^{+\infty} I(\xi, \eta)I(\xi + x, \eta + y)d\xi d\eta \tag{6.42}$$

berechnet, und diese Funktionen werden über mehrere hundert Aufnahmen gemittelt. Im zentralen Maximum der Autokorrelation ist die Feinstruktur eines aufgenommenen Bildes gespeichert. *Labeyrie* konnte zeigen, daß diese Information bei der Mittelung nicht verloren geht. Die statistisch auftretenden Speckels erzeugen bei der gemittelten Autokorrelationsfunktion einen strukturlosen Untergrund.

Da die Fouriertransformierte der Autokorrelation A einer Funktion gleich ihrem Leistungsspektrum W ist, haben wir

$$\mathcal{F}[A](u, v) = \tilde{A}(u, v) = \tilde{I}(u, v)\tilde{I}^*(u, v) = |\tilde{I}(u, v)|^2. \tag{6.43}$$

Bilden wir daher in (6.41) das Betragsquadrat,

$$|\tilde{I}(u, v)|^2 = |\tilde{O}(u, v)|^2 \, |\tilde{P}(u, v)|^2, \tag{6.44}$$

so erhalten wir, da die Mittelung der Autokorrelationsfunktion (über viele Bilder) mit der Operation Fouriertransformation vertauscht,

$$\langle |\tilde{I}(u, v)|^2 \rangle = |\tilde{O}(u, v)|^2 \langle |\tilde{P}(u, v)|^2 \rangle, \tag{6.45}$$

oder

$$|\tilde{O}(u, v)| = \left(\frac{\langle |\tilde{I}(u, v)|^2 \rangle}{\langle |\tilde{P}(u, v)|^2 \rangle} \right)^{1/2} \tag{6.46}$$

Auch hier braucht man zur "Kalibrierung" des Verfahrens Informationen über das reine Speckelbild P, und zwar die Größe $\langle |\tilde{P}(u, v)|^2 \rangle$, d.h. die Fouriertransformierte der mittleren Autokorrelation eines reinen Speckelbildes P. Sie enthält praktisch die Information über den Inhomogenitätsgrad der Atmosphäre zum Zeitpunkt der Beobachtung. Wie die Erfahrung gezeigt hat, können jedoch die notwendigen Referenzsternaufnahmen in den meisten Fällen an etwas weiter entfernten, nicht im isoplanatischen Bereich liegenden, punktförmigen Sternen vorgenommen werden.

In (6.46) wird nur der Betrag der Fouriertransformierten von O ausgerechnet, die Phase geht verloren. Das bedeutet, daß die Bildgeometrie des Objekts allein mit Hilfe der Autokorrelationsfunktion nicht vollständig zurückgewonnen werden kann. Diesen Nachteil vermeidet das sogenannte Speckel–Masking Verfahren [6.5]. Dabei wird die Tripelkorrelation der Speckelbilder bzw. ihre Fouriertransformierte, das Bispektrum, berechnet, um die Phaseninformation für $\tilde{O}$ zu erhalten. Der interessierte Leser sei hierfür auf die weiterführende Literatur verwiesen [6.6].

Aus dem Fourierspektrum $\tilde{O}$ erhält man durch Fourier–Rücktransformation (mit geeigneter Filterung zur Rauschunterdrückung) die Objektintensität O. Als Beispiel ist in Abb. 6.21 das Speckelbild eines Doppelsterns und das zugehörige rekonstruierte Objektbild dargestellt.

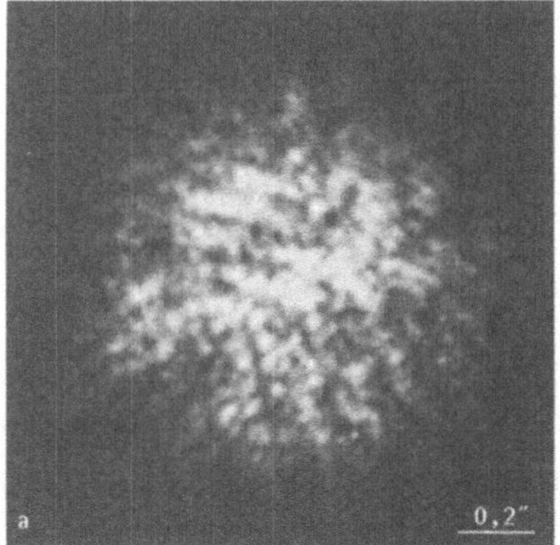
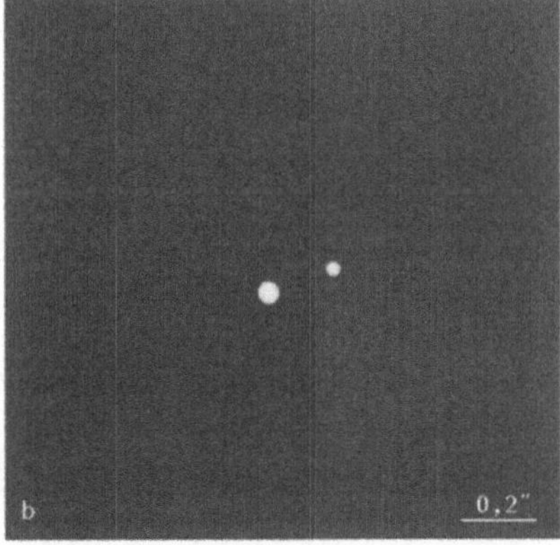

Abb. 6.21. Speckelgramm des spektroskopischen Doppelsterns Ψ Sagitarii (links) und mittels der Speckel–Masking Methode rekonstruiertes Objektbild (rechts). Quelle: *Weigelt und Wirnitzer, Opt. Lett. 8, 389 (1983)*.

Übungsaufgaben

6.1. Berechnen Sie aus der Verteilung (6.3) für $p(I)$ die Verteilung der Feldstärke $p(|E|)$ in einem monofrequenten, linear polarisierten Speckelfeld. Geben Sie den Mittelwert $\langle |E| \rangle$ des Feldstärkebetrags in Abhängigkeit von $\bar{E} = \sqrt{\langle I \rangle}$ an.

6.2. Wir betrachten einen Aufbau gemäß Abb. 6.8. Ein aufgeweiteter He–Ne Laserstrahl ($\lambda = 633$ nm) mit Durchmesser $d = 2$ mm beleuchtet eine Mattscheibe, die sich im Abstand $L_1 = 1$ m vor einem Schirm befindet. Ein Beobachter steht seitwärts in einem Abstand $L_2 = 2.5$ m in Blickrichtung vom Schirm entfernt. Berechnen Sie den Durchmesser der kleinsten Speckelkörner (a) der objektiven Granulation auf dem Schirm, (b) der vom Beobachter gesehenen objektiven Granulation auf der Netzhaut, (c) der subjektiven Speckels auf der Netzhaut (der Pupillendurchmesser sei 5 mm, der Abstand Augenlinse–Netzhaut betrage 1.7 cm). Wie hängt der in (c) ermittelte Wert vom Abstand Beobachter–Schirm ab? Ein kurzsichtiger Beobachter ohne Brille kann die objektiven Speckels nicht mehr scharf sehen. Gilt dies auch für die subjektiven Speckels?

6.3. In einem Meßaufbau zum Doppelbelichtungsverfahren der Granulationsphotographie wird das streuende Meßobjekt zweimal im Maßstab 1 : 1 auf einer Photoplatte aufgenommen (mit He–Ne Laserlicht). Das verwendete Objektiv habe das Öffnungsverhältnis $D/f = 0.5$. Wenn wir annehmen, daß eine Verschiebung der beiden überlagerten Speckelmuster um das Doppelte der kleinsten Speckelkorngröße gerade noch meßbar ist, welche minimale Verschiebung des Objekts läßt sich dann in diesem Aufbau nachweisen? Kann man die Nachweisgrenze verbessern, indem man mit der gleichen Linse das Objekt vergrößert abbildet?

6.4. Von einem mit der Zeitfunktion (Dreieckssignal)

$$f(t) = \begin{cases} \dfrac{2A}{T}\left(t - (m + \tfrac{1}{4})T\right) & \text{für } mT \le t \le (m + \tfrac{1}{2})T, \\[2ex] -\dfrac{2A}{T}\left(t - (m + \tfrac{3}{4})T\right) & \text{für } (m + \tfrac{1}{2})T \le t \le (m + 1)T, \end{cases}$$

(für alle ganzzahligen m) schwingenden Objekt wird eine zeitgemittelte Granulationsphotographie aufgenommen. Wie sieht bei der Durchleuchtung der entwickelten Photoplatte das entstehende Interferenzmuster aus?

6.5. In einem Laser–Doppler–Anemometer werden zwei Strahlen eines Argon–Ionen Lasers ($\lambda = 514$ nm) im Meßvolumen unter einem Winkel von 12° gekreuzt. Die Blickrichtung des Detektors liegt in der Ebene der Strahlen genau auf der Winkelhalbierenden. Beim Durchgang eines Teilchens wird ein Burstsignal von 420 kHz gemessen. Wie groß ist seine Geschwindigkeitskomponente senkrecht zur Blickrichtung des Detektors?

Literatur

6.1 J. C. Dainty (Hrsg.): *Laser Speckle and Related Phenomena* (Springer, Berlin, Heidelberg 1975)

6.2 A. Vogel, W. Lauterborn: „Time–resolved particle image velocimetry used in the investigation of cavitation bubble dynamics", Appl. Opt. **27**, 1869–1876 (1988)

6.3 F. Durst, A. Melling, J. H. Whitelaw: *Theorie und Praxis der Laser–Doppler–Anemometrie* (G. Braun, Karlsruhe 1987)
T. S. Durrani, C. A. Greated: *Laser systems in flow measurements* (Plenum, New York 1977)

6.4 A. Labeyrie: „Attainment of Diffraction Limited Resolution in Large Telescopes by Fourier Analysing Speckle Patterns in Star Images", Astron. Astrophys. **6**, 85–87 (1970)

6.5 G. Weigelt, B. Wirnitzer: „Image reconstruction by the speckle–masking method", Opt. Lett. **8**, 389–391 (1983)

6.6 G. Weigelt: „Triple–correlation imaging in optical astronomy", in E. Wolf (Hrsg.): *Progress in Optics*, Vol. XXIX, S. 293–319 (North–Holland, Amsterdam 1991)

Weiterführende Literatur

Goodman, J. W.: *Statistical Optics* (Wiley, NewYork 1985)
Ostrowski, Y. I.: „Correlation holographic and speckle interferometry", in E. Wolf (Hrsg.): *Progress in Optics*, Vol. XXX, S. 87–135 (North–Holland, Amsterdam 1992)

7. Holographie

Die Holographie ist ein 1948 von *Dennis Gabor* (1900–1972) beschriebenes Verfahren zur dreidimensionalen Abbildung von Gegenständen [7.1]. Wegen der hohen Anforderungen an die Kohärenz der Lichtquelle gewann die Holographie allerdings erst mit der Entwicklung des Lasers größere Bedeutung. Meßtechnische Anwendung hat die Holographie vor allem in der holographischen Interferometrie gefunden, da nunmehr beliebige, diffus streuende Objekte einer interferometrischen Vermessung zugänglich werden. In der optischen Datenverarbeitung werden zunehmend digitale Hologramme und holographisch optische Elemente verwendet. Damit lassen sich z.B. Datenkanäle vervielfachen und optische Verbindungen auf und zwischen Prozessorchips realisieren. Eine andere Anwendung: die Fälschung von Scheckkarten wird durch ein in die Karte eingearbeitetes Hologramm erschwert. Auch die Kunst hat die Holographie als ein Gestaltungselement entdeckt.

7.1 Das Prinzip der Holographie

Bei der üblichen Photographie wird nur die Intensität des Lichtwellenfeldes eines Objektes aufgezeichnet. Dabei muß das Objekt abgebildet werden. Üblicherweise wird inkohärentes Licht benutzt. Bei kohärentem Licht treten je nach Blende verschieden große Speckel auf. Bei der Aufzeichnung geht die Phaseninformation der Lichtwelle verloren. Diese kann daher auch nicht zurückerhalten werden. Im Gegensatz dazu wird bei der Holographie Amplitude und Phase einer Lichtwelle durch Hinzufügen einer Referenzwelle aufgezeichnet. Das Objekt muß dazu nicht eigens abgebildet werden. Es wird aber kohärentes Licht benötigt, damit eine feste Phasenbeziehung zwischen Referenz– und Objektwelle vorhanden ist. Die Phase wird dann im Interferenzmuster kodiert aufgezeichnet, und zwar, ähnlich wie wir es beim Youngschen Interferenzversuch kennengelernt haben, in der Lage der Interferenzstreifen. Es ist das Verdienst von *Dennis Gabor* gezeigt zu haben, daß die ursprüngliche Welle sehr einfach durch Beleuchten des Interferenzmusters mit der zur Aufnahme verwendeten Referenzwelle zurück erhalten werden kann.

7.1.1 Der Aufnahmevorgang

Der prinzipielle optische Aufbau zur Aufnahme eines Hologramms ist in Abb. 7.1 skizziert. Das holographisch aufzunehmende Objekt wird mit kohärentem Licht beleuchtet. Das vom Objekt gestreute Licht wird auf einer hochauflösenden Photoplatte, dem späteren Hologramm, zusammen mit einer Referenzwelle aufgenommen.

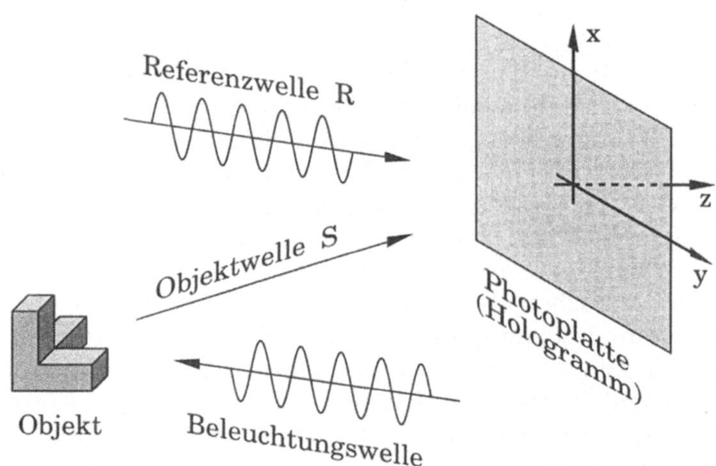

Abb. 7.1. Prinzipieller Aufbau zur Aufnahme eines Hologramms.

Zur theoretischen Beschreibung muß man wegen der Kohärenz des verwendeten Lichtes die Signalwelle S und die Referenzwelle R am Ort der Hologrammplatte amplitudenmäßig überlagern und aus der Summe der Amplituden die Intensität bilden. Diese wird dann aufgezeichnet. An einem Punkt (x, y) der Hologrammplatte ergibt sich also als elektrische Feldstärke

$$E(x, y, t) = S(x, y, t) + R(x, y, t). \tag{7.1}$$

Benutzen wir monofrequentes Licht, d.h. $R(x, y, t) = R(x, y)e^{-i\omega t}$ als Referenzwelle, und ein sich während der Belichtungszeit nicht veränderndes Objekt, d.h. $S(x, y, t) = S(x, y)e^{-i\omega t}$, so ergibt sich sehr einfach für die Intensität

$$\begin{aligned} I(x, y) &= |R(x, y) + S(x, y)|^2 = (R + S)(R + S)^* \\ &= RR^* + SS^* + R^*S + RS^*. \end{aligned} \tag{7.2}$$

Das Photomaterial reagiert auf die gesamte während der Belichtungszeit t_B empfangene Energie pro Flächeneinheit und setzt diese durch den Entwicklungsprozeß in eine Schwärzung und Brechungsindexänderung um. Die Belichtung B [Energie/Fläche] ist gegeben durch

$$B(x,y) = \int\limits_0^{t_B} I(x,y,t)\,dt = \int\limits_0^{t_B} E(x,y,t)E^*(x,y,t)\,dt. \tag{7.3}$$

Die Belichtung führt zu einer komplexen Amplitudentransmission des Negativs. Der komplexe Amplitudentransmissionsgrad τ ist analog zur Definition der Amplitudentransmission eines Spiegels (5.2) beim Fabry–Perot–Interferometer bestimmt durch

$$\tau = \frac{E_a}{E_e} = Te^{i\varphi} = |\tau|e^{i\varphi}. \tag{7.4}$$

Dabei ist E_a die auslaufende Welle unmittelbar hinter der entwickelten Photoplatte und E_e die einfallende Lichtwelle. Der komplexe Amplitudentransmissionsgrad ist im allgemeinen eine Funktion des Ortes auf der Photoplatte,

$$\tau = \tau(x,y) = T(x,y)e^{i\varphi(x,y)}. \tag{7.5}$$

Bei der Aufzeichnung von Hologrammen unterscheidet man zwei Grenzfälle, das Amplitudenhologramm (φ=const) und das Phasenhologramm (T=const). In beiden Fällen kann man die gesamte Information über das Wellenfeld speichern, wobei aber das Phasenhologramm den prinzipiellen Vorzug hat, im Idealfall kein Licht zu absorbieren und bei der Bildrekonstruktion ein helleres Bild zu liefern.

Beim Amplitudenhologramm benutzt man ein Entwicklungsverfahren für die belichtete Photoplatte, die den in Abb. 7.2 angegebenen Verlauf für den reellen Amplitudentransmissionsgrad T als Funktion der Belichtung B ergibt.

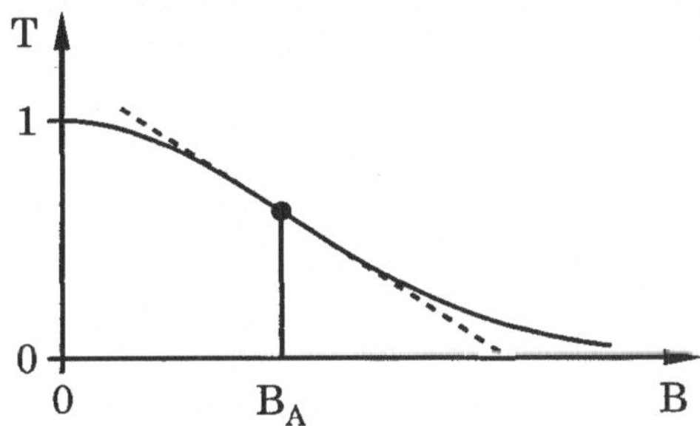

Abb. 7.2. Amplitudentransmission einer holographischen Platte als Funktion der Belichtung.

Man arbeitet bei holographischen Aufnahmen im linearen Teil der Kennlinie um den Arbeitspunkt B_A der Belichtung. Dort kann man die Transmissionskennlinie durch eine Gerade $T = a - bB$ annähern. Bei zeitlich konstanter Intensität $I(x,y)$ erhält man wegen $B = It_B$

$$T = a - bIt_B. \tag{7.6}$$

Die Konstanten a und b sind dabei von den Eigenschaften des Photomaterials und vom Entwicklungsprozeß abhängig.

Die Photoplatte speichert also beim Amplitudenhologramm die reelle Transmissionsverteilung

$$T(x,y) = a - bt_B(RR^* + SS^* + R^*S + RS^*)(x,y). \tag{7.7}$$

Bei Phasenhologrammen ergibt sich durch den Entwicklungsprozeß eine reelle Phasentransmissionskurve $\varphi(B)$, deren Form in Abb. 7.3 skizziert ist. In der Umgebung des Arbeitspunktes B'_A kann man wieder eine li-

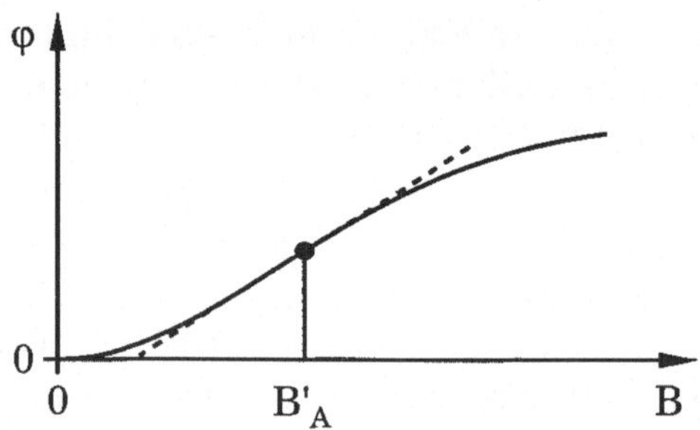

Abb. 7.3. Phasentransmissionskurve einer holographischen Platte.

neare Näherung ansetzen,

$$\varphi(I) = a' + b't_BI. \tag{7.8}$$

Die Transmission der Photoplatte ergibt sich dann zu

$$\tau = e^{i\varphi(I)}, \tag{7.9}$$

ist also nichtlinear von der Intensität I abhängig. Ist $\varphi(I) \ll \pi/2$, so kann man in (7.9) die Exponentialfunktion entwickeln und nach dem linearen Glied abbrechen:

$$\tau = e^{i\varphi(I)} \approx 1 + i\varphi(I) \approx (1 + ia') + ib't_B(RR^* + SS^* + R^*S + RS^*). \tag{7.10}$$

Man erhält also wieder, bis auf andere Konstanten, einen Ausdruck analog zu (7.7) beim Amplitudenhologramm.

7.1.2 Die Bildrekonstruktion

Zur Wiedergabe des Bildes des Objektes (Bildrekonstruktion) wird das Hologramm mit dem Referenzstrahl als Rekonstruktionsstrahl beleuchtet. Dabei wird die Referenzwelle $R(x,y)e^{-i\omega t}$ mit dem Transmissionsgrad $\tau(x,y)$ moduliert. Beim Amplitudenhologramm erhält man als Feldverteilung direkt hinter der Hologrammfläche für die komplexen Amplituden

$$E_a(x, y) = T(x, y)E_e = T(x, y)R$$
$$= Ra - bt_BR(RR^* + SS^* + R^*S + RS^*). \qquad (7.11)$$

Es ergeben sich vier Terme, die folgende Bedeutung haben:

1. $(a - bt_B|R|^2)R \sim R$ Nullte Beugungsordnung, die Referenzwelle ist mit einem konstanten Faktor multipliziert,
2. $bt_B|S|^2R$ mit $|S|^2$ (üblicherweise ein Speckelmuster) modulierte, verbreiterte nullte Ordnung,
3. $bt_B|R|^2S \sim S$ direktes Bild (virtuell),
4. $bt_BR^2S^*$ konjugiertes Bild (reell).

Der dritte Term ist, bis auf einen bei ebener Referenzwelle konstanten Faktor, die ursprüngliche Objektwelle S. Diese ist also durch die Hologrammaufnahme und Wiedergabe mit der Referenzwelle R rekonstruiert worden. Um die Objektwelle S unverfälscht zu erhalten, ist natürlich dafür Sorge zu tragen, daß die übrigen drei Wellen nicht stören. Dies bereitete *Gabor*, dem Erfinder der Holographie, noch Schwierigkeiten, da er wegen der geringen Kohärenz des ihm zur Verfügung stehenden Lichtes nur sogenannte "in–line" Hologramme (Sichtlinienhologramme) aufnehmen konnte, d.h. Hologramme, bei denen die Objektwelle und die ebene Referenzwelle praktisch dieselbe Ausbreitungsrichtung senkrecht zur Hologrammfläche haben (siehe Abschnitt 7.3.1). Heute kann man mit Hilfe geeigneter Laserlichtquellen jeden Winkel zwischen Objekt- und Referenzwelle realisieren. Voraussetzung ist eine hinreichend große Kohärenzlänge bzw. eine geeignete Kohärenzfunktion des verwendeten Lichts.

Der vierte Term erzeugt ebenfalls ein Bild, das sogenannte konjugierte Bild, das eng mit dem Bild des Objekts zusammenhängt. Es ist reell und pseudoskopisch, d.h. das Objekt kann nur in der Blickrichtung von hinten nach vorn betrachtet werden. Ein pseudoskopisches Bild zeigt seltsame Parallaxeneigenschaften. Versucht man, mehr von oben auf eine Fläche des Objektes zu blicken, so kippt die Fläche in der umgekehrten Richtung als erwartet weg, und man sieht sie unter einem kleineren Winkel. Auch können bei Blickrichtungsänderungen durch Kopfbewegungen offensichtlich in größerer Tiefe liegende Bildteile im Vordergrund liegende Bildteile verdecken. Das hat seinen Grund natürlich darin, daß im ursprünglichen Bild die jetzt in größerer Tiefe liegenden Bilder im Vordergrund liegen. Ein pseudoskopisches Bild erscheint wie in sich umgestülpt.

Rekonstruiert man ein Bild mit Hilfe eines Phasenhologramms, so gilt entsprechend

$$E_a(x, y) = \tau(x, y)R = e^{i\varphi(I(x,y))}R \approx (1 + i\varphi(I(x, y)))R$$
$$\approx (1 + ia')R + ib't_BR(RR^* + SS^* + R^*S + RS^*). \qquad (7.12)$$

Auch hier erhalten wir also wieder die vier obigen Terme. Bei Phasenhologrammen sind aber wegen der zusätzlichen Näherung von $e^{i\varphi}$ durch $1+i\varphi$ die nichtlinearen Effekte grundsätzlich ausgeprägter als bei Amplitudenhologrammen. Da sie zudem lichtstärker sind als Amplitudenhologramme, machen sich bei ihnen die Nichtlinearitäten deutlicher bemerkbar. Dies führt leicht zu zusätzlichen Bildern in höheren Beugungsordnungen.

7.1.3 Die Lage der Bilder

Die bei der Rekonstruktion auftretenden Bilder findet man in den in Abb. 7.4 dargestellten Richtungen. Bei senkrecht auf das Hologramm einfallender Referenzwelle und Rekonstruktionswelle ($\alpha=0$) vereinfacht sich ihre Anordnung, wie in Abb. 7.5 dargestellt.

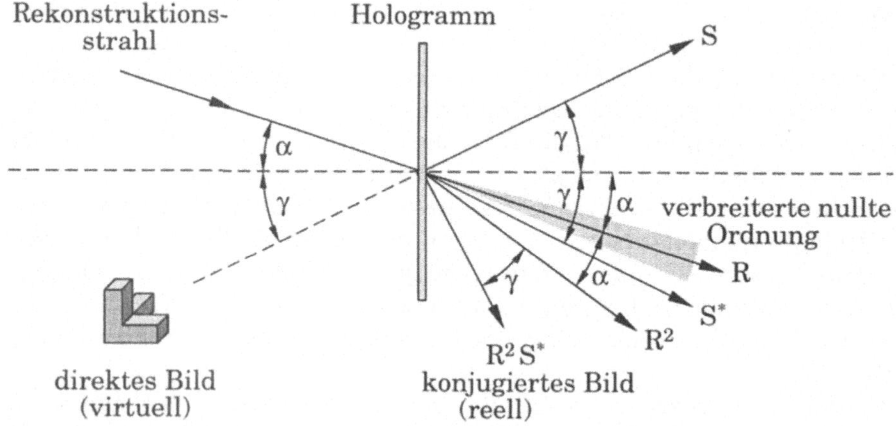

Abb. 7.4. Zur Lage der Bilder bei der Rekonstruktion für kleine Einfallswinkel α und γ (α, γ hier übertrieben groß).

Aus der Konstruktion erkennt man, daß das direkte Bild virtuell ist. Man sieht es, indem man durch das Hologramm wie durch ein Fenster hindurchblickt, hinter dem Hologramm. Das konjugierte Bild dagegen ist reell. Es liegt vor dem Hologramm und kann mit einer Mattscheibe aufgefangen werden.

Die in den beiden Abbildungen angegebenen Bildrichtungen folgen unmittelbar aus den zu den Bildern gehörenden mathematischen Operationen. Wenn wir für S der Einfachheit halber eine unter dem Winkel γ einfallende, ebene Welle annehmen und den allen Termen gemeinsamen Faktor $e^{-i\omega t}$ weglassen, erhalten wir für S^*:

$$S = e^{ikx \sin \gamma} \rightarrow S^* = e^{-ikx \sin \gamma} = e^{ikx \sin(-\gamma)}. \tag{7.13}$$

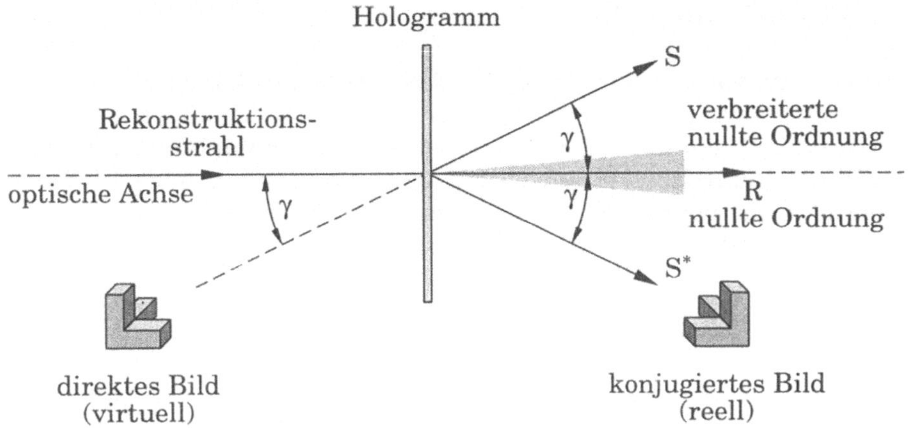

Abb. 7.5. Lage der Bilder bei senkrechtem Referenz– und Rekonstruktionsstrahl.

Man kann S^* demnach als eine Welle interpretieren, die das Hologramm unter dem Winkel $-\gamma$ verläßt.

Auch für den Referenz– bzw. Rekonstruktionsstrahl R wollen wir eine ebene Welle $R = e^{ikx\sin\alpha}$ annehmen. Sie trifft unter dem Winkel α auf die Hologrammplatte auf. Für den Term R^2 ergibt sich damit

$$R^2 = e^{ikx2\sin\alpha} = e^{ikx\sin\alpha'}. \tag{7.14}$$

Bei kleinen Einfallswinkeln α ist $\alpha' = 2\alpha$. Dieser Fall ist in Abb. 7.4 angenommen, wobei nur zur besseren Darstellung die Winkel α und γ groß gewählt wurden.

Für die Welle R^2S^* erhält man dann wegen (7.13) und (7.14)

$$R^2S^* = e^{ikx2\sin\alpha}e^{ikx\sin(-\gamma)} = e^{ikx(2\sin\alpha+\sin(-\gamma))}. \tag{7.15}$$

Setzen wir $R^2S^* = e^{ikx\sin\beta}$, so ergibt sich für die auslaufende Welle des konjugierten Bildes

$$\sin\beta = 2\sin\alpha + \sin(-\gamma). \tag{7.16}$$

Wachsen α oder γ an, so wird das konjugierte Bild mehr und mehr verzerrt, bis es für

$$\sin\beta = 2\sin\alpha + \sin(-\gamma) > 1 \tag{7.17}$$

keinen Winkel β mehr gibt, der diese Bedingung erfüllen kann. Dann verschwinden diese Teile des konjugierten Bildes.

7.1.4 Phasenkonjugation

Wir haben im vorigen Abschnitt mehrfach konjugiert komplexe Amplituden (R^*, S^*) benutzt. Diesen komplexen Amplituden haben wir Lichtwellen zugeordnet, die uns bei S^* beispielsweise das konjugierte Bild lieferten. Dies ist ein Beispiel für eine sogenannte phasenkonjugierte Welle. Zu ihrer Definition betrachten wir der Einfachheit halber eine eindimensionale, ebene Welle, die sich in z–Richtung ausbreitet:

$$
\begin{aligned}
E(z, t) &= E_0 e^{i(kz-\omega t)} \\
&= E_0 e^{ikz} e^{-i\omega t}.
\end{aligned}
\tag{7.18}
$$

Die zugehörige phasenkonjugierte Welle ist dann gegeben durch

$$
\begin{aligned}
E_{pc}(z, t) &= E_0^* e^{-ikz} e^{-i\omega t} \\
&= E_0^* e^{i(-kz-\omega t)}.
\end{aligned}
\tag{7.19}
$$

Sie unterscheidet sich von der komplex konjugierten Welle (c.c.) dadurch, daß nur der räumliche Anteil komplex konjugiert wird. Eine phasenkonjugierte Welle ist also mathematisch durch eine sehr einfache Operation zu erhalten. Physikalisch ist eine phasenkonjugierte ebene Welle nichts anderes als die in die entgegengesetzte Richtung laufende ebene Welle.

Größere Bedeutung haben phasenkonjugierte Wellen erlangt, seit man praktisch in Echtzeit ein einfallendes Lichtwellenfeld phasenkonjugieren kann. Eine Realisation, ein sogenannter phasenkonjugierender Spiegel, kann durch Vier–Wellen–Mischen in einem nichtlinearen, sogenannten photorefraktiven Kristall, z.B. $LiNbO_3$, $BaTiO_3$, $Bi_{12}SiO_{20}$ (BSO), erfolgen (Abb. 7.6). Für diese Spiegel gilt das gewohnte Reflexionsgesetz nicht (Abb. 2.3, Abb. 7.7).

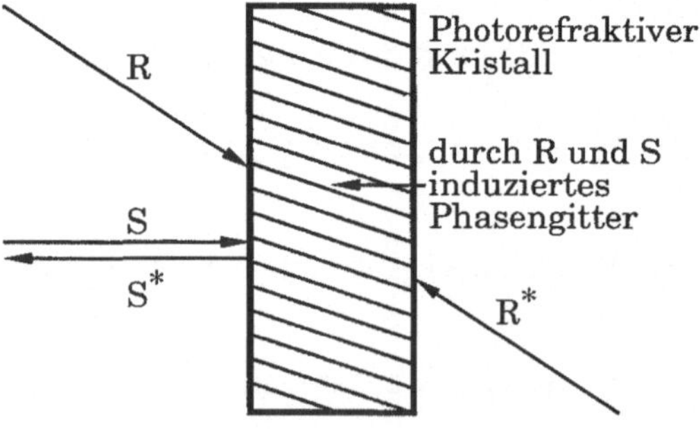

Abb. 7.6. Realisation eines phasenkonjugierenden Spiegels durch Vier–Wellen–Mischen in einem photorefraktiven Kristall.

Wird eine Wellenfront z.B. durch Inhomogenitäten des Brechungsindex' verformt, so durchläuft die phasenkonjugierte Welle die gleichen Inhomogenitäten in entgegengesetzter Richtung und wird dadurch in ihrer ursprünglichen Form wiederhergestellt. Mit phasenkonjugierenden Spiegeln können somit Aberrationen korrigiert werden. Abbildung 7.7 illustriert die Wirkungsweise der Abberationskorrektur.

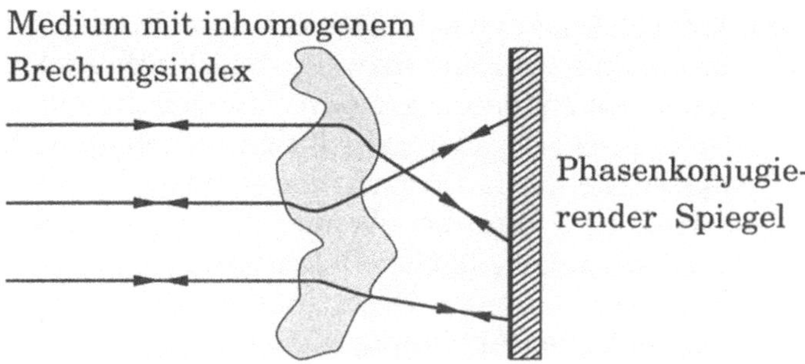

Abb. 7.7. Zur Wirkungsweise der Abberationskorrektur eines phasenkonjugierenden Spiegels.

Die Holographie gestattet es, phasenkonjugierte Wellen zu erzeugen. Hat man als Referenzwelle R eine ebene Welle gewählt, so ist die phasenkonjugierte Referenzwelle R^* relativ leicht als gegenläufige Welle zu erhalten. Beleuchtet man das Hologramm mit R^* als Rekonstruktionswelle, so erhält man

$$E_a = T(x, y)R^* = R^*a - bt_B R^*(RR^* + SS^* + R^*S + RS^*). \qquad (7.20)$$

Man erkennt, daß jetzt der letzte Term, $\sim |R|^2 S^*$, unverzerrt die konjugierte Objektwelle S^* rekonstruiert. Am einfachsten realisiert man die konjugierte Referenzwelle, indem man das Hologramm um 180° dreht (Abb. 7.8). Ein Vergleich mit der Aufnahmegeometrie zeigt, daß die Welle S^* vom Hologramm ausgehend zum Ort des ursprünglichen Objekts zurückläuft.

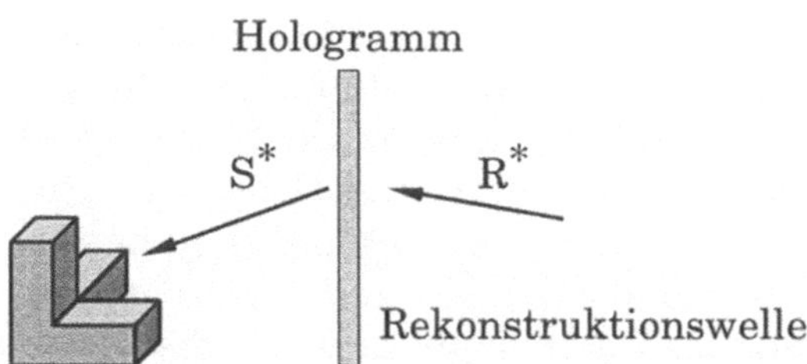

Abb. 7.8. Rekonstruktionsgeometrie mit der phasenkonjugierten Referenzwelle als Rekonstruktionswelle.

7.2 Die Abbildungsgleichungen der Holographie

Wir hatten bisher bei der Rekonstruktion von Bildern eines Hologramms
stets wieder die gleiche geometrische Anordnung wie bei der Aufnahme
verwendet. Die einzige Ausnahme bildete die eben betrachtete Rekonstruktion mit der konjugierten Referenzwelle. Es ist sicherlich eine wichtige Frage, wie genau die Aufnahmegeometrie eingehalten werden muß,
um noch ein gutes Bild bei der Rekonstruktion zu erhalten. Man kann
erwarten, daß das Bild nicht sofort verschwindet, wenn die Referenzwelle
etwas verändert wird, z.B. wenn bei ebener Referenzwelle der Aufnah-
mewinkel zur Hologrammplatte bei der Rekonstruktion nicht genau eingehalten wird. Die dabei geltenden Gesetzmäßigkeiten werden von den
sogenannten holographischen Abbildungsgleichungen erfaßt.

Zur Ableitung der Abbildungsgleichungen betrachtet man zweckmäßi-
gerweise Hologramme eines Punktes. Das Bild eines ausgedehnten Objektes kann bezüglich Lage und Verformung durch die Ermittlung der
Bilder mehrerer seiner Punkte bestimmt werden.

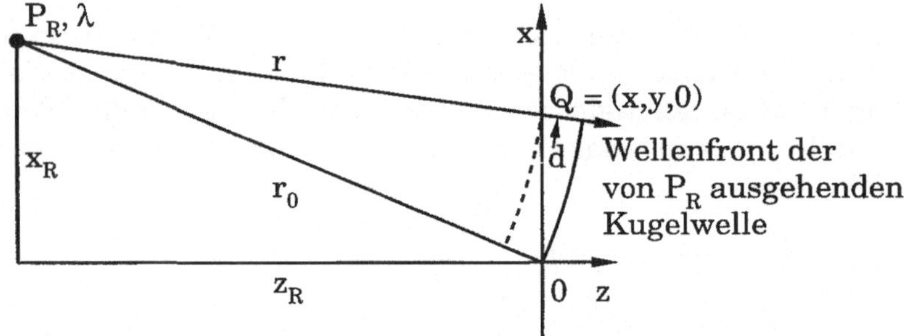

Abb. 7.9. Zur Berechnung der Phasenvariation einer Kugelwelle in einer Ebene.

Grundlage für die Berechnung der Abbildungsgleichungen der Holographie bildet die Phasenvariation einer Kugelwelle in der Ebene des
Hologramms $((x, y, 0)$–Ebene) in Abhängigkeit von der Lage eines Punktes P_R (Abb. 7.9). Der Punkt P_R ist dabei Ausgangspunkt einer Kugelwelle
und wird später Ausgangspunkt der Referenzwelle sein. Er hat die Koordinaten (x_R, y_R, z_R). Eine ebene Welle wird dabei im Grenzfall $z_R \rightarrow -\infty$
bei x_R/z_R, y_R/z_R = const. erhalten. Die Phasenvariation über die Hologrammfläche kommt durch die unterschiedlichen Laufwege von P_R zu den
verschiedenen Punkten der Hologrammfläche zustande. Nehmen wir die
Phase im Ursprung als Referenzphase, so ist die Phase an einem Punkt
$Q = (x, y, 0)$ gegeben durch die Laufwegdifferenz $d = r - r_0$ zu

$$\varphi_R(x, y, 0) = kd = k(\overline{P_RQ} - \overline{P_RO})$$
$$= k\left(\sqrt{(x - x_R)^2 + (y - y_R)^2 + z_R^2} - \sqrt{x_R^2 + y_R^2 + z_R^2}\right)$$

$$= k|z_R| \left(\sqrt{1 + \frac{(x - x_R)^2 + (y - y_R)^2}{z_R^2}} - \sqrt{1 + \frac{x_R^2 + y_R^2}{z_R^2}} \right). \quad (7.21)$$

Für achsennahe Strahlen kann man die Näherung $|x_R|$, $|y_R|$, $|x|$, $|y| \ll |z_R|$ einführen. Dann kann man die Wurzel in eine Potenzreihe entwickeln und nach den ersten Gliedern abbrechen. Dies ergibt, da man $|z_R|$ durch z_R ersetzen darf, ohne am Endergebnis etwas zu ändern:

$$\begin{aligned}
\varphi_R(x, y, 0) = \; & k\frac{1}{2}\frac{x^2 + y^2 - 2xx_R - 2yy_R}{z_R} - k\frac{1}{8z_R^3}(x^4 + y^4 + 2x^2y^2 - 4x^3x_R \\
& -4y^3y_R - 4x^2yy_R - 4xy^2x_R + 6x^2x_R^2 + 6y^2y_R^2 + 2x^2y_R^2 \\
& +2y^2x_R^2 + 8xyx_Ry_R - 4xx_R^3 - 4yy_R^3 - 4xx_Ry_R^2 - 4yx_R^2y_R) \\
& +\text{höhere Terme } (\mathcal{O}(z_R^{-5})).
\end{aligned} \quad (7.22)$$

In erster Näherung variiert die Phase einer Kugelwelle mit Ursprung im Punkt (x_R, y_R, z_R) in der Ebene $z = 0$ wie

$$\varphi_R(x, y, 0) = k\frac{1}{2}\frac{x^2 + y^2 - 2xx_R - 2yy_R}{z_R}. \quad (7.23)$$

Die weiteren Terme in (7.22) sind Aberrationsterme.

Mit der von P_R ausgehenden Kugelwelle als Referenzwelle werde eine Objektwelle aufgenommen. Als Objekt nehmen wir eine vom Punkt P_S ausgehende Kugelwelle (Abb. 7.10).

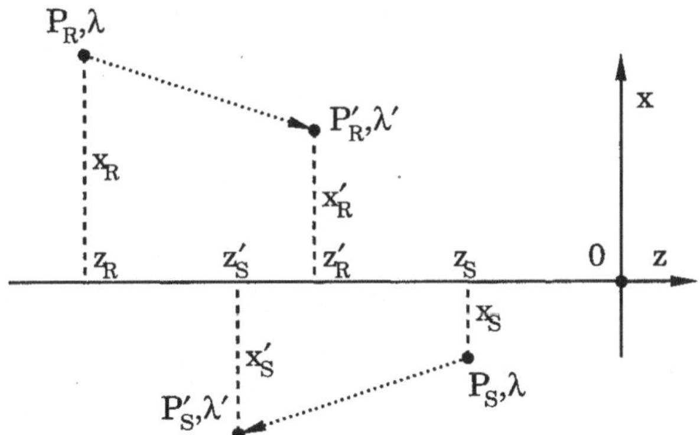

Abb. 7.10. Die beiden Kugelwellen bei der Aufnahme des Hologramms.

Für die Phasenvariation der von P_S ausgehenden Kugelwelle in der (x, y)–Ebene gilt analog zu (7.22) in erster Näherung

$$\varphi_S(x, y, 0) = k\frac{1}{2}\frac{x^2 + y^2 - 2xx_S - 2yy_S}{z_S}. \quad (7.24)$$

Das so aufgenommene Punkthologramm soll jetzt nicht mit einer von P_R ausgehenden Kugelwelle der Wellenzahl k (Wellenlänge λ), sondern mit einer Kugelwelle, ausgehend von P'_R, der Wellenzahl k' (Wellenlänge λ') beleuchtet werden. Zunächst gilt für die Phasenvariation dieser Kugelwelle in der $(x, y, 0)$–Ebene in erster Näherung analog zu den bisherigen Betrachtungen

$$\varphi'_R(x, y, 0) = k'\frac{1}{2}\frac{x^2 + y^2 - 2xx'_R - 2yy'_R}{z'_R}. \tag{7.25}$$

Wir fragen, wohin dann der Punkt P_S wandert. Diesen Punkt nennen wir P'_S. Zunächst wissen wir, daß es zwei Bilder geben wird, die an den Stellen $P'_{S,d}$ (direktes Bild) und $P'_{S,k}$ (konjugiertes Bild) liegen mögen, von denen allerdings eventuell nur eines existiert. Ihre Lage gewinnen wir aus der Betrachtung der holographischen Rekonstruktionsterme. Zu dem Bildpunkt $P'_{S,d}$ gehört in der Ebene des Hologramms eine Lichtwelle S'_d. Sie wird gegeben durch den Rekonstruktionsterm für das direkte, meist virtuelle Bild

$$S'_d \sim R'R^*S. \tag{7.26}$$

Bei Rekonstruktion mit der identischen Referenzwelle R lautete dieser Term früher $S_d \sim RR^*S = |R|^2S$. Das zweite Bild ist gegeben durch folgenden Term für das konjugierte, meist relle Bild

$$S'_k \sim R'RS^*. \tag{7.27}$$

Die zugehörigen Phasen $\varphi'_{S,d}(x, y, 0)$ und $\varphi'_{S,k}(x, y, 0)$ sind gegeben durch die Summe der Phasen der Wellen R', R^* und S bzw. R', R und S^*, also

$$\varphi'_{S,d}(x, y, 0) = \varphi'_R - \varphi_R + \varphi_S, \tag{7.28}$$
$$\varphi'_{S,k}(x, y, 0) = \varphi'_R + \varphi_R - \varphi_S. \tag{7.29}$$

Aus diesen Gleichungen erhält man die Abbildungsgleichungen, d.h. den Zusammenhang zwischen den Koordinaten der vier Punkte P_R, P'_R, P_S und P'_S, durch Einsetzen der Ausdrücke für φ'_R, φ_R und φ_S, Zusammenfassen der Terme in der Schreibweise einer Kugelwelle und Koeffizientenvergleich. Für die Phase des direkten Bildes ergibt sich

$$\begin{aligned}
\varphi'_{S,d} &= \varphi'_R - \varphi_R + \varphi_S \\
&= k'\frac{1}{2}\frac{x^2 + y^2 - 2xx'_R - 2yy'_R}{z'_R} \\
&\quad -k\frac{1}{2}\frac{x^2 + y^2 - 2xx_R - 2yy_R}{z_R} \\
&\quad +k\frac{1}{2}\frac{x^2 + y^2 - 2xx_S - 2yy_S}{z_S}
\end{aligned} \tag{7.30}$$

oder, mit $m = k/k' = \lambda'/\lambda$,

$$\varphi'_{S,d} = k'\frac{1}{2}\left[(x^2+y^2)(\frac{1}{z'_R}-\frac{m}{z_R}+\frac{m}{z_S})-2x(\frac{x'_R}{z'_R}-\frac{mx_R}{z_R}+\frac{mx_S}{z_S})\right.$$

$$\left.-2y(\frac{y'_R}{z'_R}-\frac{my_R}{z_R}+\frac{my_S}{z_S})\right]$$

$$= k'\frac{1}{2}\frac{x^2+y^2-2xx'_{S,d}-2yy'_{S,d}}{z'_{S,d}}. \tag{7.31}$$

Im letzten Schritt haben wir die Phasenvariation einer Kugelwelle mit Ursprung im Punkt $(x'_{S,d}, y'_{S,d}, z'_{S,d})$ angesetzt. Da die Gleichung für alle (x, y) gelten muß, ergibt sich durch Koeffizientenvergleich:

$$\frac{1}{z'_{S,d}} = \frac{1}{z'_R}-\frac{m}{z_R}+\frac{m}{z_S}, \tag{7.32}$$

$$\frac{x'_{S,d}}{z'_{S,d}} = \frac{x'_R}{z'_R}-\frac{mx_R}{z_R}+\frac{mx_S}{z_S}, \tag{7.33}$$

$$\frac{y'_{S,d}}{z'_{S,d}} = \frac{y'_R}{z'_R}-\frac{my_R}{z_R}+\frac{my_S}{z_S}. \tag{7.34}$$

Dies sind die holographischen Abbildungsgleichungen in erster Näherung für das direkte Bild.

Für das konjugierte Bild folgt entsprechend

$$\frac{1}{z'_{S,k}} = \frac{1}{z'_R}+\frac{m}{z_R}-\frac{m}{z_S}, \tag{7.35}$$

$$\frac{x'_{S,k}}{z'_{S,k}} = \frac{x'_R}{z_{R'}}+\frac{mx_R}{z_R}-\frac{mx_S}{z_S}, \tag{7.36}$$

$$\frac{y'_{S,k}}{z'_{S,k}} = \frac{y'_R}{z'_R}+\frac{my_R}{z_R}-\frac{my_S}{z_S}. \tag{7.37}$$

Wie man sieht, geht der konjugierte Bildpunkt aus dem direkten Bildpunkt durch Vertauschen der Vorzeichen der letzten beiden Terme einer jeden Zeile hervor.

Wir wollen die Gleichungen für einige Spezialfälle diskutieren.

Benutzt man zur Rekonstruktion die gleiche Lichtwelle wie bei der Aufnahme, also $R' = R$ und $\lambda' = \lambda$ $(m = 1)$, so erhält man für den direkten Bildpunkt

$$(x'_{S,d}, y'_{S,d}, z'_{S,d}) = (x_S, y_S, z_S), \tag{7.38}$$

d.h. das direkte Bild liegt direkt an der Stelle des ursprünglichen Objektes, wie es sein sollte.

Im Spezialfall einer ebenen Welle senkrecht zum Hologramm ergibt sich wegen $z_R, z'_R \rightarrow -\infty$ und $x_R/z_R, y_R/z_R, x'_R/z'_R, y'_R/z'_R = 0$

$$(x'_{S,d}, y'_{S,d}, z'_{S,d}) = (x_S, y_S, \frac{1}{m}z_S) = (x_S, y_S, \frac{\lambda}{\lambda'}z_S). \tag{7.39}$$

Dieser Fall entspricht der Beleuchtung der Hologrammplatte mit einer ebenen Referenzwelle senkrecht zur Hologrammplatte, aber mit einer anderen Wellenlänge. Das Objekt wird also gemäß (7.39) parallel der z–Achse verschoben und gestreckt oder gestaucht, je nach dem Verhältnis der Wellenlängen λ'/λ. Die Querabmessungen bleiben erhalten!

Das direkte Bild ist bei einer Rekonstruktion mit gleicher Wellenlänge genau dann verzerrungsfrei, wenn man mit der Aufnahmegeometrie rekonstruiert. Benutzt man die gleiche Aufnahmegeometrie, so führt eine andere Wellenlänge stets zu Verzerrungen. Die Verzerrungen können durch eine Maßnahme umgangen werden, die allerdings gewöhnlich nicht durchführbar ist: Alle Abmessungen einschließlich der Hologrammgröße sind mit m zu multiplizieren. Eine Änderung der Hologrammgröße ist allerdings in den obigen Abbildungsgleichungen nicht vorgesehen.

Die Aberrationen haben wir nicht weiter besprochen. Sie sind wichtig, wenn man die Güte des Bildpunktes beurteilen will, d.h. wie verschmiert ein Punkt abgebildet wird. Wie man sich vorstellen kann, erfordert dies einigen Aufwand, der im gegebenen Fall am besten numerisch bewältigt wird. Mit diesem Problem wird man bei der holographischen Aufnahme kleiner Teilchen konfrontiert. Man stellt dabei fest, daß die Auflösung sehr schnell sinkt, wenn das Hologramm mit einer anderen als der Aufnahmewellenlänge beleuchtet wird. Die kleinen Teilchen lassen sich dann in ihrem ursprünglichen Durchmesser nicht mehr zuverlässig bestimmen.

7.3 Holographische Aufbauten

Da wegen der Kleinheit der Lichtwellenlänge die Interferenzerscheinungen gegenüber Verschiebungen sehr empfindlich sind, stellt eine holographische Versuchsanordnung hohe Ansprüche an die mechanische Stabilität, insbesondere, wenn Belichtungszeiten im Minutenbereich erforderlich werden. Keine besonderen Vorkehrungen sind dagegen erforderlich, wenn mit sehr kurzen, kohärenten Lichtpulsen gearbeitet wird, wie sie heute relativ leicht mit gütegeschalteten Lasern herstellbar sind.

7.3.1 Sichtlinienhologramme

Die einfachste Art der Hologrammerzeugung besteht darin, einen aufgeweiteten Laserstrahl durch das (hinreichend durchsichtige) Objekt hindurch auf die Hologrammplatte fallen zu lassen (Abb. 7.11).

Diese Art der Aufzeichnung wird in der Partikelmeßtechnik zur Untersuchung von Sprays aller Art, von Blasenverteilungen in Flüssigkeiten (Kavitation, Teilchenspuren in Blasenkammern), sowie in der Meteorologie (Regentropfen) und Meeresbiologie (Plankton) eingesetzt. Sie stellt die geringsten Anforderungen an die Kohärenz des verwendeten Lichtes und wurde bereits von *Dennis Gabor* [7.1] verwendet. Die Referenzwelle wird

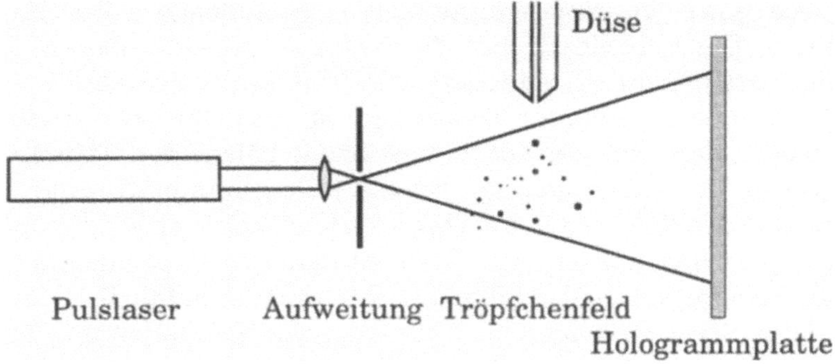

Abb. 7.11. Anfertigung eines Sichtlinienhologramms von einem Tröpfchenfeld.

dabei von dem ungestört durch das Partikelfeld hindurchgehenden Licht gebildet, die Signalwelle von dem an den Partikeln gestreuten Licht.

7.3.2 Auflichthologramme

Ein typischer Aufbau zur Aufnahme von sogenannten Auflichthologrammen ist in Abb. 7.12 dargestellt. Als Laserlichtquelle dient ein He–Ne Laser. Der Lichtstrahl wird mit Hilfe eines Strahlteilers aufgeteilt, um einen Teilstrahl für die Objektbeleuchtung (Objektwelle) und eine Referenzwelle zu erhalten. Beide Strahlen müssen aufgeweitet werden, um eine größere Fläche auszuleuchten. Dies geschieht mit Hilfe von Mikro-

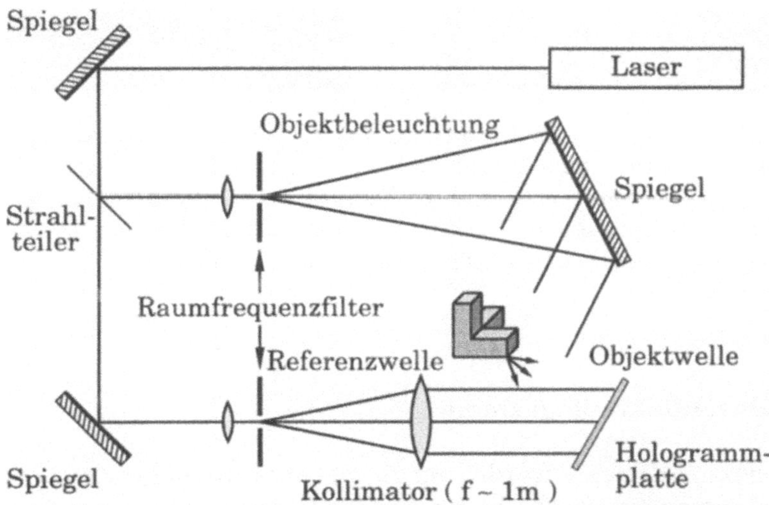

Abb. 7.12. Aufbau zur Aufnahme eines Auflichthologramms.

skopobjektiven, in deren Brennpunkt eine Lochblende steht (Raumfrequenzfilter). Die Lochblende hat die Aufgabe, einen sauberen, interferenzfreien Lichtstrahl zu erzeugen. Die Wirkungsweise wird später im Kapitel Fourieroptik genauer besprochen. Mit der Objektwelle wird über einen Spiegel, der groß sein sollte, eine Szene beleuchtet. Streulicht von den Objekten der Szene gelangt auf die Hologrammplatte und interferiert dort mit der Referenzwelle. Das Interferenzmuster wird aufgezeichnet und liefert das Hologramm. Beim Aufbau des Experiments ist, wie bei allen holographischen Aufbauten mit separat geführtem Referenzstrahl, dafür Sorge zu tragen, daß die Wege von Referenz– und Beleuchtungswelle vom Strahlteiler bis zur Hologrammplatte möglichst gleich lang sind. Der Weglängenabgleich ist wegen der üblicherweise begrenzten Kohärenzlänge auch von Laserlicht (vgl. Abschnitt 4.3) erforderlich, um ein kontrastreiches Interferenzmuster auf der Hologrammplatte zu erhalten. Beleuchten des Hologramms mit der Referenzwelle als Rekonstruktionswelle liefert ein dreidimensionales Bild der Objekte. Dazu entfernt man den Strahlteiler oder blockiert den Lichtweg zur Objektbeleuchtung. Abb. 7.13 zeigt verschiedene Ansichten eines rekonstruierten Bildes, die die Dreidimensionalität belegen. Den richtigen Eindruck kann aber nur ein Blick durch das Hologramm selbst vermitteln.

Abb. 7.13. Verschiedene Ansichten eines rekonstruierten Bildes. Das linke Bild zeigt eine photographische Aufnahme mit großer Blende und Scharfstellung auf den Vordergrund. Das rechte Bild wurde mit kleiner Blende und daher großer Schärfentiefe aufgenommen. Die Scharfstellung erfolgte hier auf die Bildmitte. Man beachte die deutlich in Erscheinung tretenden Speckels.

7.3.3 Durchlichthologramme

Durchsichtige Objekte werden im Durchlicht mit speraratem Referenzstrahl aufgenommen. Abbildung 7.14 zeigt einen Aufbau zur Aufnahme von Durchlichthologrammen in einem Experiment zur Untersuchung des sogenannten laserinduzierten Durchschlags in Wasser. Dieser Versuch

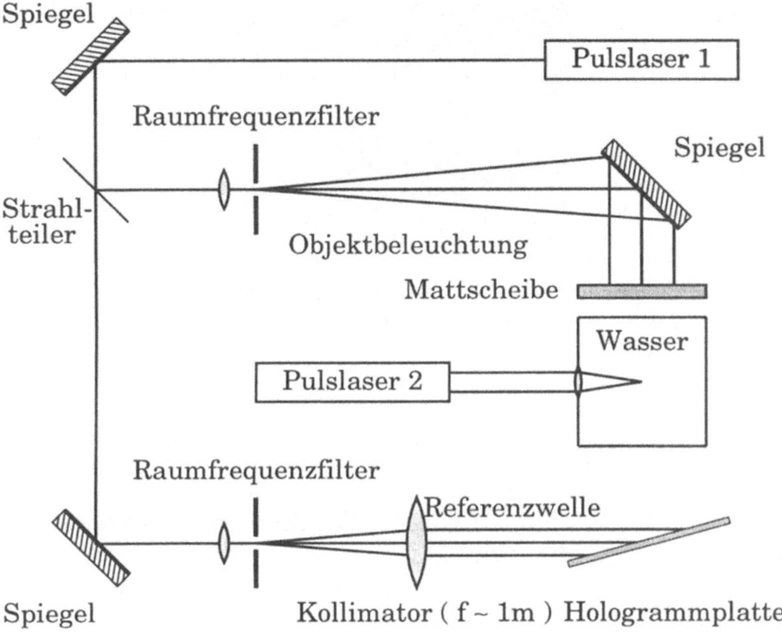

Abb. 7.14. Aufbau für Hologramme im Durchlicht.

stellt eine interessante Anwendung der Durchlichtholographie dar, bei
der das unterschiedliche Verhalten von kohärentem und inkohärentem
Licht ausgenutzt wird. Fokussiert man intensives Laserlicht in Luft oder
Wasser, so erhält man einen Durchschlag. Er ist sehr ähnlich einem Fun-
kendurchschlag zwischen zwei Elektroden bei hoher Spannung zwischen
den Elektroden. Bei einem solchen Durchschlag wird intensives weißes
Licht und eine Stoßwelle abgestrahlt. In Wasser bildet sich nach dem
Durchschlag zusätzlich eine Blase, die zunächst expandiert. Will man
das physikalische Phänomen des Durchschlags mit Blasenbildung und
Stoßwellenabstrahlung untersuchen, so stört das intensive weiße Licht,
da es photographische und interferometrische Aufnahmen überstrahlt.
Fertigt man aber ein Hologramm mit sehr kurzer Belichtungszeit im Bereich einiger Nanosekunden an, so wird erstens die schnelle Dynamik im
Aufzeichnungsprozeß als dreidimensionale Momentaufnahme festgehal-
ten und zweitens das beim Durchschlag ausgesandte weiße Licht ausgeblendet. Da es inkohärent ist, belichtet es die Hologrammplatte nur
gleichmäßig und wird bei der Rekonstruktion des Bildes nicht mitrekon-
struiert. Dadurch können die entstehende Blase und die abgestrahlte
Stoßwelle ungestört aufgenommen werden (Abb. 7.15).

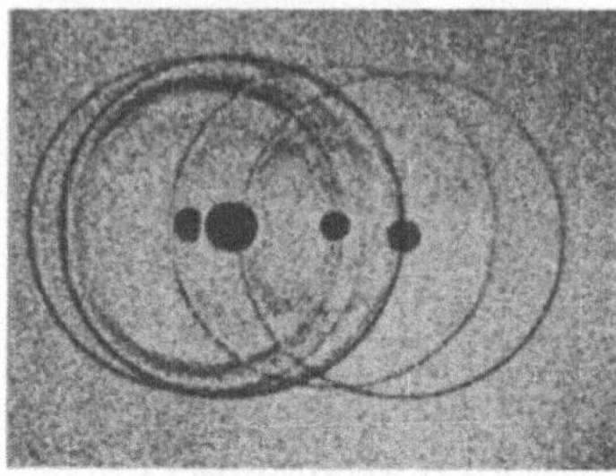

Abb. 7.15. Beispiel für einen lichtinduzierten Durchschlag durch Fokussierung eines Riesenimpulses in Wasser. Sichtbar sind die entstandenen Blasen und die zugehörigen Stoßwellen.

7.3.4 Weißlichthologramme

Da die Holographie wesentlich von der Kohärenz des verwendeten Lichtes Gebrauch macht, haben wir bisher die nötige Kohärenz vorausgesetzt. Da Laser auch heute noch nicht überall verfügbare Lichtquellen sind, kann man sich fragen, welche Kohärenzeigenschaften man bei gegebenem Aufbau unbedingt benötigt bzw. ob es Anordnungen gibt, die mit eingeschränkter Kohärenz auskommen. Dabei hat man gefunden, daß man in der Tat bei entsprechender Herstellung eines Hologramms gute Bildrekonstruktionen selbst mit weißem Licht erhält, allerdings mit eingeschränkter Bildtiefe.

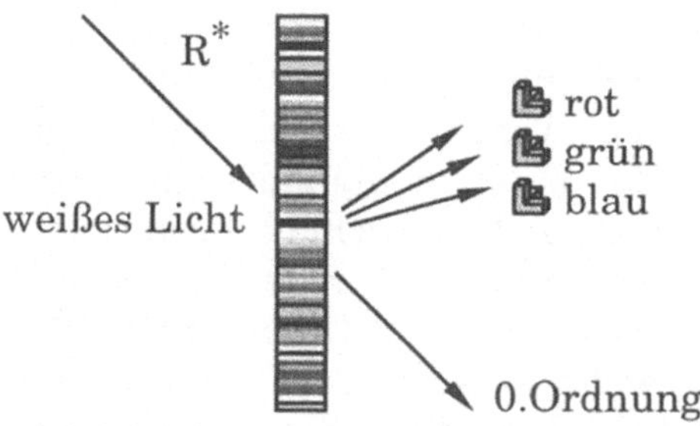

Abb. 7.16. Überlagerung der Bilder bei der Rekonstruktion mit weißem Licht statt der konjugierten Referenzwelle.

Zunächst fragen wir, was sich ergibt, wenn man ein übliches Hologramm mit weißem Licht beleuchtet und damit das gespeicherte Bild zu rekonstruieren versucht (Abb. 7.16). Infolge der unterschiedlichen Beugung der Wellen verschiedener Frequenzen, die im weißen Licht vorhanden sind, kommt es zur räumlichen Überlagerung der einzelnen Bilder. Jeder einzelne Bildpunkt wird zu einem kleinen Weißlichtspektrum ausgeschmiert. Das ursprüngliche Bild wird dadurch in den meisten Fällen unkenntlich. Mit Hilfe von Farbfiltern kann man die Bildqualität verbessern, das Bild wird dann aber sehr dunkel.

Es gibt einen anderen Weg, Hologramme herzustellen, die mit weißem Licht betrachtet werden können, sogenannte Weißlichthologramme. Man erhält sie, indem man bei der Aufnahme die kohärente Referenz– und die Objektwelle von zwei verschiedenen Seiten auf die Fotoplatte einfallen läßt (Abb. 7.17). Man erhält dann im Fotomaterial Interferenzschichten,

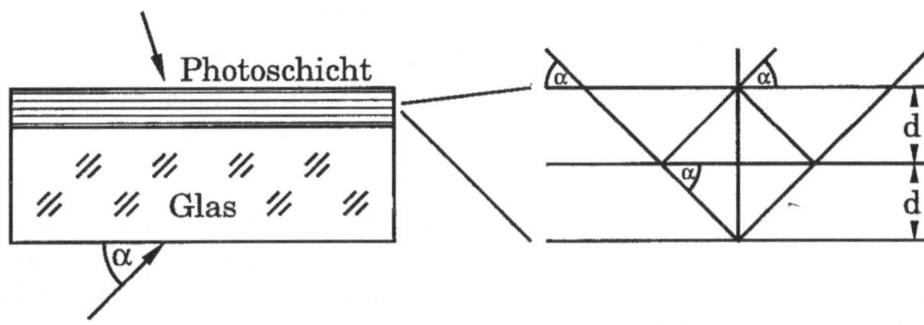

Abb. 7.17. Aufnahmegeometrie beim Weißlichthologramm und Bragg–Reflexion.

die im wesentlichen parallel zur Plattenoberfläche verlaufen. In einer ca. $7\,\mu\mathrm{m}$ dicken Fotoschicht befinden sich dann ungefähr 15 parallele Interferenzschichten. Beleuchtet man das so aufgezeichnete Hologramm mit weißem Licht aus der Richtung R^*, so treten an den Schichten jeweils Reflexionen auf, die je nach Wellenlänge in gewissen Richtungen konstruktiv interferieren (Bragg–Reflexion). Bezeichnet man mit d den Abstand der Interferenzschichten, mit α den Beobachtungswinkel, so ergibt sich gemäß der Bragg–Bedingung

$$2d\sin\alpha = n\lambda, \quad n = 1, 2\ldots \tag{7.40}$$

eine konstruktive Interferenz der reflektierten Teilwellen für n = 1 nur bei einer Wellenlänge λ_α entsprechend dem Winkel α (Abb. 7.17). Blickt man also unter dem Winkel α auf das Hologramm, so sieht man das Bild nur bei der Wellenlänge λ_α, ohne die störende Überlagerung der anderen Wellenlängen. Die parallel angeordneten, mit der Bildinformation modulierten Schichten wirken wie ein Interferenzfilter für die Beobachtungswellenlänge.

Ein einfacher Aufbau zur Herstellung eines Weißlichthologramms ist in Abb. 7.18 gezeigt. Bei der Aufnahme wird wie bisher ein Laser (z.B. He–Ne Laser) benötigt. Der Laserstrahl wird aufgeweitet, kollimiert und über einen großflächigen Spiegel durch die Fotoplatte hindurch auf das Objekt gelenkt. Die Referenzwelle entspricht dem direkt vom Laser kommenden Licht, die Signalwelle dem vom Objekt reflektierten Licht. Um genügend Licht durch Rückstreuung vom Objekt zu erhalten, sind stark reflektierende Objekte zu benutzen.

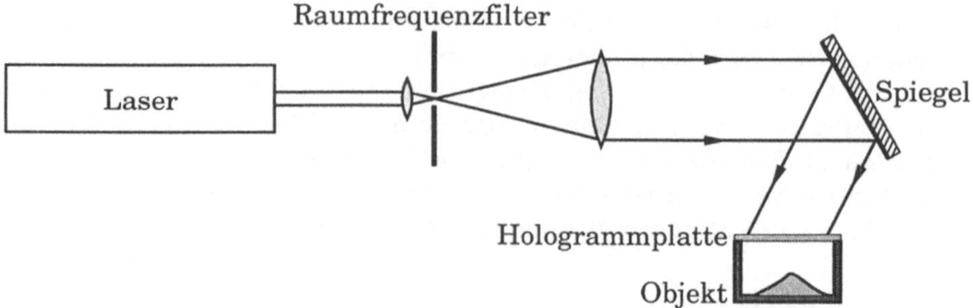

Abb. 7.18. Aufbau zur Aufnahme eines Weißlichthologramms.

Der Abstand Objekt – Hologrammplatte ist gering zu halten, damit später bei der Rekonstruktion mit weißem Licht die räumliche Kohärenzbedingung hinreichend gut eingehalten wird. Wenn man keine besonderen Vorkehrungen bei der Entwicklung der Fotoplatten trifft, schrumpft die Schicht durch den Entwicklungsprozeß. Dies hat zur Folge, daß ein mit rotem Licht aufgenommenes Hologramm bei Betrachtung im weißen Licht die besten Bilder im Grünen liefert. Abbildung 7.19 zeigt das Photo eines Reiters, das mit weißem Licht in Reflexion von einem Weißlichthologramm aufgenommen wurde.

Abb. 7.19. Beispiel eines Photos eines mit weißem Licht rekonstruierten Weißlichthologramms. Rechts ein echtes Weißlichthologramm.

7.3.5 Regenbogenhologramme

Eine andere Methode, die Überlagerung der verschiedenfarbigen Bilder bei der Rekonstruktion mit weißem Licht zu verhindern, besteht darin, den Freiheitsgrad der vertikalen Parallaxe gegen den Freiheitsgrad Wellenlänge auszutauschen. Das gelingt mit Hilfe phasenkonjugierter Wellen, die mit Hologrammen leicht realisierbar sind. Kurz gesagt, besteht die

Methode darin, das konjugierte Bild eines spaltbreit beleuchteten Mutterhologramms holographisch in normaler oder Weißlichtgeometrie aufzunehmen. Wie die Farbtrennung bei der Betrachtung zustandekommt, wird in Abb. 7.20 erläutert. Die wiederum konjugiert rekonstruierten Bil-

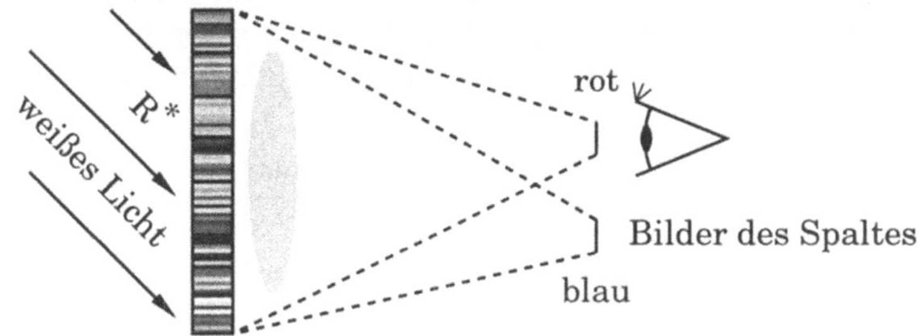

Abb. 7.20. Rekonstruierte Bilder bei einem Regenbogenhologramm.

der überlagern sich zwar nach wie vor im Raum. Bei der weiteren Ausbreitung konvergieren aber die verschiedenen Farben zu verschiedenen Spalten, da das Objektbild nur von einem schmalen Spalt aus in den Raum projiziert worden war. Diese Spalte überlagern sich zwar auch für benachbarte Wellenlängen, doch kann die Verschiebung von blau nach rot hinreichend groß gemacht werden, so daß sich scharfe Bilder in dem Auge sehr rein erscheinenden Spektralfarben ergeben.

Ein Aufbau zur Aufnahme von Regenbogenhologrammen ist in Abb. 7.21 gezeigt. Das Mutterhologramm wird nur einen Spalt breit horizontal beleuchtet, und zwar mit der konjugierten Referenzwelle. Da bei der Rekonstruktion das Weißlicht schräg von oben einfallen soll, wurden das Mutterhologramm und die Fotoplatte für das Regenbogenhologramm um 90° gedreht. Der Aufbau wird dann einfacher, da seitlich schräger Einfall leichter zu realisieren ist. Der Spalt muß dann vertikal verlaufen. Das konjugierte Bild des Mutterhologramms sollte einen Abstand von etwa 30–50 cm vom Hologramm haben. Da nämlich später das Auge an den Ort des rekonstruierten Spaltstreifens auf dem Mutterhologramm gebracht wird, sollte das Auge gut auf den Gegenstand fokussiert werden können. Die Fotoplatte für das Regenbogenhologramm wird in die Nähe des rekonstruierten, konjugierten Objektes gestellt, um die Gesamtansicht voll auszunutzen.

Die entwickelte Fotoplatte, das Regenbogenhologramm, kann dann, wie in Abb. 7.20 gezeigt, in weißem Licht (Projektor, Sonnenlicht) betrachtet werden, das wiederum aus der Richtung der konjugierten Referenzwelle einfallen muß. Das Objekt ist in klaren Spektralfarben mit horizontaler Parallaxe zu sehen. Bewegt man das Auge aber vertikal auf und ab, so wechselt die Farbe von leuchtend blau zu leuchtend rot, d.h. es ist keine vertikale Parallaxe vorhanden, statt dessen wird eine andere Wellenlänge aus dem Weißlicht zur Rekontruktion des Bildes ausgewählt. Bringt man

das Auge nicht genau in die Spaltebene, sondern davor oder dahinter, so
beginnen die Farben sich zu überlagern, und zwar derart, daß ein Teil des
Bildes anders gefärbt, aber zunächst noch scharf, erscheint. Man kann es
erreichen, daß das Objekt alle Farben von blau bis rot enthält, und zwar
vertikal das Spektrum durchlaufend. In allen Fällen kann man trotz vertikaler Änderung der Blickrichtung nicht auf oder unter das Objekt sehen,
wohl aber immer links oder rechts an einem Objekt vorbei.

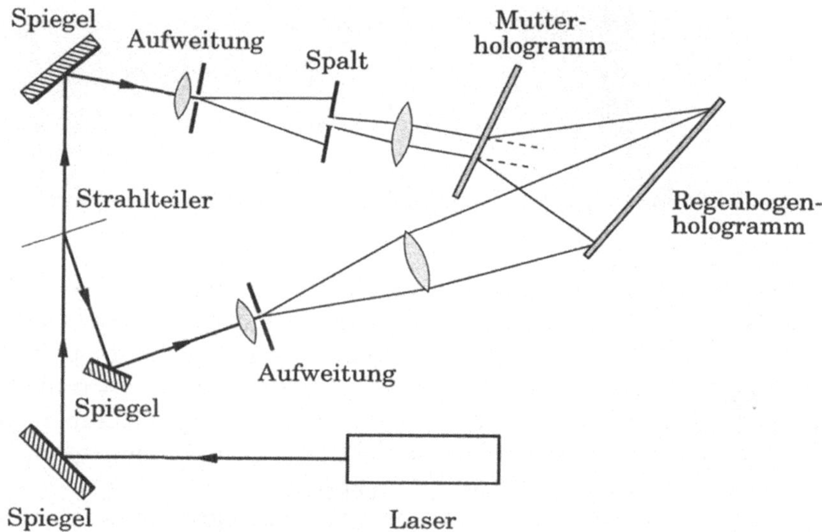

Abb. 7.21. Aufbau zur Aufnahme eines Regenbogenhologramms.

7.3.6 Holographische Kinematographie

Um Bewegungen darzustellen reichen Einzelbilder nicht aus. Das Problem der Bewegungsdarstellung ist durch die Film– und Fernsehtechnik
gelöst, allerdings nur für zweidimensionale Bilder. Es stellt sich die Frage, ob mit Hilfe der Holographie auch dreidimensionales Filmen möglich
ist. Das ist in der Tat der Fall. Allerdings ist das Verfahren sehr aufwendig und enthält viele Einschränkungen. Ein holographischer Film ist nur
für wenige Betrachter gleichzeitig projizierbar und einfarbig. Der holographische Film hat sich daher nicht durchgesetzt. Im wissenschaftlichen
Bereich gibt es aber einige Anwendungsbereiche, z.B. zur dreidimensionalen Bewegungsanalyse von Partikelfeldern (Tröpfchen in Luft, Blasen in
Wasser) und zur Sichtbarmachung dreidimensionaler Strömungen durch
Verfolgen von Streuteilchen in Flüssigkeiten. Das eröffnet völlig neue
Möglichkeiten für die experimentelle Hydrodynamik zur Untersuchung
der Turbulenz und kohärenter Strömungsstrukturen [7.2].

7.4 Digitale Holographie

Nichts spricht dagegen, daß der holographische Aufnahmeprozeß mit Hilfe eines Digitalrechners simuliert werden kann. Der Computer berechnet bei dieser digitalen oder synthetischen Holographie die Transmissionsverteilung auf der Hologrammplatte. Diese wird durch ein geeignetes Ausgabeverfahren auf eine Photoplatte gebracht. Die Beleuchtung des digitalen Hologramms mit kohärentem Licht gemäß der simulierten Aufnahmegeometrie rekonstruiert dann das Bild des Objekts, das real nicht existiert hat. Dieses Verfahren hat den offensichtlichen Vorteil, daß Hologramme von Objekten berechnet werden können, die nur in einer mathematischen Beschreibung vorliegen, wie z.B. mehrfach fokussierende oder asphärische Linsen.

Die Erstellung eines digitalen Hologramms erfordert

- ein möglichst einfaches und rechenzeitsparendes mathematisches Modell (Algorithmus) zur Berechnung digitaler Hologramme,

- einen leistungsfähigen Digitalrechner und

- einen hochauflösenden und schnellen Plotter zur graphischen Ausgabe des errechneten Beugungsmusters.

Wir wollen hier nur die direkte digitale Simulation des bisher betrachteten analogen holographischen Aufzeichnungsvorgangs und eine digital mögliche Erweiterung betrachten. Es gibt eine Vielzahl anderer Verfahren, die z.B. in [7.3] beschrieben werden.

7.4.1 Direkte Simulation

Für die numerische Rechnung wird das Objekt in L leuchtende Punkte P_l, $l = 1, ..., L$ mit den Koordinaten (x_l, y_l, z_l) diskretisiert, und die Hologrammebene ($z=0$) durch ein Punktgitter $\{(x_m, y_n, 0), m = 1, ..., M; n = 1, ..., N\}$ approximiert (siehe Abb. 7.22).

Von jedem Punkt P_l sollen Kugelwellen ausgehen, für deren komplexe Amplitude an der Stelle (x_m, y_n) des Hologramms gilt (die z–Koordinate wird wegen $z = 0$ im folgenden weggelassen):

$$E_{lmn} = A_l e^{i\varphi_l} \frac{e^{ikr_{lmn}}}{r_{lmn}}. \tag{7.41}$$

Dabei sind

$$r_{lmn} = \sqrt{(x_l - x_m)^2 + (y_l - y_n)^2 + z_l^2} \tag{7.42}$$

der Abstand des Punktes P_l vom Hologrammgitterpunkt (x_m, y_n), A_l die Amplitude und φ_l die Phase der vom Punkt P_l ausgehenden Welle. Um die

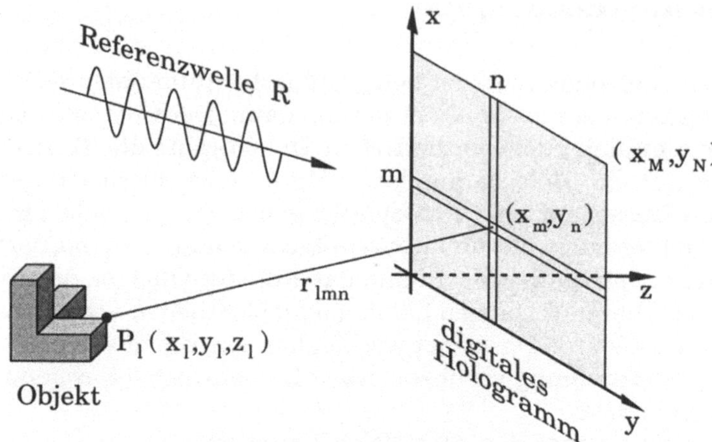

Abb. 7.22. Skizze zur Veranschaulichung der Berechnung eines digitalen Hologramms.

Gesamtamplitude der Signalwelle im Punkt (x_m, y_n) zu erhalten, muß über alle Teilwellen, die von den einzelnen Objektpunkten kommen, summiert werden:

$$E_{Smn} = \sum_{l=1}^{L} E_{lmn}. \tag{7.43}$$

Zusammen mit der Referenzwelle E_R ergibt sich als Intensität $I_{mn} = I(x_m, y_n)$ im Punkt (x_m, y_n):

$$I_{mn} = |E_{Rmn} + E_{Smn}|^2 = |E_{mn}|^2. \tag{7.44}$$

Wenn man an dieser Stelle innehält und für ein Beispiel die Zahl der Rechenoperationen ermittelt, erkennt man sofort, daß bei sehr fein gewähltem Hologrammgitter und einer großen Anzahl von Objektpunkten mit den heute (1993) verfügbaren Rechnern die notwendige Rechenzeit schnell unrealistisch groß wird, wenn man nicht massiv parallele Rechner mit Tausenden von Prozessoren einsetzt.

Als Beispiel betrachten wir die Berechnung eines digitalen Hologramms mit einem Raster von 2000 mal 2000 = 4 Millionen Punkten für ein Objekt mit 1000 Punkten. Das bedeutet, daß gemäß (7.44) vier Millionen komplexe Additionen und Multiplikationen zur Intensitätsbildung durchgeführt werden müssen, dazu vier Milliarden komplexe Additionen zur Berechnung der E_{Smn} gemäß (7.43), dazu vier Milliarden Mal die Berechnung der Gleichungen (7.41) und (7.42) mit komplexer Exponentialfunktion und Wurzelbildung. Nehmen wir nur an, daß eine komplexe Addition $1\,\mu s$ dauert, so braucht man bereits für nur vier Milliarden Additionen 4000 sec, d.h. über eine Stunde Rechenzeit. Da Multiplikation, komplexe Exponentialfunktionbildung und Wurzelbildung viel länger dauern, erkennt man die Schwierigkeiten der digitalen Hologrammberechnung.

Unter Annahme einer Reihe von Vereinfachungen läßt sich die notwendige Rechenzeit drastisch reduzieren:

1. Alle Objektpunkte sollen Lichtwellen gleicher Amplitude A_l aussenden:

$$A_l = \text{const} \qquad \text{für alle } l. \tag{7.45}$$

2. Die Objektwellen sollen sämtlich mit der Phase $\varphi_l = 0$ ausgesandt werden:

$$\varphi_l = 0 \qquad \text{für alle } l. \tag{7.46}$$

3. Das Objekt befinde sich im Fernfeld, seine Abmessungen seien klein gegen den senkrechten Abstand vom Hologramm. Das bedeutet, daß die Amplitude der von P_l ausgehenden Welle in allen Punkten (x_m, y_n) als gleich groß betrachtet werden darf. Dies gilt für jedes l, also

$$\frac{A_l e^{i\varphi_l}}{r_{lmn}} = \frac{A_l}{r_{lmn}} = \text{const} \qquad \text{für alle } l, m, n.$$

Ohne Einschränkung können wir daher setzen:

$$\frac{A_l e^{i\varphi_l}}{r_{lmn}} = 1 \qquad \text{für alle } l, m, n. \tag{7.47}$$

4. Es bleibt $E_{lmn} = e^{ikr_{lmn}}$. Da wir λ bzw. $k = 2\pi/\lambda$ noch nicht festgelegt haben, wählen wir:

$$k = 1 \qquad \text{bzw.} \qquad \lambda = 2\pi. \tag{7.48}$$

Damit ergibt sich

$$E_{lmn} = e^{ir_{lmn}}. \tag{7.49}$$

5. Als weitere Vereinfachung wird angenommen, daß die Referenzwelle E_R senkrecht auf die Hologrammebene einfällt. Außerdem setzen wir E_R reell, um einen Phasenfaktor zu vermeiden, d.h.

$$E_{Rmn} = E_R = \text{const} \quad \text{für alle } m, n; \quad E_R \text{ reell.} \tag{7.50}$$

Mehr erscheint zunächst nicht möglich.

Wir betrachten jetzt die Umsetzung der berechneten Intensitätsverteilung I_{mn} in ein reales Hologramm. Für die exakte Simulation des analogen Aufzeichnungsprozesses sollte die Intensitätsverteilung entsprechend der photographischen Kennlinie der Hologrammplatte als Schwärzungsmuster ausgegeben werden können. Das Plotten von Graustufen ist bei hoher Auflösung jedoch schwierig und teuer. Leicht kann dagegen ein schwarzer

Punkt oder kein Punkt geplottet werden, z.B. auf einem Laserdrucker. Man verwendet daher oft nur binäre Schwärzungsmuster.

In Abb. 7.23 wird die analoge Kennlinie eines photographischen Materials mit einer binären Kennlinie verglichen. Der Vergleich legt es nahe, dann einen schwarzen Punkt zu drucken, wenn die Intensität I_{mn} im fraglichen Hologrammpunkt größer ist als eine mittlere Intensität $\bar{I}$. Diese hängt von der Intensität der Referenzwelle ab, wie aus der analogen Holographie bekannt.

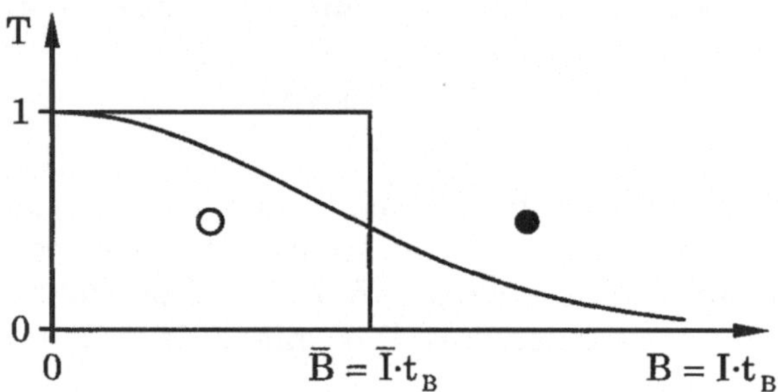

Abb. 7.23. Vergleich zwischen der analogen Kennlinie eines Photomaterials und einer binären Kennlinie, deren Schwelle in den Arbeitspunkt gelegt wird.

Veranschaulichen wir uns nun die Summation der E_{lmn} geometrisch in der komplexen Ebene (siehe Abb. 7.24). Wählt man die reelle Amplitude E_R der Referenzwelle groß gegen die Amplitude der Signalwelle, so erscheint es sinnvoll, für die mittlere Intensität

$$\bar{I} = |E_R|^2 = E_R^2 \tag{7.51}$$

zu setzen.

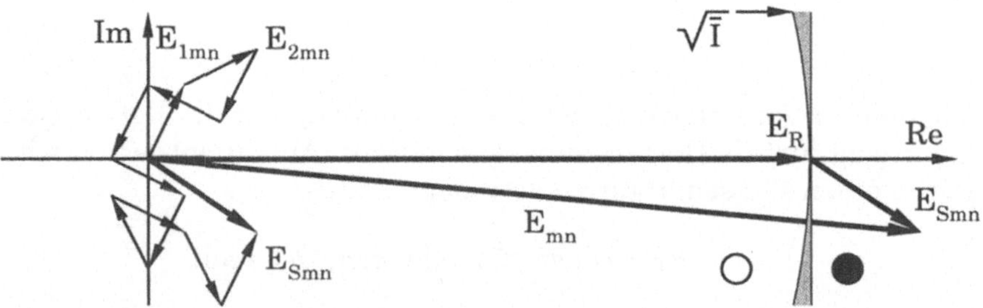

Abb. 7.24. Veranschaulichung der Summation der Objektwellen E_{lmn} und der Referenzwelle E_R. Ein schwarzer Punkt wird gesetzt, wenn der Summenvektor E_{mn} rechts von der Vertikalen $Re\{E\} = E_R$ liegt.

Liegt der Summenvektor $E_{mn} = E_{Smn} + E_R$ außerhalb des Kreises mit dem Radius $E_R = \sqrt{\bar{I}}$, so ist ein schwarzer Punkt zu drucken. Wird E_R sehr groß gesetzt, so erkennt man, daß der grau getönte Bereich in Abb. 7.24, in den die Spitze des Pfeils von E_{mn} zeigen kann, immer kleiner wird. Für große E_R kann man also den Kreisbogen ohne großen Fehler durch eine Gerade ersetzen. Dies vereinfacht die Entscheidung, ob ein Punkt geschwärzt werden soll oder nicht, ganz erheblich. Denn jetzt genügt die Kenntnis von E_{Smn} an Stelle von E_{mn} bereits, um diese Entscheidung zu treffen:

$$\begin{aligned} \mathrm{Re}(E_{Smn}) > 0 &\;\rightarrow\; \text{Punkt schwärzen,} \\ \text{sonst} &\;\rightarrow\; \text{Punkt nicht schwärzen.} \end{aligned} \tag{7.52}$$

Das bedeutet überraschenderweise, daß die Referenzwelle ganz aus der Rechnung herausfällt. Dadurch braucht auch keine Intensität mehr berechnet zu werden. Weiter kann man auf die komplexe Rechnung verzichten, da in (7.52) nur der Realteil von E_{Smn} eingeht:

$$\mathrm{Re}(E_{Smn}) = \sum_{l=1}^{L} \cos(r_{lmn}). \tag{7.53}$$

Zur Berechnung des Hologramms muß jetzt nur noch $\cos(r_{lmn})$ über alle l summiert werden und die Ausgabe gemäß (7.52) erfolgen.

Damit nun der Intensitätsverlauf digital ohne Informationsverluste bezüglich des Objekts auf der diskretisierten Hologrammplatte gespeichert werden kann, müssen nach dem Sampling–Theorem noch gewisse Bedingungen erfüllt sein [7.4]. Sie lassen in diesem Fall nur einen begrenzten Bereich für den senkrechten Abstand des Objektes von der Hologrammebene zu. Danach bleibt die gesamte Information über ein Signal (hier: die Intensitätsverteilung) erhalten, wenn es mit einer Frequenz (hier: Gitterpunktdichte) abgetastet wird, die mindestens doppelt so hoch ist wie die maximale im Signal enthaltene Frequenz. Hier sind Frequenzen stets Raumfrequenzen, die wir im Kapitel über Fourieroptik noch genauer kennenlernen werden.

Die Abtastfrequenz ist in unserem Fall fest vorgegeben, sie entspricht dem Abstand zweier benachbarter Hologrammgitterpunkte. Die z–Koordinate muß demnach mindestens so groß sein, daß ein im Extremfall sinusförmiger Intensitätsverlauf durch mindestens zwei Punkte pro Streifenabstand dargestellt wird.

Dazu betrachten wir das Hologramm eines Punktes auf der optischen Achse, aufgenommen mit senkrechter Referenzwelle. Das liefert eine radialsymmetrische Intensitäts– bzw. Schwärzungsverteilung, deren radialer Verlauf in Abb. 7.25 und Abb. 7.25 für zwei Fälle dargestellt ist. Sei a der Hologrammradius und b der dortige lokale Abstand zwischen den Intensitätsmaxima, dann erhält man für den kleinsten erlaubten Abstand z_{min} des Objektpunktes von der Hologrammplatte:

$$z_{min} = \sqrt{\frac{(-2ab + b^2 - \lambda^2)^2}{4\lambda^2} - a^2} \approx a\sqrt{\frac{b^2}{\lambda^2} - 1}. \tag{7.54}$$

Mit dem Abstand zweier Gitterpunkte im Hologramm als Längeneinheit wird b = 2. Nehmen wir für a = 2500 an und für λ = 1, so ergibt sich z_{min} = 4332. Oben hatten wir λ = 2π gesetzt. Dann ist z_{min} = 0, weil auch bei beliebig schrägem Einfall der Welle von P auf die Hologrammebene ein Streifenabstand von zwei nicht unterschritten wird. Bereits für $\lambda \geq 2$ unterliegt z_{min} keinen Einschränkungen.

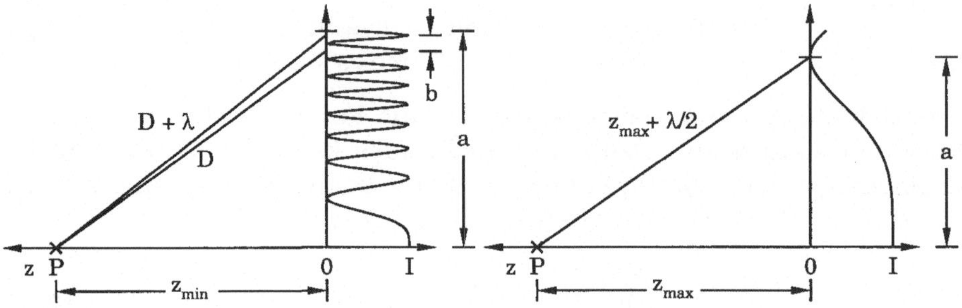

Abb. 7.25. Zur Berechnung des minimalen Abstandes (links) und maximalen Abstandes (rechts) eines Objektpunktes von der Hologrammebene.

Das Objekt sollte auch nicht zu weit von der Hologrammebene entfernt sein, da sich sonst zusammen mit der senkrecht einfallenden Referenzwelle im Zentrum des Hologramms bei binärer Ausgabe keine Modulation ergibt. Das erste Minimum des Intensitätsverlaufes auf der Hologrammfläche sollte noch auf die Fläche fallen. Das ergibt für den größten erlaubten Abstand z_{max} des Objektpunktes (siehe Abb. 7.25):

$$z_{max} = \frac{4a^2 - \lambda^2}{4\lambda}. \tag{7.55}$$

Setzen wir wieder a = 2500 und λ = 1, so ergibt sich z_{max} = 6.25 · 10⁶. Im Grenzfall $a \gg \lambda$ gilt

$$z_{max} \approx \frac{a^2}{\lambda}. \tag{7.56}$$

Das einfachste Objekt ist ein einzelner Punkt. Das auf die beschriebene Weise berechnete und binär ausgegebene digitale Hologramm ist eine Fresnelsche Zonenplatte (Abb. 7.26). Es ergibt sich ein Kreisringsystem. Die Dicke eines jeden Ringes (Zone) entspricht einer Lichtwegdifferenz von $\lambda/2$, gerechnet vom Rand der Zone zum Objektpunkt. Fresnelsche Zonenplatten werden in der Röntgenmikroskopie zur Abbildung eingesetzt, da dort entsprechende Linsen wegen des zu geringen Brechungsindex' durchsichtiger Materialien fehlen [7.5].

Die Abbildungen 7.28 und 7.29 zeigen zwei digitale Hologramme für ein räumliches Objekt, das Wort HOLOGRAM, wobei die Buchstabengruppen HOLO und GRAM jeweils in verschiedenen Ebenen liegen und zwei verschiedene, sich leicht überlappende Hologrammflächen gewählt

Abb. 7.26. Digitales Binärhologramm eines Punktes (Fresnelsche Zonenplatte).

wurden. Es wurde direkt auf einem Laserdrucker mit einer Auflösung von 600 Punkten je 2.54 cm (600 dpi) ausgegeben. Die Buchstaben sind oberhalb der längeren Hologrammseite angeordnet, und zwar auf der Seite mit dem gröberen Interferenzmuster. Das Objekt besteht aus insgesamt $L = 130$ Punkten, die Hologrammfläche aus $M \cdot N = 5000 \cdot 3200 = 16$ Millionen Punkten. Die Rechenzeit beträgt auf einem Arbeitsplatzrechner der mittleren Leistungsklasse etwa 6–7 Stunden, d.h. für einen Objektpunkt bei einer Hologrammgröße von $1000 \cdot 1000 = 10^6$ Punkten 11 Sekunden. Das Hologramm liefert bei einer Verkleinerung auf 2 cm $\cdot$ 3 cm (hochauflösender Dokumentenfilm) gute Rekonstruktionen des Objektes. Abbildung 7.27 zeigt zwei photographische Aufnahmen des rekonstruierten Wortes mit Scharfstellung auf zwei verschiedene Ebenen im Raum. Die Räumlichkeit der Buchstabenanordnung wird daran deutlich.

Abb. 7.27. Rekonstruktion des Bildes des digitalen Hologramms aus Abb. 7.28 mit He–Ne Laserlicht. Verschiedene Ansichten und Scharfeinstellungen.

7.4.2 Simulation mit Rechteck–Lichtwellen

Wir hatten die Vereinfachungen so weit getrieben, daß schließlich die Referenzwelle nicht mehr explizit in die Rechnung einging. Das hatte weiter dazu geführt, daß wir nur noch eine Summe von Kosinusfunktionen nach (7.53) zu addieren brauchten, um die resultierende Feldstärke an einem Punkt der Hologrammplatte zu erhalten. Die Berechnung der Kosinusfunktion ist zeitaufwendig, und man kann darüber nachdenken, ob hier noch eine weitere Vereinfachung gemacht werden kann. Mit etwas Kühnheit ist das in der Tat möglich. Warum steht in der Summe der

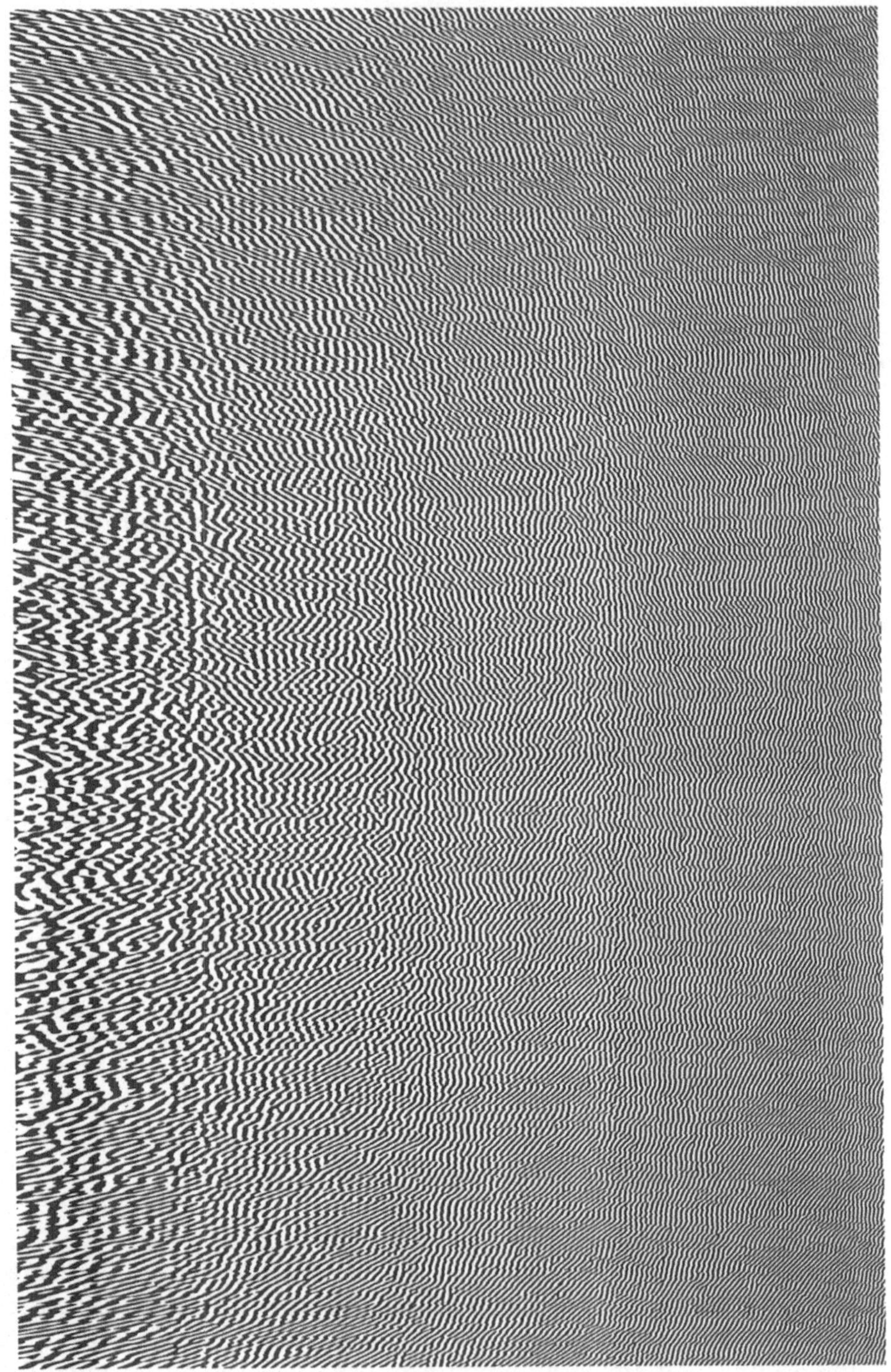

Abb. 7.28. Digitales Hologramm des Schriftzuges HOLOGRAM. Die Hologrammfläche liegt seitlich zum Schriftzug.

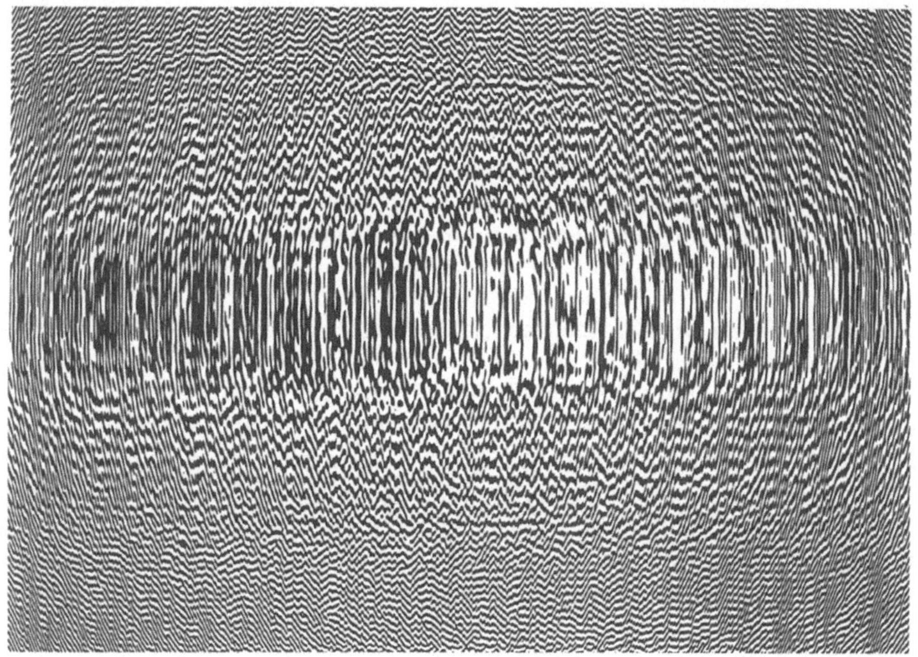

Abb. 7.29. Digitales Hologramm des Schriftzuges HOLOGRAM. Die Hologrammfläche liegt frontal dem Schriftzug gegenüber.

Kosinus? Das ist deshalb so, weil für die Lichtwellen als Zeitabhängigkeit eine Kosinusfunktion angenommen wurde. Wie sähe eine Holographie mit anderen Wellenformen aus, z.B. mit Rechteck–Lichtwellen? Das rührt an die Frage, ob Holographie an Kosinus–Wellen gebunden ist oder nicht. Die numerisch–experimentelle Erfahrung zeigt, daß dies nicht der Fall ist. Man kann auch Holographie mit Rechteck–Lichtwellen betreiben.

Wir definieren eine Rechteckfunktion mit der Periode 2π über

$$\mathrm{Rect}(r) = \begin{cases} +1 & \text{wenn} & \mathrm{mod}(r, 2\pi) < \pi, \\ -1 & \text{wenn} & \mathrm{mod}(r, 2\pi) \geq \pi. \end{cases} \qquad (7.57)$$

Verschiebt man die Phase des Kosinus um $-\pi/2$, d.h. betrachtet man statt der Kosinus– eine Sinusfunktion, so stimmen die positiven und negativen Abschnitte dieser Sinusfunktion und der Rechteckfunktion überein (Abb. 7.30). Für den Realteil von E_{Smn} erhält man daher statt einer Summe über Sinusfunktionen (analog zu (7.53)) eine Summe über Rechteckwellen:

$$\mathrm{Re}(E_{Smn}^{(R)}) = \sum_l \mathrm{Rect}(E_{lmn}^{(R)}) = \sum_l \mathrm{Rect}(r_{lmn}). \qquad (7.58)$$

Die zugehörige Signalwelle haben wir hier mit $E_{Smn}^{(R)}$ bezeichnet, wobei der obere Index (R) für Rechtecklichtwellen steht. Statt einer Kosinus-

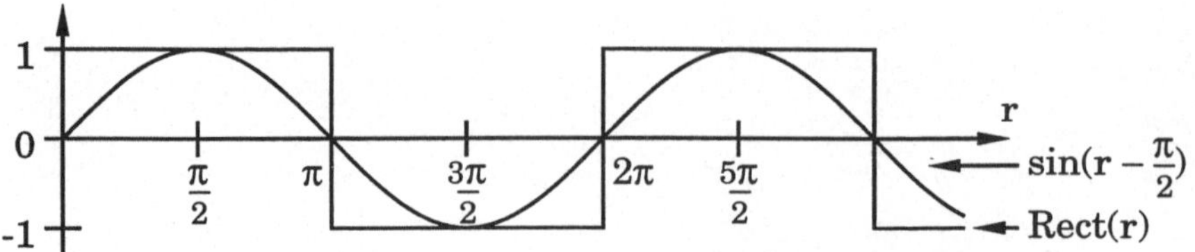

Abb. 7.30. Vergleich von Sinus– und Rechtecklichtwelle.

funktion müssen wir bei Rechtecklichtwellen nur noch eine Modulofunktion berechnen. Das ergibt bei dieser Operation eine vier– bis fünffache Rechenzeiteinsparung. Aber auch diese immer noch recht zeitaufwendige Modulofunktion läßt sich vermeiden, wenn eine geeignete Wellenlänge für die Rechtecklichtwelle angenommen wird. Es muß ja lediglich festgestellt werden, ob r_{lmn} in einem Bereich eines ungeraden oder geraden Vielfachen von π liegt. Wird nun $\lambda = 2$ gewählt, nimmt die Rechtecklichtwelle immer dann den Wert +1 an, wenn r_{lmn} einen geraden Vorkommaanteil besitzt, und –1, wenn dieser ungerade ist. Für die Programmierung bedeutet dies, daß r_{lmn} als INTEGER–Variable behandelt wird, d.h. daß der Anteil nach dem Komma abgeschnitten wird. Dann braucht man nach Berechnung von r_{lmn} nur noch an dem niedrigstwertigen Bit dieser Variablen zu prüfen, ob eine gerade oder ungerade natürliche Zahl vorliegt. Was jetzt noch übrig bleibt, ist die Berechnung der Abstände r_{lmn}. Hier konnte noch keine wesentliche Vereinfachung zur Einsparung von Rechenzeit gefunden werden. Die Berechnung der Wurzel ist üblicherweise so schnell, daß eine Approximation durch eine Taylorentwicklung nicht lohnt. Für ganzzahlige Wurzelberechnungen gibt es darüberhinaus sehr schnelle Algorithmen.

Übungsaufgaben

7.1. Welche Auflösung (Linien/mm) muß ein holographischer Film für eine korrekte Aufzeichnung besitzen, wenn Objekt– und Referenzwelle jeweils unter einem Winkel von 30° auf den Film treffen (Aufnahmewellenlänge 514 nm)?

7.2. Bei einer holographischen Aufnahme werde mit einem Material gearbeitet, dessen Transmissionskurve im Arbeitspunkt durch den Ausdruck

$$T = a - b t_B I - c t_B^2 I^2 = a - b'I - c'^2 I^2$$

approximiert werden kann. Berechnen Sie die bei Rekonstruktion mit der Referenzwelle entstehenden Bilder.

7.3. Bei der Aufnahme eines Auflichthologramms ($\lambda = 514$ nm) falle die Referenzwelle R unter einem Winkel von $\alpha = 40°$, die Objektwelle S unter einem Winkel $\gamma = 30°$ zur Normalen ein (siehe Abb. 7.4). Unter welchem Winkel erscheint das konjugierte Bild bei der Rekonstruktion mit R? Der Einfallswinkel der Rekonstruktionswelle werde nun vergrößert. Ab welchem Einfallswinkel α' verschwindet das konjugierte Bild?

7.4. Das binäre Amplitudenhologramm eines Punktes auf der optischen Achse, aufgenommen mit senkrechter, ebener Referenzwelle, ergibt eine Fresnelsche Zonenplatte (Abb. 7.26). Rechnen Sie die Radien der die Schwärzungsringe begrenzenden Kreise aus (bei der Aufnahme sei im Hologrammpunkt auf der optischen Achse die Phasenverschiebung zwischen Signal– und Referenzwelle gleich Null).

7.5. Ein Weißlichthologramm wird bei $\lambda = 633$ nm mit senkrechter Referenz– und Objektwelle aufgenommen. Unter welchem Winkel zur entwickelten Hologrammplatte kann man ein grünes Bild des Objekts ($\lambda = 500$ nm) sehen?

7.6. Betrachten Sie die holographischen Abbildungsgleichungen (7.32) bis (7.37). Geben Sie die longitudinale bzw. laterale Vergrößerungen M_{lo}, M_{lat} für das direkte und das konjugierte Bild an. Betrachten Sie dazu das Hologramm zweier Punktlichtquellen mit lateralem bzw. longitudinalem Abstand Δx bzw. Δz, wobei $|\Delta x|, |\Delta z| \ll |z|$. Die Aufnahmewellenlänge λ_1 sei nicht notwendig gleich der Rekonstruktionswellenlänge λ_2. Unterscheiden Sie folgende Fälle für den Referenzstrahl:
(a) divergente Kugelwelle bei Aufnahme und Rekonstruktion;
(b) divergente Kugelwelle bei Aufnahme, ebene Welle bei Rekonstruktion.
Zeigen Sie, daß für das direkte und konjugierte Bild gilt:

$$M_{lo} = \frac{\lambda_2}{\lambda_1}(M_{lat})^2$$

7.7. Leiten Sie die Bedingungen (7.54) und (7.55) für den minimalen und maximalen Abstand eines Objektpunkts von einem digitalen Hologramm her.

7.8. Schätzen Sie die Rechenzeit für ein digitales Hologramm mit $4 \cdot 10^6$ Rasterpunkten und 10^3 Objektpunkten ab. Eine Gleitkommaoperation (Multiplikation, Division) soll dabei $0.1\,\mu\text{sec}$ dauern, die Berechnung von Wurzeln oder trigonometrischen Funktionen $1\,\mu\text{sec}$.

7.9. Für Computerbesitzer: Erzeugen Sie ein digitales Hologramm einer Punktlichtquelle und eines aus Punktlichtquellen zusammengesetzten Quadrats, z.B. aus den vier Punkten der Ecken.

Literatur

7.1 D. Gabor: „A new microscopic principle", Nature **161**, 777 (1948)

7.2 W. Lauterborn, W. Hentschel: „Holografische Hochgeschwindigkeits-kinematografie", in H. Marwitz (Hrsg.): *Praxis der Holografie*, S. 354–370 und S. 474–475 (expert–Verlag, Ehningen 1990)

7.3 D. Schreier: *Synthetische Holografie* (Fachbuchverlag, Leipzig 1984)
W. H. Lee: „Computer–Generated Holograms: Techniques and Applications", in E. Wolf (Hrsg.): *Progress in Optics*, Vol. XVI, S. 119–232 (North–Holland, Amsterdam 1978)
O. Bryngdahl, F. Wyrowski: „Digital Holography – Computer–generated holograms", in E. Wolf (Hrsg.): *Progress in Optics*, Vol. XXVIII, S. 1–86 (North–Holland, Amsterdam 1983)

7.4 J. W. Goodman: *Introduction to Fourier Optics* (McGraw–Hill, New York 1988)

7.5 C. David,   J. Thieme,   P. Guttmann,   G. Schneider,   D. Rudolph, G. Schmahl: „Electron–beam generated x–ray optics for high resolution microscopy studies", Optik **91**, 95–99 (1992)
G. Schmahl,   D. Rudolph,   B. Niemann,   P. Guttmann,   J. Thieme, G. Schneider, C. David, M. Diehl, T. Wilhein: „X–ray microscopy studies", Optik **93**, 95–102 (1993)
G. Schmahl, D. Rudolph (Hrsg.): *X–ray Microscopy*, Springer Ser. Opt. Sci., Vol. 43 (Springer, Berlin, Heidelberg 1984)
D. Sayre, M. Howells, J. Kirz, H. Rarback (Hrsg.): *X–ray Microscopy II*, Springer Ser. Opt. Sci., Vol. 56 (Springer, Berlin, Heidelberg 1988)
A. G. Michette, G. R. Morrison, C. J. Buckley (Hrsg.): *X–ray Microscopy III*, Springer Ser. Opt. Sci., Vol. 67 (Springer, Berlin, Heidelberg 1992)

Weiterführende Literatur

Collier, R. J., C. B. Burckhardt, L. H. Lin: *Optical Holography* (Academic Press, New York 1971)

Hariharan, P.: *Optical Holography* (Cambridge University Press, Cambridge 1984)

Hariharan, P.: „Colour holography", in E. Wolf (Hrsg.): *Progress in Optics*, Vol. XX, S. 263–324 (North–Holland, Amsterdam 1983)

Marwitz, H. (Hrsg.): *Praxis der Holografie* (expert-Verlag, Ehningen 1990)

Ostrowski, Y. I.: *Holografie – Grundlagen, Experimente und Anwendungen* (Teubner, Leipzig 1987)

Ostrowski, Y. I., V. P. Shchepinov: „Correlation holographic and speckle interferometry", in E. Wolf (Hrsg.): *Progress in Optics*, Vol. XXX, S. 87–135 (North–Holland, Amsterdam 1992)

8. Holographische Interferometrie

Mit interferometrischen Meßverfahren können kleine Änderungen physikalischer Größen (Länge, Druck, Temperatur etc.), die Einfluß auf die Lichtausbreitungseigenschaften eines Mediums haben, gemessen werden. Dies geschieht i.a. dadurch, daß zwei Wellenfronten, eine ungestörte und eine durch das zu vermessende Objekt beeinflußte, miteinander zur Interferenz gebracht werden [8.1].

Zunächst betrachten wir anhand des Mach-Zehnder Aufbaus das Prinzip der klassischen Interferometrie (Abb. 8.1). Dabei wird ein von einer Lichtquelle ausgehender Strahl am Strahlteiler 1 geteilt. Ein Strahl wird durch das zu untersuchende (transparente) Objekt geführt, der andere durch ein Vergleichsobjekt, das eventuell auch entfallen kann. Beide Strahlen werden mit Hilfe des Strahlteilers 2 zusammengeführt und zur Interferenz gebracht.

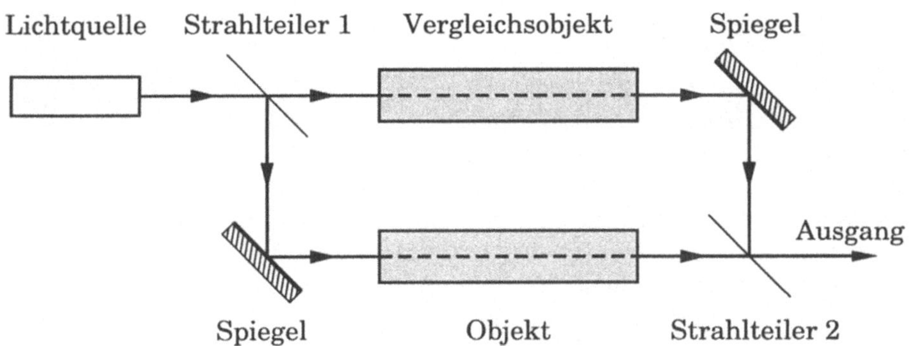

Abb. 8.1. Mach–Zehnder Inferferometer.

Aus der Auswertung der Interferenzerscheinungen lassen sich Brechungsindexänderungen des Objektes gegenüber dem Vergleichsobjekt bestimmen. Es ist allerdings nur die Untersuchung von Durchlichtobjekten möglich. Das Objekt darf auch nicht zu komplex sein, da sonst kein Vergleichsobjekt mit hinreichender Genauigkeit hergestellt werden kann.

Die holographische Interferometrie [8.2] ist von diesen Beschränkungen frei, da sie die Möglichkeit eröffnet, Lichtwellen nach Amplitude und Phase zu speichern und zu einem späteren Zeitpunkt wieder erstehen zu lassen. Mußten bisher die Lichtwellen, die interferometrisch miteinander verglichen wurden, stets gleichzeitig erzeugt werden, so ergibt sich jetzt die Möglichkeit, eine Lichtwelle aufzuheben und zu einem späteren Zeitpunkt wieder mit einer Lichtwelle von demselben, nur leicht veränderten Objekt zu vergleichen. Dadurch ist es möglich geworden, beliebig geformte Objekte mit rauher Oberfläche, die kein zweites Mal als Vergleichsobjekt herstellbar sind, interferometrisch zu untersuchen. So können z.B. Auto- und Flugzeugreifen auf Defekte geprüft werden, indem man denselben Reifen in einem Ausgangszustand und etwas stärker aufgepumpt aufnimmt. So lassen sich beide Zustände direkt miteinander vergleichen. Schwache Stellen machen sich durch eine interferometrisch sichtbare stärkere Ausbeulung bemerkbar.

8.1 Die holographisch–interferometrischen Verfahren

Je nach Art der holographischen Aufnahme unterscheidet man im wesentlichen die drei nachfolgend beschriebenen holographisch interferometrischen Verfahren.

8.1.1 Echtzeitverfahren

Ein Ausgangszustand (Ruhezustand) eines Objektes wird holographisch aufgenommen. Die Hologrammplatte wird, ohne sie zu bewegen, am Ort der Aufnahme entwickelt. Dann wird das Objekt in der gewünschten Weise verändert und wie bei der Hologrammaufnahme mit kohärentem Licht beleuchtet. Wird gleichzeitig durch Beleuchtung des Hologramms mit der Referenzwelle der Ausgangszustand des Objektes bildlich rekonstruiert, so interferieren die beiden Lichtwellen von Ausgangszustand und verändertem Zustand des Objektes. Das rekonstruierte Bild erscheint von einem Interferenzstreifenmuster überzogen. Der Verlauf der Interferenzstreifen gibt Auskunft über den Verlauf der Veränderung, z.B. der Verformung, des Objektes. Zur Dokumentation muß das Interferenzstreifensystem photographiert werden (siehe Abb. 8.2). Der Vorteil dieses Verfahrens liegt darin, daß das Objekt ständig geändert werden kann und die jeweilige Verformung (Veränderung) sofort im Interferenzstreifenbild sichtbar wird. Eine experimentelle Schwierigkeit ist, daß die relative Lage von Objekt und Hologramm nicht geändert werden darf (höchstens zur Erzeugung von Ausgangsinterferenzstreifen). Dies führt dazu, daß das Objekt nicht entfernt werden darf, da es praktisch unmöglich ist, es wieder exakt genug relativ zum Hologramm auszurichten.

Abb. 8.2. Zwei Zustände eines belasteten Plexiglasringes. Interferenzstreifen sichtbar gemacht im holographischen Echtzeitverfahren.

8.1.2 Doppelbelichtungsverfahren

Wie der Name sagt, wird bei diesem Verfahren die Hologrammplatte zweimal belichtet, einmal für einen Ausgangszustand des Objektes und einmal für den veränderten Zustand. Dadurch werden beide Wellenfronten auf der Hologrammplatte gespeichert. Bei Beleuchtung des Hologramms mit der Referenzwelle werden beide Wellen rekonstruiert und interferieren miteinander. Das Interferenzmuster, das die Information über die Objektveränderung enthält, ist bei diesem Verfahren sozusagen im Hologramm eingefroren und kann mit dem Hologramm weggelegt werden, da immer exakt beide Wellen gleichzeitig transportiert werden (siehe Abb. 8.3).

8.1.3 Zeitmittelungsverfahren

Das Zeitmittelungsverfahren eignet sich für periodisch, vorzugsweise sinusförmig schwingende Objekte. Man macht dabei nur eine Aufnahme des schwingenden Objektes, wobei die Belichtungszeit groß im Vergleich zur Schwingungsperiode sein muß. Da sich z.B. eine Platte bei einer sinusförmigen Schwingung in den Umkehrpunkten länger aufhält, werden die Lichtwellen aus diesen Positionen stärker bei der holographischen Aufzeichnung berücksichtigt als die Zwischenzustände und daher auch bevorzugt rekonstruiert. Die exakte Theorie ist etwas verwickelter. Ein Nachteil dieses Verfahrens ist, daß die Modulation der Interferenzstreifen zu höheren Auslenkungen hin sehr schnell kleiner wird und damit das Signal–Rausch–Verhältnis bei den Streifen höherer Ordnung stark abnimmt (Abb. 8.4).

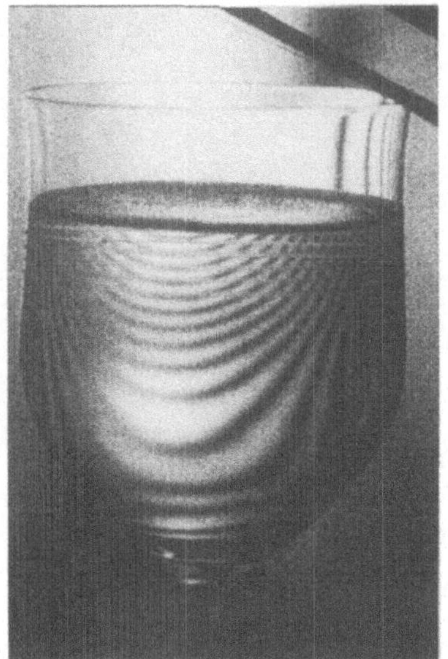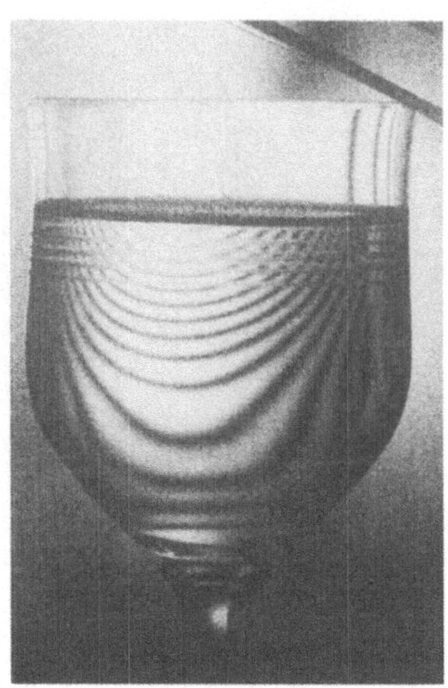

Abb. 8.3. Rekonstruierte Bilder eines Hologramms, das zweimal belichtet wurde (Doppelbelichtungsverfahren). Als Objekt diente ein wassergefülltes Weinglas, angestrichen mit einem Geigenbogen. Die Hologrammaufnahme erfolgte mit zwei Pulsen eines Rubinlasers mit einer Dauer von etwa 20 ns im Zeitabstand von 300 μs.

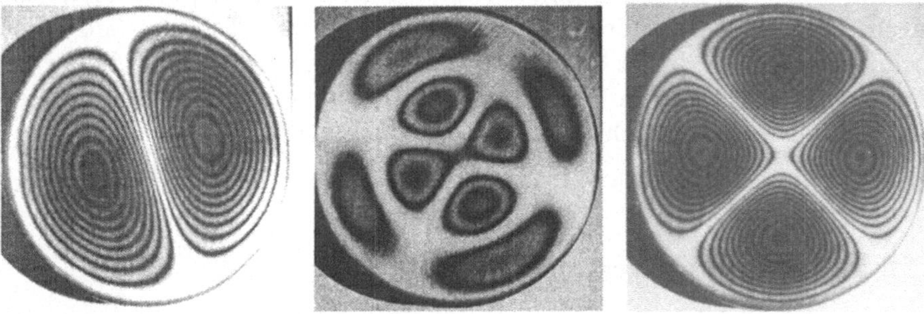

Abb. 8.4. Rekonstruierte Bilder von Aufnahmen nach dem Zeitmittelungsverfahren. Als Objekt dient ein schwingender Dosendeckel. Es sind drei verschiedene Schwingungszustände gezeigt, die sich bei verschiedenen Frequenzen der Anregung einstellen.

8.2 Theoretische Beschreibung

8.2.1 Echtzeit– und Doppelbelichtungsverfahren

Die theoretische Beschreibung für das Echtzeit– und das Doppelbelichtungsverfahren ist nicht sehr aufwendig und für beide Verfahren sehr ähnlich. Wir wählen für die Formulierung das Echtzeitverfahren.

Zunächst wird ein Hologramm H von einem Objekt O angefertigt (Abb. 7.14). Dabei wird die Hologrammplatte am Ort entwickelt und das Objekt nicht verändert. Anschließend wird das Hologramm mit der Referenzwelle R beleuchtet. Dadurch entsteht hinter dem Hologramm eine Lichtwelle E_1, die der Lichtwelle des ursprünglichen Objekts entspricht. Nun werde das Objekt um die Strecke d in Richtung auf die Hologrammplatte verschoben und wie bei der Aufnahme des Hologramms beleuchtet. Dann entsteht hinter dem Hologramm zusätzlich, als nullte Beugungsordnung, die Lichtwelle E_2. Die zueinander kohärenten Wellen E_1 und E_2 interferieren und ergeben, da die Objektverschiebung sehr klein sein soll, ein von einem Interferenzstreifensystem überzogenes Bild.

Wir betrachten einen Punkt P an der Oberfläche des Objekts. Die Verschiebung d betrage nur einige Wellenlängen. Dann können wir die Amplitudenbeträge der beiden Wellen gleich setzen und wir haben in Beobachtungsrichtung nur einen Phasenunterschied. Sei

$$E_1 = A_1 e^{i\varphi_1} \qquad \text{und} \qquad E_2 = A_2 e^{i\varphi_2} \tag{8.1}$$

an einem Ort in Beobachtungsrichtung, dann können wir mit $A_1 = A_2$ und $\Delta\varphi = \varphi_2 - \varphi_1$ schreiben

$$E_2 = E_1 e^{i\Delta\varphi}. \tag{8.2}$$

Der Beobachter sieht in Abhängigkeit von $\Delta\varphi$ die Intensität

$$\begin{aligned}
I &= (E_1 + E_2)(E_1 + E_2)^* \\
&= E_1 E_1^*(1 + e^{i\Delta\varphi})(1 + e^{-i\Delta\varphi}) \\
&= I_1(2 + 2\cos\Delta\varphi) \\
&= 4I_1 \cos^2 \frac{\Delta\varphi}{2}.
\end{aligned} \tag{8.3}$$

Diese Beziehung hatten wir in ähnlicher Form bereits beim Michelson–Interferometer hergeleitet, vgl. (4.9). Die Abb. 8.5 in diesem Abschnitt zeigt die Intensität der Überlagerung beider Wellen als Funktion der Phasenverschiebung $\Delta\varphi$.

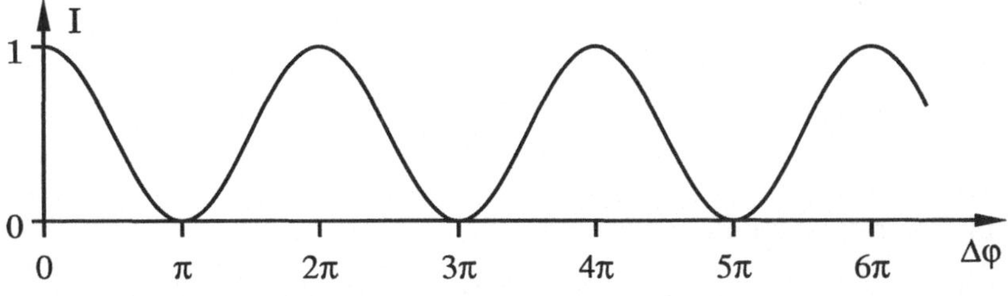

Abb. 8.5. Intensität der Überlagerung zweier Wellen als Funktion der Phasenverschiebung $\Delta\varphi$.

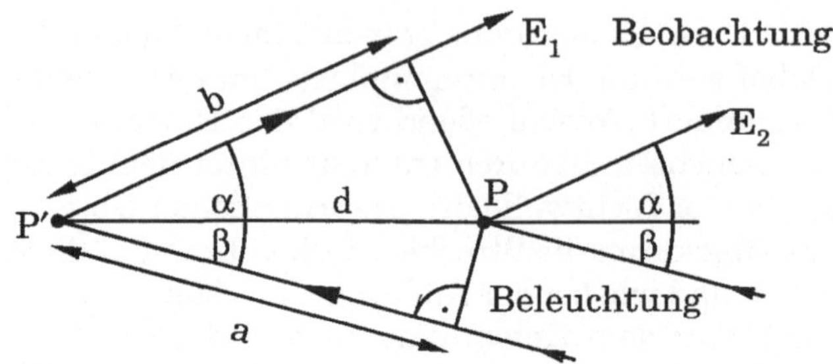

Abb. 8.6. Zur Berechnung der Phasenverschiebung zwischen E_1 und E_2 aus der Verschiebung d.

Wie beim Michelson–Interferometer kommt auch hier die Phasenverschiebung $\Delta\varphi = kl$ durch eine Laufwegdifferenz l der interferierenden Wellen zustande, allerdings mit dem Unterschied, daß hier zwei Wellen verglichen werden, die einen (nahezu) gleichen Weg zu verschiedenen Zeiten durchlaufen. Mit den in Abb. 8.6 eingeführten Bezeichnungen erhalten wir $l = a + b$ und

$$\Delta\varphi = k(a + b) = kd(\cos\alpha + \cos\beta). \tag{8.4}$$

Damit schreibt sich (8.3) als

$$I = 4I_1 \cos^2\left(\frac{kd}{2}(\cos\alpha + \cos\beta)\right). \tag{8.5}$$

Die Winkel α und β sowie die Wellenzahl k sind aus dem experimentellen Aufbau bekannt. Hat sich das Meßobjekt als Ganzes verschoben, so erhält man d unmittelbar aus dem Abstand der Interferenzstreifen. Ist die Verschiebung ortsabhängig, so ändern die Interferenzstreifen ihren Abstand mit dem Ort auf dem Objekt (Abb. 8.2, 8.3).

8.2.2 Zeitmittelungsverfahren

Zur Analyse schwingender Objekte wird beim Verfahren der Zeitmittelung ein Hologramm mit einer Belichtungszeit, die viele Schwingungsperioden umfaßt, angefertigt. Da sich das Objekt während der Belichtungszeit bewegt, haben wir es mit einer zeitabhängigen Intensität (Kurzzeitintensität) $I(x, y, t)$ zu tun. Wir nehmen an, das Objekt schwinge sinusförmig. Dann hat die Signalwelle S gemäß (8.4) eine sinusförmige Zeitabhängigkeit der Phase ($\alpha = \beta = 0$)

$$S(t) = Ae^{ikd\sin\Omega t}. \tag{8.6}$$

Dabei sind d ist die Amplitude und Ω die Kreisfrequenz der Schwingung. Für die Intensität ergibt sich

$$I(t) = (S(t) + R)(S(t) + R)^*. \tag{8.7}$$

Bei der Belichtung wird über die Intensität während der Belichtungszeit t_B integriert:

$$B = \int_0^{t_B} I(t)dt. \tag{8.8}$$

Daraus ergibt sich im Arbeitsbereich des Photomaterials gemäß (7.6) oder (6.29) die Amplitudentransmission T:

$$T = a - b \int_0^{t_B} I(t)dt. \tag{8.9}$$

Setzt man hierin $I(t)$ nach (8.7) ein, rekonstruiert, d.h. bildet den Ausdruck RT, so findet man für das direkte Bild

$$E_d \sim \int_0^{t_B} S(t)dt = \int_0^{t_B} Ae^{ikd\sin\Omega t}dt. \tag{8.10}$$

Ein Integral dieser Art hatten wir schon bei der Behandlung der Speckelinterferometrie kennengelernt und dort auf die Besselfunktion J_0 zurückgeführt, die in (6.32) definiert wurde. Damit kann (8.10) geschrieben werden als

$$E_d \sim J_0(kd). \tag{8.11}$$

und für die Intensität erhalten wir:

$$I_d = E_d E_d^* \sim J_0^2(kd). \tag{8.12}$$

Der Verlauf der Funktion J_0^2 wurde bereits in Abb. 6:15 gezeigt. Bemerkenswert an der Funktion J_0^2 ist, daß der Abstand der Nullstellen nicht äquidistant ist und die Maxima höherer Ordnungen stetig abnehmen. Das heißt für die Auswertung von Zeitmittelungsinterferogrammen, daß das Signal–Rausch–Verhältnis für höhere Streifenordnungen kleiner wird.

8.2.3 Das Zeitmittelungsverfahren in Echtzeit

Will man sich schnell eine Übersicht darüber verschaffen, wie z.B. eine Platte bei Anregung mit verschiedenen Frequenzen schwingt, so kann man das Zeitmittelungsverfahren in Echtzeit verwenden. Anders als bei dem üblichen Echtzeitverfahren mit ruhenden (oder durch schnelle Belichtung quasi ruhend gemachten) Objekten ergibt sich hier gegenüber der reinen Zeitmittelungs–Hologrammaufnahme eine andere Intensitätsverteilung. Man betrachtet nämlich gleichzeitig die Rekonstruktion S_r der ruhenden Platte und die schwingende Platte $S(t) =$

$S_r \exp(ikd \sin \Omega t)$. Wir nehmen zuerst einen senkrecht einfallenden Beleuchtungswelle und eine senkrechte Blickrichtung an und setzen zur Abkürzung

$$\varphi(t) = kd \sin \Omega t = \varphi_0 \sin \Omega t. \qquad (8.13)$$

Hinter dem Hologramm bildet sich dann die Interferenz der beiden Wellen, also die Summe

$$E_d = S_r + S_r e^{i\varphi(t)}. \qquad (8.14)$$

Man sieht wieder nur die Intensität, also

$$I_d = <E_d E_d^* >_{t_b} = \frac{1}{t_b} \int_0^{t_b} (S_r + S_r e^{i\varphi(t)})(S_r + S_r e^{i\varphi(t)})^* dt. \qquad (8.15)$$

Dabei ist t_b die Mittelungszeit des Auges oder des Aufnahmeinstrumentes oder –materials. Sie sei ein Vielfaches der Schwingungsperiode $T_S = 2\pi/\Omega$. Dann können wir schreiben

$$
\begin{aligned}
I_d &= |S_r|^2 \frac{1}{t_b} \int_0^{t_b} (1 + e^{i\varphi(t)})(1 + e^{-i\varphi(t)}) dt \\
&= |S_r|^2 \frac{1}{t_b} \int_0^{t_b} (2 + 2 \cos \varphi(t)) dt \\
&= |S_r|^2 \, 2 \left(1 + \frac{1}{2\pi} \int_0^{2\pi} \cos(\varphi_0 \sin \Omega t) d(\Omega t)\right). \qquad (8.16)
\end{aligned}
$$

Hier verbirgt sich wieder die Besselfunktion $J_0(\varphi_0) = J_0(kd)$. Man erhält also

$$I_d = 2|S_r|^2 (1 + J_0(kd)). \qquad (8.17)$$

Für den allgemeinen Fall, daß die Beleuchtung der Platte nicht senkrecht erfolgt und die Beobachtungsrichtung nicht senkrecht liegt, ist wie in (8.4) der Ausdruck kd durch $kd(\cos \alpha + \cos \beta)$ zu ersetzen (siehe Abb. 8.6).

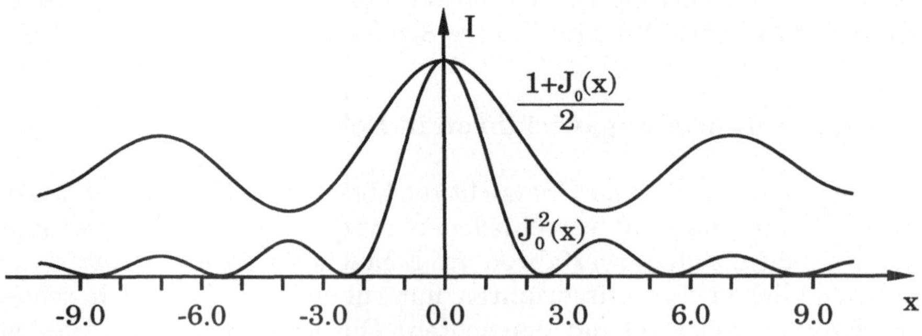

Abb. 8.7. Zur Streifendichte bei reiner Zeitmittelung und Echtzeit–Zeitmittelung.

Vergleicht man das Interferenzmuster des gewöhnlichen Zeitmittelungsverfahrens mit dem des Echtzeit–Zeitmittelungsverfahrens (Abb. 8.7), so erkennt man, daß das Zeitmittelungsverfahren eine doppelt so hohe Streifendichte und einen besseren Kontrast liefert.

Übungsaufgaben

8.1. Ein Doppelbelichtungsinterferogramm wird mit einer von der Aufnahmewellenlänge verschiedenen Wellenlänge rekonstruiert. Welchen Einfluß hat das auf die im rekonstruierten Bild beobachtbaren Interferenzstreifen?

8.2. In Abb. 8.4 sind die rekonstruierten Bilder holographischer Aufnahmen eines schwingenden Dosendeckels nach dem Zeitmittelungsverfahren wiedergegeben. Beschreiben Sie die Schwingungsformen des Deckels in den einzelnen Bildern und bestimmen Sie jeweils den Maximalwert der Schwingungsamplitude. Die Wellenlänge bei Aufnahme und Rekonstruktion sei $\lambda = 633$ nm, der Winkel zwischen Blick– bzw. Beleuchtungsrichtung und Schwingungsrichtung sei jeweils 20°. Nullstellen der Funktion $J_0(z)$ liegen bei $z_1 = 2.404$, $z_2 = 5.52$, ... $z_9 = 27.4935$, $z_{10} = 30.6346$.

8.3. Ein Schallwandler wird von einer unsymmetrischen Rechteckschwingung angeregt. Welche Auswirkungen hat das auf ein nach dem Zeitmittelungsverfahren aufgenommenes Hologramm der Wandlermembran? Wie hängt der Effekt vom Tastverhältnis γ der Rechteckschwingung ab?

Literatur

8.1 P. I. Hariharan: *Basics of Interferometry* (Academic Press, Boston 1992)

8.2 C. M. Vest: *Holographic Interferometry* (Wiley, New York 1979)

Weiterführende Literatur

Collier, R. J., Burckhardt, C. B., Lin, L. H.: *Optical Holography* (Academic Press, New York 1971)

Dändliker, R.: „Heterodyne holographic interferometry", in E. Wolf (Hrsg.): *Progress in Optics*, Vol. XVII, S. 1–84 (North–Holland, Amsterdam 1980)

Lewin, A., F. Mohr, H. Selbach: „Heterodyn–Interferometer zur Vibrationsanalyse", Technisches Messen **57**, 333–345 (1990)

Ostrowski Y. I.: *Holografie – Grundlagen, Experimente und Anwendungen* (Teubner, Leipzig 1987)

Ostrowski, Y. I., V. P. Shchepinov: „Correlation holographic and speckle interferometry", in E. Wolf (Hrsg.): *Progress in Optics*, Vol. XXX, S. 87–135 (North–Holland, Amsterdam 1992)

9. Fourieroptik

Die Fouriertransformation spielt in der Wissenschaft und Technik eine
große Rolle. Die eindimensionale Fouriertransformation z.B. verbindet
ein Zeitsignal $f(t)$ mit seiner komplexen Spektralfunktion $A(v)$, die Auf-
schluß über den Frequenzgehalt des Signals gibt:

$$A(v) = \mathcal{F}[f(t)](v) = \int\limits_{-\infty}^{+\infty} f(t)\,e^{-2\pi i v t}dt. \tag{9.1}$$

In der Optik hat man es vorwiegend mit der zweidimensionalen Fouriertransformation zu tun. So ist z.B. die Verteilung der elektrischen
Feldstärke in der hinteren Brennebene einer konvexen Linse die räumliche (zweidimensionale) Fouriertransformierte der Feldstärkeverteilung
$E(x, y)$ in der vorderen Brennebene der Linse. Analog zu (9.1) gilt

$$\tilde{E}(v_x, v_y) = \mathcal{F}[E(x, y)](v_x, v_y) = \int\limits_{-\infty}^{+\infty}\int\limits_{-\infty}^{+\infty} E(x, y)e^{-2\pi i(v_x x + v_y y)}dx\,dy. \tag{9.2}$$

Entsprechend zur Frequenz v spricht man bei der räumlichen Fouriertransformation von den Raumfrequenzen v_x und v_y. Die wichtigsten Definitionen und Rechenregeln der Fouriertransformation sind im Anhang
zusammenfassend dargestellt. Um zu verstehen, warum die Fouriertransformation bei vielen optischen Anordnungen auftritt, betrachten wir die
Beugung von Licht an einer Öffnung in der (x, y)–Ebene mit vorgegebener
elektrischer Feldstärkeverteilung $E(x, y)$ in der Näherung der skalaren
Beugungstheorie.

9.1 Skalare Beugungstheorie

Wir betrachten die Beugung an einer Struktur mit der Transmissionsverteilung $\tau(x, y)$ in der Ebene $z = 0$. Bei Beleuchtung mit einer ebenen,
monofrequenten, linear polarisierten Lichtwelle der Wellenlänge λ ergibt
sich nach Durchtritt durch das beugende Objekt eine Feldverteilung in
dem dahinterliegenden Halbraum, die wir beschreiben möchten (siehe
Abb. 9.1).

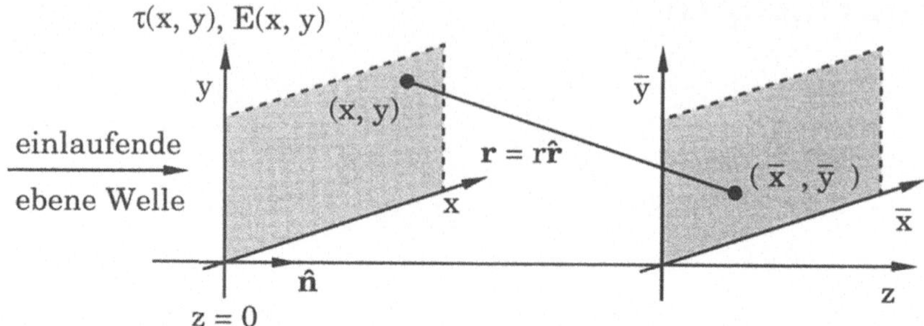

Abb. 9.1. Zur Beugung einer ebenen Welle an einer Transmissionsverteilung $\tau(x, y)$ in der Ebene $z = 0$.

Zunächst entsteht unmittelbar hinter der Ebene $z = 0$ die Feldverteilung

$$E(x, y) = \tau(x, y)E_e(x, y), \tag{9.3}$$

wobei $E_e(x, y)$ die elektrische Feldstärke der einlaufenden Welle in der $(x, y, 0)$–Ebene bezeichnet. Die weitere Ausbreitung kann in guter Näherung dadurch beschrieben werden, daß man annimmt, daß von jedem Punkt $(x, y, 0)$ hinter der beugenden Struktur eine Kugelwelle ausgeht (Huygenssches Prinzip).

In einer Ebene mit den Koordinaten (x', y', z) (vgl. Abb. 9.1) erhält man dann eine Feldverteilung $E(x', y', z)$, die durch das Kirchhoffsche Beugungsintegral gegeben ist:

$$E(x', y', z) = \frac{1}{i\lambda} \int\limits_{-\infty}^{+\infty} \int\limits_{-\infty}^{+\infty} E(x, y)\frac{e^{ikr}}{r} \cos(\hat{n}, \hat{r})dx\,dy. \tag{9.4}$$

Es entspricht im wesentlichen der Aufsummierung (Integration) der von allen Punkten $(x, y, 0)$ ausgehenden Kugelwellen. Der Faktor $1/i\lambda$ ist ein Phasen– und Amplitudenfaktor und $\cos(\hat{n}, \hat{r})$ ein Richtungsfaktor, die beide aus den Maxwellschen Gleichungen hervorgehen, die der Herleitung des Integrals (9.4) zugrunde liegt.

9.1.1 Fresnelsche Näherung

Das Kirchhoff–Integral (9.4) ist im allgemeinen sehr unhandlich und für analytische Berechnungen sind Näherungen nötig. Bei der sogenannten paraxialen Näherung beschränkt man sich auf x– und y–Werte bzw. x'– und y'–Werte, die klein sind im Vergleich zum Abstand z zwischen Beugungsstruktur und Beugungsbild, d.h. $|x|, |y| \ll z$ und $|x'|, |y'| \ll z$. Das bedeutet, daß man nur Strahlen berücksichtigt, die einen kleinen Winkel zur optischen Achse (z–Achse) einnehmen. Dann kann man in guter Näherung den Kosinus–Term im Integranden vernachlässigen, d.h. $\cos(\hat{n}, \hat{r}) = 1$ setzen, da alle Lichtstrahlen annähernd parallel zur z–Achse verlaufen. Weiterhin kann man die r–Abhängigkeit der Amplitude ignorieren, d.h. $1/r = 1/z$ setzen, da $r \approx z$. In der Exponentialfunktion ist diese Näherung allerdings zu grob, da hier schon kleine Änderungen in r eine große Änderung in der Phase bedeuten. Statt dessen führt man eine Reihenentwicklung der auftretenden Wurzel durch, die üblicherweise nach dem zweiten Glied abgebrochen wird:

$$
\begin{aligned}
r &= \sqrt{(x'-x)^2 + (y'-y)^2 + z^2} = z\sqrt{1 + \frac{(x'-x)^2}{z^2} + \frac{(y'-y)^2}{z^2}} \\
&\approx z + \frac{(x'-x)^2}{2z} + \frac{(y'-y)^2}{2z}.
\end{aligned}
\tag{9.5}
$$

Mit diesen Annahmen erhält man die Fresnelsche Näherung des Beugungsintegrals

$$
E(x', y', z) = \frac{e^{ikz}}{i\lambda z} \int\limits_{-\infty}^{+\infty} \int\limits_{-\infty}^{+\infty} E(x, y) e^{\frac{ik}{2z}((x'-x)^2 + (y'-y)^2)} \, dx \, dy.
\tag{9.6}
$$

Diese Form des Beugungsintegrals erlaubt es, eine Analogie zur eindimensionalen Systemtheorie oder Filtertheorie ziehen. Man definiert dazu die Funktion

$$
h_z(x, y) = \frac{e^{ikz}}{i\lambda z} e^{i\frac{k}{2z}(x^2 + y^2)},
\tag{9.7}
$$

die sogenannte Impulsantwort des freien Raumes. Damit läßt sich in Fresnelscher Näherung das Kirchhoffsche Beugungsintegral als Faltung der komplexen Lichtverteilung in der Ausgangsebene mit der Impulsantwort des freien Raumes darstellen:

$$
E(x', y', z) = E(x, y) * h_z(x, y).
\tag{9.8}
$$

(Zum Begriff der Faltung siehe Anhang Fouriertransformation). Man erkennt leicht aus der Definition der Faltung, daß in der Tat dieser Ausdruck das Kirchhoffsche Beugungsintegral in der Fresnelschen Näherung ist:

$$
\begin{aligned}
E(x', y', z) &= E(x, y) * h_z(x, y) \\
&= \int\limits_{-\infty}^{+\infty} \int\limits_{-\infty}^{+\infty} E(x, y) h_z(x'-x, y'-y) \, dx \, dy \\
&= \frac{e^{ikz}}{i\lambda z} \int\limits_{-\infty}^{+\infty} \int\limits_{-\infty}^{+\infty} E(x, y) e^{i\frac{k}{2z}((x'-x)^2 + (y'-y)^2)} \, dx \, dy.
\end{aligned}
\tag{9.9}
$$

Man kann die Fresnelsche Näherung aber auch noch in anderer Weise, nämlich mit Hilfe einer Fouriertransformation, schreiben. Dazu multipliziert man $(x'-x)^2$ und $(y'-y)^2$ aus und faßt die entstehenden Terme geeignet zusammen:

$$E(x', y', z) =$$

$$\frac{e^{ikz}}{i\lambda z}e^{i\frac{\pi}{\lambda z}(x'^2+y'^2)} \int\limits_{-\infty}^{+\infty} \int\limits_{-\infty}^{+\infty} E(x, y)e^{i\frac{\pi}{\lambda z}(x^2+y^2)}e^{-2\pi i(\frac{x'}{\lambda z}x+\frac{y'}{\lambda z}y)}dx\,dy. \qquad (9.10)$$

Mit der Abkürzung

$$A(x', y', z) = \frac{e^{ikz}}{i\lambda z}e^{i\frac{\pi}{\lambda z}(x'^2+y'^2)} \qquad (9.11)$$

und unter Verwendung der Fouriertransformation (siehe (9.2)) erhält man für die Fresnel–Näherung

$$E(x', y', z) = A(x', y', z)\mathcal{F}\left[E(x, y)e^{\frac{i\pi}{\lambda z}(x^2+y^2)}\right]\left(\frac{x'}{\lambda z}, \frac{y'}{\lambda z}\right). \qquad (9.12)$$

Die elektrische Feldstärkeverteilung in der Ebene z = const ist also im wesentlichen gegeben durch eine Fouriertransformation der Feldstärkeverteilung in der beugenden Ebene nach Multiplikation mit dem quadratischen Phasenfaktor $\exp((i\pi/\lambda z)(x^2+y^2))$.

9.1.2 Fraunhofersche Näherung

Die Fresnelsche Näherung ist im allgemeinen bereits in relativ geringer Entfernung von der beugenden Ebene brauchbar (ab etwa zehn Wellenlängen). Für große Entfernungen von der beugenden Ebene bei gleichzeitig endlicher Ausdehnung der beugenden Struktur in x und y wird die quadratische Phasenabweichung klein und kann vernachlässigt werden. Genauer muß man

$$z \gg \frac{\pi}{\lambda}(x^2+y^2) \qquad (9.13)$$

fordern. Dann wird der quadratische Phasenfaktor

$$e^{\frac{i\pi}{\lambda z}(x^2+y^2)} \approx 1 \qquad (9.14)$$

und man erhält die Fraunhofersche Näherung

$$E(x', y', z) = A(x', y', z) \int\limits_{-\infty}^{+\infty} \int\limits_{-\infty}^{+\infty} E(x, y)e^{-2\pi i(\frac{x'}{\lambda z}x+\frac{y'}{\lambda z}y)}dx\,dy. \qquad (9.15)$$

Führt man neue Koordinaten

$$v_x = \frac{x'}{\lambda z} \qquad \text{und} \qquad v_y = \frac{y'}{\lambda z} \qquad (9.16)$$

ein, so lautet der Ausdruck für die Feldstärke:

$$E'(x', y', z) = A(\lambda z v_x, \lambda z v_y, z)\mathcal{F}[E(x, y)](v_x, v_y) = \tilde{E}(v_x, v_y). \qquad (9.17)$$

Die Berechnung des (komplexen) Beugungsbildes im Fernfeld ist also
auf eine Fouriertransformation der Eingangsverteilung der elektrischen
Feldamplitude zurückgeführt worden. Die in (9.16) eingeführten Koordinaten v_x und v_y heißen Raumfrequenzen. Sie sind proportional zu den
entsprechenden Beugungswinkeln α und β in der (x, z)– bzw. (y, z)–Ebene
(siehe Abb. 9.2). Es gilt nämlich

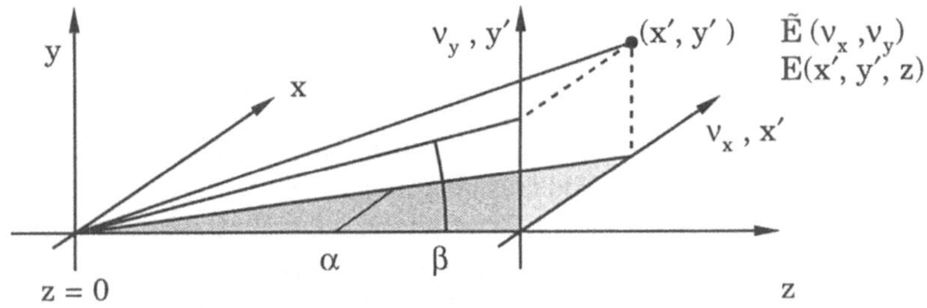

Abb. 9.2. Zur Definition der Raumfrequenzen.

$$v_x = \frac{x'}{\lambda z} = \frac{\tan \alpha}{\lambda} \approx \frac{\alpha}{\lambda},$$
$$v_y = \frac{y'}{\lambda z} = \frac{\tan \beta}{\lambda} \approx \frac{\beta}{\lambda}. \tag{9.18}$$

Man kann der Fernfeldnäherung oder Fraunhofer–Näherung eine sehr
anschauliche Deutung geben. Sie ist eine Zerlegung des Lichtwellenfeldes
$E(x, y)$ in ebene Wellen, die unter den Winkeln α und β laufen. Da die
Näherung für kleine Winkel α und β gilt, ist $\tan \alpha \approx \sin \alpha \approx \alpha$ erfüllt.
Damit lassen sich die Quotienten x'/z und y'/z schreiben als

$$\frac{x'}{z} \approx \sin \alpha \qquad \text{und} \qquad \frac{y'}{z} \approx \sin \beta. \tag{9.19}$$

Das bedeutet, daß die Exponentialfunktion des Integrals in (9.15), zusammen mit dem Faktor e^{ikz}, eine ebene Welle

$$e^{ikx \sin \alpha + iky \sin \beta + ikz}, \tag{9.20}$$

darstellt, die mit der z-Achse den Winkel α in der (x, z)–Ebene und β in
der (y, z)–Ebene einschließt. Für festes λ und z gilt

$$v_x \sim \alpha \sim x', \qquad v_y \sim \beta \sim y'. \tag{9.21}$$

Im Punkt (x', y') werden also alle Strahlen vereinigt, die unter den Winkeln $\alpha \sim x'$ und $\beta \sim y'$ gegen die z-Achse aus der (x, y)–Ebene austreten.
Große Winkel entsprechen hohen Raumfrequenzen, kleine Winkel niedri-
gen Raumfrequenzen.

Betrachtet man das Beugungsbild im Punkt (x', y', z) auf einem Schirm, so muß man die Intensität $I = |E(x', y', z)|^2$ bilden. Der Phasenfaktor

$$A = e^{ikz} e^{\frac{i\pi}{\lambda z}(x'^2 + y'^2)} \tag{9.22}$$

fällt bei dieser Operation heraus, und es ergibt sich als Beugungsbild bis auf einen Faktor das Leistungsspektrum der Eingangsfeldverteilung,

$$I(v_x, v_y) = \frac{1}{\lambda^2 z^2} \left| \mathcal{F}[E(x, y)](v_x, v_y) \right|^2 . \tag{9.23}$$

Man erkennt hieraus, daß das Beugungsbild um so schwächer wird, je weiter man sich von der beugenden Öffnung entfernt und je größer die Wellenlänge ist. Dies ist beides auch anschaulich sofort verständlich. Bei großer Wellenlänge wird das Licht stärker gebeugt und dadurch steht für einen gegebenen Raumwinkel weniger Licht zur Verfügung. Bei größerem Abstand z und gegebenem Raumwinkel verteilt sich die sich in dem Lichtkegel befindende Energie auf eine immer größere Fläche in der (x', y')–Ebene.

9.2 Fouriertransformation durch eine Linse

Eine Sammellinse mit der Brennweite f_B fokussiert parallele Strahlen, d.h. ebene Wellen, in der hinteren Brennebene (Abb. 9.3).

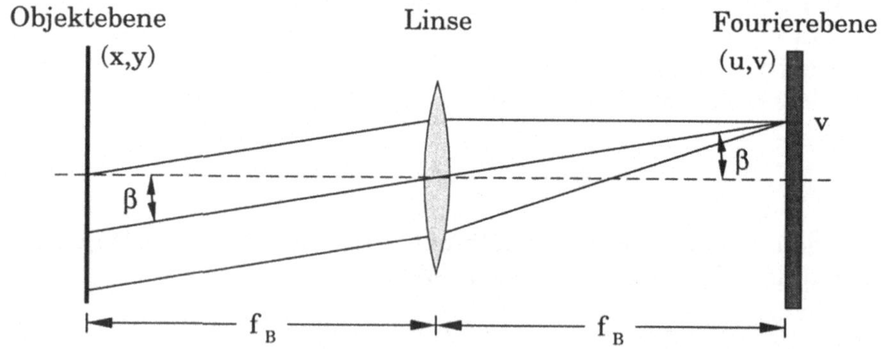

Abb. 9.3. Strahlengang zur Erläuterung der Fouriertransformationseigenschaft einer Linse, $2f$–Aufbau.

Die Koordinate v des Fokuspunktes in der hinteren Brennebene ((u, v)–Ebene) entspricht dabei dem Winkel β, unter dem die Strahlen in der (y, z)– bzw. (v, z)–Ebene gegen die optische Achse geneigt sind:

$$\frac{v}{f_B} = \tan \beta \approx \beta . \tag{9.24}$$

Entsprechendes gilt für die Koordinate u und den Winkel α. Das bedeutet, daß die Linse das Fernfeldbeugungsbild in der hinteren Brennebene darstellt, da

$$
\begin{aligned}
v_x &= \frac{x'}{\lambda z} = \frac{\alpha}{\lambda} = \frac{u}{\lambda f_B}, \\
v_y &= \frac{y'}{\lambda z} = \frac{\beta}{\lambda} = \frac{v}{\lambda f_B},
\end{aligned}
\tag{9.25}
$$

Mit $u = \lambda f_B v_x$ und $v = \lambda f_B v_y$ haben wir also:

$$
\tilde{E}(u, v) = A(u, v, f_B) \int\limits_{-\infty}^{+\infty} \int\limits_{-\infty}^{+\infty} E(x, y) e^{-2\pi i \left(\frac{u}{\lambda f_B} x + \frac{v}{\lambda f_B} y\right)} dx\, dy.
\tag{9.26}
$$

Liegt die Eingangsfeldstärkeverteilung in der vorderen Brennebene der Linse, so wird der Phasenfaktor in A unabhängig von u und v. Die Linse führt dann exakt eine zweidimensionale Fouriertransformation von der vorderen in die hintere Brennebene durch:

$$
\tilde{E}(u, v) \sim \mathcal{F}[E(x, y)](u, v).
\tag{9.27}
$$

Die Funktion $\mathcal{F}[E(x, y)]$ bezeichnet man als (komplexes) Amplitudenspektrum. Bei der Betrachtung oder Aufzeichung dieses Spektrums erhält man wieder das Leistungsspektrum von $E(x, y)$:

$$
I(u, v) = |\tilde{E}(u, v)|^2 \sim |\mathcal{F}[E(x, y)]|^2.
\tag{9.28}
$$

Es ist das Beugungsbild der Vorlage und wird Spektrum genannt. Da bei der Betragsquadratbildung ein Phasenfaktor herausfällt, kann man die Vorlage in eine beliebige Ebene vor die Linse stellen, um das Beugungsbild zu erhalten. Um Abschattungseffekte zu vermeiden, wird man dabei die Vorlage unmittelbar vor die Linse stellen (Abb. 9.4).

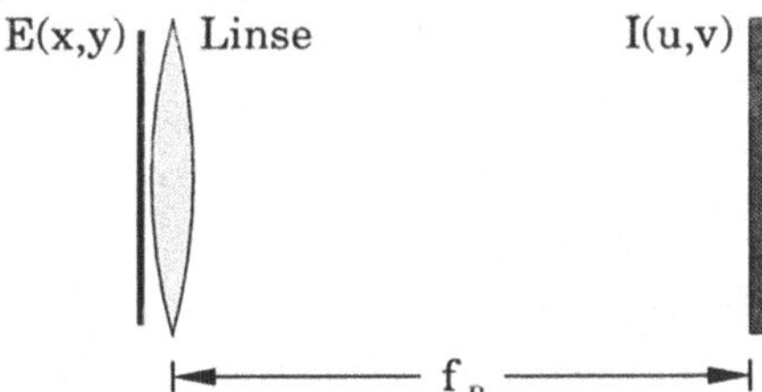

Abb. 9.4. Günstige Anordnung zur Darstellung des Beugungsbildes.

Das Beugungsbild ist oft sehr klein. Aus den Beziehungen $u = \lambda f_B v_x$, $v = \lambda f_B v_y$ erkennt man, daß das Beugungsbild in der (u, v)-Ebene um so größer wird, je größer die Brennweite der verwendeten Linse ist. Aus dem gleichen Grunde verwendet man zur Darstellung des Ringsystems am Ausgang eines Fabry–Perot–Interferometers langbrennweitige Linsen oder Objektive ($f_B = 1\,\mathrm{m}$ oder $2\,\mathrm{m}$).

9.3 Optische Fourierspektren

Im folgenden wollen wir einige einfache Beispiele für die optische Fouriertransformation, wie sie etwa von einer Linse im $2f$–Aufbau geleistet wird, betrachten. Hat man den Zusammenhang der Objektverteilung mit der Fouriertransformierten in den Beispielen verstanden, so lassen sich oft auch die wesentlichen Strukturen der Beugungsbilder komplexerer Vorlagen intuitiv erfassen.

9.3.1 Punktlichtquelle

Eine Punktlichtquelle bei den Koordinaten (x_0, y_0) in der Ebene $z = 0$ wird in ihrer Intensitätsverteilung durch eine zweidimensionale Diracsche Deltafunktion beschrieben. Wir schreiben sie als ein Produkt zweier eindimensionaler Deltafunktionen und können dann formal integrieren:

$$E(x, y) \;=\; E_0\,\delta(x - x_0)\,\delta(y - y_0), \tag{9.29}$$

$$\mathcal{F}[E(x, y)] \;=\; \int\limits_{-\infty}^{+\infty}\int\limits_{-\infty}^{+\infty} E_0\,\delta(x - x_0)\,\delta(y - y_0)\,e^{-2\pi i(v_x x + v_y y)}\,dx\,dy$$

$$\;=\; E_0 e^{-2\pi i(v_x x_0 + v_y y_0)}. \tag{9.30}$$

Die Fouriertransformierte einer Punktlichtquelle in der hinteren Brennebene eines $2f$–Aufbaus entspricht also der Feldverteilung einer ebenen Welle (siehe Abb. 9.5). Befindet sich die Punktlichtquelle auf der optischen Achse ($x_0 = y_0 = 0$), so läuft die Welle in Richtung der optischen Achse; für $x_0 \neq 0$, $y_0 \neq 0$ bildet die Ausbreitungsrichtung mit der optischen Achse die Winkel $\alpha \approx x_0/f_B$ und $\beta \approx y_0/f_B$. Das Leistungsspektrum ist in beiden Fällen konstant, $|\mathcal{F}[E(x, y)]|^2 = |E_0|^2$, d.h. die hintere Brennebene wird gleichmäßig ausgeleuchtet.

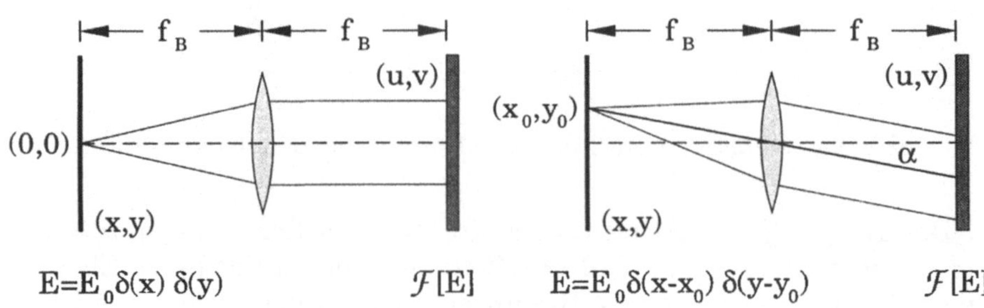

Abb. 9.5. Zum Spektrum einer Punktlichtquelle.

9.3.2 Ebene Welle

Eine ebene, sich in Richtung der optischen Achse ausbreitende Welle hat in der Ebene $z = 0$ eine konstante Amplitude. Das Fourierintegral entspricht daher, bis auf einen Faktor, gerade der zweidimensionalen Deltafunktion:

$$E(x, y) = E_0, \tag{9.31}$$

$$\mathcal{F}[E(x, y)] = \int_{-\infty}^{+\infty}\int_{-\infty}^{+\infty} E_0 e^{-2\pi i(v_x x + v_y y)} dx\, dy$$

$$= E_0 \delta(v_x)\delta(v_y). \tag{9.32}$$

Es erscheint also in der hinteren Brennebene ein Punkt bei $(v_x, v_y) = (0, 0)$ bzw. bei $(u, v) = (0, 0)$. Dies ist in Abb. 9.6 dargestellt.

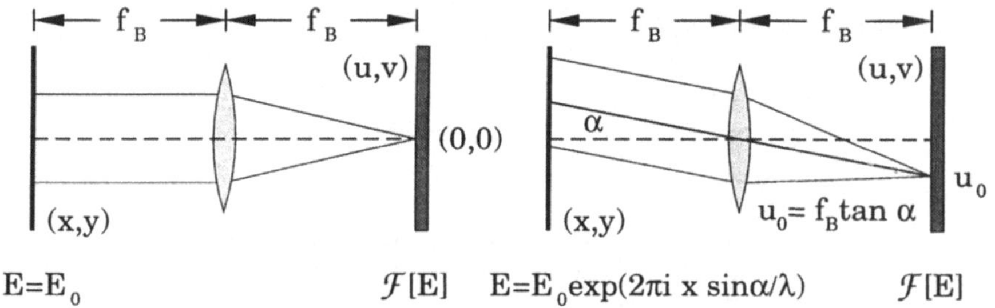

Abb. 9.6. Spektren von ebenen Wellen.

Für eine unter den Winkeln α bzw. β einfallende ebene Welle enthält der Feldstärkeverlauf in der Objektebene $z = 0$ noch einen ortsabhängigen Phasenfaktor. Im Fourierspektrum führt er zu einer Verschiebung des Fokuspunktes:

$$E(x, y) = E_0 e^{\frac{2\pi i}{\lambda}(x \sin \alpha + y \sin \beta)}, \tag{9.33}$$

$$\mathcal{F}[E(x, y)] = \int_{-\infty}^{+\infty}\int_{-\infty}^{+\infty} E_0 e^{\frac{2\pi i}{\lambda}(x \sin \alpha + y \sin \beta)} e^{-2\pi i(v_x x + v_y y)} dx\, dy$$

$$= E_0 \int_{-\infty}^{+\infty} e^{-2\pi i(v_x - \frac{\sin \alpha}{\lambda})x} dx \int_{-\infty}^{+\infty} e^{-2\pi i(v_y - \frac{\sin \beta}{\lambda})y} dy$$

$$= E_0 \delta(v_x - \frac{\sin \alpha}{\lambda})\delta(v_y - \frac{\sin \beta}{\lambda}). \tag{9.34}$$

Es erscheint in der hinteren Brennebene ebenfalls ein Punkt, jedoch bei den Raumfrequenzen $(v_x, v_y) = (\sin \alpha/\lambda, \sin \beta/\lambda)$. Das entspricht den Koordinaten $u_0 = f_B \sin \alpha \approx \alpha f_B$ und $v_0 = f_B \sin \beta = \beta f_B$ (siehe Abb. 9.6)

9.3.3 Unendlich langer Spalt

Spalte finden oft in optischen Apparaten, z.B. in Spektrographen, als Blenden Verwendung. Wir betrachten zunächst als Idealisierung einen unendlich dünnen, unendlich langen Spalt. Er werde von einer senkrecht einfallenden, ebenen, monofrequenten Welle beleuchtet, d.h. er wirke als kohärente Linienquelle:

$$E(x, y) \;=\; E_0 \delta(x), \tag{9.35}$$

$$\mathcal{F}[E(x,y)] \;=\; E_0 \int\limits_{-\infty}^{+\infty} \int\limits_{-\infty}^{+\infty} \delta(x) e^{-2\pi i(v_x x + v_y y)} dx\, dy$$

$$\;=\; E_0 \int\limits_{-\infty}^{+\infty} e^{-2\pi i v_y y} dy = E_0 \delta(v_y). \tag{9.36}$$

Das bedeutet, daß der Spalt in einen Spalt abgebildet wird, der um 90° gedreht ist (siehe Abb. 9.7).

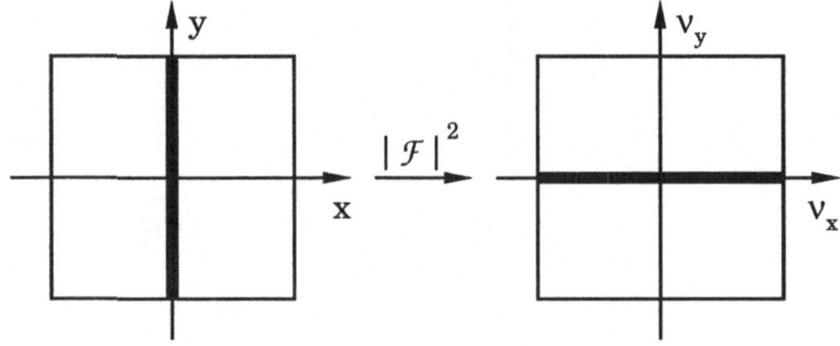

Abb. 9.7. Unendlich langer und dünner Spalt (Linienquelle) und sein Spektrum.

Ein unendlich langer Spalt mit der endlichen Breite a, beleuchtet wie im vorigen Beispiel, wird in seiner Feldverteilung senkrecht zur Spaltrichtung durch die Rechteckfunktion rect beschrieben:

$$E(x, y) \;=\; \mathrm{rect}\left(\frac{x}{a}\right) = E_0 \begin{cases} 1 & \text{für} \quad |x| < a/2, \\ 0 & \text{sonst,} \end{cases} \tag{9.37}$$

$$\mathcal{F}[E(x,y)] \;=\; E_0 \int\limits_{-\infty}^{+\infty} \int\limits_{-a/2}^{+a/2} e^{-2\pi i(v_x x + v_y y)} dx\, dy$$

$$\;=\; E_0 \int\limits_{-\infty}^{+\infty} e^{-2\pi i v_y y} dy \int\limits_{-a/2}^{+a/2} e^{-2\pi i v_x x} dx$$

$$\;=\; E_0 \delta(v_y) \frac{1}{-2\pi i v_x} \left(e^{-2\pi i v_x a/2} - e^{2\pi i v_x a/2} \right)$$

$$\;=\; E_0 \delta(v_y) \frac{\sin(\pi v_x a)}{\pi v_x} = E_0 a\, \delta(v_y)\mathrm{sinc}(a v_x), \tag{9.38}$$

mit der Definition der sinc–Funktion

$$\text{sinc}(x) = \frac{\sin \pi x}{\pi x}. \tag{9.39}$$

Auch hier erhält man in v_y–Richtung praktisch keine Ausdehnung des Spektrums. In v_x–Richtung ist die Intensität mit dem Quadrat der sinc–Funktion, der sogenannten Spaltfunktion, moduliert (siehe Abb. 9.8). Abbildung 9.9 zeigt zwei experimentell angefertigte Spektren eines lan-

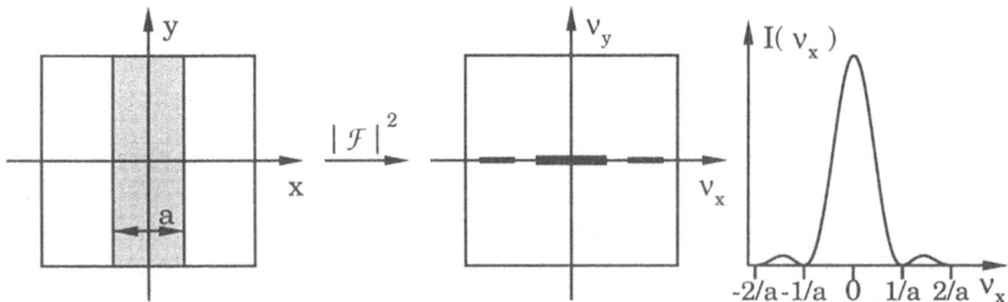

Abb. 9.8. Unendlich langer, endlich breiter Spalt und sein Leistungsspektrum.

gen Spaltes mit unterschiedlicher Breite a. Benutzt man im Experiment einen variablen Spalt, der durch Drehen einer Mikrometerschraube in der Breite verändert werden kann, so kann man unmittelbar das Sich–Verbreitern des zentralen Maximums des Spektrums mit abnehmender Spaltbreite erleben. Je breiter der Spalt (d.h. je größer a), desto näher liegen die Maxima im Spektrum beieinander. Die Nullstellen der sinc–Funktion findet man bei $\dots - 2/a, -1/a, 1/a, 2/a \dots$.

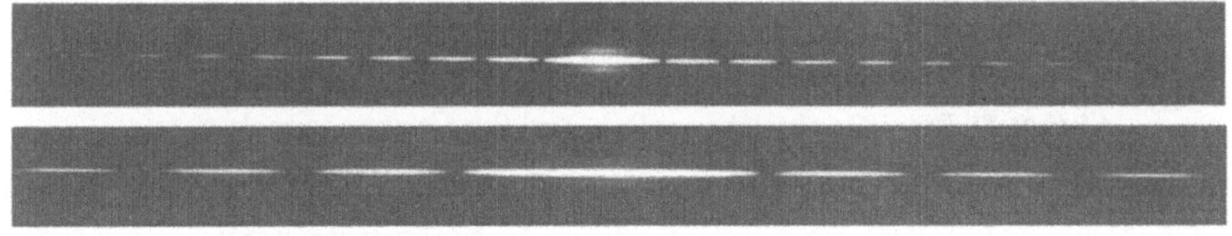

Abb. 9.9. Zwei experimentell angefertigte Spektren eines langen Spaltes mit unterschiedlicher Breite a.

Es ist leicht einzusehen, daß auch in v_y–Richtung eine Modulation mit der sinc–Funktion auftritt, wenn der Spalt in y–Richtung eine endliche Ausdehnung b hat (Rechtecklochblende). In Abb. 9.10 ist das Beugungsbild einer Rechtecklochblende, das mit Hilfe eines He–Ne Lasers angefertigt wurde, dargestellt. Man erkennt die Modulation der Intensität in v_x– und v_y–Richtung.

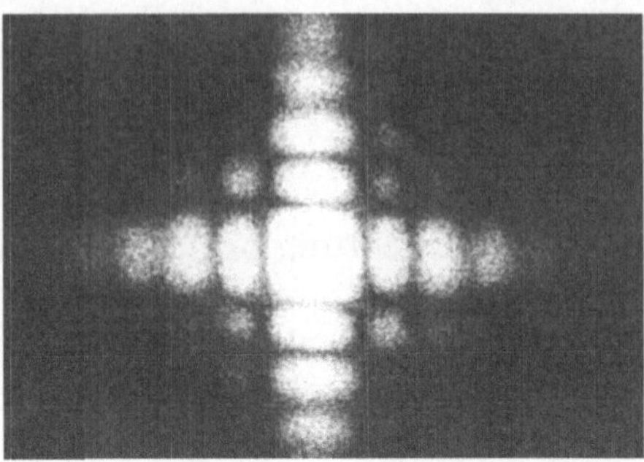

Abb. 9.10. Beugungsbild einer Rechtecklochblende.

9.3.4 Zwei Punktlichtquellen

Wir hatten bereits in Abschnitt 4.2 die Überlagerung monofrequenter Kugelwellen, die von zwei Punktlichquellen stammen, betrachtet. Mit dem Formalismus der Fouriertransformation läßt sich das in erster Näherung entstehende Fernfeldbeugungsbild elegant und einfach berechnen.

Die beiden Punktlichtquellen mögen auf der x–Achse liegen, symmetrisch zum Ursprung mit dem gegenseitigen Abstand $2x_0$ (Abb. 9.11).

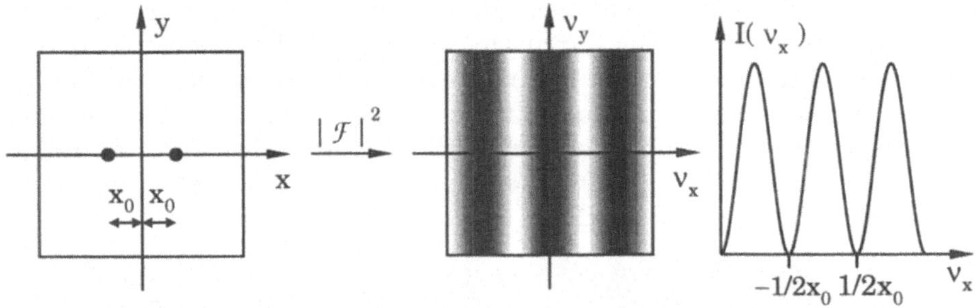

Abb. 9.11. Zwei Punktlichtquellen und ihr Leistungsspektrum.

Die Vorlage hat dann die elektrische Feldstärkeverteilung

$$E(x, y) = E_0 \delta(y)(\delta(x - x_0) + \delta(x + x_0)), \tag{9.40}$$

wobei die zweidimensionalen Deltafunktionen wieder formal als Produkt eindimensionaler Deltafunktionen geschrieben wurden. Das Spektrum oder Fernfeldbeugungsbild ergibt sich dann unter Verwendung von (9.30) zu

$$\mathcal{F}[E(x, y)] = e^{-2\pi i v_x x_0} + e^{2\pi i v_x x_0} = 2 \cos(2\pi v_x x_0). \tag{9.41}$$

Das Amplitudenspektrum hat in v_x eine cosinusförmige Modulation mit einer räumlichen Periode von $1/x_0$, in v_y–Richtung ist die Amplitude konstant. Die Intensität des Beugungsbildes, also das Leistungsspektrum der Eingangsfeldverteilung, entspricht einem Kosinus-Gitter:

$$|\mathcal{F}[E]|^2 = 4\cos^2(2\pi v_x x_0) = 2(1 + \cos 4\pi v_x x_0). \qquad (9.42)$$

Sein Streifenabstand beträgt $\Delta v_x = 1/2x_0$, hat sich also gegenüber der Periode des Amplitudenspektrums durch die Bildung der Intensität halbiert.

9.3.5 Kosinus–Gitter

Im vorigen Beispiel haben wir als Intensitätsverteilung im Spektrum zweier Punktlichtquellen ein Kosinus–Gitter erhalten. Wir können dieses Spektrum auf einer Photoplatte aufnehmen, um sie dann als Vorlage in einem $2f$–Aufbau zu verwenden. Wenn wir das aufgenommene Kosinus–Gitter mit einer ebenen Welle durchleuchten und optisch fouriertransformieren, erhalten wir dann die beiden Punktlichtquellen zurück?

Das Kosinus–Gitter, das die Gitterkonstante d haben möge, hat die Transmissionsverteilung

$$\tau(x, y) = \cos^2 \pi \frac{x}{d} = \frac{1}{2} + \frac{1}{2} \cos \frac{2\pi x}{d} = \frac{1}{2} + \frac{1}{4} e^{2\pi i x/d} + \frac{1}{4} e^{-2\pi i x/d}. \qquad (9.43)$$

Nach Durchstrahlung mit einer ebenen, monofrequenten Welle ergibt sich eine ebensolche Feldstärkeverteilung:

$$E(x, y) = E_0 \tau(x, y) = E_0 \left(\frac{1}{2} + \frac{1}{4} e^{2\pi i x/d} + \frac{1}{4} e^{-2\pi i x/d} \right). \qquad (9.44)$$

Das Spektrum erhält man dann leicht aus der Kenntnis der Fouriertransformation ebener Wellen (siehe (9.32) und (9.34)):

$$
\begin{aligned}
\mathcal{F}[E(x, y)] \;=\; & \frac{E_0}{2} \delta(v_y)\delta(v_x) && \text{0. Ordnung} \\[2mm]
+\; & \frac{E_0}{4} \delta(v_y)\delta\left(v_x - \frac{1}{d}\right) && \text{1. Ordnung} \\[2mm]
+\; & \frac{E_0}{4} \delta(v_y)\delta\left(v_x + \frac{1}{d}\right) && \text{-1. Ordnung} \qquad (9.45)
\end{aligned}
$$

Das Spektrum besteht also in der Fourierebene aus drei Punkten entlang der v_x–Achse mit dem Abstand $1/d$, dem Reziproken des Gitterabstandes. Der mittlere Punkt im Ursprung, die nullte Ordnung, hat dabei die doppelte Amplitude, verglichen mit den beiden anderen Punkten (Abb. 9.12). Beim Spektrum von zwei Punkten erhielten wir ein Kosinus–Gitter, das Spektrum des Kosinus–Gitters liefert aber drei Punkte. Warum? Dies liegt an der zwischengeschalteten Intensitätsbildung, die die Phaseninformation im Spektrum zerstört. Da eine negative Transmission bei einem passiven Gitter nicht möglich ist, hat das Kosinus–Gitter einen Gleichanteil.

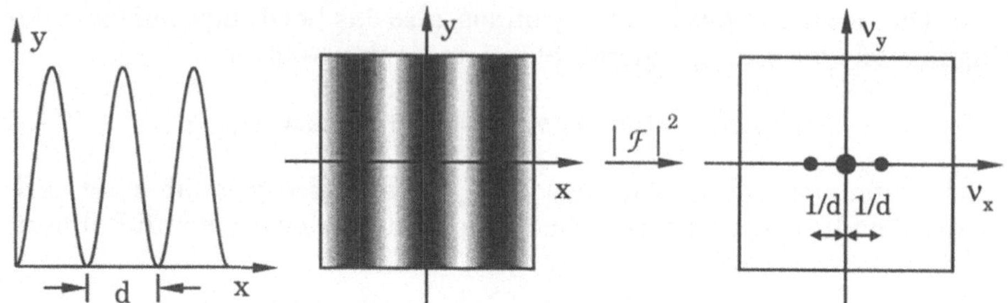

Abb. 9.12. Kosinus–Gitter und sein Spektrum.

Dieser führt zu nichtabgebeugtem Licht, das im Spektrum als Lichtpunkt im Ursprung erscheint.

Wir haben ein analoges Phänomen schon bei der Besprechung der stellaren Speckelinterferometrie kennengelernt. Dort wird die gemittelte Autokorrelationsfunktion stellarer Speckelbilder berechnet, die der Fouriertransformierten des räumlichen Leistungsspektrums des (gestörten) Objektbildes entspricht. Das heißt, auch in diesem Fall ist keine Phaseninformation über die Objektwelle mehr vorhanden, und bei der Bildrekonstruktion treten Mehrdeutigkeiten und Artefakte auf. Auf das gleiche Problem stößt man bei der Auswertung von Speckelgrammen etwa in der Strömungsmeßtechnik.

9.3.6 Lochblende

Ein Lochblende mit dem Radius a hat die Transmissionsverteilung

$$\tau(x, y) = \begin{cases} 1 & \text{für} \quad x^2 + y^2 \leq a^2, \\ 0 & \text{sonst,} \end{cases} \tag{9.46}$$

bzw. in Polarkoordinaten (r, Θ), die durch die Transformation $x = r \cos \Theta$, $y = r \sin \Theta$ mit den kartesischen Koordinaten x, y verbunden sind,

$$\tau(r, \Theta) = \tau(r) = \begin{cases} 1 & r \leq a, \\ 0 & \text{sonst.} \end{cases} \tag{9.47}$$

Daraus folgt $E(r, \Theta) = \tau(r)E_0$ und damit

$$\mathcal{F}[E](v_x, v_y) = E_0 \int\limits_0^{2\pi} d\Theta \int\limits_0^a r\, dr\, e^{-2\pi i(r \cos \Theta v_x + r \sin \Theta v_y)}. \tag{9.48}$$

Es erweist sich wegen der Rotationssymmetrie als zweckmäßig, auch die Spektralkoordinaten (v_x, v_y) in Polarkoordinaten zu überführen. Mit der Transformation $v_x = v \cos \varphi$, $v_y = v \sin \varphi$ erhält man

$$\mathcal{F}[E] = E_0 \int\limits_0^a r\,dr \int\limits_0^{2\pi} d\Theta\, e^{-2\pi i v r \cos(\Theta - \varphi)}. \tag{9.49}$$

Dabei wurde verwendet, daß $\cos(\Theta - \varphi) = \cos\Theta\cos\varphi + \sin\Theta\sin\varphi$ gilt. Die Substitution $\xi = \Theta - \varphi$ führt auf ein Integral über die Bessel–Funktion J_0. Diese ist definiert durch

$$J_0(s) = \frac{1}{2\pi} \int\limits_0^{2\pi} e^{is\cos\xi}d\xi = \frac{1}{2\pi} \int\limits_0^{2\pi} e^{is\sin\xi}d\xi. \tag{9.50}$$

Wir erhalten zunächst

$$\mathcal{F}[E](v,\varphi) = 2\pi E_0 \int\limits_0^a r J_0(-2\pi v r)dr. \tag{9.51}$$

Die Bessel–Funktion J_0 ist symmetrisch, d.h. $J_0(-s) = J_0(s)$, und hängt mit der Bessel–Funktion J_1 über

$$J_1(w) = \frac{1}{w} \int\limits_0^w s J_0(s)ds \tag{9.52}$$

zusammen. Damit ergibt sich schließlich für das Amplitudenspektrum einer Lochblende vom Radius a:

$$\mathcal{F}[E](v,\varphi) = \frac{E_0 a}{v} J_1(2\pi v a). \tag{9.53}$$

In den ursprünglichen Koordinaten (v_x, v_y) lautet dieser Ausdruck

$$\mathcal{F}[E](v_x, v_y) = \frac{E_0 a}{\sqrt{v_x^2 + v_y^2}} J_1\left(2\pi a \sqrt{v_x^2 + v_y^2}\right). \tag{9.54}$$

Die zugehörige Intensitätsverteilung heißt Airy–Profil (siehe Abb. 9.13).

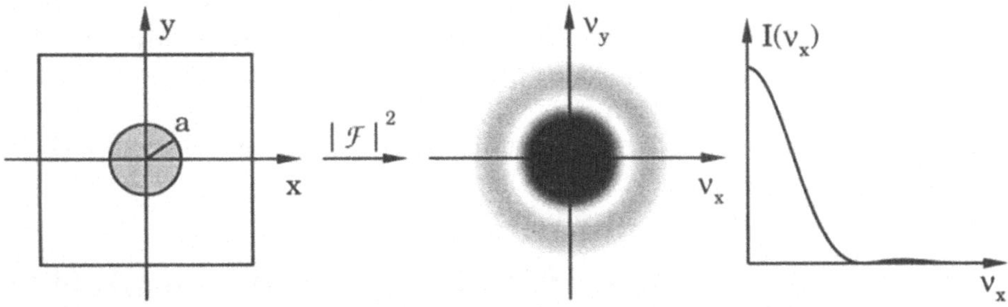

Abb. 9.13. Lochblende und ihr Spektrum (Airy–Profil oder Lochfunktion).

Die erste Nullstelle in radialer Richtung liegt bei

$$v_1 = \left(\sqrt{v_x^2 + v_y^2}\right)_1 = \frac{1.22}{2a}. \qquad (9.55)$$

Da die strahlbegrenzenden Blenden in optischen Geräten meist Kreisform haben, tritt das Airy–Profil als Beugungsstruktur ("Beugungsscheibchen") bei der beugungsbegrenzten Abbildung, z. B. in Teleskopen oder Mikroskopen, häufig in Erscheinung. Das Auflösungsvermögen dieser optischen Instrumente ist über den Durchmesser der entstehenden Airy–Scheibchen definiert (siehe z.B. [9.1]). Abbildung 9.14 zeigt zwei Airy–Scheibchen und den weiteren Verlauf des Spektrums, wie sie im Experiment an zwei verschieden großen Lochblenden erhalten wurden. Die wahren Intensitätsrelationen zwischen den Ringen können wegen der fehlenden Dynamik an Graustufen auf dem Papier nicht-wiedergegeben werden.

Abb. 9.14. Airyscheibchen als Beugungsbild einer Lochblende.

9.3.7 Zusammengesetzte beugende Strukturen

In den betrachteten Beispielen beobachtet man einige stets wiederkehrende Beziehungen zwischen beugender Struktur und Spektrum. Zum Beispiel ergibt eine grobe Struktur in der Vorlage (ein breiter Spalt) eine feine Struktur im Beugungsbild (dicht beieinanderliegende Maxima der Spaltfunktion). Dies liegt an den allgemeinen Beziehungen, die für die Fouriertransformation gelten.

Die mathematischen Regeln der Fouriertransformation lassen sich in der Optik sehr anschaulich physikalisch deuten.

Die *Linearität* der Fouriertransformation,

$$\mathcal{F}[E_1(x, y) + E_2(x, y)](v_x, v_y) = \mathcal{F}[E_1(x, y)](v_x, v_y) + \mathcal{F}[E_2(x, y)](v_x, v_y), \qquad (9.56)$$

überträgt das Superpositionsprinzip für Lichtwellen auch auf das Amplitudenspektrum, d.h., die Fouriertransformation der Überlagerung zweier

Feldstärkeverteilungen ist die Überlagerung der Fouriertransformierten der Einzelverteilungen.

Der *Verschiebungssatz* der Fouriertransformation,

$$\mathcal{F}[E(x + \Delta x, y + \Delta y)](v_x, v_y) = e^{2\pi i(v_x \Delta x + v_y \Delta y)} \mathcal{F}[E(x, y)](v_x, v_y), \qquad (9.57)$$

besagt, daß bei einer Verschiebung der beugenden Struktur in $x-$ und $y-$ Richtung um Δx bzw. Δy nur eine lineare Phasenverschiebung eingeführt wird. Das Beugungsbild, d.h. die Intensität des Amplitudenspektrums, ändert sich dadurch nicht.

Der *Ähnlichkeitssatz* der Fouriertransformation,

$$\mathcal{F}[E(ax, by)](v_x, v_y) = \frac{1}{|a| \cdot |b|} \mathcal{F}[E(x, y)] \left(\frac{v_x}{a}, \frac{v_y}{b} \right), \qquad (9.58)$$

entspricht der Tatsache, daß eine Vergrößerung der Beugungsstruktur (z.B. die Verbreiterung eines Spaltes) in der Fourierebene eine entsprechende Verkleinerung des Beugungsmusters zur Folge hat. Umgekehrt vergrößert sich das Beugungsmuster bei Verkleinerung der Vorlage. Da kein Licht verloren geht, ändert sich die Helligkeit des Beugungsbildes entsprechend seiner Größe.

Die *Faltungssätze* der Fouriertransformation stellen ein besonders wertvolles Hilfsmittel dar, um die Fourierspektren zusammengesetzter Beugungsstrukturen zu verstehen. Läßt sich die Feldstärkeverteilung $E(x, y)$ als Produkt $E(x, y) = E_1(x, y)E_2(x, y)$ schreiben, so ergibt sich ihr Amplitudenspektrum als Faltung der Fouriertransformierten der Einzelverteilungen:

$$\mathcal{F}[E_1(x, y) \cdot E_2(x, y)](v_x, v_y) = \mathcal{F}[E_1(x, y)] * \mathcal{F}[E_2(x, y)]. \qquad (9.59)$$

Stellt sich umgekehrt die Eingangsverteilung als Faltung zweier Funktionen dar,

$$E(x, y) = (E_1 * E_2)(x, y) = \int\limits_{-\infty}^{+\infty} \int\limits_{-\infty}^{+\infty} E_1(\xi, \eta) E_2(x - \xi, y - \eta) \, d\xi \, d\eta, \qquad (9.60)$$

so ergibt sich für die Amplitude im Fernfeldbeugungsbild das Produkt der einzelnen Fouriertransformierten:

$$\mathcal{F}[(E_1 * E_2)(x, y)](v_x, v_y) = \mathcal{F}[E_1(x, y)](v_x, v_y) \cdot \mathcal{F}[E_2(x, y)](v_x, v_y). \qquad (9.61)$$

Mit diesen Beziehungen läßt sich z.B. die Beugungsfigur eines Rechteckgitters, d.h. eines Gitters von M Spalten der Breite a mit dem Spaltabstand d $(> a)$ in $x-$Richtung, leicht berechnen (Abb. 9.15). Die Feldstärkeverteilung hinter dem Gitter bei Beleuchtung mit einer senkrecht einfallenden, ebenen, monofrequenten Welle kann in der Form

$$E(x, y) = E_0 \sum_{m=1}^{M} \text{rect} \left(\frac{x}{a} - \frac{md}{a} \right) = E_0 \left[\sum_{m=1}^{M} \delta(x - md) \right] * \text{rect} \frac{x}{a} \qquad (9.62)$$

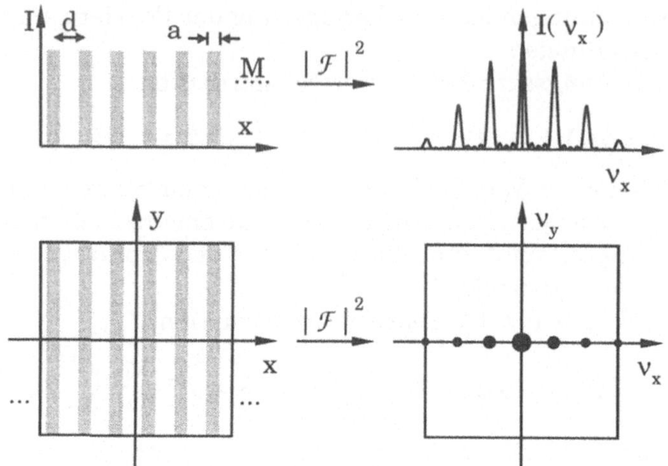

Abb. 9.15. Gitter aus M Spalten und sein Spektrum.

geschrieben werden. Unter Ausnutzung der Linearität und mit Hilfe des Faltungs– und Verschiebungssatzes ergibt sich:

$$\mathcal{F}[E] = E_0 \delta(v_y) \frac{\sin(\pi a v_x)}{\pi v_x} \sum_{m=1}^{M} e^{-2\pi i m d v_x}$$

$$= E_0 \delta(v_y) a \; \mathrm{sinc}(a v_x) e^{-\pi i d v_x (M+1)} \frac{\sin(\pi M d v_x)}{\sin(\pi d v_x)}. \qquad (9.63)$$

Bildet man die Intensität, so fällt der Phasenfaktor $\exp(-\pi i d v_x (M+1))$ heraus:

$$I(v_x, v_y) = |E_0|^2 \delta(v_y) a^2 \mathrm{sinc}^2(a v_x) \frac{\sin^2(\pi M d v_x)}{\sin^2(\pi d v_x)}. \qquad (9.64)$$

Bei der Betrachtung des Beugungsbildes eines solchen Gitters (siehe Abb. 9.15) läßt sich die Wirkung der einzelnen Komponenten des Objektes erkennen: Die grobe Struktur, proportional zu $a^2 \, \mathrm{sinc}^2(a v_x)$, wird durch den einzelnen Spalt bestimmt, die ihm zugeordnete Spaltfunktion bildet die Einhüllende des Beugungsmusters. Die periodische Wiederholung der Spalte macht sich hingegen in einer feineren, periodischen Strukturierung (proportional zu $\sin^2(\pi M d v_x)/\sin^2(\pi d v_x)$) des Spektrums bemerkbar, wobei die feine Strukturierung durch die Gittergröße Md bestimmt wird.

Als Beispiel für das Spektrum eines zusammengesetzten Systems sind in Abb. 9.16 ein Wabenmuster und sein Spektrum gezeigt. Das sechseckige Grundmuster führt in seiner Wiederholung zu einem aus Punkten bestehenden Spektrum mit der entsprechenden Symmetrie.

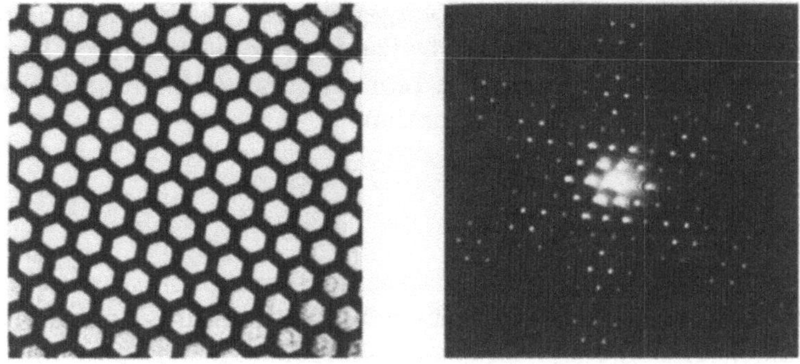

Abb. 9.16. Wabenmuster und sein Beugungsbild.

9.4 Kohärente optische Filterung

Analog zur Filterung von Zeitsignalen durch Eingriffe in das Spektrum
kann auch eine zweidimensionale ebene Vorlage durch Eingriffe in das
Spektrum, d.h. hier in der Spektralebene, gefiltert werden. Solche Filte-
rungen werden zur Bildverbesserung, Phasensichtbarmachung und Mustererkennung eingesetzt. Um das gefilterte Bild sichtbar zu machen, muß
das modifizierte Spektrum noch geeignet transformiert werden. Die passende Operation wäre die inverse Fouriertransformation. Diese ist aber
durch Beugung nicht zu verwirklichen. Aber auch die Fouriertransformation, wie sie eine Linse liefert, kann verwendet werden. Dies führt zum
sogenannten $4f$–Aufbau (Abb. 9.17).

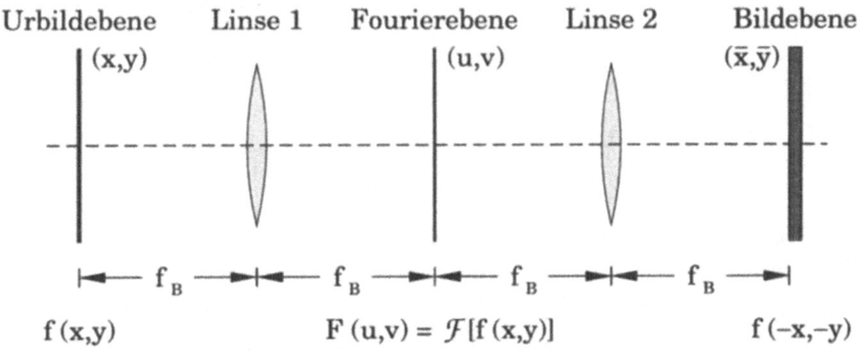

Abb. 9.17. Der 4f–Aufbau.

Das Spektrum des Urbildes $f(x, y)$ wird durch die Linse 1 in der Fourierebene als $F(u, v) = \mathcal{F}[f(x, y)]$ erzeugt. Dort kann z.B. durch Ausblenden bestimmter Raumfrequenzanteile das Spektrum verändert werden.
Es entsteht eine Feldverteilung $F'(u, v)$. Die Linse 2 erzeugt dann ein
gegenüber dem Urbild verändertes Feld in der $(\bar{x}, \bar{y})$–Ebene: $f'(\bar{x}, \bar{y}) =$

$\mathcal{F}[F'(u, v)]$. Wird keine Filterung vorgenommen, erhält man das Urbild wieder; es steht nur auf dem Kopf. Davon kann man sich durch Verfolgung von Abbildungsstrahlen durch den Linsenaufbau oder durch Berechnung der zweimaligen Fouriertransformation

$$\mathcal{F}[\mathcal{F}[f(x, y)]] = f(-x, -y) \tag{9.65}$$

überzeugen.

Wie bei der Filterung eindimensionaler Signale, z.B. von elektrischen Schwingungen, besteht die einfachste Möglichkeit der Manipulation des Spektrums im Ausblenden von Frequenzbereichen. Dies geschieht z.B. im optischen Tiefpaß bzw. Hochpaß.

9.4.1 Tiefpaß – Raumfrequenzfilter

Jedes optische System stellt durch seine begrenzte Apertur einen Tiefpaß dar: die hohen Raumfrequenzen werden ausgeblendet. Der Extremfall ist gegeben durch eine Punktlochblende (englisch: pinhole) mit der Aperturfunktion:

$$\tau(x, y) = \left\{ \begin{array}{ll} 1 & \text{für } (x, y) = (0, 0), \\ 0 & \text{sonst.} \end{array} \right. \tag{9.66}$$

In Abb. 9.18 ist eine praktische Anwendung, das uns schon aus der Holographie bekannte *Raumfrequenzfilter*, dargestellt. Ein einfallendes Laser-

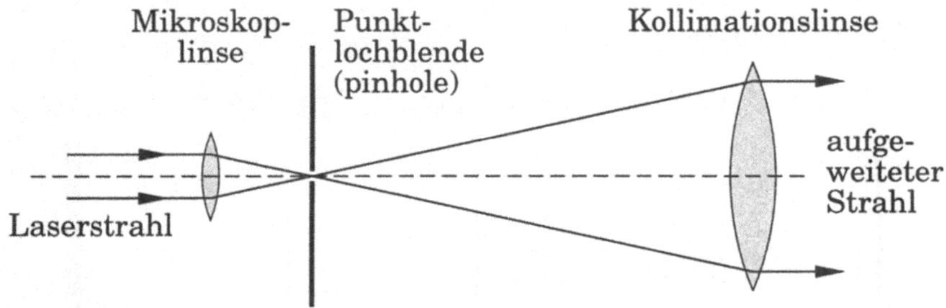

Abb. 9.18. Raumfrequenzfilter mit Punktlochblende zur Tiefpaßfilterung und Kollimationslinse zur Aufweitung eines einfallenden Laserstrahls.

lichtbündel wird durch die Mikroskoplinse auf die Lochblende fokussiert. In der Fokusebene (Fourierebene) liegt dann das gefilterte Amplitudenspektrum

$$F'(v_x, v_y) = E_0 \delta(v_x, v_y) \quad \text{bzw.} \quad F'(u, v) = E_0 \delta(u, v) \tag{9.67}$$

vor. Nur die nullte Beugungsordnung wird durchgelassen. Die zweite Linse transformiert den Lichtpunkt wegen $\mathcal{F}[\delta] = 1$ in eine ebene Welle, unabhängig von dem Feld in der Eingangsebene. Die Raumfrequenzen, die etwa durch Beugung an Verunreinigungen auf Linsen entstehen, werden ausgeblendet und somit Störungen der Wellenfront beseitigt.

Die zweite Linse (Kollimationslinse) dient gleichzeitig zur Strahlaufweitung. Der Strahldurchmesser wächst dabei proportional zur Brennweite der Kollimationslinse.

9.4.2 Hochpaß – Dunkelfeldverfahren

Hierbei wird in der Spektralebene ein Scheibchen zur Abdeckung aller Frequenzen unterhalb einer Grenzfrequenz eingesetzt. Dadurch werden Kanten im Bild hervorgehoben. Durch den Verlust des Gleichanteils wird das Bild üblicherweise jedoch sehr dunkel. In der Mikroskopie wird diese Art der Filterung als *Dunkelfeldverfahren* bezeichnet. Dabei blendet man praktisch nur die nullte Ordnung aus.

Zunächst soll die Wirkung der Hochpaßfilterung an einem Amplitudenobjekt, dem bereits diskutierten Kosinus–Gitter, gezeigt werden. Die Feldverteilung des Gitters in der Objektebene lautet gemäß (9.44) mit $E_0 = 1$:

$$E(x, y) = \cos^2(\pi\frac{x}{d}) = \frac{1}{2} + \frac{1}{2}\cos(2\pi\frac{x}{d}). \tag{9.68}$$

In der Spektralebene gilt für die Feldverteilung (siehe (9.45))

$$\mathcal{F}[E(x, y)] = \delta(v_y)\left(\frac{1}{2}\delta(v_x) + \frac{1}{4}\delta(v_x - \frac{1}{d}) + \frac{1}{4}\delta(v_x + \frac{1}{d})\right). \tag{9.69}$$

Wird im Spektrum, wie in Abb. 9.19 gezeigt, durch den Hochpaß die nullte Ordnung ausgeblendet, so ergibt sich das modifizierte Spektrum

$$\mathcal{F}_{Hp}[E] = \delta(v_y)\frac{1}{4}\left(\delta(v_x - \frac{1}{d}) + \delta(v_x + \frac{1}{d})\right). \tag{9.70}$$

Durch erneute Fouriertransformation erhält man die Feldverteilung des gefilterten Bildes. Diese Fouriertransformation haben wir bereits früher bei der Berechnung des Spektrums zweier Punktlichtquellen kennengelernt (siehe (9.41)), so daß wir das Ergebnis mit $x_0 = 1/d$ gleich hinschreiben können,

$$\mathcal{F}[\mathcal{F}_{Hp}[E]] = \frac{1}{4}2\cos\left(2\pi\frac{x}{d}\right) = \frac{1}{2}\cos\left(\pi\frac{x}{d/2}\right). \tag{9.71}$$

Man erkennt, daß nach der Hochpaßfilterung das Objekt eine doppelt so feine Struktur erhalten, sich also wesentlich geändert hat (Abb. 9.19). Das Beispiel zeigt, daß Filteroperationen mitunter unerwartete Effekte haben können.

Mit Hilfe der Hochpaßfilterung können dünne Phasenobjekte wie z.B. Dünnschnitte organischer Präparate, Luftströmungen, Wirbel und

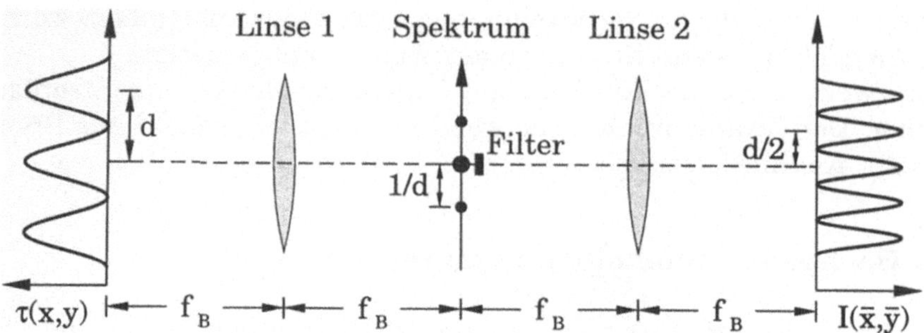

Abb. 9.19. Zur Filterung eines Kosinus–Gitters.

Stoßwellen in der Strömungsforschung, Fingerabdrücke, Materialspannungen an durchsichtigen Modellen, Wärmebewegungen, usw. sichtbar gemacht werden (Dunkelfeldverfahren). In diesen Objekten entsteht beim Lichtdurchgang lediglich eine räumliche Phasenstruktur, bedingt durch einen räumlich variierenden Brechungsindex. Ohne Filterung bleiben diese Phasenstrukturen unsichtbar, da sich eine Phasenänderung bei der Intensitätsbildung nicht bemerkbar macht. Die Feldverteilung von Phasenobjekten wird gegeben durch

$$E(x, y) \sim \tau(x, y) = ae^{i\varphi(x,y)} \qquad (a = \text{const}). \tag{9.72}$$

Die Funktion $\varphi(x, y)$ beschreibt dabei die Phasenstruktur des Objektes. Die Intensität der Feldverteilung ist überall gleich groß,

$$I(x, y) = E(x, y)E^*(x, y) \sim \tau(x, y)\tau^*(x, y) = |a|^2 = \text{const}. \tag{9.73}$$

Näherungsweise kann man für schwache Phasenobjekte ($|\varphi| \ll 2\pi$) die Exponentialfunktion entwickeln und schreiben

$$\tau(x, y) \approx a(1 + i\varphi(x, y)). \tag{9.74}$$

Für das Spektrum gilt dann wegen der Linearität der Fouriertransformation

$$\mathcal{F}[\tau] = a\,(\delta(v_x)\delta(v_y) + i\mathcal{F}[\varphi(x, y)])\,. \tag{9.75}$$

Das Ausblenden der nullten Ordnung führt zum hochpaßgefilterten Spektrum

$$\mathcal{F}_{Hp}[E] = ia\mathcal{F}[\varphi(x, y)]. \tag{9.76}$$

Es enthält keinen Gleichanteil mehr. Durch Fouriertransformation findet man für das gefilterte Bild

$$\mathcal{F}[\mathcal{F}_{Hp}[E]] = ia\mathcal{F}[\mathcal{F}[\varphi(x, y)] = ia\varphi(-x, -y). \tag{9.77}$$

In der Intensitätsverteilung wird nun die Phasenstruktur φ sichtbar:

$$I = |\mathcal{F}[\mathcal{F}_{Hp}[E]]|^2 = a^2 \varphi^2(-x, -y). \tag{9.78}$$

Die Intensität hängt demnach quadratisch von der Phasenänderung ab. Ist die Phase konstant geblieben ($\varphi=0$), so ergibt sich auch $I = 0$. Man erhält also die sichtbar gemachte Phasenstruktur als helles Bild auf dunklem Grund, daher der Name Dunkelfeldverfahren.

9.4.3 Phasenfilter – Phasenkontrastverfahren

Bisher hatten wir stets sogenannte Amplitudenfilter betrachtet, die einen Teil des Spektrums ausblenden, einen anderen hindurchlassen. Reine Phasenobjekte lassen sich auch mit einem Filter sichtbar machen, das nur auf die Phase in einem geeigneten Teil des Spektrums wirkt. Für schwache Phasenobjekte hatten wir im letzten Abschnitt als Transmissionsfunktion gefunden:

$$\tau(x, y) = a(1 + i\varphi(x, y)). \tag{9.79}$$

In der Klammer ist der Gleichanteil rein reell, der veränderliche Phasenanteil rein imaginär. Wegen der Linearität der Fouriertransformation führt dies im Spektrum auf eine Phasenverschiebung des Gleichanteils um $\pi/2$ gegenüber den Anteilen mit Raumfrequenzen ungleich Null,

$$\mathcal{F}[\tau] = a \left(\delta(v_x)\delta(v_y) + i\mathcal{F}[\varphi(x, y)] \right). \tag{9.80}$$

Wenn man die nullte Ordnung ebenfalls um $\pi/2$ in der Phase verändern könnte, ergäbe sich bei weiterer Fouriertransformation eine Amplitudenmodulation, die im Gegensatz zu einer reinen Phasenmodulation sichtbar ist. Ein solches Filter kann man nun relativ leicht herstellen. Man braucht ein sogenanntes $\lambda/4$–Plättchen, das in die nullte Ordnung gebracht wird. Es dreht die Phase des Feldes im Ursprung der Raumfrequenzebene um $\pi/2$. In (9.80) wird daher der Gleichanteil mit $e^{i\pi/2} = i$ multipliziert, und man erhält das phasengefilterte Spektrum

$$\mathcal{F}_{Pf}[\tau] = ai \left(\delta(v_x)\delta(v_y) + \mathcal{F}[\varphi(x, y)] \right). \tag{9.81}$$

Die weitere Fouriertransformation des gefilterten Bildes liefert dann

$$\mathcal{F}[\mathcal{F}_{Pf}[\tau]] = a\,i\,(1 + \varphi(-x, -y)). \tag{9.82}$$

Für die Intensität ergibt sich jetzt

$$\begin{aligned}
I_{Pf} &= a^2 \left(1 + 2\varphi(-x, -y) + \varphi^2(-x, -y) \right) \\
&\approx a^2 \left(1 + 2\varphi(-x, -y) \right).
\end{aligned} \tag{9.83}$$

In der letzten Zeile wurde der Term φ^2 vernachlässigt, da eine schwache Phasenmodulation ($|\varphi| \ll 2\pi$) vorausgesetzt worden war.

Man erhält jetzt eine lineare Beziehung zwischen der Intensität I und der Phase φ und damit bei schwacher Phasenmodulation eine gesteigerte Empfindlichkeit gegenüber dem Dunkelfeldverfahren. Das eben beschriebene Verfahren heißt *Phasenkontrastverfahren* und wurde von *Frits Zernike* (1888–1966) entwickelt.

Das Verfahren läßt sich noch in mannigfacher Weise verbessern. Der Bildkontrast ist z.B. durch den Gleichanteil a^2 beeinträchtigt. Man kombiniert daher in der Praxis das Phasenkontrastverfahren mit einer Abschwächung der Amplitude der nullten Ordnung, d.h. des Gleichanteils, um einen Faktor b ($0 < b < 1$):

$$I_{Pf} = a^2 \left(b^2 + 2b\varphi(-x, -y) \right). \qquad (9.84)$$

Zwar wird durch diese Maßnahme auch die Intensität des Phasenbildes vermindert, jedoch verbessert sich der Kontrast.

9.4.4 Halbebenenfilter – Schlierenverfahren

Das Schlierenverfahren bietet ebenfalls die Möglichkeit, Phasenobjekte sichtbar zu machen [9.2]. Es wird dabei wieder ein Amplitudenfilter eingesetzt. Man blendet eine Halbebene des Raumfrequenzspektrums (z.B. durch eine Rasierklinge) aus, einschließlich der halben nullten Ordnung. Im so gefilterten Bild ist die Intensität näherungsweise proportional zum Gradienten der Phase, abhängig von der Lage der Halbebene:

$$I(-x, -y) \sim \left| \frac{\partial \varphi(x, y)}{\partial x} \right|. \qquad (9.85)$$

Dieses Verfahren nutzt die Tatsache aus, daß die gesamte Bildinformation bereits in einer Halbebene des Raumfrequenzspektrums vorhanden ist und macht die Phasenstruktur sichtbar, indem die zur gleichmäßigen Intensitätsverteilung führende Überlagerung beider Hälften des Spektrums verhindert wird.

9.4.5 Entrasterung

Beim Drucken eines Bildes ist es schwierig, Grautöne zu erzeugen. Dies geht leichter, wenn das Bild gerastert wird und die Grautöne durch verschieden große Punkte in den Rasterflächen dargestellt werden. Auch in der digitalen Bildverarbeitung kann man nicht kontinuierlich arbeiten, sondern das Bild wird in x– und y–Richtung abgetastet und in eine Matrix aus Bildpunkten, sogenannten Pixels, zerlegt.

Das Abtasttheorem, von dem bereits im Zusammenhang mit digitalen Hologrammen die Rede war, stellt nun eine Beziehung zwischen einem gerasterten und dem ursprünglichen Bild her. Es besagt, daß das ungerasterte Bild aus dem gerasterten Bild exakt rekonstruiert werden kann, wenn das Bild bandbegrenzt ist, d.h. Raumfrequenzen nur bis zu einer oberen Grenzfrequenz enthält, und der Abstand zwischen den abgetasteten Bildpunkten einen bestimmten, von der Grenzfrequenz abhängigen Wert nicht überschreitet.

Mathematisch läßt sich ein gerastertes Bild (z.B. ein Zeitungsbild) beschreiben durch:

$$g_S(x, y) = \text{comb}\frac{x}{a} \, \text{comb}\frac{y}{b} \, g(x, y). \tag{9.86}$$

Die Kammfunktion

$$\text{comb}\frac{x}{a} = \sum_{-\infty}^{+\infty} \delta(x - na) \tag{9.87}$$

beschreibt dabei die Abtastung, die Funktion $g(x, y)$ die kontinuierliche Amplitudenverteilung des nicht gerasterten Bildes. Der Pixelabstand in $x-$ bzw. $y-$Richtung wurde mit a bzw. b bezeichnet.

Das Spektrum von $g_S(x, y)$ ergibt sich dann aus dem Spektrum des kontinuierlichen Bildes, $G(v_x, v_y) = \mathcal{F}[g(x, y)](v_x, v_y)$, mit Hilfe des Faltungssatzes zu

$$\mathcal{F}[g_S(x, y)] = G_S(v_x v_y) = a \, \text{comb}(a v_x) b \, \text{comb}(b v_y) * G(v_x, v_y). \tag{9.88}$$

Dabei wurde verwendet, daß die Fouriertransformierte der Kammfunktion wieder eine Kammfunktion ist.

Die Fouriertransformation des gerasterten Bildes liefert also ein Gitter, das durch Wiederholung des Spektrums des ungerasterten Bildes an jedem Gitterpunkt entsteht. Die Umgebung jedes Gitterpunktes des Spektrums enthält die gesamte Bildinformation des ungerasterten Bildes. Daher müssen die Gitterpunkte in der Fourierebene so weit auseinanderliegen, daß sich die einzelnen, identischen Spektren nicht überlagern. Das bedeutet, daß die Abtastwerte in der (x, y)–Ebene sehr dicht liegen müssen, damit durch die Fouriertransformation die Gitterpunkte in der Spektralebene genügend weit auseinanderliegen. Filtert man nun die Umgebung eines Gitterpunktes aus dem Spektrum von $g_s(x, y)$ heraus, so erhält man durch Fouriertransformation das ungerasterte Bild. Diese Raumfrequenzfilterung kann als Multiplikation des Spektrums $G_S(v_x, v_y)$ mit einer Aperturfunktion (z.B. einer Lochblende) aufgefaßt werden. Als Spezialfall kann eine Lochblende mit geeignetem Durchmesser oder auch eine Rechteckblende mit geeigneten Abmessungen (Seitenlängen $\sim 1/a$ bzw. $\sim 1/b$) als Tiefpaß verwendet werden. Mathematisch formuliert erhalten wir

$$G_{SF}(v_x, v_y) = G_S(v_x, v_y) A(v_x, v_y) = g_S(-x, -y) * \mathcal{F}[A(v_x, v_y)], \tag{9.89}$$

also die Faltung des gerasterten Bildes mit der Fouriertransformierten der Aperturfunktion.

9.4.6 Experimenteller Aufbau zur Filterung

Ein experimenteller Aufbau zur Demonstration der Filterung mit den besprochenen Filtern ist in Abb. 9.20 angegeben. Der $4f$–Aufbau der

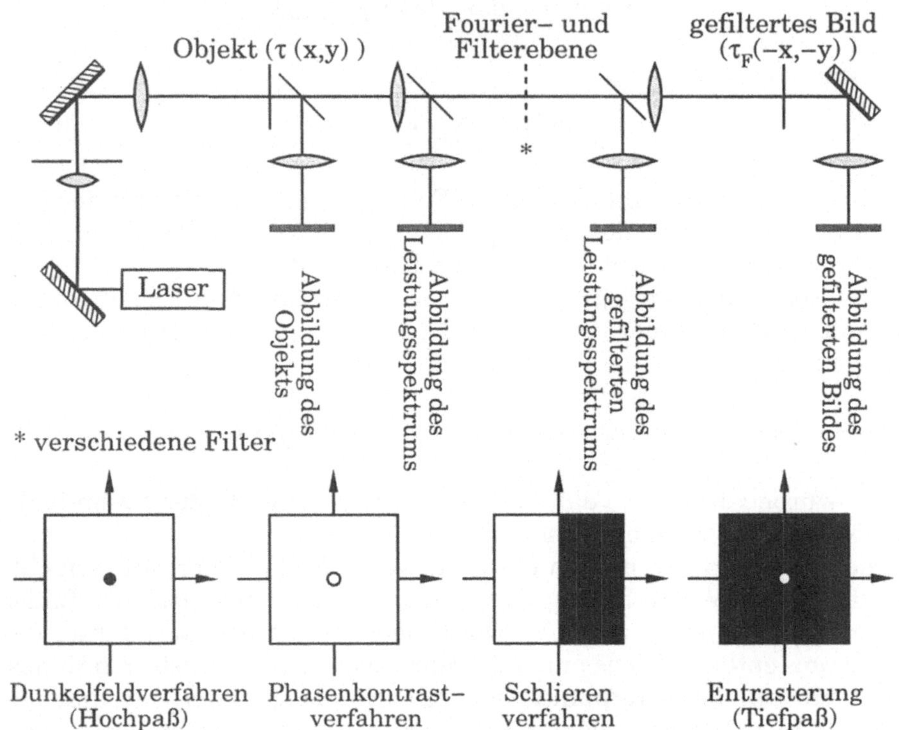

Abb. 9.20. Experimenteller Aufbau zur optischen Filterung.

Abb. 9.17 ist zur gleichzeitigen Sichtbarmachung von Urbild, Leistungsspektrum, gefiltertem Leistungsspektrum und gefiltertem Bild um eine Reihe von Komponenten erweitert. Insbesondere sind großflächige Strahlteiler in den Hauptstrahlengang eingefügt, um die verschiedenen Ebenen mit Objektiven auf einen Schirm abbilden zu können. Auf diese Weise kann im Experiment die Wirkung verschiedener optischer Filter unmittelbar anschaulich gemacht werden.

Abb. 9.21 zeigt ein Beispiel für die Wirkung eines Tiefpasses auf ein gerastertes Bild. Die obere Reihe zeigt die gerasterte Vorlage (links) und ihr Spektrum (rechts). In der unteren Reihe ist das gefilterte Spektrum (rechts) und das daraus gewonnene gefilterte Bild (links) zu sehen. Die Rasterpunkte verschwinden und man erhält ein echtes Graustufenbild.

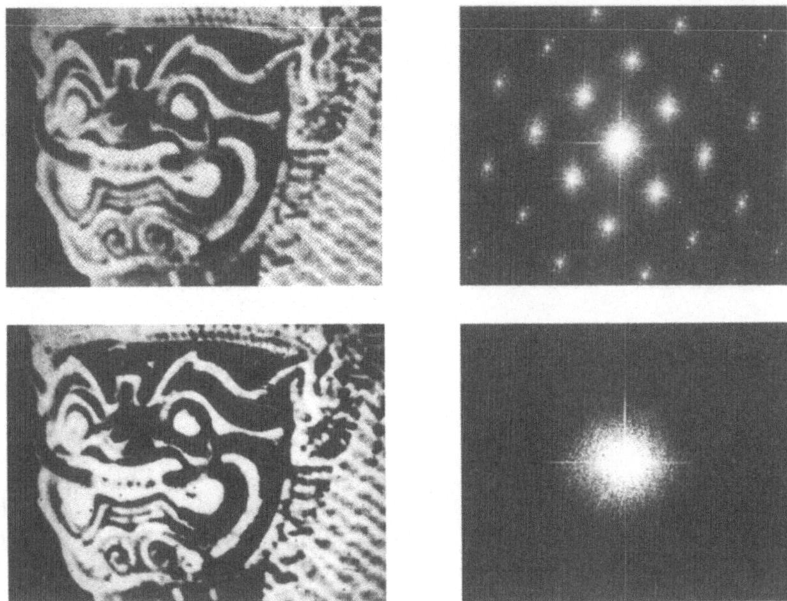

Abb. 9.21. Entrasterung eines Rasterbildes durch Tiefpaßfilterung.

9.4.7 Holographische Filter

Wir haben bisher Objektbilder in der Fourierebene durch Ausblenden gewisser Raumfrequenzanteile gefiltert. Dabei wurde, mit Ausnahme des Phasenkontrastverfahrens, nur die Amplitude der Lichtwelle auf einfache Weise (Durchlaß oder nicht) im Spektrum beeinflußt. Das allgemeinste Filter, ein komplexes Filter, würde Amplitude und Phase der Lichtwelle im Spektrum als Funktion von (v_x, v_y) bzw. (u, v) verändern. Ein solches Filter ist direkt nur schwer herzustellen. Als Hologramme sind solche Filter aber zu verwirklichen. Dabei wird das Spektrum eines Objektes holographisch aufgenommen und als komplexes Filter benutzt. Das so aufgenommene Hologramm heißt Fouriertransformationshologramm oder einfach Fourierhologramm.

Um das Spektrum $F(u, v)$ eines Objektes $f(x, y)$ holographisch aufzunehmen, kann ein $2f$–Aufbau verwendet werden (Abb. 9.22). Die Referenzwelle R sei eine ebene Welle. Sie kann auf einfache Weise durch Fouriertransformation einer Punktlichtquelle mit derselben Linse erzeugt werden. Für die Transmissionsverteilung der entwickelten Hologrammplatte ergibt sich dann

$$\tau(u, v) = a - bt_B(R + F)(R + F)^* = a - bt_B(RR^* + FF^* + R^*F + RF^*). \quad (9.90)$$

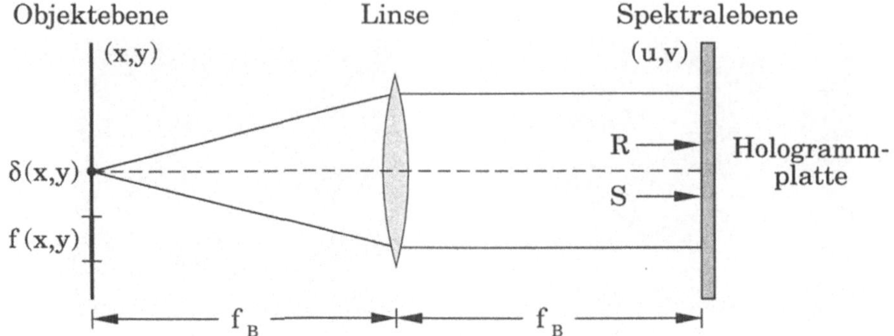

Abb. 9.22. $2f$–Aufbau zur Aufnahme eines Fourierhologramms. Die Objektverteilung f erzeugt die Signalwelle S, die Punktlichtquelle im Ursprung die Referenzwelle R.

Die Fouriertransformierte der Objektverteilung f wird wieder mit F bezeichnet. Wird das Hologramm mit derselben ebenen Referenzwelle R rekonstruiert, so treten wieder vier verschiedene Terme auf:

$$\tau \cdot R = (a - bt_B RR^*)R - bt_B(FF^*R + R^*FR + RF^*R). \tag{9.91}$$

Die anschließende Fouriertransformation liefert als Bild (siehe Abb. 9.23)

$$\mathcal{F}[\tau R] = (a - bt_B RR^*)\mathcal{F}[R] - bt_B\left(\mathcal{F}[FF^*R] + \mathcal{F}[RR^*F] + \mathcal{F}[R^2F^*]\right). \tag{9.92}$$

Mit folgenden Rechenregeln für Fouriertransformationen zweier Funktionen f und g läßt sich dieses Ergebnis weiterverarbeiten. Die Amplitudenspektren seien wie bisher mit den entsprechenden Großbuchstaben F und G bezeichnet, d.h. $\mathcal{F}[f] = F$ und $\mathcal{F}[g] = G$. Dann gilt

1. $\mathcal{F}[F] = f^{(-)}$.
   Das Minuszeichen soll ausdrücken, daß es sich um die Funktion $f(-x, -y)$ handelt, d.h. daß die Vorlage $f(x, y)$ auf dem Kopf stehend abgebildet wird.

2. $\mathcal{F}[F^*] = f^*$,
   d.h. die Komplexe Konjugation vertauscht mit der Operation Fouriertransformation.

3. $\mathcal{F}[F \cdot G] = \mathcal{F}[F] * \mathcal{F}[G] = (f * g)^{(-)}$,   Faltungssatz.

4. $\mathcal{F}[F \cdot G^*] = f^{(-)} * g^* = (f \otimes g)^{(-)}$,   Kreuzkorrelation.

5. $\mathcal{F}[F \cdot F^*] = f^{(-)} * f^* = (f \otimes f)^{(-)}$,   Autokorrelation.

6. $f \otimes g = f * (g^{(-)})^*$.
   Dies folgt aus der Definition der Kreuzkorrelation $f \otimes g$ und der Faltung $f * g$.

Unter Verwendung dieser Rechenregeln läßt sich für das Bild der folgende
Ausdruck ableiten:

$$\mathcal{F}[\tau \cdot R] = \text{const } \delta - bt_B \left((f \otimes f)^{(-)} + f^{(-)} + f^* \right). \tag{9.93}$$

Dabei entsprechen die Terme const δ bzw. $-bt_B(f \otimes f)^{(-)}$ der nullten Ordnung bzw. der verbreiterten nullten Ordnung, der Ausdruck $-bt_B f^{(-)}$ dem direkten Bild und der Ausdruck $-bt_B f^*$ dem konjugierten Bild. Alle Bilder sind reell und können auf einer Mattscheibe beobachtet werden (Abb. 9.23).

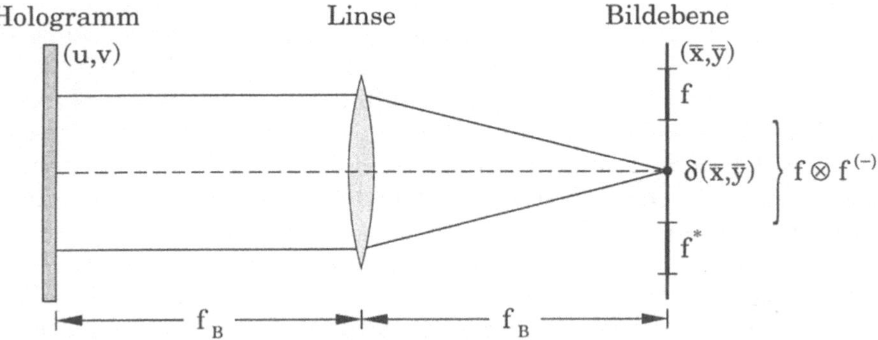

Abb. 9.23. Rekonstruktion des holographisch aufgenommenen, komplexen Spektrums mit anschließender Fouriertransformation.

9.4.8 Mustererkennung

Ein Fouriertransformationshologramm kann als holographisches Filter zur Mustererkennung eingesetzt werden. Dazu wird das Hologramm mit der Fouriertransformierten G eines Objektes g rekonstruiert:

$$\tau \cdot G = (a - bt_B RR^*)G - bt_B(FF^*G + R^*FG + RF^*G). \tag{9.94}$$

Durch Fouriertransformation erhält man das Bild

$$\begin{aligned}
\mathcal{F}[\tau \cdot G] &= (a - bt_B RR^*)\mathcal{F}[G] - bt_B(\mathcal{F}[FF^*G] + \mathcal{F}[R^*FG] + \mathcal{F}[RF^*G]) \\
&= \text{const } g^{(-)} - bt_B((f \otimes f * g)^{(-)} + (f * g)^{(-)} + (f \otimes g)^{(-)}). \tag{9.95}
\end{aligned}$$

Der erste Term, const $g^{(-)}$ (nullte Ordnung), beschreibt die Reproduktion der Vorlage $g(x, y)$ in der Bildebene. Der zweite Term, $-bt_B(f \otimes f * g)^{(-)}$, entspricht der verbreiterten nullten Ordnung. Der dritte Term, $-bt_B(f * g)^{(-)}$, früher das direkte Bild, stellt die Faltung von Rekonstruktionswelle g und Objektwelle f dar, während der vierte Term, $-bt_B(f \otimes g)(-)$, früher das konjugierte Bild, deren Kreuzkorrelation angibt. Abbildung 9.24 zeigt die Lage der durch die einzelnen Terme gegebenen Bilder bei der holographischen Filterung. Der vierte Term, die Kreuzkorrelation zwischen f und g, gibt ein Maß für die Ähnlichkeit dieser beiden Funktionen. Er kann daher zur Mustererkennung verwendet werden. Das in einer Vorlage g zu erkennende Muster f wird im Fouriertransformationshologramm eingespeichert. Ist das zum Kreuzkorrelationsterm gehörende Bild bei der Rekonstruktion hell, so gleichen sich Vorlage und Muster (Abb. 9.24). In Abb. 9.25 ist links das Fouriertransformationshologramm des Buchstabens **K** wiedergegeben. Es wurde mit der Anordnung der Abb. 9.22 aufgenommen. Es zeigt natürlich nur die grobe Struktur des Intensitätsspektrums von **K**, da das durch die Referenzwelle erzeugte feine Interferenzstreifenmuster nicht aufgelöst wird. Die Rekonstruktion der Bilder dieses Hologramms gemäß der Anordnung von Abb. 9.23 liefert die beiden spiegelsymmetrisch liegenden Bilder des Buchstabens **K**, die in der Abb. 9.25 rechts zu sehen sind. Wird dieses Filter für den Buchstaben **K** in die Filterebene (Fourierebene) der Abb. 9.24 eingesetzt, so können in einer Vorlage, z.B. einem Text, in der Objektebene ebensolche Buchstaben **K** erkannt werden. Als Vorlage wurde der Schriftzug **HOK6** verwendet und das gefilterte Bild, das in der Bildebene erscheint, photographiert. In Abb.9.26 sind drei unterschiedlich stark belichtete gefilterte Bilder des Schriftzugs wiedergegeben, um die extremen Intensitätsverhältnisse besser sichtbar zu machen. In der Mitte sind jeweils die Vorlage und die sie überlagernde verbreiterte nullte Ordnung zu sehen, rechts die Kreuzkorrelation zwischen **K** und **HOK6** und links die Faltung. Man erkennt an der obersten Bildstreifen an der Stelle der Kreuzkorrelation von **K** mit **HOK6**, die dort lokal eine Autokorrelation wird, einen hellen Punkt. Aber auch an der Stelle von **H** ergibt sich eine hohe Intensität und ist ein Punkt zu sehen. Dies liegt an der Ähnlichkeit von **H** mit **K**.

Die Mustererkennung durch holographische Filter sieht sehr verlockend aus, kann man doch offenbar blitzschnell die Faltung und Kor-

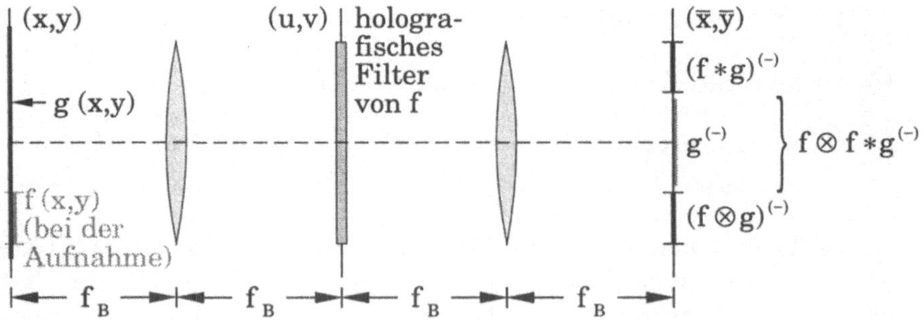

Abb. 9.24. Lage der Bilder bei der holographischen Filterung zur Mustererkennung.

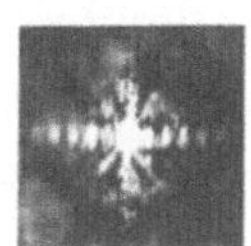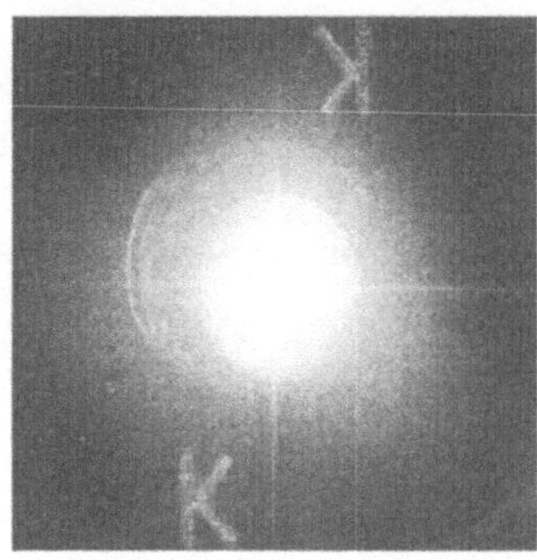

Abb. 9.25. Fouriertransformationshologramm des Buchstabens **K** (links) und Rekonstruktion der Bilder (rechts).

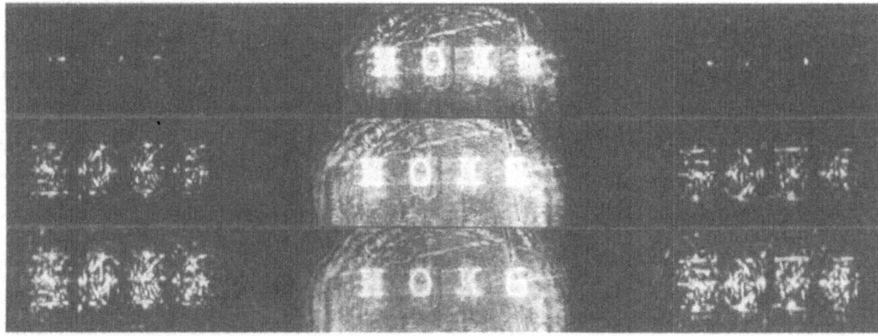

Abb. 9.26. Holographische Filterung zur Mustererkennung. Der Schriftzug **HOK6** wurde mit **K** gefiltert. Korrelation rechts, Filterung links.

relation von zweidimensionalen Funktionen berechnen. Seit 20 Jahren bemüht man sich aber vergebens, diese Möglichkeit auch wirklich auszunutzen. Das muß einen Grund haben. Der wichtigste Grund dürfte sein, daß die holographische Filterung extrem empfindlich ist. Bereits eine Verschiebung des Filters um nur Bruchteile einer Wellenlänge macht das Filter unbrauchbar. Auch wenn die Vorlage zur Filterung (Funktion g) gegenüber f nur geringfügig gedreht ist, funktioniert die Mustererkennung nicht mehr. Schwierigkeiten bereitet auch die meist hohe Intensität der nullten Ordnung, die Filmmaterial und Photodioden übersteuert. Auch die Aufnahme der Filter sowie die Ein– und Ausgabe der Vorlage bzw. des gefilterten Bildes bereiten Schwierigkeiten.

Übungsaufgaben

9.1. Berechnen Sie das Fernfeldbeugungsbild zweier Lochblenden mit Radius a und Abstand $b > 2a$, die von einer senkrecht einfallenden, ebenen, monofrequenten Welle beleuchtet werden.

9.2. Berechnen Sie das Fraunhofersche Beugungsbild einer Ringblende mit den Radien R_1 und $R_2 = R_1 + \Delta R$, $\Delta R \ll R_1$. Die Beleuchtung sei wie in Aufgabe 9.1. Hinweis: $dJ_1(z)/dz = J_0(z) - J_1(z)/z$.

9.3. Ein Laserstrahl ($\lambda = 514$ nm, Durchmesser $d_e = 3$ mm) fällt auf das Mikroskopobjektiv (Brennweite $f = 15$ mm) eines Raumfrequenzfilters. Wie groß sollte die als Filter wirkende Lochblende in der Brennebene des Objektivs gewählt werden? Der Strahl soll auf $d_a = 25$ mm aufgeweitet werden. Welche Brennweite hat die Kollimationslinse?

9.4. Eine Linse mit Brechungsindex n und Krümmungsradien r_1, r_2 liege in der Ebene $z = 0$, ihre optische Achse sei die z–Achse. Welche Transmissionsfunktion $\tau(x, y)$ hat die Linse? Zeigen Sie damit, daß die Feldverteilung in der hinteren Brennebene bis auf einen komplexen Phasenfaktor der Fouriertransformierten der Feldverteilung unmittelbar vor der Linse entspricht.

9.5. Wie man den Beispielen entnehmen kann, ist z.B. das Fourierspektrum zweier unendlich dünner, senkrecht aufeinanderstehender Spalte unter $\mathcal{F}$ invariant. Geben Sie eine möglichst allgemeine Form für Funktionen an, die unter der zweidimensionalen Fouriertransformation invariant bleiben.

9.6. Zeigen Sie, daß eine Fresnelsche Zonenplatte (mit Radius a) für eine ebene, monofrequente, senkrecht einfallende Welle wie eine Linse mit verschiedenen Brennweiten wirkt. Die Transmissionsfunktion der Zonenplatte ist gegeben durch

$$T(r) = \frac{1}{2}\left(1 + \operatorname{sign}(\cos(\alpha r^2))\right)\operatorname{circ}_a(r) = f(\alpha r^2)\operatorname{circ}_a(r).$$

Verwenden Sie die Fourierdarstellung einer symmetrischen Rechteckschwingung mit der Periode 2π,

$$f(\xi) = \sum_{n=-\infty}^{n=+\infty} 2\operatorname{sinc}\left(\frac{n}{2}\right)\exp(in\xi),$$

und die Fresnelsche Näherung des Beugungsintegrals.

9.7. Bestimmen Sie die mittels des Dunkelfeldverfahrens und des Phasenkontrastverfahrens gefilterten Bilder eines mit einer ebenen, monofrequenten Welle senkrecht beleuchteten Amplitudengitters mit rechteckförmiger Transmissionsfunktion,

$$\tau(x, y) = (\text{comb}_a(\xi) * \text{rect}_b(\xi))(x) = \left(\sum_n \delta(\xi - na) \right) * \text{rect}\left(\frac{\xi}{b}\right). \qquad (9.96)$$

und eines entsprechend beleuchteten, rechteckförmig modulierten Phasengitters ($\alpha \ll 1$):

$$\tau(x, y) = 1 + i\alpha \left((\text{comb}(\xi/a) * \text{rect}(\xi/b)) (x) - \frac{1}{2} \right). \qquad (9.97)$$

9.8. Skizzieren Sie die Fourierspektren und Filter zur Entrasterung von Zeitungsbildern, die auf einem quadratischen bzw. einem Dreiecksgitter gerastert sind (Abb. 9.27).

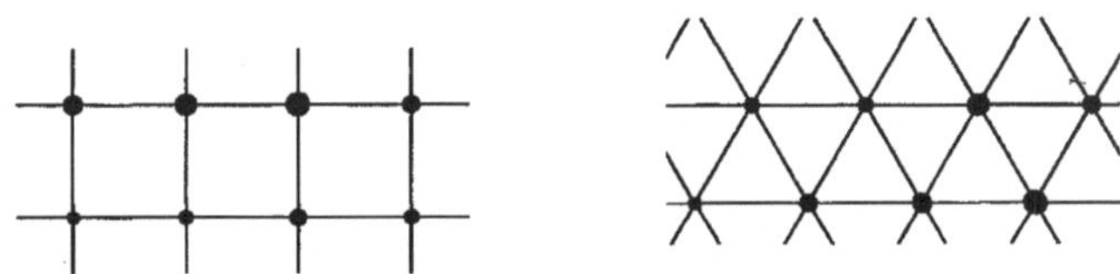

Abb. 9.27. Quadratraster und Dreiecksraster.

9.9. Eine mit einer ebenen Welle beleuchtete, auf der optischen Achse zentrierte Rechteckblende dient in einem $4f$–Aufbau als Vorlage für ein Fouriertransformationshologramm. Die Referenzwelle sei eben und falle senkrecht zur Hologrammplatte ein. Berechnen Sie die Transmissionsverteilung des Hologramms. Wie sieht die Feldverteilung in der Bildebene des $4f$–Aufbaus bei Rekonstruktion mit der Referenzwelle aus?
Nun wird die Referenzwelle durch die gleiche, allerdings um den Vektor $(\Delta x, \Delta y)$ verschobene Blende hindurchgeschickt. Welche Intensitätsverteilung ist in der hinteren Brennebene des Aufbaus zu sehen? Wie hängt das Bild von der Verschiebung $(\Delta x, \Delta y)$ der Blende ab?

Literatur

9.1 M. Born: *Optik* (Springer, Berlin, Heidelberg 1972)
9.2 W. Stößel: *Fourieroptik* (Springer, Berlin, Heidelberg 1993)

Weiterführende Literatur

Champeney, D. C.: *Fourier Transforms and their Physical Applications* (Academic, Boston 1973)
Goodman, J. W.: *Introduction to Fourier Optics* (McGraw–Hill, New York 1988)
Papoulis, A.: *Systems and Transforms with Applications in Optics* (Wiley, New York 1968)
VanderLugt, A.: *Optical Signal Processing* (Wiley, New York 1992)

10. Die nichtlineare Dynamik des Lasers

Der Laser, der die Erzeugung von kohärentem Licht ermöglicht, ist heute zu einem unentbehrlichen Hilfsmittel der Optik und nicht nur der Optik geworden. Laser gibt es bereits in einer kaum noch zu überschauenden Vielfalt. Kohärentes Licht ist vom fernen Infrarot bis ins nahe Ultraviolett erzeugbar. Aus der optischen Meßtechnik sind sie nicht mehr wegzudenken, auch nicht aus der Nachrichtentechnik. Sie dienen in riesigen Anlagen zur Fusionsforschung und als stecknadelkopfgroße Lichtquellen in Plattenspielern, als chirurgisches Messer bei medizinischen Operationen und zum Schneiden, Bohren und Härten von Materialien aller Art. Es existiert eine umfangreiche Literatur über Laser, in der diese Vielfalt nachgelesen werden kann [10.1].

Die nichtlineare Optik, die Frequenzänderungen in großem Maßstab erlaubt, ist erst durch den Laser zu einem wesentlichen Gebiet der Optik geworden. Der Laser selbst ist ein grundsätzlich nichtlineares Element und ein Forschungsgegenstand an sich. Seine nichtlineare Dynamik ist außerordentlich vielfältig, bis hin zu chaotischem Verhalten [10.2]. Die einfachsten Grundlagen der Laserdynamik sollen in diesem Kapitel vorgestellt werden.

10.1 Der Laser – Aufbau und Prinzip

Ein Laser besteht im Wesentlichen aus drei Elementen: einem (Fabry–Perot–) Resonator, einem aktiven Medium im Resonator und einer Energiequelle zum Anregen des aktiven Mediums (Abb. 10.1). Er stellt mit diesen Komponenten im Prinzip einen selbsterregt schwingenden Oszillator dar: das aktive Medium entspricht dem Verstärkerelement, der Resonator einem Rückkopplungs– und Auskopplungselement. Das aktive Material und der Resonator zusammen bestimmen die erzeugten Lichtfrequenzen.

Die Vorgänge im Laser lassen sich aufteilen in den Ausbreitungsvorgang des erzeugten Lichts im Resonator und einen Licht–Materie Wechselwirkungsprozeß im aktiven Medium. Die Ausbreitung im Resonator läßt sich unter dem Wellenaspekt des Lichtes verstehen und wird in ihrer einfachsten Form durch die Theorie des Fabry–Perot–Interferometers erfaßt (siehe das Kapitel Vielstrahlinterferenz). Um den Licht–Materie

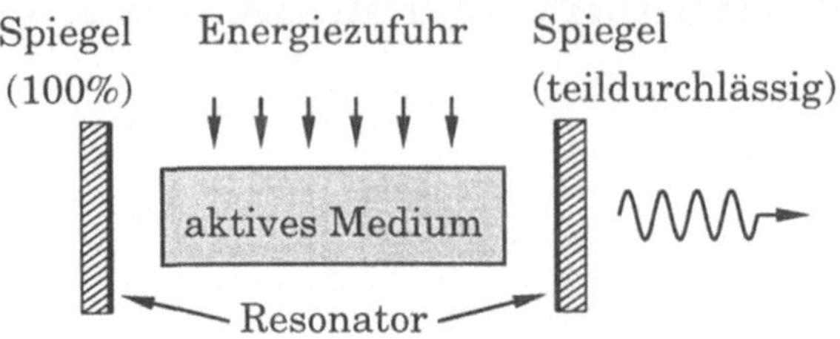

Abb. 10.1. Die Grundelemente des Lasers: Resonator (zwei Spiegel), aktives Medium und Energiezufuhr.

Wechselwirkungsprozeß vollständig zu beschreiben, benötigt man die Quantenmechanik, genauer sogar die Quantenelektrodynamik. Es zeigt sich jedoch, daß die Grundvorgänge in einem Modell ohne die explizite Berechnung z. B. von Matrixübergangselementen erfaßt werden können. Die benötigten Zahlenwerte werden aus der Quantentheorie einfach als empirische Konstanten übernommen.

Für den Laserprozeß sind drei grundlegende Arten der Wechselwirkung von Licht mit Materie wichtig: die Absorption, die stimulierte Emission und die spontane Emission (Abb. 10.2). Wir gehen davon aus, daß an diesen Wechselwirkungen zwei Zustände (Niveaus) eines Atoms mit den Energien E_1 und E_2 beteiligt sind. Von dem gesamten Termschema des Atoms interessieren uns zunächst nur diese beiden Energieniveaus. Bei der *Absorption* trifft ein Photon der Energie $h\nu$ auf ein Atom des

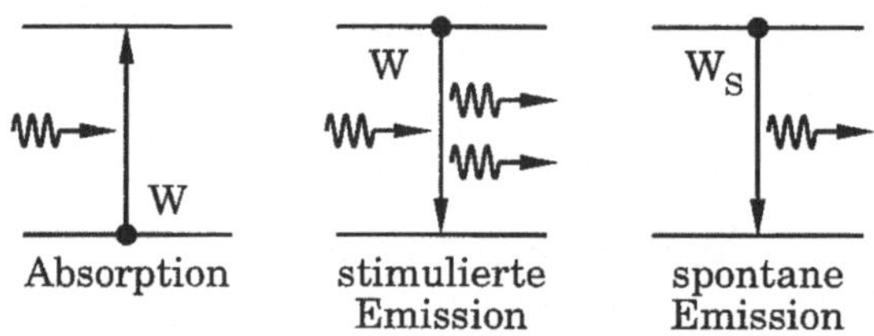

Abb. 10.2. Illustration der für den Laserprozeß wichtigen Vorgänge a) Absorption, b) stimulierte Emission, c) spontane Emission.

Lasermaterials im Zustand E_1 und verschwindet. Seine Energie dient dazu, das atomare System in den entsprechend höheren Energiezustand E_2 zu versetzen. Das Photon kann allerdings nur dann absorbiert werden, wenn die Energie E_2 "paßt", d.h. $h\nu = E_2 - E_1$, damit der Energieerhaltungssatz erfüllt ist. Ist kein passender Energiezustand vorhanden, findet keine Absorption statt und das Material ist für diese Photonenenergie durchsichtig. Hat das atomare System gerade die Energie $h\nu$ aufgenommen und ist daher das obere Niveau von einem Elektron besetzt, so kann durch Einstrahlung eines weiteren Photons der Energie $h\nu$

diese Energie wieder abgerufen werden. Dieser Vorgang heißt *stimulierte Emission*. Es verlassen dann zwei Photonen mit identischen Eigenschaften das Atom. Die quantenmechanische Störungstheorie, die sowohl den Vorgang der Absorption als auch der stimulierten Emission zu berechnen gestattet, zeigt, daß sich beide Vorgänge nur in den Anfangsbedingungen unterscheiden. Bei der Absorption befindet sich das atomare System im Zustand niedrigerer Energie, bei der stimulierten Emission im Zustand höherer Energie. Daher sind die Übergangswahrscheinlichkeiten für beide Prozesse gleich. Die Übergangswahrscheinlichkeit gibt die Anzahl der Übergänge pro Atom und Photon und pro Zeiteinheit an. Sie wird erfaßt durch eine Größe W mit der Einheit 1/s, die wir *normierte Übergangsrate* nennen wollen.

Ein schwierigerer Begriff ist der der *spontanen Emission*. Bei diesem Prozeß geht ein im höheren Energiezustand E_2 befindliches atomares System ohne äußere Einwirkung unter Aussendung eines Lichtquants in den Zustand niedrigerer Energie E_1 über. Die Wortwahl spontan deutet darauf hin, daß der Übergang mit der für Quantenprozesse charakteristischen Zufälligkeit erfolgt. Um die Existenz dieser Art des Übergangs verständlich zu machen, benötigt man die Quantenelektrodynamik. Für das nachfolgende, einfache Modell eines Lasers genügt aber die Angabe einer normierten Übergangsrate W_s für die spontane Emission.

10.2 Die Laserratengleichungen

Wir betrachten ein Lasermodell mit folgenden Idealisierungen:

- Das aktive Medium habe drei Energieniveaus, die am Laserprozeß beteiligt sind (Abb. 10.3). Der Laserübergang finde dabei zwischen den Niveaus E_2 (oberes Laserniveau) und E_1 (Grundniveau) statt. Das Niveau mit der Energie E_3 (Pumpniveau) habe eine sehr geringe Lebensdauer (≈ 0) derart, daß alle vom Grundniveau zum

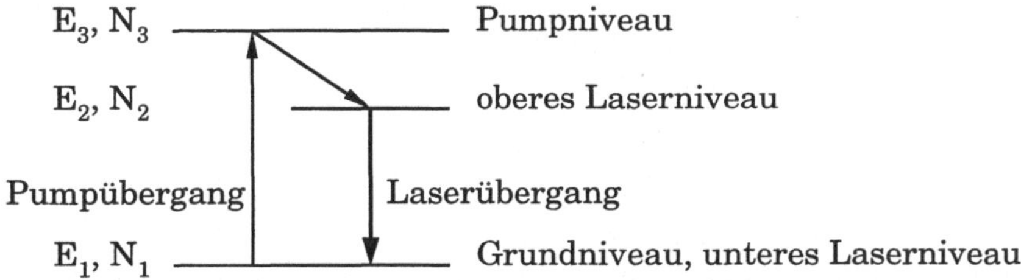

Abb. 10.3. Termschema eines Drei–Niveau Lasers. E_1, E_2 und E_3 sind die drei Energieniveaus des aktiven Materials, N_1, N_2 und N_3 die Anzahl der Atome, die sich jeweils in den entsprechenden Niveaus befinden.

Niveau drei gepumpten Elektronen "sofort" in das obere Laserniveau übergehen. Die sogenannten Besetzungszahlen N_1, N_2 und N_3 bezeichnen die Anzahl von Atomen des Lasermaterials, die sich im entsprechenden Energieniveau E_1, E_2 oder E_3 befinden.

- Im Laserresonator sei bei Betrieb des Lasers nur eine einzige Mode vorhanden, d.h. Licht nur einer einzigen Wellenlänge. Der Laser emittiere also nur eine einzige Sorte Photonen (Abb. 10.4).

- Es gebe keine Ortsabhängigkeit der Besetzungszahlen N_1, N_2 und N_3 des aktiven Materials im Resonator.

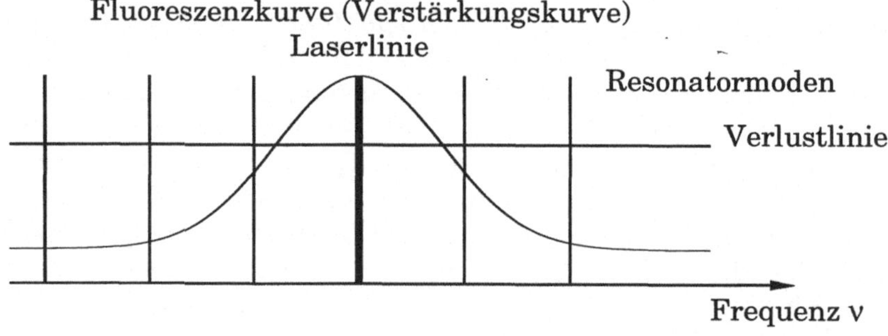

Abb. 10.4. Bedingungen für das Auftreten nur einer Lasermode.

Die Grundgleichungen, mit denen hier die Vorgänge im Laser beschrieben werden sollen, heißen *Ratengleichungen*. Sie stellen Bilanzgleichungen für die Gesamtphotonenzahl Q im Resonator und für die Besetzungszahlen N_1, N_2 und N_3 der laserfähigen Atome in den entsprechenden Niveaus eins, zwei und drei dar. Das ergibt zunächst vier Gleichungen, von denen sich aber zwei sofort als nicht wesentlich herausstellen. In den Voraussetzungen haben wir einen sehr schnellen Übergang vom Pumpniveau in das obere Laserniveau angenommen. Daher können wir N_3 = 0 annehmen und brauchen für diese Besetzungszahl keine Gleichung mehr. Man spricht in diesem Fall von einem idealen Drei–Niveau Laser. Für die vorgegebene Gesamtzahl N der laserfähigen Atome im Resonator gilt $N = N_1 + N_2 + N_3$. Mit $N_3 = 0$ vereinfacht sich der Ausdruck zu $N_1 + N_2$ = N. Es genügt also, eine Gleichung nur für N_2 (oder N_1) aufzustellen. Die andere Größe ist dann sofort bekannt. Es bleiben zwei Gleichungen übrig, eine für die zeitliche Änderung der Photonenzahl Q, die man Intensitätsgleichung nennt, und eine für die zeitliche Änderung einer der beiden Besetzungszahlen, die man Materialgleichung nennt.

Die für die Übergänge zwischen den einzelnen Niveaus maßgeblichen Übergangsraten werden wie folgt bezeichnet:

W normierte Übergangsrate jeweils für Absorption und stimu-
           lierte Emission (siehe Abb. 10.2),

W_s normierte Übergangsrate für die spontane Emission (siehe
           Abb. 10.2).
           Die spontane Emission ist im angeschwungenen Zu-
           stand meist vernachlässigbar. Das obere Laserniveau wird
           dann praktisch vollständig durch die stimulierte Emissi-
           on entvölkert. Zum Anschwingen des Lasers ist sie jedoch
           unentbehrlich.

W_{sm} normierte Übergangsrate durch spontane Emission in die Re-
           sonatormode. Die spontane Emission erfolgt in alle Richtun-
           gen. Nur ein Bruchteil liefert Photonen der Resonatormode.

W_{12} normierte Übergangsrate vom Grundniveau ins obere Laser-
           niveau über Niveau drei durch den Pumpprozeß.

W_{21} normierte Übergangsrate für spontane Emission und Relaxa-
           tionsprozesse von Niveau zwei nach Niveau eins.

Neben diesen Größen, die die Wechselwirkung des Lichts mit der Materie quantitativ erfassen, führen wir zur Charakterisierung des Resonators seine Abklingkonstante γ ein. Sie enthält alle Verlustprozesse bei der
Ausbreitung der Photonen im Resonator wie Auskopplung, Streuung und
Beugung.

Damit sind alle Größen definiert, die erforderlich sind, um die Ratengleichungen zu formulieren. Die zeitliche Änderung der Anzahl der Photonen im Resonator, dQ/dt, wird durch die Intensitätsgleichung gegeben:

$$\frac{dQ}{dt} = -\gamma Q - W N_1 Q + W N_2 Q + W_{sm} N_2. \tag{10.1}$$

Die in der Gleichung auftretenden Terme haben folgende Bedeutung. Der
Term $-\gamma Q$ beschreibt die Dämpfung durch den Umlauf der Photonen im
Resonator. Sie wird als proportional zur Anzahl der Photonen angenommen. Ohne weitere Prozesse im Resonator ergibt dieser Term einen expo-
nentiellen Abfall der Photonenzahl mit der Zeit gemäß der Abklingkon-
stanten γ. Der zweite Term $-W N_1 Q$ beschreibt den Absorptionsprozeß im
aktiven Material. Jeder Absorptionsprozeß von Niveau eins nach Niveau
zwei entzieht dem Feld ein Photon. Die damit verbundene Übergangsrate
ist proportional der Anzahl N_1 der Atome im Grundniveau (der Prozeß
kann z.B. nicht stattfinden, wenn keine Atome mehr im Niveau eins
vorhanden sind) und proportional der Anzahl der Photonen. Der Term
$+W N_2 Q$ erfaßt analog zur Absorption die stimulierte Emission. Sie ist
entsprechend proportional zur Besetzungszahl N_2 und zur Photonenzahl
Q. Der Term $+W_{sm} N_2$ beschreibt die Änderung der Photonenzahl durch
die spontane Emission in die Lasermode. Sie ist unabhängig von der herr-
schenden Photonendichte und nur proportional zur Anzahl N_2 der Atome
im oberen Laserniveau. Da dieser Term auch bei $Q = 0$ und $N_2 \neq 0$ Photo-

nen liefert, ermöglicht er bei Vorliegen von Besetzungsinversion (s.u.) das Anschwingen des Lasers.

Die Materialgleichung stellt eine Beziehung für die zeitliche Änderung der Anzahl N_2 der laserfähigen Atome im oberen Laserniveau, dN_2/dt, dar:

$$\frac{dN_2}{dt} = -W_{21}N_2 - WN_2Q + WN_1Q + W_{12}N_1. \tag{10.2}$$

Die beiden mittleren Terme, die die stimulierte Emission bzw. die Absorption beschreiben, entsprechen dabei den beiden mittleren Termen in (10.1), nur haben sie jeweils ein anderes Vorzeichen. Das ist einleuchtend, da jeder einzelne Absorptionsprozeß $dN_2 = +1$ dem Lichtfeld ein Photon entzieht, also zu $dQ = -1$ führt. Ebenso erhöht jeder stimulierte Emissionsprozeß die Anzahl der Photonen im Resonator um ein Photon, also $dQ = +1$, während ein Atom aus Niveau zwei verschwindet, also $dN_2 = -1$. Der Term $+W_{12}N_1$ beschreibt den Pumpvorgang. Er gibt die Rate an, mit der Atome durch Energiezufuhr aus dem Grundniveau über das Pumpniveau auf das Niveau zwei gebracht werden, und ist daher proportional zu N_1. Der Term $-W_{21}N_2$ gibt die Verlustrate der Besetzung von Niveau zwei wieder und ist somit proportional zu N_2. Die Verluste entstehen vor allem durch die gesamte spontane Emission in alle Richtungen und durch Relaxationsprozesse, d.h. durch die Ankopplung an die Umgebung, die die Energie beim Übergang in den Grundzustand aufnimmt.

Durch Benutzung anderer Variabler und Normierung können die beiden Gleichungen (10.1) und (10.2) auf eine recht einfache Gestalt gebracht werden. So führt man statt der Besetzungszahl N_2 die Besetzungszahldifferenz $N_d = N_2 - N_1$ als Variable ein. Ist $N_d > 0$, so befinden sich mehr Atome im oberen Laserniveau als im unteren. Man spricht dann von Inversion. Dies ist eine absolute Vorbedingung für Lasertätigkeit. Mit N_d nimmt (10.1) die Gestalt

$$\begin{aligned} \frac{dQ}{dt} &= -\gamma Q + WQ(N_2 - N_1) + W_{sm}N_2 \\ &= -\gamma Q + WQN_d + W_{sm}N_2 \end{aligned}$$

an. Zur weiteren Vereinfachung vernachlässigen wir den Term $W_{sm}N_2$, die spontane Emission in die Lasermode. Dieser Prozeß ist zwar zum Anschwingungen des Lasers erforderlich, spielt aber danach in vielen Fällen keine große Rolle mehr, da die stimulierte Emission weit überwiegt. Eine Ausnahme bildet der Halbleiterlaser, der die Bedingung $W_{sm} \ll WQ$ nicht erfüllt. Die Intensitätsgleichung lautet mit dieser Vereinfachung

$$\frac{dQ}{dt} = -\gamma Q + WQN_d. \tag{10.3}$$

Aus $N_1 + N_2 = N$ und $N_2 - N_1 = N_d$ folgt $N_2 = (N + N_d)/2$ und $N_1 = (N - N_d)/2$. Damit und mit (10.2) ergibt sich für die zeitliche Änderung der Besetzungszahldifferenz N_d:

$$\begin{aligned}
\frac{dN_d}{dt} &= \frac{d(N_2 - N_1)}{dt} = \frac{dN_2}{dt} - \frac{dN_1}{dt} = 2\frac{dN_2}{dt}\\
&= 2\left(-W_{21}N_2 - WQN_d + W_{12}N_1\right)\\
&= (W_{12} - W_{21})N - (W_{12} + W_{21})N_d - 2WQN_d.
\end{aligned}$$

Zur Vereinfachung der Schreibweise werden nun zwei neue Parameter eingeführt, $P = (W_{12} - W_{21})N$ und $\alpha = W_{12} + W_{21}$. Die Größe P kann als eine Art effektiver Pumpterm angesehen werden, der bei $P > 0$, d.h. $W_{12} > W_{21}$, beginnt N_d zu vergrößern. Die Größe α beschreibt das Abklingen der Besetzungszahldifferenz N_d. Man beachte, daß die Übergangsrate W_{12} durch Pumpen in die Abklingkonstante α von N_d eingeht. Dadurch ist α keine reine Materialkonstante. Mit den neuen Parametern lautet die Materialgleichung:

$$\frac{dN_d}{dt} = P - \alpha N_d - 2WQN_d. \tag{10.4}$$

Die beiden Gleichungen (10.3) und (10.4) lassen sich durch folgende Normierungen noch weiter vereinfachen. Man setzt

$$q = \frac{W}{\gamma}Q, \quad n = \frac{W}{\gamma}N_d, \quad p = \frac{W}{\gamma^2}P, \quad b = \frac{\alpha}{\gamma}, \quad \dot{} = \frac{1}{\gamma}\frac{d}{dt}.$$

Dann erhält man die beiden Laserratengleichungen in ihrer einfachsten Form:

$$\begin{aligned}
\dot{q} &= -q + nq,\\
\dot{n} &= p - bn - 2nq.
\end{aligned} \tag{10.5}$$

Die Laserratengleichungen für das ideale Drei–Niveau–System bilden ein System von zwei nichtlinearen gewöhnlichen Differentialgleichungen erster Ordnung. Die Dynamik des Systems (Photonenzahl, proportional zur Intensität des abgestrahlten Laserlichts, und Besetzungsinversion als Funktionen der Zeit) kann bei zeitabhängiger Anregung $p(t)$ höchst kompliziert werden. Ist die Pumpanregung hingegen konstant, $p = $ const., so lassen sich eine Reihe von Aussagen über die Lösungen des Systems angeben.

10.3 Stationärer Betrieb

Bei dynamischen Systemen der Art (10.5) mit konstanten Parametern fragt man zunächst nach der Existenz sogenannter stationärer Lösungen und ihrer Stabilität. Für eine stationäre Lösung gilt $q = $ const und $n = $ const, d.h. $\dot{q} = 0$ und $\dot{n} = 0$. Das liefert aus (10.5) das System algebraischer Gleichungen:

$$\begin{aligned}
0 &= (-1 + n)q,\\
0 &= p - bn - 2nq.
\end{aligned} \tag{10.6}$$

Die erste der beiden Gleichungen kann durch $q = 0$ oder $n = 1$ erfüllt werden. Dazu existiert auch jeweils eine Lösung der zweiten Gleichung, wobei physikalisch sinnvolle Lösungen $q \geq 0$ erfüllen müssen. Es gibt also zwei koexistierende stationäre Lösungen:

$$\begin{aligned}
\text{Lösung eins:} \quad & q = q_1 = 0, & n = n_1 = p/b, \\
\text{Lösung zwei:} \quad & q = q_2 = (p-b)/2, & n = n_2 = 1.
\end{aligned} \qquad (10.7)$$

Lösung eins ist relativ uninteressant und beschreibt den Laser unterhalb der Laserschwelle. Lösung zwei ist wegen der Bedingung $q \geq 0$ nur für $p \geq b$ physikalisch sinnvoll und beschreibt den Licht erzeugenden Laser. Die Laserschwelle ergibt sich daher aus der zweiten Gleichung zu $p = b$. Erst bei $p > b$ wird Licht ausgesandt. Diese Bedingung heißt auch Schawlow–Townessche Anschwingbedingung. Bei Berücksichtigung der spontanen Emission hat man stets einen kleinen Lichtbeitrag auch unterhalb der Laserschwelle. Eine Untersuchung der Stabilität der beiden Lösungen (siehe Abschnitt 10.4) ergibt für $p < b$ Stabilität für Lösung eins ($q = 0$), während Lösung zwei ($q < 0$) dort instabil ist. Für $p > b$ kehrt sich die Stabilität der Lösungen um. Der Verlauf der normierten Photonenzahl q und Besetzungszahldifferenz n der stabilen Lösungen sind in Abhängigkeit von der Pumpstärke p in Abb. 10.5 aufgetragen.

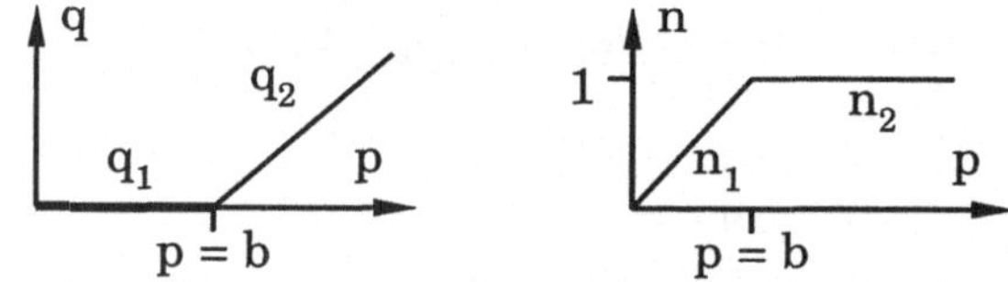

Abb. 10.5. Normierte Photonenzahl q und Besetzungszahldifferenz n der stabilen Lösungen der Laserratengleichungen in Abhängigkeit vom Pumpparameter p.

Man erkennt in den Abbildungen sofort ein erstaunliches Ergebnis: oberhalb der Schwelle $p = b$ bleibt die (normierte) Besetzungszahldifferenz auch bei immer höherer Pumpleistung konstant. Dies kann nur heißen, daß die zusätzliche Pumpenergie oberhalb der Schwelle vollständig in Photonenenergie umgewandelt wird. Die Photonenzahl muß daher linear mit der Pumpenergie ansteigen. Das Ergebnis sollte sich experimentell überprüfen lassen. Dies ist leicht bei einem Laser zu bewerkstelligen, dessen Pumpleistung verändert werden kann, z.B. einem Argon–Ionen Laser oder einem Halbleiterlaser. In der Tat findet man in den Datenblättern der Hersteller für die Ausgangsleistung von Halbleiterlasern als Funktion des Pumpstroms sehr genau die in Abb. 10.5 gezeigte Abhängigkeit. Oberhalb der Schwelle wird die eingespeiste elektrische Energie fast vollständig in Photonenenergie umgesetzt. Um einen großen Gesamtwirkungsgrad der Umsetzung elektrischer Energie in Lichtenergie zu erhalten, muß die Schwelle $p = b$ möglichst klein sein. Bei speziell konstruierten Halbleiterlasern kann man die Schwelle auf nahezu Null drücken und nähert sich damit Wirkungsgraden von 100%. Dabei nutzt man die quantenmechanischen Eigenschaften von speziell konstruierten Halbleiterstrukturen mit kleinen Abmessungen (sogenannten "multiple quantum well"–Elementen) aus [10.3]. Mit solcherart gefertigten Halbleiterstrukturen kann man umgekehrt auch Lichtdetektoren bauen, die eine Quantenausbeute von nahezu 100% haben, d.h. praktisch *jedes* ankommende Photon wird nachgewiesen.

10.4 Stabilitätsanalyse

In Abschnitt 10.2 haben wir die Laserratengleichungen für einen Drei–Niveau Laser aufgestellt

$$\dot{q} = -q + nq,$$
$$\dot{n} = p - bn - 2nq. \tag{10.8}$$

Dabei sind q die normierte Photonenzahl, n die normierte Besetzungszahldifferenz zwischen oberem und unterem Laserniveau, p die normierte Pumprate und b die Abklingkonstante für die Besetzungszahldifferenz. Das System besitzt zwei koexistierende stationäre Lösungen oder Gleichgewichtspunkte, die je nach Anfangsbedingung erreicht werden. Diese sind:

$$q_1 = 0, \qquad n_1 = p/b$$
$$\text{und} \quad q_2 = (p-b)/2, \; n_2 = 1. \tag{10.9}$$

Mit Hilfe einer Stabilitätsanalyse kann man feststellen, welche der stationären Lösungen eines gegebenen Systems z.B. stabil sind, also Attraktoren darstellen. Für zweidimensionale Systeme der Art (10.8) gibt es dabei ein besonders einfaches Schema, das hier vorgestellt wird. Die besprochenen Methoden gehören zu den elementaren Grundlagen der Theorie nichtlinearer dynamischer Systeme, die von großer allgemeiner Bedeutung für die Physik sind und deren Kenntnis daher empfohlen werden kann.

Zur Untersuchung der Stabilität eines Gleichgewichtspunktes (q_i, n_i), $i = 1,2$, betrachtet man eine kleine Störung und deren Entwicklung um den Gleichgewichtspunkt. Mathematisch bedeutet dies, daß das (üblicherweise nichtlineare) System um den Gleichgewichtspunkt linearisiert wird. Das erhaltene lineare System zeigt dann für kleine Zeiten und kleine Entfernungen vom Gleichgewichtspunkt dasselbe Verhalten wie das nichtlineare System, außer wenn durch die nichtlinearen Terme das System nicht mehr konservativ bleibt, sondern disspativ wird (Satz von Poincaré).

Daher werde zunächst das lineare System von zwei gewöhnlichen Differentialgleichungen erster Ordnung mit konstanten Koeffizienten

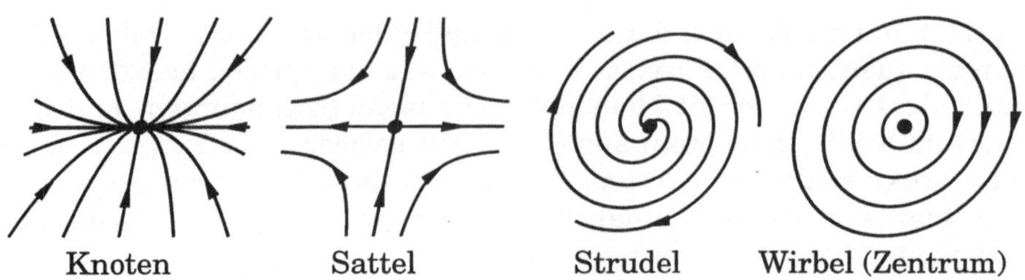

Abb. 10.6. Zustandsraumporträts in der Umgebung eines Gleichgewichtspunktes eines linearen dynamischen Systems in einem zweidimensionalen Zustandsraum.

$$\begin{pmatrix} \dot{x} \\ \dot{y} \end{pmatrix} = \begin{pmatrix} ax & + & by \\ cx & + & dy \end{pmatrix} = \begin{pmatrix} a & b \\ c & d \end{pmatrix} \begin{pmatrix} x \\ y \end{pmatrix} \tag{10.10}$$

diskutiert. Für ein solches System gibt es im wesentlichen vier verschiedene Arten von Gleichgewichtspunkten (singulären Punkten), die von der Koeffizientenmatrix

$$\mathbf{A} = \begin{pmatrix} a & b \\ c & d \end{pmatrix} \tag{10.11}$$

abhängen. Sie unterscheiden sich in der Art der Trajektorien in der Umgebung des Gleichgewichtspunktes. Abbildung 10.6 zeigt Zustandsraumporträts aus der Umgebung der verschiedenen Arten von Gleichgewichtspunkten. Man erhält die Zustandsraumkurven als Lösungen der Differentialgleichung über einen Exponentialansatz

$$\begin{aligned} x &= x_0 e^{\lambda t} \\ y &= y_0 e^{\lambda t}. \end{aligned} \tag{10.12}$$

Einsetzen in die Differentialgleichung (10.10) liefert die charakteristische Gleichung

$$\mathrm{Det}(\mathbf{A} - \lambda \mathbf{E}) = 0. \tag{10.13}$$

Durch Lösen dieser Gleichung erhält man die Eigenwerte von $\mathbf{A}$. Je nach den Werten der beiden Eigenwerte λ_1 und λ_2 ergeben sich die vier wesentlichen Zustandsraumporträts der Abb. 10.6. Knoten können dabei stabil (λ_1, λ_2 reell, $\lambda_1 < 0$, $\lambda_2 < 0$) oder instabil (λ_1, λ_2 reell, $\lambda_1 > 0$, $\lambda_2 > 0$) sein. Sattelpunkte sind immer instabil (λ_1, λ_2 reell, $\lambda_1 > 0$, $\lambda_2 < 0$). Strudel können stabil (λ_1, λ_2 konjugiert komplex, $\mathrm{Re}\{\lambda_1\} = \mathrm{Re}\{\lambda_2\} < 0$) oder instabil ($\lambda_1$, λ_2 konjugiert komplex, $\mathrm{Re}\{\lambda_1\} = \mathrm{Re}\{\lambda_2\} > 0$). Wirbel besitzen eine neutrale Stabilität (λ_1, λ_2 rein imaginär, $\lambda_1 = -\lambda_2$). Stabil bedeutet dabei, daß die Trajektorien, d.h. Lösungskurven im Zustandsraum $\mathcal{M} = \{(x, y)\}$, in den betreffenden Gleichgewichtspunkt hineinlaufen, instabil, daß sie sich von dem betreffenden Punkt entfernen.

Statt einer Charakterisierung der Gleichgewichtspunkte über die Eigenwerte der Koeffizientenmatrix $\mathbf{A}$ kann die Klassifizierung bei den betrachteten zweidimensionalen Systemen auch sehr anschaulich mit Hilfe

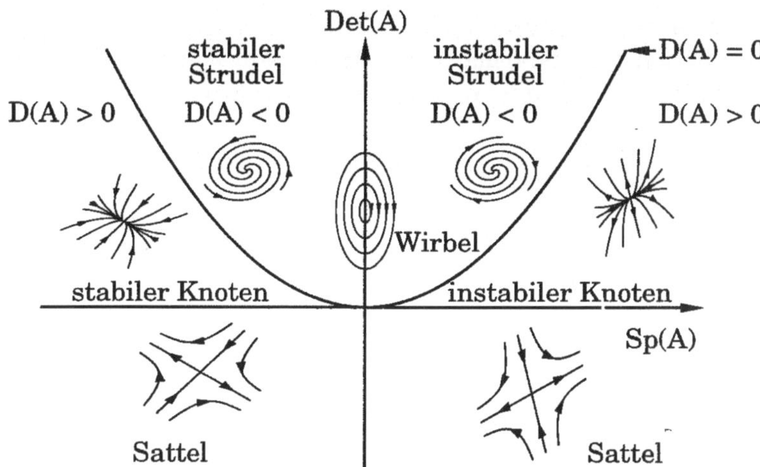

Abb. 10.7. Diagramm, aus dem der Typ eines Gleichgewichtspunktes nach Berechnung von Sp(**A**), Det(**A**) und D(**A**) sofort entnommen werden kann.

der Invarianten von **A**, der Spur Sp(**A**) und der Determinante Det(**A**) von **A**, sowie der Diskriminante D(**A**) erfolgen. Diese Größen sind wie folgt definiert

$$
\begin{aligned}
\text{Determinante:} \quad & \text{Det}(\mathbf{A}) = ad - bc, \\
\text{Spur:} \quad & \text{Sp}(\mathbf{A}) = a + d, \\
\text{Diskriminante:} \quad & \text{D}(\mathbf{A}) = \text{Sp}^2(\mathbf{A}) - 4\text{Det}(\mathbf{A}).
\end{aligned}
\tag{10.14}
$$

In diesen Größen ausgedrückt gilt

$$
\begin{aligned}
\text{Det}(\mathbf{A}) &< 0 : \text{Sattel} \\
\text{Det}(\mathbf{A}) &= 0 : \text{keine Aussage (}\mathbf{A}\text{ nicht invertierbar)} \\
\text{Det}(\mathbf{A}) &> 0 :
\begin{cases}
\text{D}(\mathbf{A}) > 0 : &
\begin{cases}
\text{Sp}(\mathbf{A}) > 0 \quad \text{instabiler} \\
\text{Sp}(\mathbf{A}) < 0 \quad \text{stabiler}
\end{cases} \Big\} \text{Knoten} \\
\text{D}(\mathbf{A}) < 0 : &
\begin{cases}
\text{Sp}(\mathbf{A}) > 0 \quad \text{instabiler} \\
\text{Sp}(\mathbf{A}) < 0 \quad \text{stabiler}
\end{cases} \Big\} \text{Strudel} \\
\text{Sp}(\mathbf{A}) = 0 \quad \text{Wirbel.}
\end{cases}
\end{aligned}
\tag{10.15}
$$

Man kann diese Aussagen in einem Diagramm, in dem Det(**A**) über Sp(**A**) aufgetragen wird, zusammenfassen (Abb. 10.7).

Wie bereits oben erwähnt, kann man den Typ des Gleichgewichtspunktes eines allgemeinen Systems zweiter Ordnung durch Linearisierung im Gleichgewichtspunkt erhalten. Nur bei Wirbelpunkten ist eine weitere Behandlung, d.h. Betrachtung der nichtlinearen Terme, nötig, da sie sowohl zu einem stabilen als auch instabilen Strudel führen können.

Betrachten wir das allgemeine System

$$
\begin{aligned}
\dot{x} &= f_1(x, y), \\
\dot{y} &= f_2(x, y),
\end{aligned}
\tag{10.16}
$$

das einen Gleichgewichtspunkt (x_0, y_0) haben möge, d.h. $f_1(x_0, y_0) = 0$, $f_2(x_0, y_0) = 0$. Um die linearisierten Gleichungen zu erhalten, entwickelt man das System (10.16) um (x_0, y_0) in eine Taylor–Reihe

$$\frac{d\,(x - x_0)}{dt} = (x - x_0)\frac{\partial f_1}{\partial x}(x_0, y_0) + (y - y_0)\frac{\partial f_1}{\partial y}(x_0, y_0) + R_1(x - x_0, y - y_0),$$

$$\frac{d\,(y - y_0)}{dt} = (x - x_0)\frac{\partial f_2}{\partial x}(x_0, y_0) + (y - y_0)\frac{\partial f_2}{\partial y}(x_0, y_0) + R_2(x - x_0, y - y_0).$$

$$(10.17)$$

Wenn für die Restglieder R_1 und R_2 gilt, wobei C_1 und C_2 zwei Konstanten sind,

$$|R_1(x - x_0, y - y_0)| \le C_1((x - x_0)^2 + (y - y_0)^2),$$
$$|R_2(x - x_0, y - y_0)| \le C_2((x - x_0)^2 + (y - y_0)^2), \qquad (10.18)$$

dann bestimmt bis auf die obige Ausnahme die Jacobi–Matrix

$$\mathbf{J}(x_0, y_0) = \begin{pmatrix} \dfrac{\partial f_1}{\partial x} & \dfrac{\partial f_1}{\partial y} \\[2mm] \dfrac{\partial f_2}{\partial x} & \dfrac{\partial f_2}{\partial y} \end{pmatrix} (x_0, y_0) \qquad (10.19)$$

den Typ des Gleichgewichtspunktes, falls noch $\mathrm{Det}(\mathbf{J}) \ne 0$. Durch die Transformation $\bar{x} = x - x_0$, $\bar{y} = y - y_0$ kann man den Gleichgewichtspunkt des Systems (10.17) noch in den Ursprung des Koordinatensystems verschieben und damit auf die Form (10.10) bringen.

Wir wenden den besprochenen Formalismus auf die Laserratengleichungen (10.8) an. Die Jacobi–Matrix lautet

$$\mathbf{J}(q, n) = \begin{pmatrix} -1 + n & q \\ -2n & -b - 2q \end{pmatrix}. \qquad (10.20)$$

An den zwei koexistierenden Gleichgewichtspunkten gilt

$$\mathbf{J}_1 = \mathbf{J}\left(0, \frac{p}{b}\right) = \begin{pmatrix} -1 + p/b & 0 \\ -2p/b & -b \end{pmatrix} \qquad (10.21)$$

und

$$\mathbf{J}_2 = \mathbf{J}\left(\frac{p - b}{2}, 1\right) = \begin{pmatrix} 0 & (p - b)/2 \\ -2 & -p \end{pmatrix}. \qquad (10.22)$$

Damit ergeben sich für die Invarianten von $\mathbf{J}_1$ und $\mathbf{J}_2$

$$\begin{aligned}
\mathrm{Det}(\mathbf{J}_1) &= b - p, & \mathrm{Det}(\mathbf{J}_2) &= p - b, \\
\mathrm{Sp}(\mathbf{J}_1) &= p/b - b - 1, & \mathrm{Sp}(\mathbf{J}_2) &= -p, \\
\mathrm{D}(\mathbf{J}_1) &= (p/b + b - 1)^2, & \mathrm{D}(\mathbf{J}_2) &= p^2 - 4(p - b).
\end{aligned} \qquad (10.23)$$

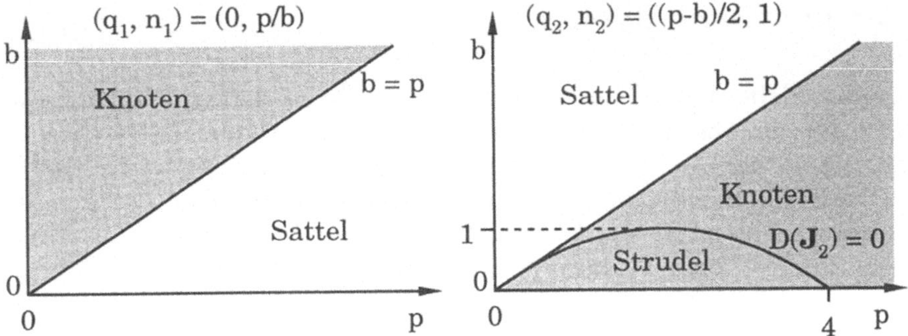

Abb. 10.8. Typ der beiden koexistierenden Gleichgewichtspunkte der Laserratengleichungen 10.8). Die stabilen Bereiche sind getönt.

Das ergibt folgende Fälle

1. $0 < p < b$

$$\left.\begin{array}{l} \mathrm{Det}(\mathbf{J}_1) \ > 0 \\ \mathrm{Sp}(\mathbf{J}_1) \ < 0 \\ \mathrm{D}(\mathbf{J}_1) \ > 0 \end{array}\right\} \Rightarrow \begin{array}{l} (0, p/b) \\ \text{Knoten, stabil} \end{array} \qquad \begin{array}{l} \mathrm{Det}(\mathbf{J}_2) < 0 \\ \Rightarrow ((p-b)/2, 1) \\ \text{Sattel} \end{array}$$

2. $b = p$

$\mathbf{J}_1 = \mathbf{J}_2$, $\mathrm{Det}(\mathbf{J}_1) = 0$.
Die beiden Gleichgewichtspunkte fallen zusammen. Das System ist
entartet. Die genaue Untersuchung zeigt, daß ein stabiler Knoten
auftritt.

3. $0 < b < p$

$$\begin{array}{ll} \mathrm{Det}(\mathbf{J}_1) < 0 & \qquad \mathrm{Det}(\mathbf{J}_2) \ > 0 \\ \Rightarrow (0, p/b), \text{ Sattel} & \qquad \mathrm{Sp}(\mathbf{J}_2) \ < 0 \end{array}$$

$\qquad\qquad\qquad\qquad$ Es existieren zwei Fälle:
$\qquad\qquad\qquad\qquad$ 1. $\mathrm{D}(\mathbf{J}_2) > 0$ Knoten, stabil,
$\qquad\qquad\qquad\qquad$ 2. $\mathrm{D}(\mathbf{J}_2) < 0$ Strudel, stabil.

Das Ergebnis kann in der Parameterebene $\{(p, b)\}$ anschaulich dargestellt werden (Abb. 10.8). Der Analyse entnimmt man, daß bei $p < b$
der Gleichgewichtspunkt $(q_1, n_1) = (0, p/b)$ stabil ist, während der Gleichgewichtspunkt $(q_2, n_2) = ((p - b)/2, 1)$ instabil ist. Bei $p = b$ tauschen die
beiden Gleichgewichtspunkte die Stabilität aus und fortan ist bei $p > b$
der Gleichgewichtspunkt (n_1, q_1) instabil, der Gleichgewichtspunkt (n_2, q_2)
stabil. Die Analyse hat gezeigt, daß die Laserratengleichungen ein relativ
einfaches System darstellen, wenn p und b Konstanten sind. Variiert man
p mit der Zeit, z.B. periodisch, wird die Dynamik sehr komplex bis hin zu
chaotischen Lösungen.

10.5 Chaotische Dynamik

Auf einen bisher hauptsächlich wissenschaftlichen Teilaspekt des Lasers soll in diesem Abschnitt eingegangen werden, den der chaotischen Laserdynamik. Schaltet man z.B. den Laser ein, so schwingt die Lichtintensität über Relaxationsoszillationen auf den stationären Wert ein. Der Einschwingvorgang ist für das System eines idealen Vier–Niveau Lasers (die Besetzung des Pumpniveaus und unteren Laserniveaus ist stets Null),

$$\dot{q} = -q + nq,$$
$$\dot{n} = p - bn - nq, \qquad (10.24)$$

in Abb. 10.9 mit den dort angegebenen Parametern aufgetragen. Das

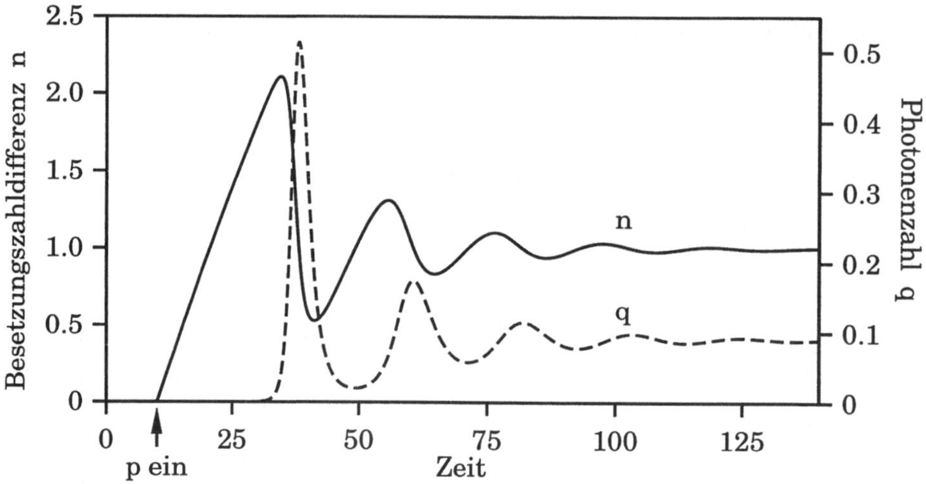

Abb. 10.9. Zeitliche Entwicklung der Photonenzahl q und Besetzungszahldifferenz n beim Einschwingen eines Vier–Niveau Lasers. Zum durch den Pfeil bezeichneten Zeitpunkt wird der Pumpterm von $p = 0$ auf $p = p_0 = 0.1$ geschaltet (Dämpfung $b = 0.01$).

heißt, bei zeitlich veränderlichen Parametern, hier etwa beim Schalten des Pumpterms p von null auf einen konstanten Wert, tritt an die Stelle der stabilen stationären Lösungen eine kompliziertere, zeitabhängige Dynamik. Wird etwa die Pumpe periodisch moduliert, $p = p(t)$, z.B. zur Nachrichtenübertragung, so können sich sonderbare Effekte einstellen. Selbst bei rein sinusförmiger Modulation, $p(t) = p_0(1 + p_m \sin(\omega t))$, kann es vorkommen, daß die Lichtintensität nicht im Takt der Modulation schwankt, sondern z.B. mit einem Bruchteil der Modulationsfrequenz oder sogar vollkommen erratisch. Wir zeigen dies am Beispiel des idealen Vier–Niveau Lasers mit periodischer Pumpmodulation

$$\dot{q} \;=\; -q + nq + sn,$$
$$\dot{n} \;=\; p_0(1 + p_m \sin(\omega t)) - bn - nq. \qquad (10.25)$$

Hierin sind p_m der Modulationsgrad (maximal 1), p_0 die Anregungsamplitude und s die Rate der spontanen Emission in die Mode. Die übrigen Größen haben die bekannte Bedeutung. Abbildung 10.10 zeigt an einem Beispiel einige Lösungen aus einer sogenannten Periodenverdopplungs-

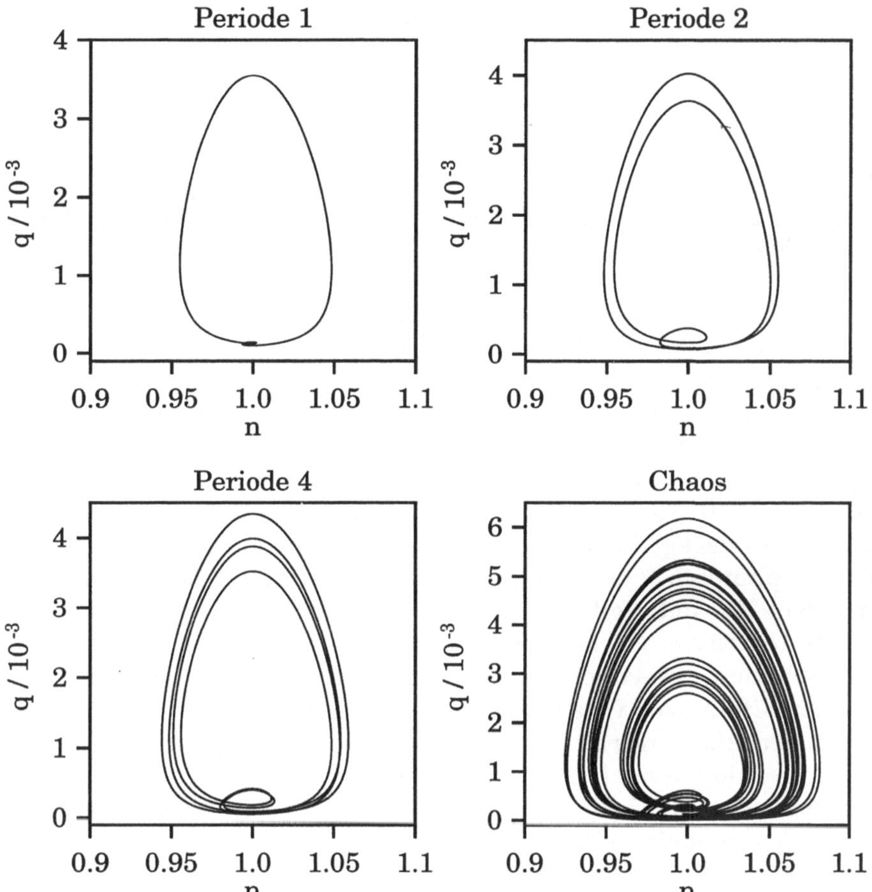

Abb. 10.10. Trajektorienbilder (stationäre Lösungen nach Abklingen des Einschwingvorganges) der Schwingungen eines Vier–Niveau Lasersystems an verschiedenen Stellen einer Periodenverdopplungskaskade. Um die einzelnen Teilbilder zu berechnen, wurde jeweils die Anregungsfrequenz wie folgt gewählt: $\omega = 0.0145$ (Periode 1), $\omega = 0.01385$ (Periode 2), $\omega = 0.01375$ (Periode 4) und $\omega = 0.0136$ (chaotischer Attraktor). Die Werte der übrigen Parameter betragen $s = 10^{-7}$ (normierte Rate der spontanen Emission), $p_0 = 6 \cdot 10^{-4}$ (Anregungsamplitude), $p_m = 1$ (Modulationsgrad) und $b = 0$ (Dämpfung).

kaskade, die sich bei schrittweiser Änderung der Modulationsfrequenz ω ergibt. Dargestellt sind jeweils Trajektorien im Zustandsraum der von den Systemvariablen n und q aufgespannten Ebene. Jede Trajektorie gibt die Zeitentwicklung des Systems wieder, indem der Systemzustand $(n(t), q(t))$ zu fortlaufenden Zeiten t aufgetragen wird. Mit Änderung der Anregungsfrequenz ergibt sich zunächst eine Schwingung mit der Modulationsfrequenz ω (Periode eins), danach eine Schwingung mit der halben Modulationsfrequenz $\omega/2$ (Periode zwei), danach mit $\omega/4$ (Periode vier). Diese Kaskade von Periodenverdopplungen setzt sich unendlich fort, wobei aber ihre Abfolge mit der Änderung der Modulationsfrequenz immer schneller erfolgt, so daß ein endlicher Grenzwert der Modulationsfrequenz existiert, bei dem die Lösung aperiodisch wird. Über diesen Grenzwert hinaus sind verschiedene periodische und aperiodische Lösungen möglich. Ein Beispiel für eine aperiodische, erratische Laserdynamik ist im vierten Teilbild der Abb. 10.10 zu sehen. Man erkennt eine Reihe von Bändern und Schlaufen, aber solange man das System auch schwingen läßt, es schwingt nie auf eine periodische Lösung ein. Es handelt sich hierbei um einen sogenannten *chaotischen Attraktor*. Sein charakteristisches Merkmal ist die empfindliche Abhängigkeit von den Anfangsbedingungen. Zwei beliebig dicht beieinander liegende Systemzustände entfernen sich im Laufe der Zeit auf infinitesimaler Basis exponentiell voneinander. Makroskopisch wird ihr Abstand mit der Zeit mit der Attraktorausdehnung vergleichbar. Diese Eigenschaft macht eine langfristige Vorhersage der Zeitentwicklung, also hier der Lichtemission eines chaotischen Lasers, unmöglich.

Die in Abb. 10.10 gezeigte Periodenverdopplungskaskade stellt nur ein beliebig herausgegriffenes Beispiel für das mögliche Verhalten eines periodisch gepumpten Vier–Niveau Lasers in der Ratengleichungsnäherung dar. Solche Kaskaden gibt es in großer Zahl auch in anderen Parameterbereichen. Um sich eine Übersicht über das mögliche Verhalten des Systems zu verschaffen, berechnet man sogenannte *Bifurkationsdiagramme*. Unter einer *Bifurkation* versteht man eine wesentliche Änderung des qualitativen Verhaltens des Systems bei Änderung eines Parameters, z.B. eine Periodenverdopplung. In Abb. 10.10 z.B. muß für einen Frequenzwert ω_{12} zwischen $\omega_1 = 0.0145$ (Periode 1) und $\omega_2 = 0.01385$ (Periode 2) eine *Periodenverdopplungsbifurkation* liegen.

In einem Bifurkationsdiagramm trägt man nun eine der abhängigen Variablen des Systems im eingeschwungenen Zustand, d.h. eine der Variablen des Attraktors, hier also q oder n, über einem der Systemparameter auf. Da dies natürlich Zeitfunktionen $q(t)$ und $n(t)$ sind, außer im Fall von Gleichgewichtspunkten, muß man sich, wenn man eine Darstellung in einer Ebene erreichen will, noch eine Reduzierung der darzustellenden Werte von $q(t)$ oder $n(t)$ überlegen. Wir wollen hier ein Bifurkationsdiagramm mit der Modulationsfrequenz $\omega = 2\pi/T$ der Pumpe darstellen. In diesem Fall bietet es sich an, von der darzustellenden Variablen – wir wollen hier n wählen – nur jeweils zu einer festen Phasenlage der Modulationsschwingung den berechneten Wert für n darzustellen, also $n(t_0)$, $n(t_0 + T)$, $n(t_0 + 2T)$, ... Diese Art der Abtastung ist unter Physikern als stroboskopische Abtastung bekannt, mit deren Hilfe man z.B. rotierende Bewegungen zum bildlichen Stillstand bringen kann. Das ist auch hier der Fall. Liegt zum Beispiel eine Lösung $n(t)$ vor, die periodisch mit der Modulationsfrequenz ist – man spricht dann auch oft von Periode 1 statt der Periode T, indem man im Geiste eine Normierung vornimmt –, so ergibt sich für alle Werte $n(t_0)$, $n(t_0 + T)$, ... derselbe Wert. Über dem betreffenden Parameter ist also nur ein einziger Punkt aufzutragen. Ändert man den Parameter ω, ergibt sich ein anderer Wert $n_\omega(t_0) = n(t_0, \omega)$. Aber nicht für alle Werte ω ergibt sich eine stationäre Lösung des Laserlichts mit der Modulationsfrequenz. Zum Beispiel zeigt Abb. 10.10, daß auch die Perioden 2, 4, ... auftreten können. Wie stellen diese Perioden sich im Bifurkationsdiagramm dar? Betrachten wir die Periode 2 alias $2T$. Da sich die Schwingung erst nach zwei Anregungsperioden wiederholt, ist $n(t_0) = n(t_0 + 2T)$, $n(t_0 + T) = n(t_0 + 3T)$, ... Dabei ist $n(t_0) \neq n(t_0 + T)$, da sonst eine Periode–1 Lösung vorliegen würde. Die oben gewählte Darstellung liefert dann für den betreffenden ω–Wert des Parameters zwei Punkte für n, die in das Bifurkationsdiagramm einzutragen sind. Entsprechend liefert die Periode 4 vier Punkte und ein chaotischer Attraktor unendlich viele, von denen man natürlich nur eine kleine endliche Zahl auswählen wird, z.B. 50 oder 100, um die Darstellung nicht zu überladen.

Abbildung 10.11 zeigt zwei Bifurkationsdiagramme für ein Vier–Niveau Lasersystem, eines mit einem etwas gröberen Raster im Parameter ω und eines als Ausschnittsvergrößerung zur Demonstration der wirklich unendlichen Reichhaltigkeit der Lösungen. Die Periodenverdopplungspunkte sind nicht zu übersehen. An ihnen teilt sich jeweils die Kurve in zwei Äste auf und dies offenbar fortlaufend bis hin zur Periode 2^∞, d.h. zu einem aperiodischen Attraktor. Trotz periodischer Anregung wiederholt sich in diesem Falle die Schwingung nie, eine recht seltsame, aber übliche Verhaltensweise nichtlinearer Systeme. Der Laser ist nur eines der vielen Beispiele, die die Natur bietet.

Man erkennt in den Bifurkationsdiagrammen auch Parameterstellen, an denen drei Punkte erscheinen. Die Lösung hat dann offensichtlich die Periode 3. Sie erscheinen wie aus dem Nichts nach Abbruch einer chaotischen Lösung. Diese Abbruchstelle ist ebenfalls eine Bifurkationsstelle und heißt Tangentenbifurkation. Die Theorie nichtlinearer dynamischer Systeme [10.4] macht diese Bezeichnungen verständlich. Weiterhin erkennt man Sprungstellen zwischen zwei Periode–2 Lösungen, die sich überlappen. Dort existieren also zwei Periode–2 Lösungen. Diese Erscheinung ist von den überhängenden Resonanzkurven nichtlinearer Oszillatoren bekannt und führt dort wie hier zu Hystereseerscheinungen bei langsamer (sogenannter adiabatischer) Änderung des Parameters.

Die gezeigten Bifurkationsdiagramme geben nur einen Teil des Verhaltens des Lasersystems wieder. Neben der Modulationsfrequenz ω be-

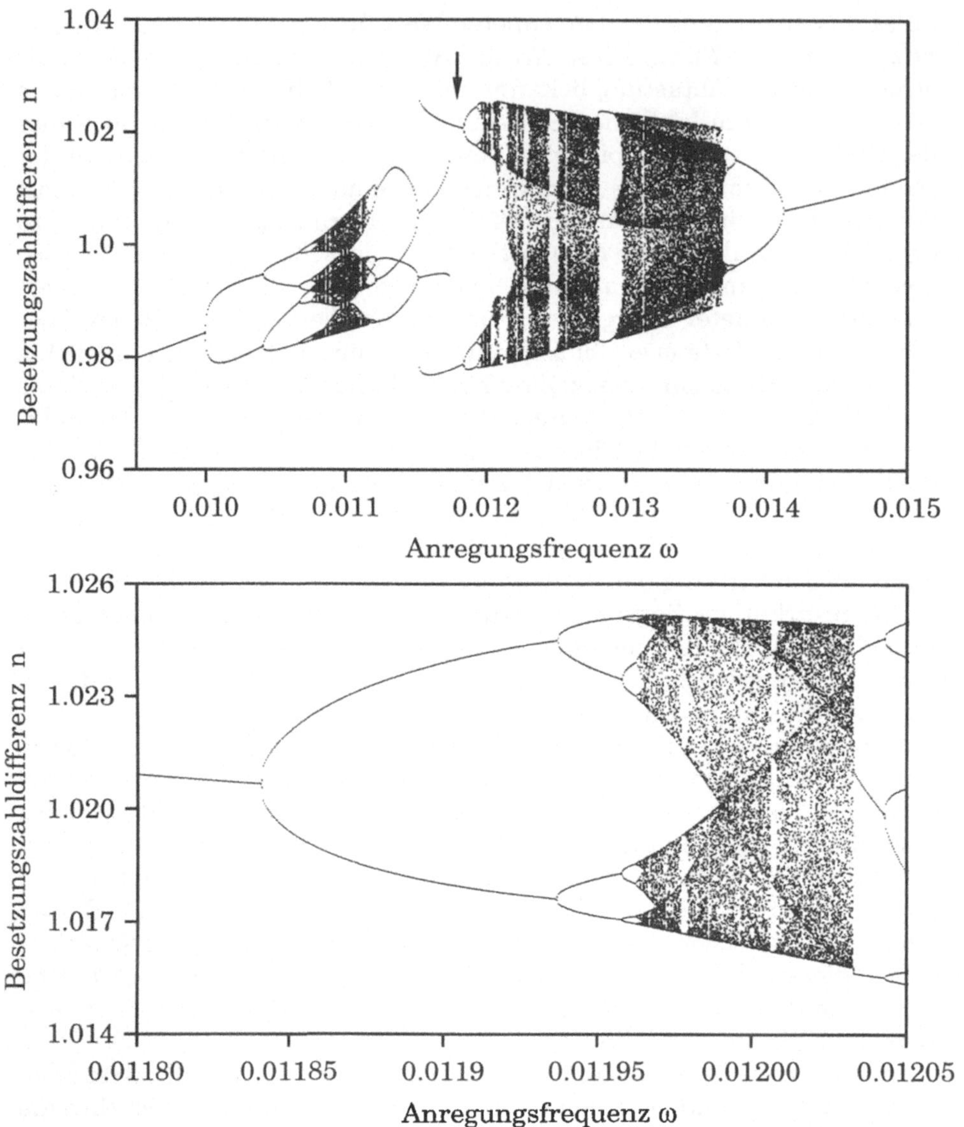

Abb. 10.11. Zwei Bifurkationsdiagramme des periodisch gepumpten idealen Vier–Niveau Lasers. Das untere Diagramm ist ein vergrößerter Ausschnitt aus dem oberen Diagramm, und zwar der mit einem Pfeil gekennzeichneten Kaskade.

sitzt das Sytem als weitere Parameter die Modulationsamplitude p_m, die Pumpstärke p_0 und die Abklingkonstante b der Besetzungszahldifferenz sowie die Rate s der spontanen Emission. Der Parameterraum, die Menge der möglichen Parameterwerte, ist also hochdimensional. Die Untersuchung und Darstellung des Gesamtverhaltens des Lasers gestaltet sich daher schwierig.

Für das normierte Laserratengleichungssytem (10.5) ist der Parameterraum zweidimensional und wird von den beiden Parametern b und p aufgespannt. Abb. 10.8 zeigt ein sogenanntes Phasendiagramm oder auch Parameterraumdiagramm für das einfache Laserratengleichungssystem. Für jeden Paramterraumpunkt (im rechten oberen Quadranten der (p, q)–Ebene) ist der Typ der Gleichgewichtspunkte (hier zwei koexistierende) des Systems aufgetragen. Das System ist damit in seinem möglichen Verhalten vollständig bestimmt. Für das modulierte System existieren erste Teile von Parameterraumdiagrammen [10.5], eine vollständige Beschreibung dieses nicht sehr schwierig aussehenden Systems wird aber wohl noch einige Zeit auf sich warten lassen. Dies zeigen Untersuchungen zu anderen, ebenfalls einfachen, nichtlinearen Systemen mit periodischer Modulation [10.6].

Die moderne Chaostheorie hat gezeigt, daß chaotische Dynamik und damit langfristige Unvorhersagbarkeit in der Natur allgegenwärtig sind. Es darf uns daher nicht verwundern, auch beim Laser, einem nichtlinearen System, auf Chaos zu stoßen. Der Laser ist somit ebenfalls, wie zunächst vorwiegend die Hydrodynamik, Gegenstand der Chaosforschung geworden [10.2]. Wegen der guten Kontrollierbarkeit von Parametern verspricht die Laserdynamik auch zukünftig einen wichtigen Beitrag zur Erforschung nichtlinearer und komplexer Systeme zu liefern.

Übungsaufgaben

10.1. Leiten Sie die Laserratengleichungen für ein ideales Vier–Niveau System ab:

$$\dot{q} = -q + nq,$$
$$\dot{n} = p - bn - nq. \tag{10.26}$$

Beim idealen Vier–Niveau System sind die Besetzungszahlen von Pumpniveau und unterem Laserniveau gleich Null.

10.2. Ein bekanntes Modell in der nichtlinearen Dynamik, das auch den Laser in bestimmten Grenzfällen beschreibt, sind die sogenannten *Lorenz–Gleichungen*,

$$\dot{x} = \sigma(y - x), \tag{10.27}$$
$$\dot{y} = \rho x - y - xz, \tag{10.28}$$
$$\dot{z} = -\beta z + xy, \tag{10.29}$$

mit den Parametern $\sigma, \rho, \beta > 0$. Bestimmen Sie die stationären Lösungen des Modells und ihre Stabilität.

10.3. Für Computerbesitzer: Erstellen Sie ein Programm, das die Laserratengleichungen (10.25) zu gegebenen Anfangsbedingungen integriert und die Trajektorien in der (q, n)–Phasenebene graphisch ausgibt. Suchen Sie bei verschiedenen, z. B. aus dem Bifurkationsdiagramm 10.11 abzulesenden Parameterwerten nach einem chaotischen Attraktor und verifizieren Sie numerisch die empfindliche Abhängigkeit von den Anfangsbedingungen.

Bemerkung: Verfahren zur Integration gewöhnlicher Differentialgleichungen sind z. B. in [10.7] beschrieben.

Literatur

10.1 F. K. Kneubühl, W. M. Sigrist: *Laser* (Teubner, Stuttgart 1988)
A. E. Siegmann: *Lasers* (University Science Books, Mill Valley 1986)
K. Shimoda: *Introduction to Laser Physics*, Springer Ser. Opt. Sci., Vol. 44 (Springer, Berlin, Heidelberg 1990)
O. Svelto: *Principles of Lasers* (Plenum Press, New York 1976)
F. P. Schäfer (Hrsg.): *Dye Lasers* (Springer, Berlin, Heidelberg 1973)
W. Koechner: *Solid–State Laser Engineering*, Springer Ser. Opt. Sci., Vol. 1 (Springer, Berlin, Heidelberg 1992)

10.2 C. O. Weiss, R. Vilaseca: *Dynamics of Lasers* (VCH, Weinheim 1991)

10.3 D. A. B. Miller: „Quantum–well optoelectronic switching devices", Int. J. High Speed Electron. **1**, 19–46 (1990)
G. H. Döhler: „Künstliche Übergitter in Halbleitern", Phys. Bl. **45**, 436 (1989)

10.4 J. Guckenheimer, P. Holmes: *Nonlinear Oscillations, Dynamical Systems, and Bifurcations of Vector Fields* (Springer, New York 1973)
H. G. Schuster: *Deterministic Chaos – An Introduction* (VCH Verlagsgesellschaft, Weinheim 1989)

10.5 W. Lauterborn, R. Steinhoff: „Bifurcation structure of a laser with pump modulation", J. Opt. Soc. Am. **B5**, 1097–1104 (1988)

10.6 C. Scheffczyk, U. Parlitz, T. Kurz, W. Knop, W. Lauterborn: „Comparison of bifurcation structures of driven dissipative nonlinear oscillators", Phys. Rev. **43A**, 6495–6502 (1991)

10.7 J. Stoer, R. Bulirsch: *Numerische Mathematik*, Bd. 2 (Springer, Berlin, Heidelberg 1989)
W. H. Press, S. A. Teukolsky, W. T. Vetterling, B. P. Flannery: *Numerical Recipes in C* (Cambridge University Press, Cambridge 1992)

Weiterführende Literatur

Arecchi, F. T., R. G. Harrison: *Instabilities and Chaos in Quantum Optics* (Springer, Berlin, Heidelberg 1987)
Leven, R. W., Koch, B.-P., Pompe, B.: *Chaos in dissipativen Systemen* (Vieweg, Braunschweig 1989)
Vohra, S., M. Spano, M. Schlesinger, L. Pecora, W. Ditto (Hrsg.): *1st Experimental Chaos Conference* (World Scientific, Singapur 1991)

11. Nichtlineare Optik

Die Ausbreitung von Lichtwellen im Vakuum, wie sie durch die Maxwell-schen Gleichungen beschrieben wird, erfolgt grundsätzlich linear. Lichtwellen im Vakuum können sich demnach ohne gegenseitige Beeinflussung überlagern und durchdringen. Zwar gibt es nach der Quantenelektrodynamik auch eine Wechselwirkung zwischen Photonen, d.h. Streuung von Licht an Licht; sie ist aber bei allen praktisch erreichbaren Lichtintensitäten völlig zu vernachlässigen.

Ganz anders sieht es jedoch bei der Ausbreitung intensiver Lichtwellen in Materie aus. Die darin auftretenden, durch die Materialgleichungen beschriebenen Polarisationsladungen und –ströme erzeugen selbst Wellen, die sich der einfallenden Welle überlagern. Bei hohen Feldstärken verhalten sich dabei viele Materialien nichtlinear: Polarisation (und Magnetisierung) sind nicht mehr proportional zu den inneren Feldern. Diese Nichtlinearität, die bei der Wechselwirkung von Licht mit Materie auftritt, ist die Ursache einer Reihe interessanter und technisch wichtiger Effekte, z.B. für die Harmonischenerzeugung, das Wellenmischen oder die optische Bistabilität. Diese Phänomene bilden den Gegenstand der nichtlinearen Optik.

Nichtlineare optische Effekte lassen sich klassisch durch nichtlineare Suszeptibilitäten des Materials erfassen, die ihre Ursache in den nichtlinearen Bindungskräften haben. Dabei wird, in der Sichtweise der Quantenmechanik, ein Ensemble vieler elementarer Photon–Atom–Wechselwirkungsprozesse betrachtet. Im Photonenbild, das der seiner Natur nach quantenhaften Wechselwirkung zwischen Licht und Materie angemessener ist als die klassische Beschreibung, lassen sich viele nichtlineare optische Effekte anschaulich erfassen. Dabei sind jeweils mindestens zwei Photonen bei einem Umwandlungsprozeß beteiligt. Wenn die beiden einfallenden Photonen zu einer direkten Umwandlung in ein anderes Photon Anlaß geben, also am Wechselwirkungsprozeß drei Photonen beteiligt sind, spricht man von Drei–Wellen–Wechselwirkung. Ihre wichtigste Anwendung hat sie in der Frequenzverdopplung gefunden. Im folgenden werden einige grundlegende nichtlineare optische Phänomene vorgestellt.

11.1 Zwei–Photonen–Absorption und –Ionisation

Läßt man eine hinreichend intensive, monofrequente Welle der Frequenz ω_1 auf ein geeignetes optisches Medium fallen, das bei niedriger Intensität keine Absorption bei dieser Frequenz zeigt, so kann das Medium doch bei hoher Intensität starke Absorption zeigen. Dies kann man im Photonenbild auf folgende Weise verstehen. Ein solches Medium besitzt über dem Grundzustand kein Energieniveau im Abstand $\Delta E = \hbar\omega_1$, jedoch ein Energieniveau im Abstand $\Delta E = \hbar 2\omega_1$. Das Medium entnimmt dem Lichtfeld dann jeweils zwei Photonen und geht in den angeregten Zustand über. Bei höherer Intensität finden merklich viele solcher Prozesse statt, da die Rate proportional dem Quadrat des Photonenflusses ist. Das Medium zeigt dann auch bei der Frequenz ω_1 Absorption, obwohl kein Übergang bei dieser Frequenz vorliegt (Abb. 11.1). Die Zwei–Photonen–Absorption wurde bereits 1931 [11.1] theoretisch vorhergesagt, aber erst 1961 experimentell nachgewiesen [11.2].

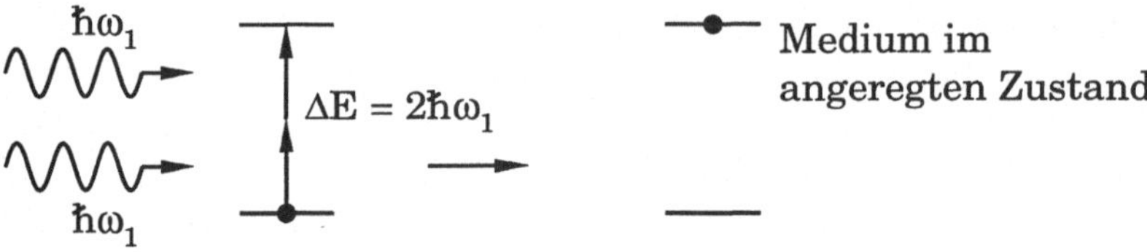

Abb. 11.1. Schematische Skizze zur Zwei–Photonen–Absorption bei Einstrahlung einer einzigen Welle der Frequenz ω_1.

Werden zwei monofrequente Wellen mit unterschiedlichen Frequenzen ω_1 und ω_2 in ein nichtlineares Medium eingestrahlt, so kann aus jeder Welle jeweils ein Photon absorbiert werden. Dieser Prozeß, 1963 im Experiment realisiert [11.3], ist eine Verallgemeinerung der einfachen Zwei–Photonen–Absorption mit $\Delta E = \hbar 2\omega_1$. Ein Photon der Frequenz ω_1 und ein Photon der Frequenz ω_2 werden gleichzeitig absorbiert und hinterlassen das Medium im angeregten Zustand mit einer um $\Delta E = \hbar(\omega_1 + \omega_2)$ höheren Energie (Abb. 11.2). Anwendung hat die Zwei–Photonen–Absorption in

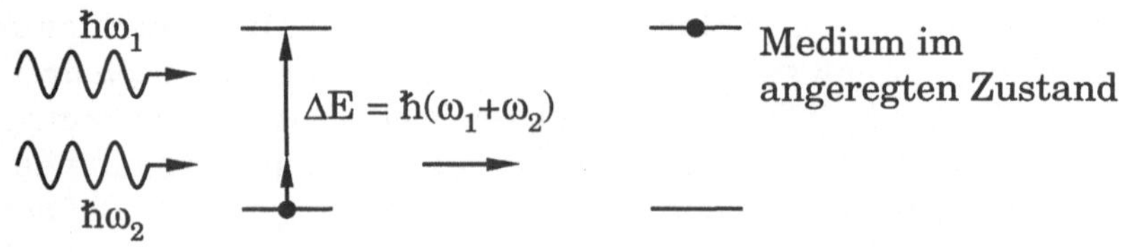

Abb. 11.2. Schematische Skizze zur Zwei–Photonen–Absorption bei Einstrahlung von zwei Wellen unterschiedlicher Frequenzen ω_1 und ω_2.

der Zwei–Photonen–Absorptionsspektroskopie gefunden [11.4]. Sie wird vor allem dazu benutzt, die Energiestufenstruktur der Materie aufzuklären. Viele Energiestufen sind durch Absorption eines einzigen Photons wegen sogenannter „verbotener" Übergänge nicht erreichbar, wohl aber durch gleichzeitige Absorption zweier Photonen, da hier andere Auswahlregeln gelten. In einem typischen Experiment der Zwei–Photonen–Absorptionsspektroskopie wird die Veränderung der Lichtdurchlässigkeit einer Lichtwelle der durchstimmbaren Frequenz ω_1 bei Anwesenheit einer zweiten starken Lichtquelle der festen Frequenz ω_2 gemessen (Abb. 11.3). Sie macht sich in einer Veränderung der Intensität $I(\omega_1)$ zu $I(\omega_1) + \Delta I(\omega_1)$

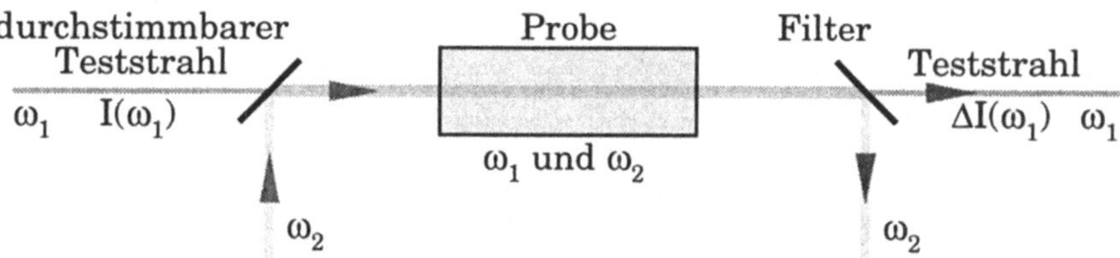

Abb. 11.3. Prinzip der Zwei–Photonen–Absorptionsspektroskopie.

bei Anwesenheit der Lichtwelle der Frequenz ω_2 bemerkbar. Durch spezielle Filter (dichroitische Filter) können die beiden Strahlen der Frequenz ω_1 und ω_2 getrennt und die Differenz $\Delta I(\omega_1)$ bestimmt werden.

Ist die Summe der Energie zweier Photonen in einem Strahlungsfeld größer als die Bindungsenergie der Elektronen an das Atom oder Molekül, so kann das Atom oder Molekül durch einen Zwei–Photonenprozeß ionisiert werden. Dieser Vorgang ist in Abb.11.4 schematisch dargestellt. Die Möglichkeit des Vorganges wurde 1964 durch Zwei–Photonen–

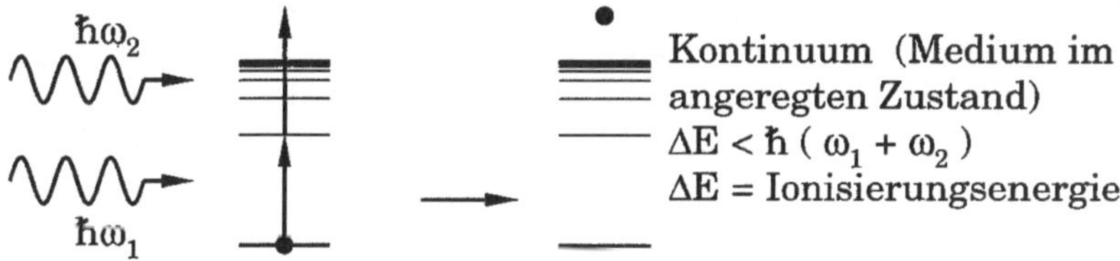

Abb. 11.4. Schematische Skizze zur Zweiphotonenionisation.

Ionisierung von Wasserstoff nachgewiesen [11.5].

11.2 Drei–Wellen–Wechselwirkung

Schickt man durch einen Kristall mit nichtlinearen Eigenschaften zwei Lichtwellen, so können Mischfrequenzen auftreten. Die effektive Erzeugung erfordert besondere Eigenschaften des Mediums, und gewöhnlich nehmen nur drei Wellen am Wechselwirkungsprozeß teil, da für die übrigen die Phasenanpassung nicht eingehalten werden kann. Je nach Umwandlungsprozeß unterscheidet man Summen– und Differenzfrequenzbildung sowie den optischen parametrischen Verstärker. Sonderfälle sind die Frequenzverdopplung und die optische Gleichrichtung. Die Drei–Wellen–Wechselwirkung wird in diesem Abschnitt summarisch vorgestellt und in Abschnitt 11.7 theoretisch behandelt.

11.2.1 Frequenzverdopplung

In diesem Prozeß werden zwei Photonen der Frequenz ω_1 in einem geeigneten nichtlinearen Medium in ein Photon der Frequenz ω_2 umgewandelt, wobei $\omega_2 = 2\omega_1$ gilt (Abb. 11.5). Die Frequenzverdopplung wurde

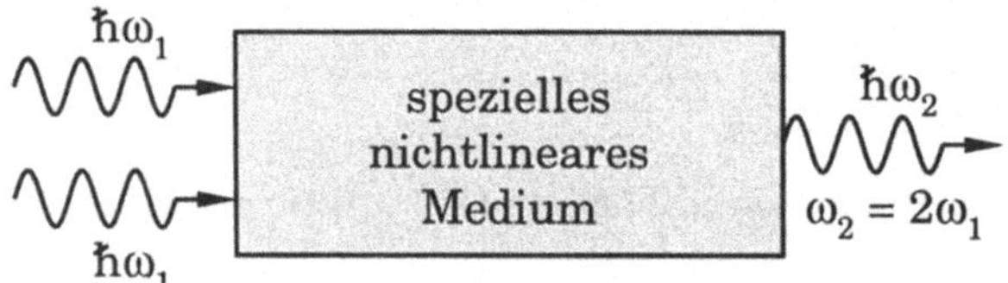

Abb. 11.5. Schematische Skizze zur Frequenzverdopplung.

1961 zum ersten Mal experimentell realisiert [11.6]. In der Akustik und Elektrotechnik ist eine solche Umwandlung ein bekannter Vorgang. Eine effektive Umwandlung ist nur bei gleicher Ausbreitungsgeschwindigkeit der Welle bei der Frequenz ω_1 und der Welle bei doppelter Frequenz $2\omega_1$ möglich. In der Optik ist dies wegen der großen chromatischen Dispersion in optischen Materialien nur in besonderen Geometrien zu verwirklichen. Die Erzeugung eines Spektrums von Oberwellen wie in Bauelementen der Elektrotechnik ist zusätzlich wegen der eingeschränkten Durchlässigkeit optischer Materialien über einen großen Frequenzbereich zur Zeit nicht realisierbar.

Die Frequenzverdopplung wird heute routinemäßig angewandt, um z.B. Infrarotlicht des Nd:YAG–Lasers bei 1064 nm in den sichtbaren Bereich zu transformieren, d.h. nach 532 nm. Solche, sehr kompakte, Halbleiterlaser–gepumpte Nd:YAG–Laser sind seit einiger Zeit erhältlich.

11.2.2 Summenfrequenzbildung

Bei der Summenfrequenzbildung werden ein Photon der Frequenz ω_1 und ein Photon der Frequenz ω_2 in ein Photon der Frequenz $\omega_3 = \omega_1 + \omega_2$ umgewandelt (Abb. 11.6). Dieser Prozeß ist daher der allgemeinere Fall zur Frequenzverdopplung und schließt diese theoretisch mit ein. Die Summenfrequenzbildung wurde erstmals 1962 im Experiment realisiert [11.7]. Von

Aufwärtskonversion spricht man bei der Summenfrequenzbildung, wenn $\omega_2 \gg \omega_1$ und die Intensität der Welle der Frequenz ω_2 groß gegenüber der Intensität der Welle der Frequenz ω_1 ist. Dieser Fall wird zum Nachweis infraroter Photonen benutzt. Sie werden durch Summenfrequenzbildung in einen höheren Frequenzbereich konvertiert, wo der Nachweis durch geeignete Detektoren leichter ist [11.8].

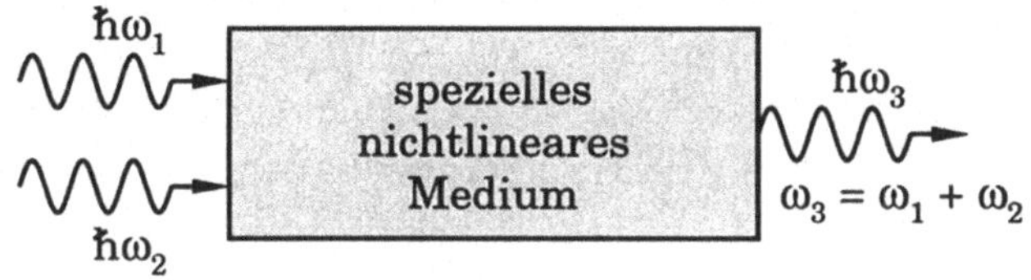

Abb. 11.6. Schematische Skizze zur Summenfrequenzbildung.

11.2.3 Differenzfrequenzbildung

Bei der Differenzfrequenzbildung werden ein Photon der Frequenz ω_1 und ein Photon der Frequenz ω_2 ($\omega_1 > \omega_2$) umgewandelt in ein Photon der Frequenz ω_3 mit $\omega_3 = \omega_1 - \omega_2$ (Abb. 11.7). Eine spezielle Form der Differenz-

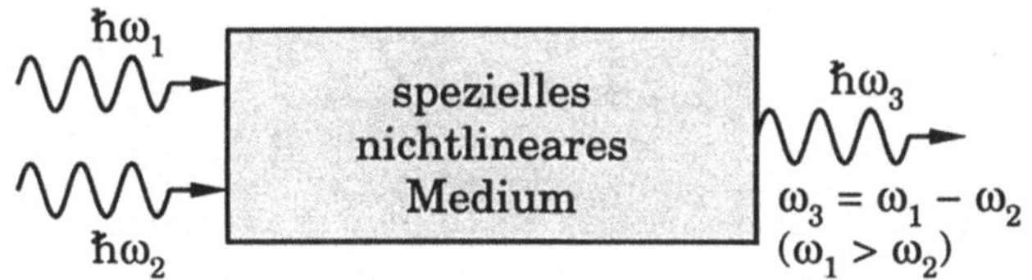

Abb. 11.7. Schematische Skizze zur Differenzfrequenzbildung.

frequenzbildung ist die optische Gleichrichtung (Abb. 11.8). Dabei haben die einfallenden Photonen die gleiche Frequenz, so daß sich die Differenz Null ergibt: Es entsteht ein Gleichfeld! Differenzfrequenzbildung [11.9] und optische Gleichrichtung [11.10] wurden erstmals 1962 im Experiment

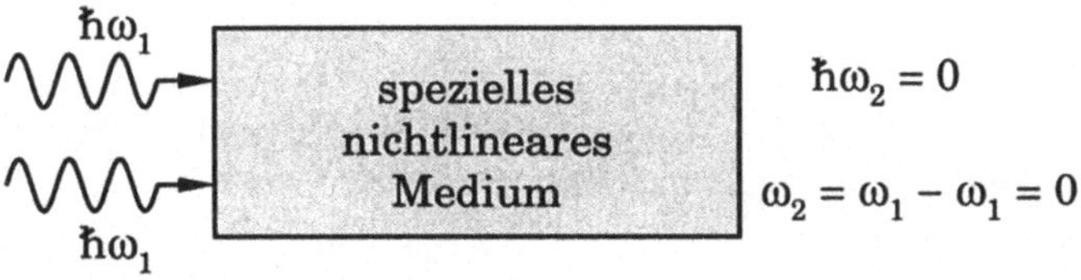

Abb. 11.8. Schematische Skizze zur optischen Gleichrichtung.

verwirklicht. Die Differenzfrequenzbildung wird u.a. zur Erzeugung von infraroter Strahlung eingesetzt [11.8].

11.2.4 Optischer parametrischer Verstärker

In ein geeignetes Medium wird eine (starke) Pumpwelle der Frequenz ω_p eingestrahlt, die in zwei Lichtwellen mit den Frequenzen ω_s (Signalwelle) und ω_i (Idler–Welle) zerfällt (Abb. 11.9). Man kann auf diese Weise extrem rauscharm verstärken. Es ist dies ebenfalls ein Drei–Wellen–Wechselwirkungsprozeß. Ein optischer parametrischer Verstärker wurde erstmals 1965 verwirklicht [11.11]. In Abschnitt 11.7.4 wird er nach Vorstellung der Theorie genauer besprochen [11.12].

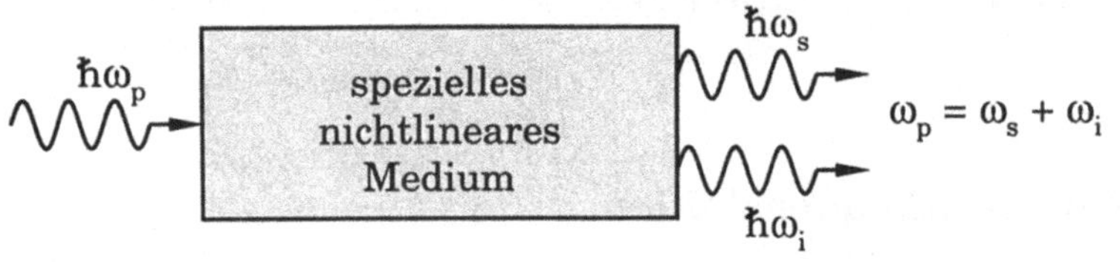

Abb. 11.9. Schematische Skizze zum optischen parametrischen Verstärker.

11.3 Vier–Wellen–Wechselwirkung

Von Vier–Wellen–Wechselwirkung spricht man meist im Zusammenhang mit parametrischen Vier–Photonen–Prozessen, insbesondere der Echtzeit–Phasenkonjugation. Wie man phasenkonjugierte Wellen (nicht in Echtzeit) mit Hologrammen erzeugen kann, haben wir bereits in Abschnitt 7.1.4 besprochen.

Beim parametrischen Vier–Photonen–Prozeß werden zwei Photonen der Frequenzen ω_1 und ω_2 in zwei neue Photonen der Frequenzen ω_3 und ω_4 umgewandelt (Abb. 11.10). Das nichtlineare Medium spielt dabei, wie in vielen Fällen zuvor, die Rolle eines "Katalysators" und geht

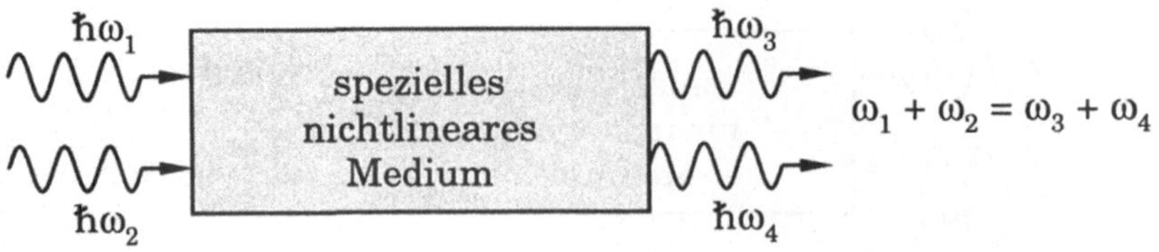

Abb. 11.10. Schematische Skizze zum parametrischen Vier–Photonen–Prozeß.

hierbei um eine Vier–Wellen–Wechselwirkung anderer Art als z.B. bei der dreifachen Summenfrequenzbildung $\omega_4 = \omega_1 + \omega_2 + \omega_3$. Man kann mit diesem Prozeß insbesondere die zu einer gegebenen Welle phasenkonjugierte Welle, d.h. eine Welle mit umgekehrtem k–Vektor, erzeugen. Wegen der Eigenschaft der Phasenkonjugation, Aberrationen korrigieren zu können, wird sie zur Zeit intensiv erforscht [11.13]. Die derzeitigen nichtlinearen Materialien (photorefraktive Kristalle), z.B. $BaTiO_3$, $LiNbO_3$, $Bi_{12}SiO_{20}$ (BSO), haben noch sehr lange Ansprechzeiten, so daß das Potential der Phasenkonjugation noch nicht voll genutzt werden kann.

11.4 Mehrphotonenprozesse

Bei Mehrphotonenprozessen gehen üblicherweise mehr als drei Photonen in einen elementaren Wechselwirkungsprozeß ein. Sind zudem mehrere Wellen unterschiedlicher Frequenz, d.h. entsprechend viele Photonensorten, beteiligt, so ergeben sich eine Vielzahl möglicher Kombinationen und Effekte, von denen hier nur die wichtigsten angesprochen werden sollen.

11.4.1 Frequenzvervielfachung

Hierbei wechselwirken n Photonen mit derselben oder mit verschiedenen Frequenzen gleichzeitig mit einem Atom, das eine passende Energieniveaudifferenz hat. Es entsteht ein neues Photon mit der Frequenz $\omega_m = n\omega_1$ bzw. $\omega_m = \omega_1 + \omega_2 + \ldots + \omega_n$ (Abb. 11.11). Spezialfälle sind

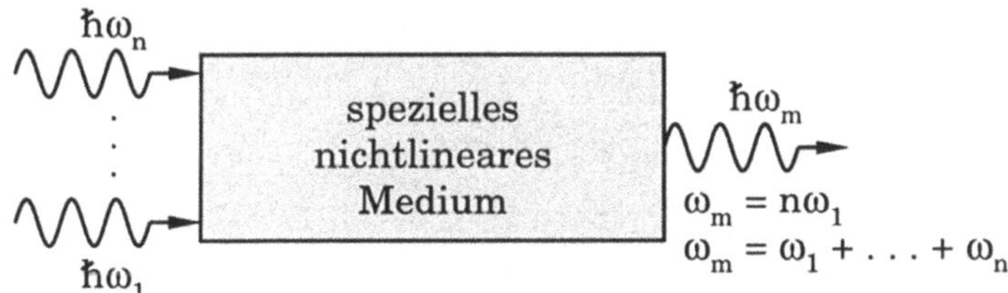

Abb. 11.11. Schematische Skizze zur Frequenzvervielfachung.

die Frequenzverdreifachung [11.14] und –vervierfachung ($\omega_m = 3\omega_1$ und $\omega_m = 4\omega_1$), die zur Erzeugung von Laserlicht sehr kurzer Wellenlängen eingesetzt werden. Für eine effektive Umwandlung braucht man sehr hohe Feldstärken. Dies kann leicht zur Beschädigung des nichtlinearen Mediums führen und verhindert eine sehr hohe Frequenzvervielfachung. Gewöhnlich behindert auch die fehlende Transparenz bei den entsprechenden Frequenzen den Konversionsprozeß.

11.4.2 Mehrphotonenabsorption und –ionisation

Bei der Mehrphotonenabsorption sind, analog zur Frequenzvervielfachung, n Photonen an einem Absorptionsprozeß beteiligt (Abb. 11.12). Eine erste Realisation mit drei Photonen gelang 1964 [11.15]. Die Mehrpho-

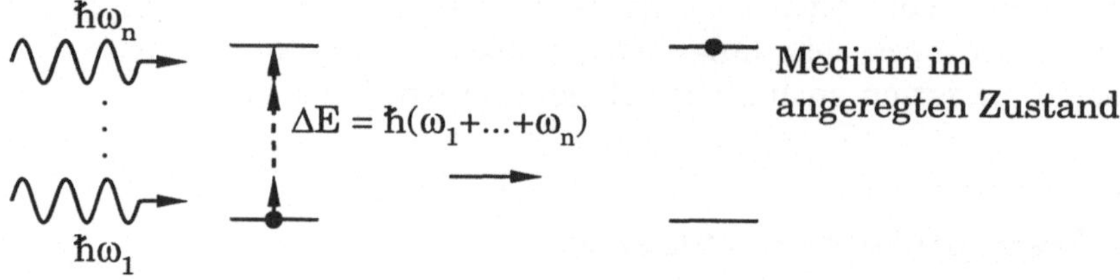

Abb. 11.12. Schematische Skizze zur Mehrphotonenabsorption.

tonenionisation ist vollkommen analog zur Mehrphotonenabsorption, nur wird das Atom dabei ionisiert, da die Summe der Energien der wechselwirkenden Photonen größer ist als die Bindungsenergie des entsprechenden Elektronenniveaus (Abb. 11.13).

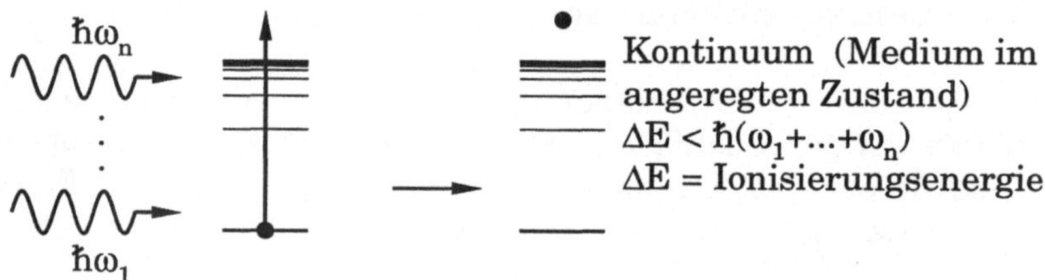

Abb. 11.13. Schematische Skizze zur Mehrphotonenionisation.

11.5 Weitere nichtlineare optische Phänomene

Neben diesen grundlegenden Prozessen, die bei akustischen Wellen und elektronischen Schwingungen, sofern zutreffend, schon lange bekannt waren, gibt es noch eine Vielzahl weiterer Phänomene, die hier nur kurz aufgezählt werden. In der weiterführenden Literatur findet man nähere Angaben zu diesen Prozessen, deren Behandlung den Rahmen des vorliegenden Buches sprengen würde.

- intensitätsabhängiger Brechungsindex (Kerr–Effekt)
  (siehe hierzu auch das Kapitel Optische Nachrichtentechnik und Datenverarbeitung)

- Selbstphasenmodulation (Spektrumsverbreiterung)

- intensitätsabhängige Absorption (ausbleichbare Absorber)
  Sie wird benutzt, um z.B. die Güte von Laserresonatoren zu schalten.

- Selbstfokussierung und –defokussierung, Selbsteinfang
  Sie kommt durch den intensitätsabhängigen Brechungsindex zustande.

- stimulierte Ramanstreuung
  Sie entsteht durch die Beteiligung von Schwingungsmoden des Moleküls an Absorptions– und Emissionsprozessen.

- stimulierte Brillouinstreuung
  Sie entsteht durch Beteiligung von Phononen an der Wechselwirkung von Licht mit Materie (Brechungsindexänderung durch Schall)

- kohärente Pulsausbreitung (Photonenecho)

- optische Bistabilität und Chaos
  Bringt man ein nichtlineares Medium z.B. in einen Fabry–Perot–Resonator, so können sich zwei stabile Zustände mit verschiedener Lichtintensität ergeben und bei zeitlicher Variation der Parameter auch chaotische Dynamik.

- optische Stoßwellenbildung

- photoelektrischer Effekt

- optischer Durchschlag (siehe auch Abb. 7.15)

- Licht– und Plasma–Wechselwirkung
  Bei der Wechselwirkung entstehen Subharmonische und Ultraharmonische (z.B. $\hbar\omega_1 \to 2\hbar\omega_2$, d.h. $\omega_2 = 1/2\,\omega_1$).

- Materialbearbeitung mit Licht
  Licht kann zum Schweißen, Bohren, Schneiden, Härten verwendet werden, z.B. in der Augenchirurgie zum Schneiden.

- Licht–Elektron–Wechselwirkung
  (Thomson–Streuung, Compton–Streuung)

- Licht–Licht–Wechselwirkung

Wie man an der Aufzählung erkennt, ist die nichtlineare Optik reich an Effekten. Ihr Gebiet ist bei weitem größer als das der linearen Optik und praktisch noch unerforscht. Es wartet auf unerschrockene Entdecker.

11.6 Nichtlineare Potentiale

In den früheren Kapiteln haben wir nur den Teil der Optik betrachtet, der
für Wellen im Vakuum oder für relativ geringe elektrische Feldstärken
in transparenten Materialien gültig ist. Erhöht man die elektrische
Feldstärke in einem Medium, so können, wie im vorigen Abschnitt vorgestellt, spezielle, neue Phänomene auftreten, die durch die Nichtlinearität
des Mediums bedingt sind. Was heißt das, ein Medium sei nichtlinear?
Die einfachste klassische Vorstellung dazu sieht folgendermaßen aus:
Breitet sich eine Lichtwelle in einem Medium aus, so regt die elektrische Feldstärke die dort vorhandenen Elektronen zu Schwingungen an
(Lorentz–Modell). Für kleine Amplituden sind die rücktreibenden Kräfte
proportional zur Auslenkung. Die Elektronen führen dann harmonische
Schwingungen aus gemäß einer linearen Schwingungsdifferentialgleichung:

$$\ddot{x} + \frac{1}{\tau}\dot{x} + \omega_0^2 x = \frac{e}{m}E(t). \tag{11.1}$$

Dabei sind x die Auslenkung des Elektrons, τ die Abklingkonstante
der Schwingung (Strahlungsdämpfung, Wechselwirkung mit dem Gitter),
ω_0 die Resonanzfrequenz (es kann mehrere geben), e die Elementarla-
dung des Elektrons, m die Masse des Elektrons und $E(t)$ die elektrische
Feldstärke der eingestrahlten Welle. Für eine harmonische Anregung $E(t)$
ergeben sich als Lösungen ebenfalls harmonische Schwingungen, die man
sich anhand der Bewegung eines Teilchens in einem Parabelpotential
$V(x) = \frac{m}{2}\omega_0^2 x^2$ veranschaulichen kann (Abb. 11.14). Reale Potentiale, z. B.
für die Bindung von Elektronen an ein Atom, sind nun keinesfalls auch für
größere Auslenkungen Parabelpotentiale. Entwickelt man das Potential
in eine Potenzreihe,

$$V(x) = \frac{m}{2}\omega_0^2 x^2 + k_1 x^3 + k_2 x^4 + \dots, \tag{11.2}$$

und bricht erst nach dem zweiten nichtverschwindenden Term ab, so
erhält man für ein symmetrisches Potential, d.h. $V(x) = V(-x)$ und daher $k_1 = 0$, eine nichtlineare Rückstellkraft für das Teilchen mit einem
kubischen Kraftterm (siehe Abb. 11.14):

$$F(x) = m\omega_0^2 x + m\alpha x^3. \tag{11.3}$$

Als Schwingungsdifferentialgleichung ergibt sich hiermit die Differentialgleichung eines *nichtlinearen Oszillators*, die sogenannte Duffing–
Gleichung:

$$\ddot{x} + d\dot{x} + \omega_0^2 x + \alpha x^3 = \frac{e}{m}E(t). \tag{11.4}$$

Statt $1/\tau$ wurde die Dämpfungskonstante d eingeführt. Die Duffing–
Gleichung mit periodischer äußerer Anregung $E(t) = E_0 \cos \omega t$ entspricht

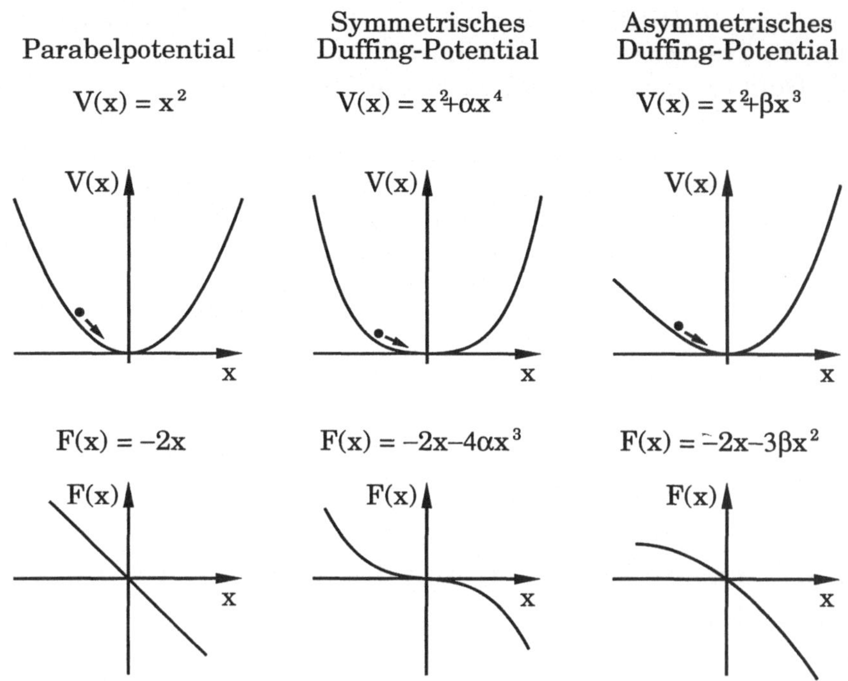

Abb. 11.14. Ein Oszillator mit linearem Kraftgesetz besitzt ein Parabelpotential (links). Ein symmetrisches, in niedrigster Ordnung nichtlineares Potential ist $V(x) = x^2 + \alpha x^4$ (Duffing–Potential), das einer Rückstellkraft $F(x) = -2x - 4\alpha x^3$ entspricht (Mitte). Ein asymmetrisches, nichtlineares Potential $V(x) = x^2 + \beta x^3$ mit der Rückstellkraft $F(x) = -2x - 3\beta x^2$ ist rechts dargestellt.

einem nichtlinear gebundenen Elektron im Feld einer harmonischen Welle. Die Lösungen dieser angetriebenen Duffing–Gleichung sind nicht mehr analytisch angebbar. Für nichtlineare Gleichungen gilt auch das lineare Superpositionsprinzip nicht, das besagt, daß aus zwei Lösungen $x_1(t)$ und $x_2(t)$ neue Lösungen durch Linearkombinationen $ax_1 + bx_2$ gewonnen werden können. Fourierreihen und –integrale nützen dann wenig, um eine allgemeine Lösung von (11.4) darzustellen.

Zur Untersuchung nichtlinearer Gleichungen wie etwa der Duffing–Gleichung muß man daher numerische Verfahren, Methoden der Störungsrechnung oder geometrische und topologische Methoden der nichtlinearen Dynamik heranziehen. Obwohl nur eine formal fast triviale Erweiterung zum angetriebenen harmonischen Oszillator, kann die Duffing–Gleichung (11.4) eine komplizierte Dynamik, z. B. chaotisches Zeitverhalten, wie wir es bereits bei den Laserratengleichungen kennengelernt haben, besitzen. Bei Veränderung eines Parameters wie der Anregungsfrequenz werden Periodenverdopplungen bis ins Chaos, vielfältige Resonanzen, die weitgehend klassifiziert werden können, und hornartige Bifurkationsmengen in der Parameterebene, die durch die Feldstärkeamplitude E_0 und die Frequenz ω aufgespannt wird, beobachtet.

Die Duffing–Gleichung und auch eine Vielzahl nichtlinearer Oszillatoren mit anderen Potentialformen (u. a. mit dem Morse–Potential, das die Wechselwirkung in diatomaren Molekülen beschreibt) sind im Rahmen der Theorie chaotischer Systeme intensiv untersucht worden. Da keine allgemeine Lösungstheorie für nichtlineare Differentialgleichungssysteme existiert, muß zunächst jedes Oszillatormodell für sich eingehend studiert werden. Erst danach kann man sich fragen, ob nicht doch Gemeinsamkeiten zwischen verschiedenen nichtlinearen Modellen auf einer qualitativen oder topologischen Ebene existieren. In der Tat scheint es solche Gemeinsamkeiten zwischen verschiedenen nichtlinearen angeregten Oszillatoren zu geben, z. B. hinsichtlich der Anordnung und Abfolge ihrer Resonanzen und Bifurkationen. Diese genau herauszuarbeiten und zu formulieren, ist noch Gegenstand der aktuellen Forschung [11.16].

11.7 Klassische Beschreibung der Wechselwirkung von Lichtwellen

Grundlage der klassischen Beschreibung nichtlinearer Vorgänge im Optischen sind die Maxwellschen Gleichungen. Die klassische Beschreibung ist eine phänomenologische Theorie, die die Existenz nichtlinearer Erscheinungen dem Experiment entnimmt und mit Hilfe gewisser Annahmen eine theoretische Beschreibung konstruiert. Über die "mikroskopischen" Vorgänge, also die Vorgänge auf atomarer Ebene, werden dabei keine Aussagen gemacht.

Die Maxwellschen Gleichungen wurden bereits im Kapitel Grundlagen der Wellenoptik vorgestellt. Für das optische Medium wollen wir folgende Eigenschaften annehmen: $\rho = 0$, d.h. es existieren keine freien Ladungen, $M = 0$, d.h. das Medium ist nicht magnetisierbar, und $\sigma = 0$, d.h. das Medium ist ein Nichtleiter. Dann vereinfacht sich das Gleichungssystem wegen $B_m = B$ zu

$$\operatorname{div} E_m = 0, \qquad (11.5)$$

$$\operatorname{div} B = 0, \qquad (11.6)$$

$$\operatorname{rot} E = -\frac{\partial B}{\partial t}, \qquad (11.7)$$

$$\operatorname{rot} B = \varepsilon_0 \mu_0 \frac{\partial E_m}{\partial t}, \qquad (11.8)$$

mit den Materialgleichungen

$$E_m = E + \frac{1}{\varepsilon_0} P, \qquad (11.9)$$

$$B_m = B. \qquad (11.10)$$

Die Polarisation P des Mediums spalten wir auf in einen linear von E und einen nichtlinear von E abhängigen Anteil

$$P = \varepsilon_0 \chi_L E + P_{NL}. \qquad (11.11)$$

In anisotropen Medien wird die Suszeptibilität χ_L durch einen Tensor charakterisiert. Wir wollen aber weiter unten ein isotropes Medium voraussetzen, für das P (also auch P_{NL}) parallel zum internen Feld ist. Einsetzen der Materialgleichungen (11.9) und (11.10) zusammen mit (11.11) in die Feldgleichungen (11.5) bis (11.8) liefert mit der Abkürzung

$$\varepsilon = \varepsilon_0 (1 + \chi_L) \qquad (11.12)$$

die neuen Feldgleichungen

$$\begin{aligned}
\operatorname{div} E_m &= 0, & (11.13) \\
\operatorname{div} B &= 0, & (11.14) \\
\operatorname{rot} E &= -\frac{\partial B}{\partial t}, & (11.15) \\
\operatorname{rot} B &= \mu_0 \varepsilon \frac{\partial E}{\partial t} + \mu_0 \frac{\partial P_{NL}}{\partial t}. & (11.16)
\end{aligned}$$

Durch Elimination von B erhält man aus den ersten beiden Gleichungen die, in diesem Fall nichtlineare, Wellengleichung für ein anisotropes Medium:

$$\operatorname{rot} \operatorname{rot} E + \mu_0 \varepsilon \frac{\partial^2 E}{\partial t^2} = -\mu_0 \frac{\partial^2 P_{NL}}{\partial t^2}. \qquad (11.17)$$

Diese Gleichung ist im allgemeinen Fall eines anisotropen Mediums ohne Näherungen nicht weiter zu vereinfachen, da in diesem Fall zwar $\operatorname{div} E_m = 0$, nicht aber $\operatorname{div} E = 0$ gilt. Anschaulich bedeutet dies, daß $E \not\perp k$ (k = Wellenvektor des E_m–Feldes).

Zur Vereinfachung nehmen wir für die weiteren Überlegungen ein isotropes Medium ($E \perp k$) an. Die nichtlineare Wellengleichung lautet dann (div $E = 0 \rightarrow \operatorname{rot} \operatorname{rot} E = \operatorname{grad} \operatorname{div} E - \Delta E = -\Delta E$):

$$\Delta E - \mu_0 \varepsilon \frac{\partial^2 E}{\partial t^2} = \mu_0 \frac{\partial^2 P_{NL}}{\partial t^2}. \qquad (11.18)$$

Diese nichtlineare Wellengleichung ist mit den entsprechenden Randbedingungen zu lösen. Die zweite Zeitableitung des nichtlinearen Anteils der Polarisation $\partial^2 P_{NL}/\partial t^2$ ist dabei Quelle für das Feld. Analytische Lösungen in allgemeiner Form wie für die lineare Wellengleichung existieren nicht. Wir müssen uns also eine spezifische, möglichst typische Aufgabe stellen und sehen, was wir dazu an Hand dieser Gleichung sagen können. Ein Standardproblem ist die Drei–Wellen–Wechselwirkung bei quadratischer Nichtlinearität.

11.7.1 Drei–Wellen–Wechselwirkung

Das Problem der Wechselwirkung dreier Wellen mit quadratischer Nichtlinearität soll durch eine Reihe von Annahmen vereinfacht werden:

1. Die Ausbreitung erfolge in z–Richtung in Form ebener Wellen, d.h., es gilt $\partial/\partial x = 0$ und $\partial/\partial y = 0$. Dann ist

$$E(z, t) = (E_x(z, t),\ E_y(z, t), 0), \tag{11.19}$$

   und die Wellengleichung (11.18) erhält die Form

$$\frac{\partial^2 E(z, t)}{\partial z^2} - \mu_0 \varepsilon \frac{\partial^2 E(z, t)}{\partial t^2} = \mu_0 \frac{\partial^2 P_{NL}}{\partial t^2}. \tag{11.20}$$

   In dieser Gleichung ist bereits die

2. Annahme enthalten, daß auch P_{NL} nur von z und t abhängt und ebenfalls nur Komponenten in x– und y–Richtung hat. Wir betrachten also nur transversale Wellen, und deren Wechselwirkung soll auch nur transversale Wellen erzeugen.

3. Der nichtlineare Anteil der Polarisation P_{NL} sei durch eine quadratische Nichtlinearität gegeben, d.h. durch einen Tensor dritter Stufe (d_{ijk}):

$$(P_{NL})_i = d_{ijk} E_j E_k, \qquad \mathrm{i, j, k} \in \{x, y\}, \tag{11.21}$$

   wobei über wiederholt vorkommende Indices zu summieren ist.

4. Es handele sich um eine reine Drei–Wellen–Wechselwirkung: Es seien nur drei ebene Wellen der Frequenzen ω_1, ω_2 und ω_3 vorhanden (siehe Abb. 11.15) mit der Beziehung

$$\omega_1 + \omega_2 = \omega_3. \tag{11.22}$$

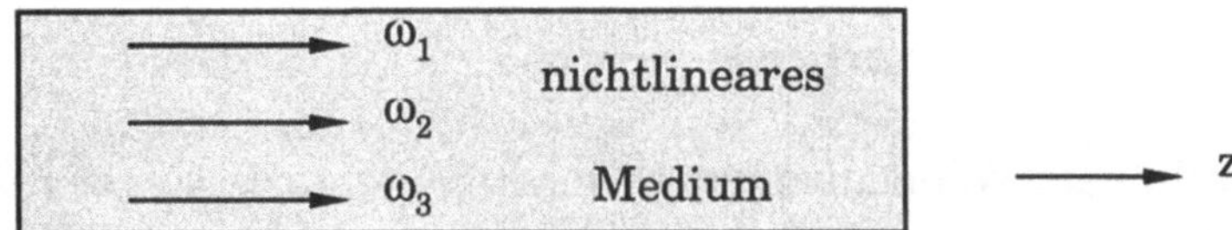

Abb. 11.15. Wechselwirkung dreier ebener Wellen mit Ausbreitung in z–Richtung.

Die drei Wellen lauten in reeller Schreibweise, wie es für nichtlineare Probleme unbedingt nötig ist,

$$E_i^{(\omega_1)}(z, t) = \frac{1}{2}\left[E_i^{(1)}(z)e^{ik_1z-i\omega_1 t} + \text{c.c.}\right],$$

$$E_k^{(\omega_2)}(z, t) = \frac{1}{2}\left[E_k^{(2)}(z)e^{ik_2z-i\omega_2 t} + \text{c.c.}\right], \qquad (11.23)$$

$$E_j^{(\omega_3)}(z, t) = \frac{1}{2}\left[E_j^{(3)}(z)e^{ik_3z-i\omega_3 t} + \text{c.c.}\right],$$

wobei die Indices i, j oder k für die Indices x oder y stehen.

Der Lösungsansatz für (11.20) für die Wechselwirkung von drei Lichtwellen sieht dann folgendermaßen aus:

$$E_{x,y}(z, t) = \sum_{\nu=\pm 1}^{\pm 3} \frac{1}{2}E_{x,y}^{(\nu)}(z)e^{ik_\nu z-i\omega_\nu t} \qquad (11.24)$$

mit

$$E_{x,y}^{(n)}(z) = E_{x,y}^{(-n)*}(z), \qquad \omega_{-n} = -\omega_n, \quad k_{-n} = -k_n \qquad n = 1, 2, 3, \qquad (11.25)$$

da die Lichtwellen reell sein sollen. Als Dispersionsgesetz nehmen wir das Gesetz für lineare Dispersion,

$$k_n^2 = \mu_0\varepsilon_n\omega_n^2, \qquad n = 1, 2, 3, \qquad (11.26)$$

an. Dabei ist $\varepsilon_n = \varepsilon(\omega_n)$, d.h. aus (11.12) bei der Frequenz ω_n zu berechnen. Ein solcher Ansatz kann natürlich nur eine Näherung sein, da durch die (quadratische) Nichtlinearität auch alle Kombinationsfrequenzen entstehen:

$$\omega_{l_1,l_2,l_3} = l_1\omega_1 + l_2\omega_2 + l_3\omega_3, \qquad l_1, l_2, l_3 = 0, \pm 1, \pm 2, \dots \qquad (11.27)$$

Die Berechtigung des Ansatzes ist also in einem gegebenen realen Fall stets genau zu prüfen. Der Ansatz ist sicher dann eine gute Näherung, wenn, wie wir vorausgesetzt haben, $\omega_1 + \omega_2 = \omega_3$ ist und wenn die Welle mit ω_3 eine sehr kleine Amplitude hat. Dann werden weitere Kombinationsfrequenzen, die mit ω_3 gebildet werden, eine noch viel kleinere Amplitude haben und damit vernachlässigbar sein.

Betrachten wir eine der drei Partialwellen mit der Frequenz ω_ν, so wird nur derjenige Anteil der nichtlinearen Polarisation eine Quelle für diese Partialwelle sein, der dieselbe Frequenz hat. Dieser Anteil werde $\boldsymbol{P}_{NL}^{(\omega_\nu)}(z, t)$ genannt. Die anderen Frequenzen der nichtlinearen Polarisation leisten im Mittel keine Arbeit. Bei extrem kurzen Pulsen ist diese Näherung eventuell nicht mehr zulässig.

Jede Partialwelle muß nach dieser Näherung die nichtlineare partielle Differentialgleichung (Wellengleichung) erfüllen:

$$\frac{\partial^2 E^{(\omega_\nu)}(z, t)}{\partial z^2} - \mu_0\varepsilon(\omega_\nu)\frac{\partial^2 E^{(\omega_\nu)}(z, t)}{\partial t^2} = \mu_0\frac{\partial^2 \boldsymbol{P}_{NL}^{(\omega_\nu)}(z, t)}{\partial t^2} \qquad (11.28)$$

für $\nu = 1, 2, 3$.

Der Quellterm auf der rechten Seite soll klein sein, d.h. eine kleine Störung für die Welle $E^{(\omega_v)}$, die ungestört durch $P_{NL}^{(\omega_v)}$ die lineare Wellengleichung erfüllt. Der nichtlineare Anteil der Polarisation $P_{NL}^{(\omega_v)}$ ist ebenfalls eine ebene Welle der Form

$$P_{NL}^{(\omega_v)} = \frac{1}{2}\left[P_{NL}^{(v)}(z)e^{i(k_v z - \omega_v t)} + \text{c.c.}\right], \tag{11.29}$$

so daß

$$\frac{\partial^2 P_{NL}^{(\omega_v)}}{\partial t^2} = -\omega_v^2 P_{NL}^{(\omega_v)}. \tag{11.30}$$

Ebenso gilt

$$\frac{\partial^2 E^{(\omega_v)}(z,t)}{\partial t^2} = -\omega_v^2 E^{(\omega_v)}(z,t). \tag{11.31}$$

Das System partieller Differentialgleichungen (11.28) geht mit diesem Ansatz zunächst über in ein gewöhnliches Differentialgleichungssystem. Man erhält zunächst

$$\frac{\partial^2 E^{(\omega_v)}(z,t)}{\partial z^2} + \mu_0 \varepsilon(\omega_v)\omega_v^2 E^{(\omega_v)}(z,t) = -\mu_0 \omega_v^2 P_{NL}^{(\omega_v)}(z,t). \tag{11.32}$$

Wir wollen jetzt den Quellterm $P_{NL}^{(\omega_v)}(z,t)$ bei quadratischer Nichtlinearität berechnen. Wir betrachten die Frequenz $\omega_1 = \omega_3 - \omega_2$:

$$\left[P_{NL}^{(\omega_1)}(z,t)\right]_i = \frac{1}{2}\left[d_{ijk}E_j^{(3)}(z)E_k^{(2)*}(z)e^{i(k_3-k_2)z - i(\omega_3-\omega_2)t} + \text{c.c.}\right]. \tag{11.33}$$

Die nichtlineare Gleichung für die Partialwelle ω_1 lautet dann:

$$\frac{\partial^2 E_i^{(\omega_1)}(z,t)}{\partial z^2} + \mu_0 \varepsilon(\omega_1)\omega_1^2 E_i^{(\omega_1)}(z,t) \tag{11.34}$$

$$= \frac{-\mu_0 \omega_1^2 d_{ijk}}{2}\left(E_j^{(3)}(z)E_k^{(2)*}(z)e^{i(k_3-k_2)z - i(\omega_3-\omega_2)t} + \text{c.c.}\right). \tag{11.35}$$

Wir wollen jetzt weitere Vereinfachungen vornehmen, die oft experimentell zutreffen, nämlich, daß sich die komplexen Amplituden $E_i^{(v)}$ aller drei Partialwellen nur langsam in z–Richtung ändern, so daß wir die zweite Ableitung gegenüber der ersten vernachlässigen können (LVA–Näherung, LVA = langsam veränderliche Amplitude). Es gilt, für ω_1 geschrieben,

$$\frac{\partial^2 E_i^{(\omega_1)}(z,t)}{\partial z^2} = \frac{1}{2}\frac{\partial^2}{\partial z^2}\left[E_i^{(1)}(z)e^{i(k_1 z - \omega_1 t)} + \text{c.c.}\right]$$

$$= \frac{1}{2}\left[\frac{d^2 E_i^{(1)}(z)}{dz^2} + 2ik_1\frac{dE_i^{(1)}(z)}{dz} - k_1^2 E_i^{(1)}(z)\right] \cdot e^{i(k_1 z - \omega_1 t)} + \text{c.c.}$$

$$\approx -\frac{1}{2}\left[k_1^2 E_i^{(1)}(z) - 2ik_1\frac{dE_i^{(1)}(z)}{dz}\right]e^{i(k_1 z - \omega_1 t)} + \text{c.c.} \tag{11.36}$$

$$\text{mit} \quad \left|\frac{d^2 E_i^{(1)}(z)}{dz^2}\right| \ll k_1 \left|\frac{dE_i^{(1)}(z)}{dz}\right|. \tag{11.37}$$

Ebensolche Gleichungen gelten für ω_2 und ω_3. Es empfiehlt sich, $1 \to 2 \to 3 \Longleftrightarrow i \to k \to j$ zu setzen, d.h. $E_k^{(\omega_2)}$ und $E_j^{(\omega_3)}$.

Die Differentialgleichung für $E_i^{(\omega_1)}(z, t)$ lautet in der LVA–Näherung:

$$\left(\frac{k_1^2}{2} E_i^{(1)}(z) - ik_1 \frac{dE_i^{(1)}(z)}{dz} \right) e^{i(k_1 z - \omega_1 t)} + \text{c.c.}$$

$$-\frac{1}{2}\mu_0 \varepsilon(\omega_1) \omega_1^2 E_i^{(1)}(z) e^{i(k_1 z - \omega_1 t)} + \text{c.c.}$$

$$= +\frac{\mu_0 \omega_1^2}{2} d_{ijk} E_j^{(3)}(z) E_k^{(2)*}(z) e^{i(k_3 - k_2)z - i(\omega_3 - \omega_2)t} + \text{c.c.} \tag{11.38}$$

Die beiden Terme $k_1^2 E_i^{(1)}/2$ und $-\mu_0 \varepsilon(\omega_1) \omega_1^2 E_i^{(1)}/2$ heben sich weg, da die Dispersionsrelation $k_1^2 = \mu_0 \varepsilon(\omega_1) \omega_1^2$ gelten soll, siehe (11.26).

Gleichung (11.38) ist eine Gleichung für reelle Größen, da wir stets das konjugiert Komplexe mitgenommen haben. Um die Gleichungen weiter vereinfachen zu können, rechnen wir jetzt komplex weiter (rotierende Wellenapproximation) und erhalten zwei Gleichungen, einmal

$$\frac{dE_i^{(1)}(z)}{dz} = +\frac{i\mu_0 \omega_1^2}{2k_1} d_{ijk} E_j^{(3)}(z) E_k^{(2)*}(z) e^{i(k_3 - k_2 - k_1)z} \tag{11.39}$$

und eine zweite für das konjugiert Komplexe, die aber offenbar nichts Neues bringt. Die Zeitabhängigkeit ist wegen $\omega_3 - \omega_2 - \omega_1 = 0$ herausgefallen.

Wir wollen noch mit Hilfe der Dispersionsrelation

$$k_1^2 = \mu_0 \varepsilon_1 \omega_1^2 \tag{11.40}$$

schreiben ($\varepsilon_1 = \varepsilon(\omega_1)$)

$$\frac{\mu_0 \omega_1^2}{k_1} = \omega_1 \sqrt{\frac{\mu_0}{\varepsilon_1}}. \tag{11.41}$$

Wir setzen für Δk, die sogenannte Phasenfehlanpassung,

$$\Delta k = (k_1 + k_2) - k_3. \tag{11.42}$$

Man erhält dann folgendes Gleichungssystem, wenn man noch die entsprechenden Gleichungen für ω_2 und ω_3 analog zu (11.39) ausrechnet:

$$\frac{dE_i^{(1)}}{dz} = +\frac{i\omega_1}{2} \sqrt{\frac{\mu_0}{\varepsilon_1}} d_{ijk} E_j^{(3)} E_k^{(2)*} e^{-i\Delta k z} \tag{11.43}$$

$$\frac{dE_k^{(2)*}}{dz} = -\frac{i\omega_2}{2} \sqrt{\frac{\mu_0}{\varepsilon_2}} d_{kij} E_i^{(1)} E_j^{(3)*} e^{i\Delta k z} \tag{11.44}$$

$$\frac{dE_j^{(3)}}{dz} = +\frac{i\omega_3}{2} \sqrt{\frac{\mu_0}{\varepsilon_3}} d_{jki} E_k^{(2)} E_i^{(1)} e^{i\Delta k z} \tag{11.45}$$

mit $i, j, k \in \{x, y\}$ und $\Delta k = k_1 + k_2 - k_3$, $E \sim e^{i(kz - \omega t)}$.

Dieses Gleichungssystem gilt für die kollineare Ausbreitung dreier Wellen in z–Richtung mit $\omega_1 + \omega_2 = \omega_3$ bei quadratischer Nichtlinearität des Mediums. Da i, j, k jeweils x oder y sein können, ergeben sich sechs Gleichungen für die komplexen Feldstärkeamplituden der drei Wellen (jede mit zwei Polarisationsrichtungen). Das Gleichungssystem beschreibt die Frequenzverdopplung, Summen– und Differenzfrequenzbildung, Auf– und Abwärtsmodulation und den parametrischen Verstärker. Man mag sich wundern, wieviele verschiedene Namen mit der Drei–Wellen–Wechselwirkung verbunden sind. Dies rührt daher, daß eine Reihe von Kombinationen möglich sind, welche Wellen eingestrahlt, welche erzeugt und auch, welche Wellen eine große Amplitude haben und welche nur schwach sein sollen.

Die Benutzung des Gleichungssystems für die Drei–Wellen–Wechselwirkung (11.43) bis (11.45) soll jetzt durch ein Beispiel erläutert werden, die Summenfrequenzbildung mit konstanten Pumpwellen (Abb. 11.16).

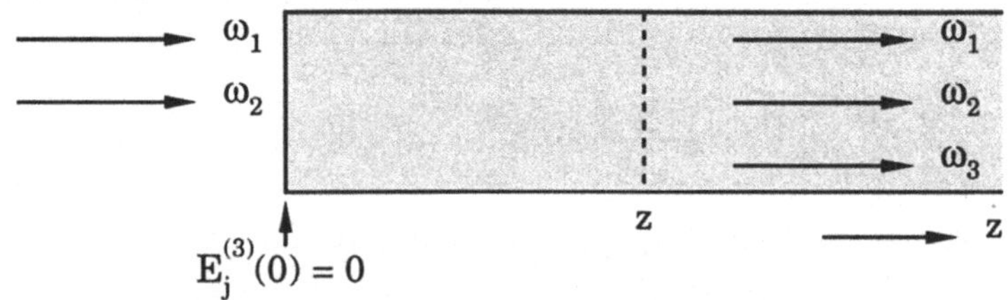

Abb. 11.16. Geometrie zur Summenfrequenzbildung.

Zwei Wellen der Frequenz ω_1 und ω_2 werden in einen geeigneten nichtlinearen Kristall eingestrahlt. Die Amplitude der Welle bei der Summenfrequenz $\omega_3 = \omega_1 + \omega_2$ sei an der Eintrittsstelle des Kristalls Null, also

$$E_j^{(3)}(z = 0) = 0. \tag{11.46}$$

Das Problem der Einkopplung der beiden Wellen mit den Frequenzen ω_1 und ω_2 in das nichtlineare Medium werde vernachlässigt. Weiter wollen wir annehmen, daß die beiden eingestrahlten Wellen praktisch ihre Intensität behalten, also nur sehr wenig umgewandelt wird, wie es oftmals der Fall ist:

$$E_i^{(1)} \;=\; \text{const} \qquad \text{bzw.} \qquad \frac{dE_i^{(1)}}{dz} = 0, \tag{11.47}$$

$$E_k^{(2)*} \;=\; \text{const} \qquad \text{bzw.} \qquad \frac{dE_k^{(2)*}}{dz} = 0. \tag{11.48}$$

Von dem Gleichungssystem (11.43) bis (11.45) bleibt dann nur die dritte Gleichung mit konstanten Vorfaktoren übrig,

$$\frac{dE_j^{(3)}(z)}{dz} = +\frac{i\omega_3}{2}\sqrt{\frac{\mu_0}{\varepsilon_3}}d_{jki}E_k^{(2)}E_i^{(1)}e^{i\Delta kz}, \tag{11.49}$$

mit $\Delta k = k_1 + k_2 - k_3$. Sie ist in unserem Fall mit der Randbedingung (11.46) zu lösen.

Die Differentialgleichung (11.49) ist vom Typ

$$\frac{dy}{dx} = a e^{ibx},$$

deren Lösung sofort angebbar ist. Daher folgt für $E_j^{(3)}(z)$

$$E_j^{(3)}(z) = \frac{i\omega_3}{2}\sqrt{\frac{\mu_0}{\varepsilon_3}} d_{jki} E_i^{(1)} E_k^{(2)} \frac{e^{i\Delta kz} - 1}{i\Delta k}. \tag{11.50}$$

Die Intensität der neu entstandenen dritten Welle mit der Frequenz ω_3 ist damit bei $\Delta k \neq 0$ gegeben durch

$$I^{(3)}(z) \sim E_j^{(3)}(z) E_j^{(3)*}(z) = \omega_3^2 \frac{\mu_0}{\varepsilon_3} d_{jki}^2 |E_i^{(1)}|^2 |E_k^{(2)}|^2 \frac{\sin^2(\Delta k/2)z}{(\Delta k)^2}, \quad \Delta k \neq 0. \tag{11.51}$$

Hierbei wurde benutzt:

$$\left(e^{i\Delta kz} - 1\right)\left(e^{-i\Delta kz} - 1\right) = 2 - 2\cos\Delta kz = 4\sin^2\frac{\Delta k}{2}z.$$

Bei $\Delta k \neq 0$ nimmt also die Intensität mit der Laufstrecke im Kristall zu und wieder ab, und zwar in der hier gemachten Näherung konstanter Pumpwellen bei ω_1 und ω_2 $\sin^2$–förmig (siehe Abb. 11.17). Die maximale

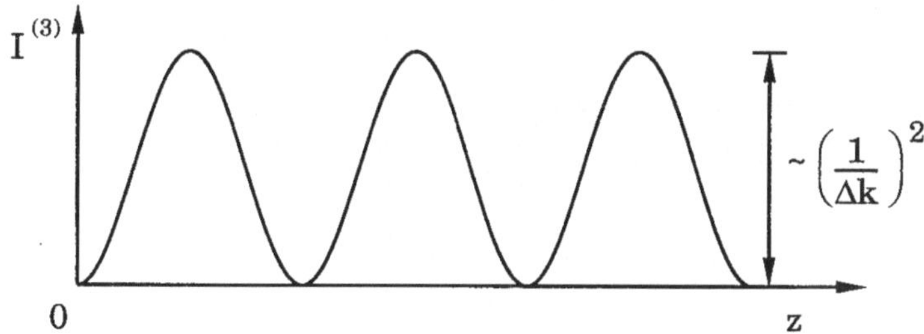

Abb. 11.17. Intensität der Summenfrequenz in Abhängigkeit von der Länge des Kristalls bei $\Delta k = \text{const} \neq 0$.

Intensität ist dabei um so kleiner, je größer die Phasenfehlanpassung Δk ist:

$$I_{max}^{(3)} \sim \left(\frac{1}{\Delta k}\right)^2. \tag{11.52}$$

Die drastische Abhängigkeit der Intensität von der Kristallänge gemäß (11.51) wurde für den Fall der Frequenzverdopplung ($\omega_1 = \omega_2$) schon früh gefunden [11.17].

Ist $\Delta k = 0$ (Phasenanpassung), erhält man ein grundsätzlich anderes Bild. Dann steigt die Intensität der Summenfrequenzbildung quadratisch an. Das kann natürlich nur für hinreichend kleine z gelten, für größere z muß man berücksichtigen, daß die eingestrahlten Wellen $E^{(1)}$ und $E^{(2)}$ nicht mehr konstant bleiben. Es muß dann das volle Differentialgleichungssystem gelöst werden.

Mit dem betrachteten Beispiel ist praktisch auch der Fall der Differenzfrequenzbildung behandelt, denn der Formalismus für die Differenzfrequenzbildung entspricht dem für die Summenfrequenzbildung. Man muß nur annehmen, daß ω_1 und ω_3 eingestrahlt werden und $\omega_2 = \omega_3 - \omega_1$ entsteht.

11.7.2 Skalare Drei–Wellen–Wechselwirkung

Das Gleichungssystem (11.43) bis (11.45) läßt sich mit einigen weiteren Annahmen noch einfacher schreiben. Wir setzen

$$A^{(\nu)} = \sqrt{\frac{n_\nu}{\omega_\nu}}\, E^{(\nu)}, \qquad \nu = 1, 2, 3, \tag{11.53}$$

wobei n_ν der Brechungsindex bei der Frequenz ω_ν ist. Damit wird aus (11.43)

$$\sqrt{\frac{\omega_1}{n_1}}\frac{dA_i^{(1)}}{dz} = +\frac{i\omega_1}{2}\sqrt{\frac{\mu_0}{\varepsilon_1}}d_{ijk}\sqrt{\frac{\omega_2\omega_3}{n_2 n_3}}A_j^{(3)}A_k^{(2)*}e^{-i\Delta kz}. \tag{11.54}$$

Ersetzen wir noch ε_1 durch

$$\varepsilon_1 = n_1^2\varepsilon_0, \tag{11.55}$$

ergibt sich

$$\frac{dA_i^{(1)}}{dz} = +\frac{i}{2}\sqrt{\frac{\mu_0}{\varepsilon_0}}d_{ijk}\sqrt{\frac{\omega_1\omega_2\omega_3}{n_1 n_2 n_3}}A_j^{(3)}A_k^{(2)*}e^{-i\Delta kz}. \tag{11.56}$$

Mit

$$C = \sqrt{\frac{\mu_0}{\varepsilon_0}}\sqrt{\frac{\omega_1\omega_2\omega_3}{n_1 n_2 n_3}} \tag{11.57}$$

und Verwendung im Gleichungssystem (11.43) bis (11.45) ergibt sich das neue Gleichungssystem

$$\frac{dA_i^{(1)}}{dz} = +\frac{i}{2}Cd_{ijk}A_j^{(3)}A_k^{(2)*}e^{-i\Delta kz}, \tag{11.58}$$

$$\frac{dA_k^{(2)*}}{dz} = -\frac{i}{2}Cd_{kij}A_i^{(1)}A_j^{(3)*}e^{i\Delta kz}, \tag{11.59}$$

$$\frac{dA_j^{(3)}}{dz} = +\frac{i}{2}Cd_{jki}A_k^{(2)}A_i^{(1)}e^{i\Delta kz}. \tag{11.60}$$

Wir nehmen jetzt weiterhin an, daß sich die Polarisationsrichtung der jeweils einzelnen Wellen bei der Wechselwirkung nicht ändert, daß also z.B. $A_x^{(1)}$ und $A_y^{(2)}$ sich jeweils gleichzeitig so verändern, daß sich keine Änderung der Polarisationsrichtung ergibt. Statt zweier Gleichungen für

$A_i^{(1)}$, $i = x, y$, brauchen wir dann nur noch eine zur Beschreibung des Vorgangs, ebenso für die jeweils anderen einzelnen Wellen: Wir betrachten für jede Welle nur eine Polarisationsrichtung. Zur Vereinfachung der Notation können wir dann schreiben

$$A_i^{(1)} = A_1, \tag{11.61}$$

wobei jetzt der Index 1 die Welle bei der Frequenz ω_1 mit zugehöriger Polarisationsrichtung bedeutet. Ebenso schreiben wir

$$A_k^{(2)} = A_2 \quad \text{und} \quad A_j^{(3)} = A_3. \tag{11.62}$$

Die nichtlinearen Suszeptibilitätskoeffizienten gehen dann über in

$$d_{ijk} \leftrightarrow d_{132}, \quad d_{kij} \leftrightarrow d_{213}, \quad d_{jki} \leftrightarrow d_{321}. \tag{11.63}$$

Die Annahme hat gleichzeitig die Summation über die Indizes eliminiert, indem wir jede Polarisationsrichtung jeweils unabhängig von der anderen für sich betrachten.

Weiter gilt für verlustlose Medien Kleinmans Regel (siehe [11.18]), daß alle Koeffizienten des Suszeptibilitätstensors (d_{ijk}), die durch Permutation der Indizes hervorgehen, gleich sind, also

$$d_{132} = d_{321} = d_{213} = d. \tag{11.64}$$

Das liefert die Gleichungen, wenn wir noch (d_{ijk}) als frequenzunabhängig annehmen,

$$\frac{dA_1}{dz} = +iKA_2^* A_3 e^{-i\Delta kz}, \tag{11.65}$$

$$\frac{dA_2^*}{dz} = -iKA_1 A_3^* e^{+i\Delta kz}, \tag{11.66}$$

$$\frac{dA_3}{dz} = +iKA_2 A_1 e^{+i\Delta kz}, \tag{11.67}$$

mit

$$\omega_1 + \omega_2 = \omega_3, \tag{11.68}$$

$$\Delta k = k_1 + k_2 - k_3, \tag{11.69}$$

$$K = \frac{1}{2} d \sqrt{\frac{\mu_0}{\varepsilon_0}} \sqrt{\frac{\omega_1 \omega_2 \omega_3}{n_1 n_2 n_3}}, \tag{11.70}$$

$$A = \sqrt{\frac{n}{\omega}} E \quad \text{und} \quad E \sim e^{i(kz - \omega t)}. \tag{11.71}$$

11.7.3 Frequenzverdopplung

Das Gleichungssystem (11.65) bis (11.67) soll auf den Fall der Frequenzverdopplung angewandt werden. In diesem Fall gilt:

$$A_1 = A_2, \quad \omega_1 = \omega_2, \quad k_1 = k_2, \quad \omega_3 = 2\omega_1, \quad \Delta k = 2k_1 - k_3. \qquad (11.72)$$

Es bleiben dann von dem Gleichungssystem nur zwei Gleichungen übrig:

$$\frac{dA_1}{dz} = +iKA_1^* A_3 e^{-i\Delta kz}, \qquad (11.73)$$

$$\frac{dA_3}{dz} = +iKA_1^2 e^{+i\Delta kz}. \qquad (11.74)$$

Dies ist das nichtlineare Gleichungssystem für Frequenzverdopplung, z.B. für KH_2PO_4 = KDP.

Wir wollen die Gleichungen für den Fall $\Delta k = 0$, d.h. den Fall der Phasenanpassung, berechnen. Dazu brauchen wir zur Lösung noch Anfangsbedingungen. Wir wollen $A_1(0)$ reell $\neq 0$ und $A_3(0) = 0$ annehmen (Abb. 11.18).

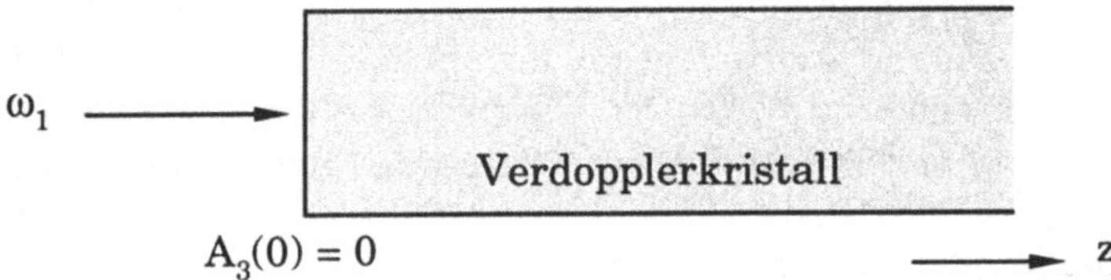

Abb. 11.18. Zu den Anfangsbedingungen bei Frequenzverdopplung.

Dann folgt aus dem Gleichungssystem

$$\frac{dA_1}{dz} = +iKA_1^* A_3, \qquad (11.75)$$

$$\frac{dA_3}{dz} = +iKA_1^2, \qquad (11.76)$$

daß $A_1(z)$ reell und $A_3(z)$ rein imaginär ist. Wir setzen daher

$$A_3 = i\tilde{A}_3, \qquad (11.77)$$

so daß $\tilde{A}_3$ reell ist, und erhalten wegen $A_1 = A_1^*$

$$\frac{dA_1}{dz} = -K\tilde{A}_3 A_1, \qquad (11.78)$$

$$\frac{d\tilde{A}_3}{dz} = KA_1^2. \qquad (11.79)$$

Damit ergibt sich ein reelles, nichtlineares Differentialgleichungssystem. Es läßt sich geschlossen lösen. Zunächst erhalten wir nach Multiplikation der ersten Gleichung mit A_1 und der zweiten mit $\tilde{A}_3$ und Addition

$$\frac{d}{dz}\left(A_1^2 + \tilde{A}_3^2\right) = 0. \qquad (11.80)$$

Dies ist ein Ausdruck des Energieerhaltungssatzes. Da wir zu Beginn $(z = 0)$ nur die Welle $A_1(0)$ haben, folgt für die Integrationskonstante

$$\left(A_1^2(z) + \tilde{A}_3^2(z)\right) = A_1^2(0) \tag{11.81}$$

und weiter

$$\frac{d\tilde{A}_3(z)}{dz} = KA_1^2(z) = K\left(A_1^2(0) - \tilde{A}_3^2(z)\right). \tag{11.82}$$

Die Lösung ist

$$\tilde{A}_3(z) = A_1(0)\,\tanh\,(KA_1(0)z), \tag{11.83}$$

wie man leicht durch Einsetzen bestätigt $(d\tanh z/dz = 1 - \tanh^2 z)$. Beobachtbar ist wieder nur die Intensität

$$I_3(z) \sim \tilde{A}_3^2(z) = A_1^2(0)\,\tanh^2\,(KA_1(0)z). \tag{11.84}$$

Die Abnahme der Intensität der eingestrahlten Welle erhält man sofort aus der Beziehung (11.81):

$$\begin{aligned}
I_1(z) \sim A_1^2(z) &= A_1^2(0) - \tilde{A}_3^2(z) = A_1^2(0)\left(1 - \tanh^2\,(KA_1(0)z)\right) \\
&= A_1^2(0)\,\mathrm{sech}^2\,(KA_1(0)z).
\end{aligned} \tag{11.85}$$

Die Lösungskurven sind in Abb. 11.19 angegeben.

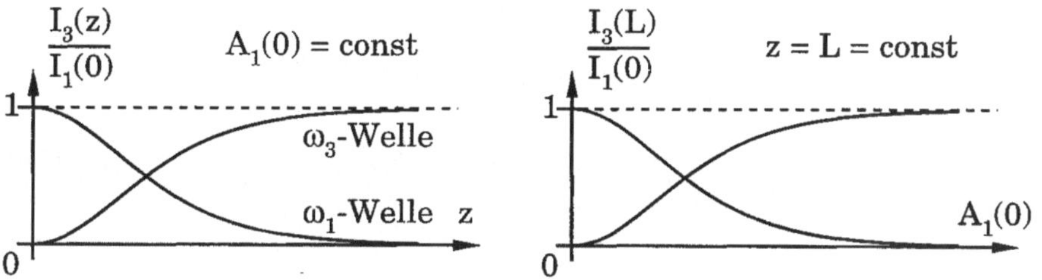

Abb. 11.19. Lösungskurven bei Frequenzverdopplung, $\Delta k = 0$.

Eine Diskussion der Lösung liefert folgende bemerkenswerte Punkte:

- Man kann offensichtlich im Phasenanpassungsfall nahezu die gesamte einfallende Intensität in die neu erzeugte, frequenzverdoppelte Welle umwandeln. Man braucht dazu eine lange Wechselwirkungsstrecke $(z \to \infty)$ oder eine sehr hohe Intensität $(A_1^2(0) \to \infty)$.

- Weiterhin ist an der Lösung bemerkenswert, daß keine Schwelle für den Prozeß der Umwandlung von Licht in die Harmonische besteht und auch kein Rauschvorgang erforderlich ist, um den Prozeß der Umwandlung auszulösen.

- Die Gültigkeit des Energiesatzes (11.80) erstaunt, sind doch bei der Herleitung der Gleichungen Näherungen gemacht worden.

11.7.4 Der optische parametrische Verstärker und Oszillator

Die Drei–Wellen–Wechselwirkung in einem nichtlinearen Medium kann auch dazu benutzt werden, ein Lichtsignal bei einer Frequenz ω_1 zu verstärken. Dazu muß man gleichzeitig eine intensive Pumpwelle bei der Frequenz $\omega_3 > \omega_1$ einstrahlen. Notwendigerweise entsteht dann eine weitere Lichtwelle bei $\omega_2 = \omega_3 - \omega_1$, die Idler–Welle (Abb. 11.20). Auch dieser

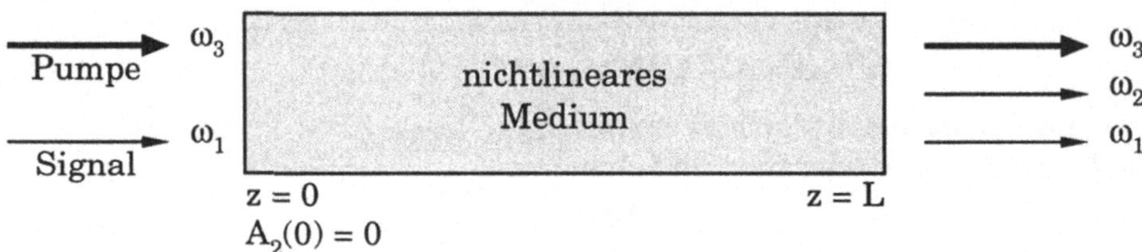

Abb. 11.20. Zu den Anfangsbedingungen beim optischen parametrischen Verstärker.

Fall kann mit den Grundgleichungen der Drei–Wellen–Wechselwirkung (11.65–11.67) gelöst werden. Wir betrachten den Fall konstanter Pumpwelle mit reeller Amplitude.

$$A_3(z) = A_3(0) \tag{11.86}$$

Dann ergeben sich nur noch zwei Gleichungen für A_1 und A_2^*:

$$\frac{dA_1}{dz} = +iK_pA_2^*e^{-i\Delta kz}, \tag{11.87}$$

$$\frac{dA_2^*}{dz} = -iK_pA_1e^{+i\Delta kz}, \tag{11.88}$$

wobei

$$K_p = KA_3(0) \tag{11.89}$$

gesetzt wurde und wie bisher $\Delta k = k_1 + k_2 - k_3$ gilt. Dieses Gleichungssystem ist geschlossen lösbar, wir wollen hier aber nur den einfachen Fall der Phasenanpassung $\Delta k = 0$ betrachten. Dann ergibt sich das lineare Gleichungssystem

$$\frac{dA_1}{dz} = +iK_pA_2^*, \tag{11.90}$$

$$\frac{dA_2^*}{dz} = -iK_pA_1. \tag{11.91}$$

Als Anfangsbedingungen setzen wir ein schwaches Signal $A_1(0) \neq 0$ an, sowie $A_2(0) = 0$. Dann erhält man als Lösung

$$A_1(z) = A_1(0)\cosh K_pz, \tag{11.92}$$

$$A_2^*(z) = -iA_1(0)\sinh K_pz, \tag{11.93}$$

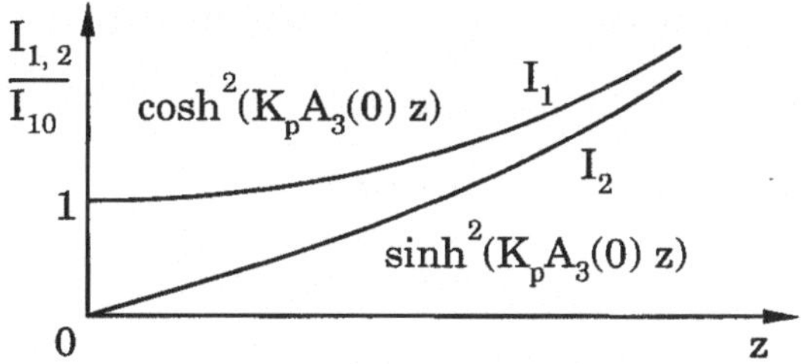

Abb. 11.21. Lösungskurven des optischen parametrischen Verstärkers, $\Delta k = 0$.

wie man sich leicht durch Einsetzen in (11.90) und (11.91) überzeugt. Die Intensität der Wellen beträgt

$$I_1(z) \;=\; A_1(z)A_1^*(z) = A_1(0)A_1^*(0)\cosh^2(K_p z) = I_{10}\cosh^2(KA_3(0)z),$$

$$(11.94)$$

$$I_2(z) \;=\; A_2(z)A_2^*(z) = A_1(0)A_1^*(0)\sinh^2(K_p z) = I_{10}\sinh^2(KA_3(0)z).$$

$$(11.95)$$

Man erkennt, daß neben der Signalwelle bei der Frequenz ω_1 die zunächst nur mäßig verstärkt wird, die Idler–Welle bei der Frequenz ω_2 neu entsteht (Abb. 11.21). Der optische parametrische Verstärker erlaubt also neben der Signalverstärkung die Erzeugung kohärenten Lichts bei neuen Frequenzen, für die kein Material mit einem entsprechenden atomaren Übergang vorhanden sein muß.

Wenn man einen Verstärker für eine Frequenz besitzt, so kann man damit immer auch einen Oszillator bauen. Man muß dazu nur für die entsprechende phasenrichtige Rückkopplung sorgen und üblicherweise eine Verlustschwelle überwinden. In der Optik erzielt man die phasenrichtige Rückkopplung durch Einbringen des Verstärkers in einen Resonator, der auf die Wellenlänge abgestimmt ist. Genauso wie bei einem üblichen Laser, bei dem atomare Zustände benutzt werden, erhält man dann einen Oszillator, den sogenannten optischen parametrischen Oszillator (Abb. 11.22). Die Frequenzen ω_1 und ω_2 entstehen aus dem Rauschen. Sie unterliegen nicht der Bedingung, einem atomaren Übergang

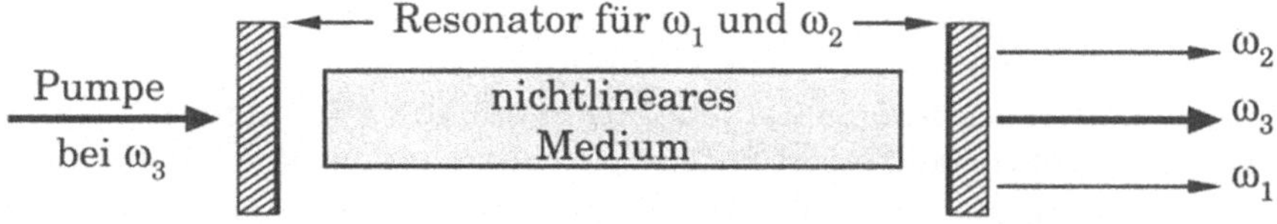

Abb. 11.22. Der optische parametrische Oszillator.

entsprechen zu müssen, sondern nur der Bedingung

$$\omega_1 + \omega_2 = \omega_3, \tag{11.96}$$

dem Energiesatz, und, bei effektiver Erzeugung,

$$k_1 + k_2 = k_3, \tag{11.97}$$

der Phasenanpassung (Impulssatz). Beide Bedingungen können bei geeigneten Eigenschaften des nichtlinearen Mediums erfüllt werden. Oszillatoren dieser Art für kohärentes Licht können durch Änderung der Rückkopplungsbedingungen durchgestimmt werden, d.h. einzelne Frequenzen aus einem kontinuierlichen Bereich von Frequenzen je nach Einstellung erzeugen.

11.7.5 Die Drei–Wellen–Wechselwirkung im Photonenbild

Die Gleichungen (11.65–11.67) enthalten, trotz der gemachten Näherungen, eine allgemeine Beziehung zwischen den Intensitäten der drei Wellen, die aus der Nachrichtentechnik als die Manley–Rowe–Beziehung bekannt sind [11.19]. Sie lauten im Fall der Drei–Wellen–Wechselwirkung in unserer Formulierung mit $\omega_1 + \omega_2 = \omega_3$

$$\frac{d}{dz}(A_1 A_1^*) = \frac{d}{dz}(A_2 A_2^*) = -\frac{d}{dz}(A_3 A_3^*). \tag{11.98}$$

Der Beweis ist einfach. Wir setzen in die obige Beziehung die entsprechenden Ausdrücke aus (11.65–11.67) ein:

$$\frac{d}{dz}(A_1 A_1^*) = A_1 \frac{dA_1^*}{dz} + A_1^* \frac{dA_1}{dz}$$
$$= A_1(-iKA_2 A_3^* e^{+i\Delta kz}) + A_1^*(iKA_2^* A_3 e^{-i\Delta kz}), \tag{11.99}$$

$$\frac{d}{dz}(A_2 A_2^*) = A_2 \frac{dA_2^*}{dz} + A_2^* \frac{dA_2}{dz}$$
$$= A_2(-iKA_1 A_3^* e^{+i\Delta kz}) + A_2^*(iKA_1^* A_3 e^{-i\Delta kz}), \tag{11.100}$$

$$\frac{d}{dz}(A_3 A_3^*) = A_3 \frac{dA_3^*}{dz} + A_3^* \frac{dA_3}{dz}$$
$$= A_3(-iKA_2^* A_1^* e^{-i\Delta kz}) + A_3^*(iKA_2 A_1 e^{+i\Delta kz}). \tag{11.101}$$

Da die Intensitäten $A_n A_n^*$, n = 1, 2, 3, proportional zum Photonenfluß bei der jeweiligen Frequenz ω_n sind, kann man dies im Photonenbild folgendermaßen interpretieren. Mit jedem Photon der Frequenz ω_3, das verschwindet, muß jeweils ein Photon der Frequenz ω_1 und ein Photon der Frequenz ω_2 entstehen, wobei die Beziehung $\omega_3 = \omega_1 + \omega_2$ besteht. Auch umgekehrt gilt: Mit jedem Photon der Frequenz ω_3, das entsteht, muß jeweils ein Photon der Frequenz ω_1 und ein Photon der Frequenz ω_2 verschwinden $\omega_1 + \omega_2 = \omega_3$ (Abb. 11.23). In der klassischen Relation von (11.98)

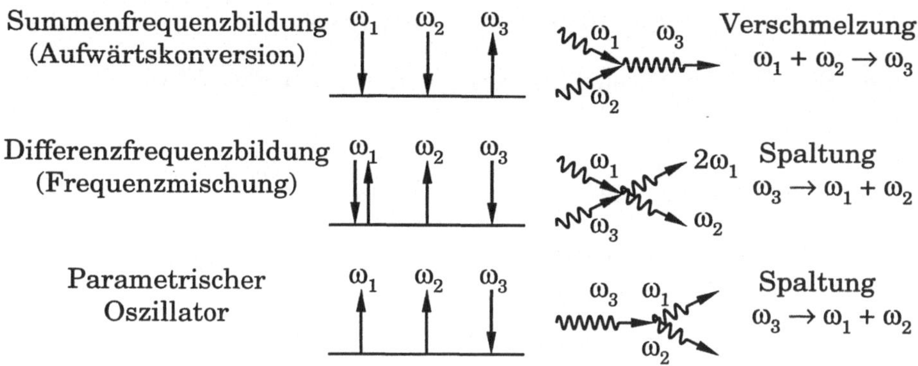

Abb. 11.23. Die Grundprozesse der Drei–Wellen–Wechselwirkung.

spiegelt sich die Quantennatur des Lichts, und sie muß sich darin wider-
spiegeln. Wenn Licht nur in diskreten Energieportionen wechselwirken
kann, dann müssen bei einer nichtlinearen Frequenzumwandlung diese
Bedingungen Photon für Photon eingehalten werden. Es muß dann neben
der erzeugten Frequenz (Welle) mindestens eine weitere Frequenz (Welle)
entstehen, außer im sogenannten degenerierten Fall, bei dem zwei Frequenzen (Wellen) übereinstimmen. Dazu gehört die Frequenzverdopplung
als ein wichtiger Sonderfall der Summenfrequenzbildung (Abb. 11.24).

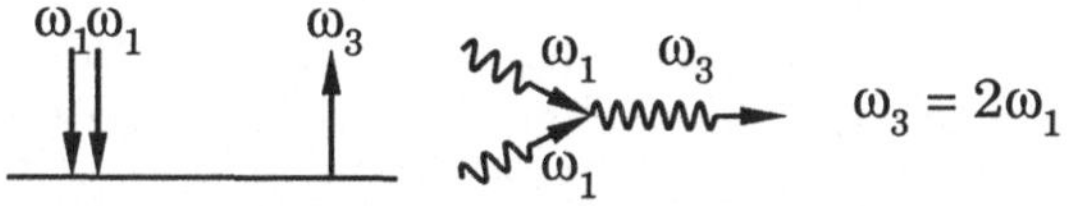

Abb. 11.24. Degenerierter Fall der Drei–Wellen–Wechselwirkung, die Frequenzverdopplung.

Die nichtlineare Optik gibt uns mit der Drei–Wellen–Wechselwirkung
ein Mittel an die Hand, Photonen zu teilen und zu verschmelzen. Grundsätzlich gibt es nur zwei grundlegende Drei–Wellen–Wechselwirkungs-
prozesse: Verschmelzung ($\omega_1 + \omega_2 \to \omega_3$) und Spaltung ($\omega_3 \to \omega_1 + \omega_2$).
Unter diesem Gesichtspunkt können die bisher besprochenen nichtlinea-
ren Prozesse sehr anschaulich eingeordnet werden.

Übungsaufgaben

11.1. Machen Sie für den Duffing–Oszillator mit harmonischer Anregung

$$\ddot{x} + d\dot{x} + \omega_0^2 x + \alpha x^3 = E_0 \cos(\omega t) \qquad (11.102)$$

einen Lösungsansatz im Sinne der LVA–Näherung,

$$x(t) = A(t)\exp(-i\omega t) + A^*(t)\exp(i\omega t). \qquad (11.103)$$

Zeigen Sie, daß für Vernachlässigung von Termen d^2A/dt^2 die Enveloppenfunktion $A(t)$ folgender Differentialgleichung genügt:

$$(d - 2i\omega)\frac{dA}{dt} + (\omega_0^2 - \omega^2 - id\omega + 3\alpha|A|^2)A = \frac{E_0}{2}. \qquad (11.104)$$

Leiten Sie eine Bestimmungsgleichung für $|A|^2$ für den Fall ab, daß $A(t)$ nicht von der Zeit abhängt.

11.2. Betrachten Sie einen Duffing–Oszillator, der von zwei Schwingungen mit den Frequenzen ω_1 und ω_2 getrieben wird,

$$\ddot{x} + d\dot{x} + \omega_0^2 x + \alpha x^3 = E_1\cos(\omega_1 t) + E_2\cos(\omega_2 t). \qquad (11.105)$$

Die Schwingungsamplitude des Systems sei hinreichend klein. Setzen Sie den Ansatz $x^{(1)}(t) = (A_1\exp(i\omega_1 t) + A_2\exp(i\omega_2 t) + c.c.)$ in die Gleichung (11.105) ein und bestimmen Sie in erster Näherung die Amplituden A_1 und A_2 (der Term αx^3 wird vernachlässigt). Welche neuen Frequenzen entstehen durch den nichtlinearen Term? Wieviele Koeffizienten enthält demnach ein Lösungsansatz in zweiter Näherung?

11.3. Wir betrachten die Frequenzverdopplung im Rahmen der skalaren Drei–Wellen–Wechselwirkung. Der Strahl eines Rubin–Lasers (linear polarisiert, $\lambda = 694.3$ nm) mit einer Leistungsdichte $S = 100$ MW/cm^2 dringt in einen KDP–Kristall ein. Wie lang muß der Kristall sein, damit die Amplitude der zweiten Harmonischen das $1/\sqrt{2}$–fache der Eingangsamplitude der Grundwelle erreicht? Der Brechungsindex des Kristalls sei $n = 1.507$, die Konstante $K = 1.2 \cdot 10^{-6}$ V^{-1}, und wir nehmen $\Delta k = 0$ an (Phasenanpassung, engl. "Index matching"). Hinweis: Der Zusammenhang zwischen Leistungsdichte und der Feldstärke ist $S = \frac{1}{2}nc\varepsilon_0 E_0^2$; die bei der Einstrahlung entstehenden Verluste seien vernachlässigt.

11.4. Verifizieren Sie, daß die Funktionen

$$A_1(z) = A_1(0)e^{-i\Delta kz/2}\left(\cosh(bz) - i\frac{\Delta k}{2b}\sinh(bz)\right) + i\frac{K_p}{b}A_2^*(0)\sinh(bz)e^{-i\Delta kz/2},$$

$$A_2^*(z) = A_2^*(0)e^{i\Delta kz/2}\left(\cosh(bz) - i\frac{\Delta k}{2b}\sinh(bz)\right) - i\frac{K_p}{b}A_1(0)\sinh(bz)e^{i\Delta kz/2}$$

mit $b = \sqrt{K_p^2 - (\Delta k)^2/4}$ die Differentialgleichungen (11.87) und (11.88) für die Drei–Wellen–Wechselwirkung mit konstanter Pumpwelle lösen.

Literatur

11.1 M. Goeppert–Mayer: „Über Elementarakte mit zwei Quantensprüngen", Ann. Phys. **9**, 273–294 (1931)

11.2 W. Kaiser, C. G. B. Garrett: „Two–photon excitation in CaF_2:Eu^{2+}", Phys. Rev. Lett. **7**, 229–231 (1961)

11.3 J. J. Hopfield, J. M. Worlock, K. Park: „Two–quantum absorption spectrum of KI", Phys. Rev. Lett. **11**, 414–417 (1963)

11.4 W. Zernik: „Two–photon ionization of atomic hydrogen", Phys. Rev. **135**, A51–A57 (1964)

11.5 H. Mahr: „Two–Photon absorption spectroscopy", in: H. Rabin, C. L. Tang (Hrsg.): *Quantum Electronics*, 285–361 (Academic Press, New York 1975)

11.6 P. A. Franken, A. E. Hill, C. W. Peters, G. Weinreich: „Generation of optical harmonics", Phys. Rev. Lett. **7**, 118–119 (1961)

11.7 M. Bass, P. A. Franken, A. E. Hill, C. W. Peters, G. Weinreich: „Optical mixing", Phys. Rev. Lett. **8**, 18–18 (1962)

11.8 J. Warner: „Difference frequency generation and up–conversion", in: H. Rabin, C. L. Tang (Hrsg.): *Quantum Electronics*, 703–737 (Academic Press, New York, (1975))

11.9 A. W. Smith, N. Braslau, „Optical mixing of coherent and incoherent light", IBM J. Res. Develop. **6**, 361–362 (1962)
F. Zernike, P. R. Berman, „Generation of far infrared as a difference frequency", Phys. Rev. Lett. **15**, 999–1001 (1965)

11.10 M. Bass, P. A. Franken, J. F. Ward, G. Weinreich: „Optical rectification", Phys. Rev. Lett. **9**, 446–448 (1962)

11.11 J. A. Giordmaine, R. C. Miller: „Tunable coherent parametric oscillation in LiNbO at optical frequencies", Phys. Rev. Lett. **14**, 973–976 (1965)

11.12 R. L. Byer: „Optical parametric oscillators", in: H. Rabin, C. L. Tang (Hrsg.): *Quantum Electronics*, 587–702 (Academic Press, New York 1975)

11.13 R. A. Fischer (Hrsg.): *Optical Phase Conjugation* (Academic Press, Orlando 1983)

11.14 R. W. Terhune, P. D. Maker, C. M. Savage: „Optical harmonic generation in calcite", Phys. Rev. Lett. **8**, 404–406 (1962)

11.15 S. Singh, L. T. Bradley: „Three–photon absorption in naphtalene crystals by laser excitation", Phys. Rev. Lett. **12**, 612–614 (1964)

11.16 C. Scheffczyk, U. Parlitz, T. Kurz, W. Knop, W. Lauterborn: „Comparison of bifurcation structures of driven dissipative nonlinear oscillators", Phys. Rev. **43A**, 6495–6502 (1991)

11.17 P. D. Maker, R. W. Terhune, M. Nisenhoff, C. M. Savage: „Effects of dispersion and focusing on the production of optical harmonics", Phys. Rev. Lett. **8**, 21–22 (1962)

11.18 A. Yariv: *Quantum Electronics* (Wiley, New York 1975)
11.19 J. M. Manley, H. E. Rowe: „General energy relations in nonlinear reactances", Proc. IRE **47**, 2115–2116 (1959)

Weiterführende Literatur

Bloembergen, N.: *Nonlinear Optics* (Benjamin, New York 1965)
Butcher, P. N., D. Cotter: *The Elements of Nonlinear Optics* (Cambridge University Press, Cambridge 1991)
Gibbs, H. M.: *Optical Bistability: Controlling Light with Light* (Academic Press, London 1985)
Mills, P. L.: *Nonlinear Optics* (Springer, Berlin, Heidelberg 1991)

12. Optische Nachrichtentechnik und Datenverarbeitung

Nachrichten sind seit alters her auch optisch übertragen worden. Man denke nur an die Rauchzeichen der Indianer, Signalflaggen und Blinkzeichen aller Art. Noch heute dienen Leuchttürme mit ihren Lichtsignalen als Wegweiser und wird verschiedenfarbiges Licht (rot, gelb, grün) dazu benutzt, den Verkehrsfluß zu steuern. Die Optik hat aber zunächst bei der Entwicklung der Nachrichtentechnik keine große Rolle gespielt. Zwar verdankt die drahtlose Nachrichtentechnik ihre Entstehung der Entdeckung der elektromagnetischen Wellen durch *Heinrich Hertz*, und auch Licht ist eine elektromagnetische Welle, doch gelang die kohärente Erzeugung solcher Wellen zunächst nur im relativ tieffrequenten Bereich (Radio, Fernsehen). Mit der Entwicklung des Lasers, in diesem Zusammenhang vor allem des Halbleiterlasers, stehen nun kohärente Wellen auch im optischen Bereich zur Verfügung. Der Nachrichtentechnik eröffnen sich dadurch ganz neue Möglichkeiten durch die hohen Übertragungsbandbreiten. In der Erdatmosphäre ist die optische Ausbreitung oft durch Witterungsbedingungen stark gestört. Erst die Entwicklung extrem dämpfungsarmer Glasfaserkabel und die Fortschritte in der integrierten Optik haben der optischen Nachrichtentechnik zum Durchbruch verholfen. Gegenwärtige Systeme sind dabei in ihrer Leistungsfähigkeit inzwischen nicht mehr durch die Glasfaser beschränkt, sondern durch die Elektronik zur Modulation des Lasers und durch die Detektoren. Ein grobes Schema eines optischen Übertragungssystems zeigt Abb. 12.1.

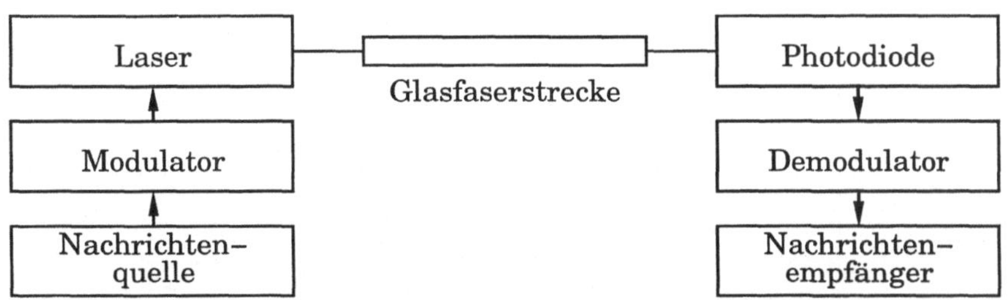

Abb. 12.1. Schematische Darstellung eines optischen Übertragungssystems.

12.1 Glasfasern

In diesem Abschnitt wollen wir uns nur mit einem Teil dieses Systems, nämlich der Glasfaserstrecke, beschäftigen. Die Ausbreitung von Licht in Glasfasern besitzt natürlich Besonderheiten gegenüber der Ausbreitung im freien Raum, da die Wellen geführt werden und damit entsprechend der Krümmungsfähigkeit der Glasfaser recht verschlungene Wege im Raum zurücklegen können [12.1].

12.1.1 Aufbau einer Glasfaser

Betrachten wir zunächst den Aufbau einer Glasfaser (Abb. 12.2). Sie besteht im wesentlichen aus einem Kern und einem Mantel aus Glas (SiO_2) mit verschiedenen Brechungsindizes n_1 und n_2, wobei zur Änderung des Brechungsindex z.B. GeO_2 als Dotierung verwendet wird. Je nach Brechungsindexverlauf zwischen Kern und Mantel unterscheidet man Stufenprofilfasern und Gradientenprofilfasern (Abb. 12.3). Bei der Stufenprofilfaser erfolgt der Übergang des Brechungsindex n vom Kern zum Mantel sprunghaft, bei der Gradientenprofilfaser kontinuierlich.

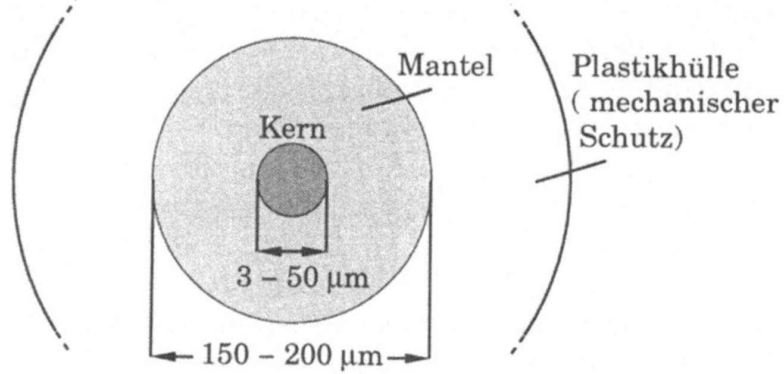

Abb. 12.2. Querschnitt durch eine Glasfaser.

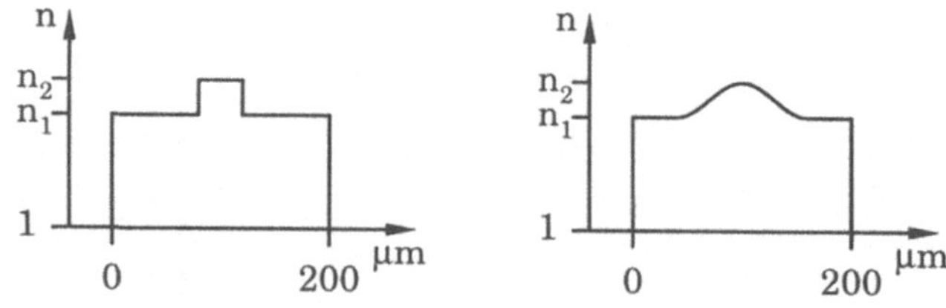

Abb. 12.3. Brechungsindexverlauf über den Querschnitt für eine Stufenprofilfaser (links) und eine Gradientenprofilfaser (rechts).

Eine besondere Rolle spielen die sogenannten Einwellen–Glasfasern. Diese Fasern haben einen extrem dünnen Kern und einen Durchmesser von nur 3–5 μm, so daß nur eine transversale Mode (Schwingungsform) bei geeigneter Wellenlänge des Lichtes ausbreitungsfähig ist.

12.1.2 Lichtleitung in Glasfasern

Man unterscheidet drei Arten von Lichtwellen im Zusammenhang mit Glasfasern: Raumwellen, Mantelwellen und Kernwellen (Abb. 12.4). Eine

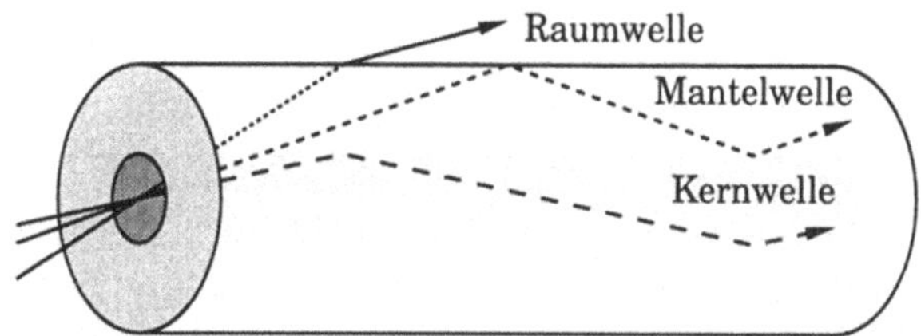

Abb. 12.4. Wellentypen in einer Glasfaser.

Lichtausbreitung über große Strecken erfolgt dabei nur in den Kernwellen. Die Anregung der übrigen Wellen führt zu Verlusten. Man wird sich daher bemühen, Licht nur in den Kern einzukoppeln. Wie Abb. 12.4 zeigt, darf dazu der Einfallswinkel nicht zu groß sein, da sonst ein Teil des Lichtes Mantel- und Raumwellen anregt. Wegen der mikroskopischen Kleinheit des Kerndurchmessers von 3–50 μm ist dies insbesondere bei Einmodenfasern schwierig. Um das Licht auf den Kern zu fokussieren, braucht man ein Mikroskopobjektiv, diese haben aber gerade ein großes Öffnungsverhältnis.

Die Kernwellen werden bei der Stufenprofilfaser durch Totalreflexion im Innern gehalten, bei der Gradientenprofilfaser durch graduelle Umlenkung der Ausbreitungsrichtung der Welle. In Abb. 12.5 ist die Lichtausbreitung für Glasfasern mit Stufenprofil und Gradientenprofil und für eine Einwellen–Faser gezeigt.

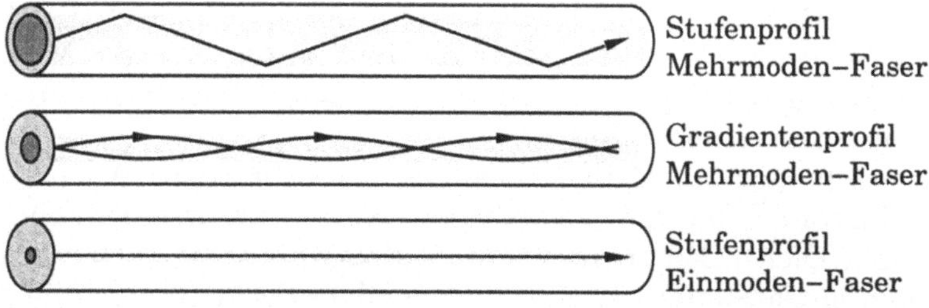

Abb. 12.5. Lichtleitung in verschiedenen Glasfasertypen.

Die Lichtleitung in einer Glasfaser mit Stufenprofil wollen wir jetzt genauer betrachten (Abb. 12.6). Um die Diskussion zu vereinfachen, neh-

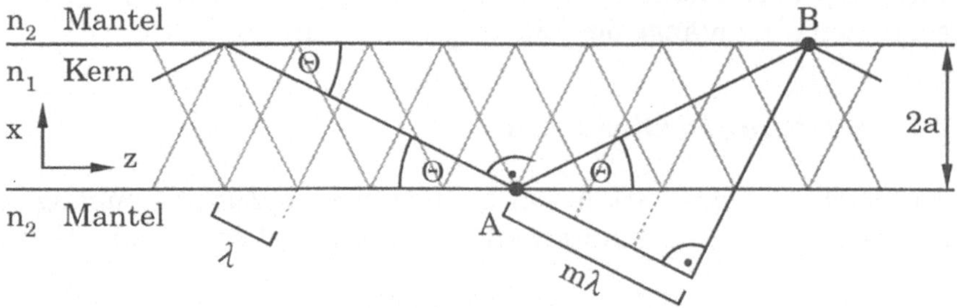

Abb. 12.6. Ebenes Modell eines Lichtleiters. Die gestrichelten, schräg liegenden Linien bezeichnen die Wellenfronten der betrachteten Mode.

men wir ein ebenes Modell eines Lichtleiters mit einer Kerndicke von $2a$. Bei gegebener Wellenlänge λ ist die Ausbreitung wegen der Interferenz der hin- und herreflektierten Wellen nicht für alle Winkel $\Theta < \Theta_T$ möglich, wobei Θ_T der Grenzwinkel der Totalreflexion ist, sondern nur für diskrete Winkel. Diese hängen außer von λ noch von der Dicke $2a$ sowie den Brechungsindices n_1 und n_2 bzw. Θ_T ab. Wie Abb. 12.6 veranschaulicht, müssen die Flächen gleicher Phase nach jeweils zwei Reflexionen an der Kern–Mantelgrenze wieder mit den ursprünglichen Flächen derselben Phase übereinstimmen, damit sich konstruktive Interferenz ergibt. Mit $\sin\Theta = 2a/\overline{AB}$ und $\cos 2\Theta = m\lambda/\overline{AB}$ (m ganzzahlig) folgt nach Elimination von $\overline{AB}$ die quadratische Gleichung

$$\sin^2\Theta + \frac{m\lambda}{4a}\sin\Theta - \frac{1}{2} = 0. \tag{12.1}$$

Sie besitzt die Lösungen

$$\sin\Theta_m = -\frac{m\lambda}{8a} \pm \sqrt{\left(\frac{m\lambda}{8a}\right)^2 + \frac{1}{2}} \tag{12.2}$$

mit $\Theta_m < \Theta_T$. Die maximal erlaubte Anzahl M von Moden hängt dabei von den Parametern λ, $2a$, n_1, n_2 und der Länge der Glasfaser ab. Die Wellen zu diesen diskreten Winkeln Θ_m sind die ausbreitungsfähigen Moden der Glasfaser. Bei $M = 1$ liegt eine Einmoden–Faser vor, da nur eine einzige Wellenform ausbreitungsfähig ist.

Die verschiedenen Moden besitzen verschiedene Ausbreitungsgeschwindigkeiten, da die zugehörigen Wellen unterschiedliche Wege durchlaufen. Diesen Effekt nennt man *Modendispersion*. Da man beim Einkoppeln eines Signals in eine Mehrmoden–Faser immer alle Moden gleichzeitig anregt, wird ein kurzer Eingangspuls je nach Laufstrecke längs der Faser zerfließen (Abb. 12.7). Das beschränkt die höchstzulässige

Bitrate bzw. Taktrate der Übertragung. Das Problem der Modendispersion läßt sich mit der Einmoden–Faser umgehen. Da diese technisch wegen der kleinen Kerndurchmesser sehr aufwendig ist (u.a. braucht man hochpräzise Steckverbinder), benutzt man oft die Gradientenfaser. Durch den variablen Brechungsindex, der nach außen hin abnimmt, laufen die Moden mit größerem Θ_m längere Zeit in einem Gebiet mit niedrigerem Brechungsindex, also mit höherer Geschwindigkeit c_0/n als achsennahe Strahlen. Die größeren Laufwege können so durch eine größere Geschwindigkeit teilweise kompensiert werden. Durch ein geeignetes Brechungsindexprofil gelingt eine erhebliche Reduzierung der Modendispersion von typischerweise 50 ns/km bei Stufenprofilfasern auf typischerweise 0.5 ns/km bei Gradientenfasern. Neben der Modendispersion gibt es noch die übliche chromatische Dispersion, die durch die Wellenlängenabhängigkeit der Ausbreitungsgeschwindigkeit zustandekommt. Sie ist gewöhnlich sehr viel kleiner als die Modendispersion einer Mehrmoden–Faser. Durch Ausnutzung nichtlinearer Effekte kann die chromatische Dispersion vollkommen kompensiert werden. Wie das funktioniert wird in Abschnitt 12.3 über Solitonen besprochen.

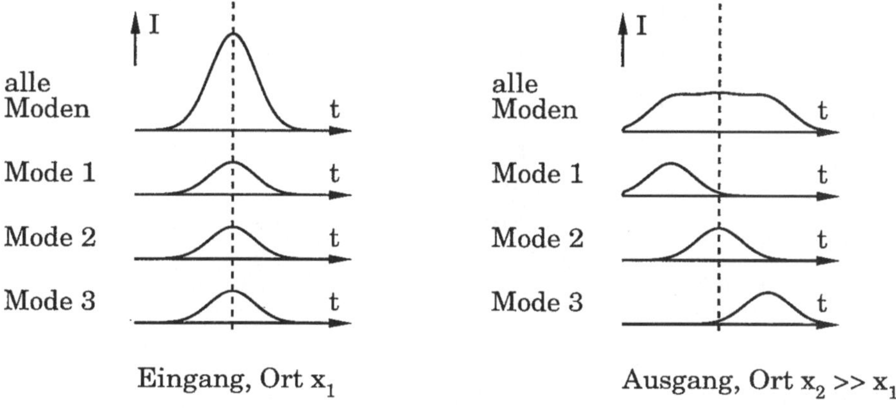

Abb. 12.7. Anschauliche Darstellung des Zerfließens eines kurzen Pulses durch die Modendispersion. Wegen der unterschiedlichen Ausbreitungsgeschwindigkeit der verschiedenen Moden erreichen die Modenanteile eines Pulses den Ausgang zu verschiedenen Zeiten und überlagern sich zu einem verbreiterten Puls.

12.1.3 Dämpfung einer Glasfaser

Eine wichtige Größe ist die Dämpfung der Lichtwelle bei der Ausbreitung in der Glasfaser. Erst eine extrem geringe Dämpfung macht Glasfaser für die optische Nachrichtentechnik interessant. Werte von 0.2 dB/km sind erreicht worden. Wir wollen kurz die Dämpfungsmechanismen betrachten. Dazu ist in Abb. 12.8 die Dämpfung α einer Ge–dotierten Mehrmodenfaser gegen die Wellenlänge λ aufgetragen. Im Bereich kleiner Wel-

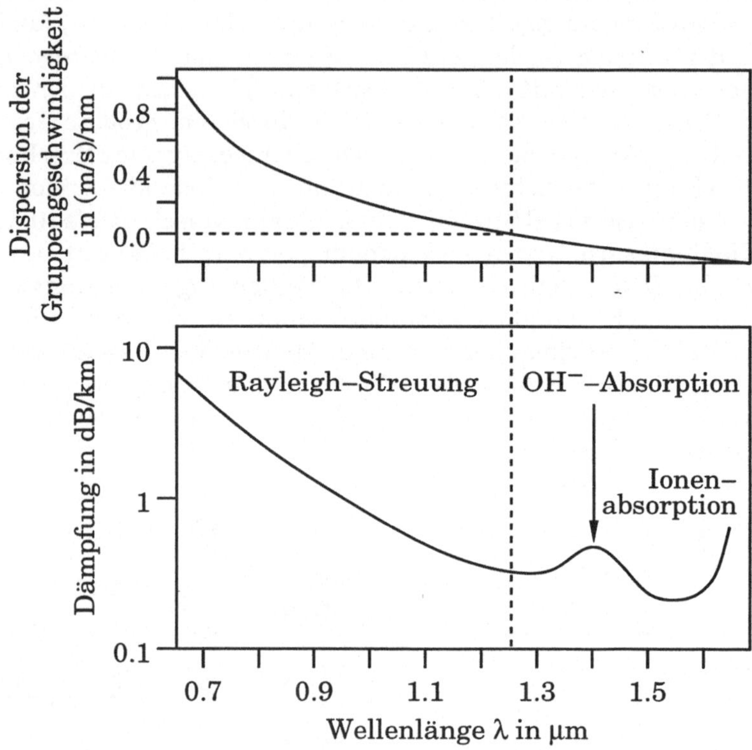

Abb. 12.8. Dämpfung und Dispersion der Gruppengeschwindigkeit einer Ge–dotierten Mehrmoden–Faser in Abhängigkeit von der Wellenlänge.

lenlängen hat man eine starke Dämpfung durch die Rayleigh–Streuung. Sie nimmt $\sim 1/\lambda^4$ mit kleiner werdender Wellenlänge zu. Im sichtbaren Bereich ist die Dämpfung bereits sehr hoch, zu hoch für die optische Nachrichtentechnik über große Entfernungen. Bei $\lambda \approx 1.4$ μm findet man ein lokales Maximum der Dämpfung. Es wird durch Schwingungsbanden von OH^-–Ionen verursacht, die in die Glasfaser hineindiffundieren. Die sogenannte Infrarotabsorption bei großen Wellenlängen wird ebenfalls durch Ionenschwingungen verursacht. Es ergeben sich damit zwischen diesen Bereichen starker Dämpfung zwei lokale Minima, eins bei $\lambda = 1.55$ μm mit einer Dämpfung bis herab zu 0.2 dB/km (abhängig vom Grad der OH^-–Verunreinigung) und ein zweites, weniger stark ausgeprägtes bei $\lambda = 1.3$ μm mit einer minimalen Dämpfung von etwa 0.6 dB/km.

Der optischen Nachrichtentechnik stehen damit praktisch nur zwei sehr enge Wellenlängenbereiche um $\lambda = 1.3$ μm und $\lambda = 1.55$ μm zur Verfügung. Für diese beiden Wellenlängenbereiche hat man spezielle

Halbleiterlaser (GaAs–, GaAlAs–Laser) entwickelt, die optimal bei genau
diesen Wellenlängen emittieren. Mit dergestalt optimierten Lichtquelle–
Faser–Systemen erreicht man extrem hohe Bitraten von > 100 Gbit/s über
viele Kilometer Faser.

Glasfasern transportieren heute bereits einen Großteil der telefoni-
schen Nachrichten. In Deutschland sind alle großen Städte durch Glas-
faserleitungen miteinander verbunden. Computernetze werden wegen
der hohen Anforderungen an die Übertragungskapazität zunehmend auf
Glasfaserbasis aufgebaut.

Das sogenannte FDDI-Netz (FDDI = **F**ibre **D**istributed **D**ata **I**nterface)
zur Verbindung von Rechnern hat eine Übertragungsrate von 100 Mbit/s
und schöpft die Möglichkeiten der Optik noch bei weitem nicht aus. Im
Aufbau befinden sich Netze mit einer Übertragungsrate von 1 Gbit/s. Die
Begrenzung liegt hier ebenfalls auf der elektronischen Seite. Netze mit
1 Tbit/s sind im Versuchsstadium. Sie basieren auf optischen Solitonen
in Glasfasern, das sind stabile Wellenpulse mit Pulsdauern bis herab zu
einigen Femtosekunden (siehe Abschnitt 12.3).

12.2 Fasersensoren

Glasfasern eignen sich nicht nur zur reinen Übertragung von Licht, sondern auch als Sensoren zur Messung von Umgebungsgrößen, die die
Lichtausbreitung in der Faser (intrinsische Fasersensoren) oder zwischen zwei Fasern (extrinsische Fasersensoren) beeinflussen (Abb. 12.9).
Üblicherweise wird die Änderung der Amplitude bzw. Intensität oder der

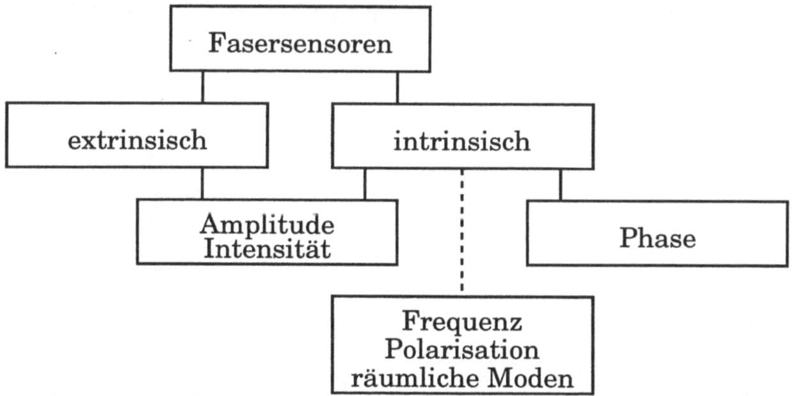

Abb. 12.9. Einteilung faseroptischer Sensoren nach der Art der beeinflußten
Größe des Lichts.

Phase des Lichts zur Messung benutzt, seltener die Frequenz, Polarisation oder räumliche Moden. So verschiedene Größen wie Druck, Tempera-

tur, Rotation, Spannung, elektrische und magnetische Felder lassen sich heute problemlos messen. Die Faseroptik hat dadurch der Meßtechnik ganz neue Impulse gegeben.

Als Beispiel für einen extrinsischen, faseroptischen Sensor zeigt Abb. 12.10 ein optisches Mikrofon [12.2]. Eine dünne Membran wird durch

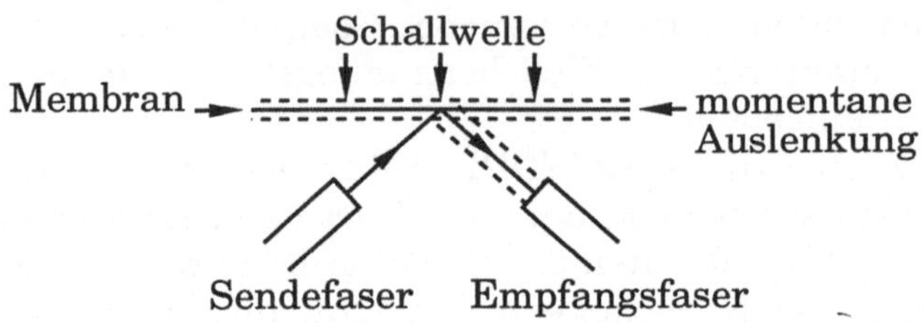

Abb. 12.10. Prinzip eines optischen Mikrofons durch Modulation der in eine Empfangsfaser eingekoppelten Lichtintensität [12.2].

Schall in Schwingung versetzt. Die Rückeite der Membran wird über eine Glasfaser mit Laserlicht beleuchtet und der reflektierte Strahl in eine Empfangsfaser eingekoppelt. Bewegt sich die Membran, so wird der Lichtstrahl abgelenkt und verursacht eine entsprechende Intensitätsänderung in der Empfangsfaser, da nun weniger Licht eingekoppelt wird. Diese Anordnung ist miniaturisierungsfähig und erlaubt die Herstellung winziger Mikrofone. Außerdem kann das optische Mikrophon in integriert–optischen Schaltkreisen als Sensor zur Außenwelt für Robotik–Anwendungen eingebaut werden. Weitere Beispiele, z.B. unter Benutzung der Phasenänderung in einer Mach–Zehnder Anordnung, findet man in [12.2] und [12.3]. Eine Übersicht über Fasersensoren gibt [12.4].

12.3 Optische Solitonen

In der analogen Nachrichtentechnik ist man bestrebt, Übertragungsstrecken mit möglichst linearen Eigenschaften zu realisieren. Nichtlinearitäten führen zur Wechselwirkung zwischen Wellen verschiedener Frequenzen und damit zu sogenannten Übersprecheffekten. Nachrichten können dann nicht mehr unabhängig voneinander in verschiedenen Frequenzkanälen übertragen werden.

Nichtlineare Eigenschaften eines Mediums können aber im Zusammenwirken mit der üblicherweise stets vorhandenen Dispersion des Mediums, der Abhängigkeit der Ausbreitungsgeschwindigkeit einer Welle von der Frequenz, zu Wellen mit recht ungewöhnlichen Eigenschaften führen, den sogenannten *Solitonen*. Dieser Name hat sich für eine pulsartige Wellenform, die sich ohne wesentliche Formänderung in einem nichtlinearen, dispersiven Medium ausbreitet, eingebürgert. Ähnlich wie die Namen Photon und Elektron suggeriert der Name Soliton Teilchencharakter, und in der Tat zeigen Solitonen eine erstaunliche Stabilität. So breitet sich in dem entsprechenden Solitonen tragenden Medium ein einzelnes Soliton ohne zu zerfließen aus und behält auch nach der Wechselwirkung mit einem zweiten Soliton oder weiteren Solitonen seine Form bei. Diese Eigenschaft von Solitonen wurde zuerst in numerischen Rechnungen zum Verhalten von Oberflächenwellen im Flachwasser, beschrieben durch die sogenannte Korteweg–de Vries (KdV) Gleichung, gefunden [12.5]. Solitonen, damals aber noch nicht so bezeichnet, wurden bereits 1844 von *John Scott Russell* (1808–1882) als Oberflächenwellen in einem Kanal beobachtet. Heute stellen Solitonen ein großes Gebiet der nichtlinearen Physik dar. In der Optik sind sie in Glasfasern als sogenannte Enveloppen–Solitonen anzutreffen und werden als optische Informationseinheit vorgeschlagen [12.6, 12.7].

Solitonen verdanken ihre Existenz der Kombination von Dispersion und Nichtlinearität. Die Dispersion allein führt zum Zerfließen eines Wellenpakets, die Nichtlinearität allein sorgt für ein Aufsteilen einer Wellenfront. Ein akustisches Beispiel für die Wirkung einer Nichtlinearität ist der Überschallknall. Man kann sich vorstellen, daß eine geeignete Kombination von Zerfließen und Aufsteilen, d.h. Dispersion und Nichtlinearität, zu einer Welle mit einer stabileren Pulsform führt. Wie dieser Vorgang theoretisch erfaßt wird, soll jetzt besprochen werden.

12.3.1 Dispersion

Es ist bekannt, daß optische Medien sogenannte *chromatische Dispersion* zeigen. Darunter versteht man die Tatsache, daß in ihnen die Lichtgeschwindigkeit c von der Frequenz ω abhängt, d.h. $c = c(\omega)$. Diese Formulierung impliziert die Verwendung harmonischer Wellen, die je nach ihrer Kreisfrequenz ω eine eigene Ausbreitungsgeschwindigkeit $c(\omega)$ besitzen, die sogenannte Phasengeschwindigkeit. Wir haben sie bereits im Kapitel über die Grundlagen der Wellenoptik kennengelernt. Für die Phasengeschwindigkeit einer harmonischen Welle gilt stets

$$c = \nu\lambda = \frac{\omega}{k}. \tag{12.3}$$

Diese Beziehung ist natürlich auch dann richtig, wenn für jede Frequenz ν bzw. Kreisfrequenz ω eine andere Phasengeschwindigkeit c vorliegt. Man nennt

$$\omega = c(\omega)k \quad \text{bzw.} \quad k = \frac{\omega}{c(\omega)} = f(\omega) \tag{12.4}$$

die *Dispersionsrelation* für das betreffende Material. Es besteht ein eindeutiger Zusammenhang zwischen der Dispersionsrelation und der zugehörigen Ausbreitungsgleichung. Er ist mit dem harmonischen Wellenansatz

$$E(z, t) = E_0 e^{i(kz - \omega t)} \tag{12.5}$$

wegen

$$\frac{\partial E}{\partial z} = ikE \quad \text{und} \quad \frac{\partial E}{\partial t} = -i\omega E \tag{12.6}$$

gegeben durch

$$\frac{\partial}{\partial z} \leftrightarrow ik \quad \text{und} \quad \frac{\partial}{\partial t} \leftrightarrow -i\omega. \tag{12.7}$$

Das liefert für die Wellengleichung

$$\frac{\partial^2 E}{\partial z^2} - \frac{1}{c^2} \frac{\partial^2 E}{\partial t^2} = 0 \tag{12.8}$$

die Dispersionsrelation

$$\omega^2 = c^2(\omega)k^2 \quad \text{bzw.} \quad k^2 = \frac{\omega^2}{c^2(\omega)} \tag{12.9}$$

und umgekehrt. Diese Relation stimmt mit (12.4) überein, wenn man nur positive Größen, d.h. Ausbreitung der Welle in positiver z–Richtung, wie in (12.5) angesetzt, betrachtet.

Da der Brechungsindex n eines Materials durch das Verhältnis der Lichtgeschwindigkeit c_0 im Vakuum zur Phasengeschwindigkeit c im Material gegeben ist,

$$n = \frac{c_0}{c}, \tag{12.10}$$

bedeutet die Frequenzabhängigkeit der Lichtgeschwindigkeit gleichzeitig die Frequenzabhängigkeit des Brechungsindex' n:

$$n(\omega) = \frac{c_0}{c(\omega)}. \tag{12.11}$$

Mit zunehmendem Brechungsindex nimmt also die Phasengeschwindigkeit ab. Eine typische Abhängigkeit $n(\omega)$ ist in Abb. 12.11 gezeigt. Der

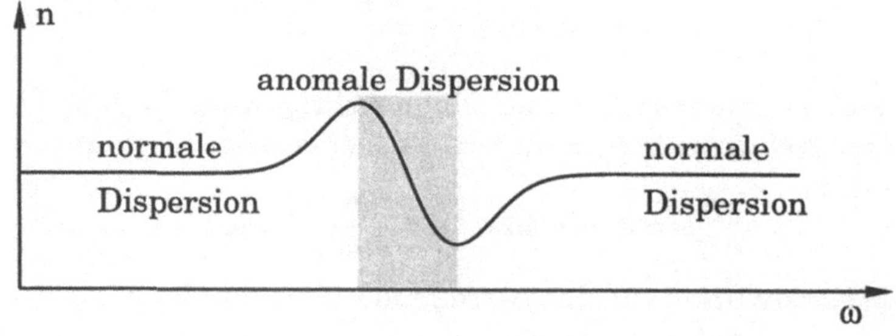

Abb. 12.11. Typischer Ausschnitt aus einer Dispersionskurve $n(\omega)$.

Verlauf soll hier nicht hergeleitet, sondern als gegeben betrachtet werden. In den Bereichen, in denen der Brechungsindex n mit der Frequenz zunimmt, die Phasengeschwindigkeit c also abnimmt, spricht man von *normaler Dispersion*, im Bereich mit abnehmendem Brechungsindex bzw. zunehmender Phasengeschwindigkeit von *anomaler Dispersion*. Wir wollen jetzt die Auswirkung der Dispersion auf ein Wellengemisch aus verschiedenen Frequenzen betrachten. Da wir an Pulsen interessiert sind – mit einer harmonischen Welle kann man keine Informationen übertragen – denken wir uns einen Wellenpuls mit z.B. einer gaußförmigen Einhüllenden (Abb. 12.12). Sein Leistungsspektrum besitzt

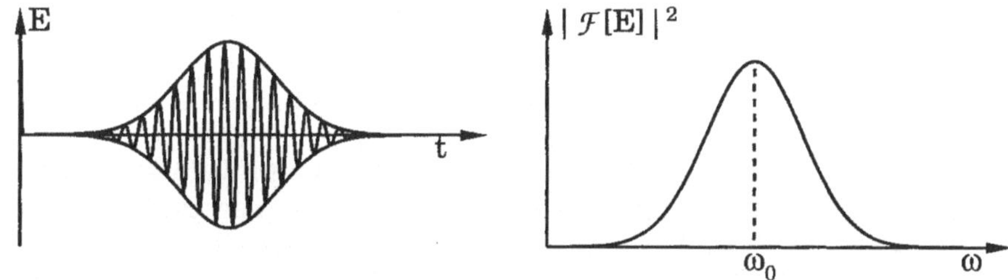

Abb. 12.12. Ein gaußförmiger Wellenpuls und sein Leistungsspektrum.

dann ebenfalls eine gaußförmige Gestalt mit einem Maximum bei der Kreisfrequenz ω_0. Diese Frequenz heißt Trägerfrequenz des Pulses. Man kann einen Wellenpuls als Modulation einer harmonischen Welle ansehen und in der Form

$$E(z, t) = E_e(z, t)e^{i(k_0 z - \omega_0 t)} \tag{12.12}$$

schreiben. Dabei ist $E_e(z, t)$ üblicherweise eine, verglichen mit der Trägerwelle, langsam sich verändernde Amplitudenfunktion, die Einhüllende oder Enveloppe genannt wird.

Stellen wir $E(z, t)$ durch eine Fourierentwicklung dar und setzen $\Delta k = k - k_0$, $\Delta\omega = \omega - \omega_0$, so erhalten wir, wenn wir einen Vorfaktor $(1/2\pi)^2$ ignorieren,

$$
\begin{aligned}
E(z, t) &= \int_{-\infty}^{+\infty}\int_{-\infty}^{+\infty} E_0(\omega, k)e^{i(kz - \omega t)}\,d\omega\,dk, \\[6pt]
&= \int_{-\infty}^{+\infty}\int_{-\infty}^{+\infty} E_{0\Delta}(\Delta\omega, \Delta k)e^{i(\Delta kz - \Delta\omega t)}e^{i(k_0 z - \omega_0 t)}d(\Delta\omega)d(\Delta k), \\[6pt]
&= \left(\int_{-\infty}^{+\infty}\int_{-\infty}^{+\infty} E_{0\Delta}(\Delta\omega, \Delta k)e^{i(\Delta kz - \Delta\omega t)}d(\Delta\omega)d(\Delta k)\right)e^{i(k_0 z - \omega_0 t)}, \\[6pt]
&= E_e(z, t)e^{i(k_0 z - \omega_0 t)}. \tag{12.13}
\end{aligned}
$$

Man erkennt, daß sich $E_e(z, t)$ wieder durch eine Fouriertransformation mit den Spektralamplituden $E_{0\Delta}(\Delta\omega, \Delta k)$ darstellen läßt. Nehmen wir an, daß die Einhüllende nur von eine einzige Spektralkomponente $E_{0\Delta}(\Delta\omega, \Delta k)$ hat, so besteht $E_e(z, t)$ nur aus der harmonischen Welle

$$E_e(z, t) = E_{0\Delta}(\Delta\omega, \Delta k)e^{i(\Delta k z - \Delta\omega t)}. \tag{12.14}$$

Ihre Ausbreitungsgeschwindigkeit ist

$$c_g = \frac{\Delta\omega}{\Delta k} = \frac{d\omega}{dk}, \tag{12.15}$$

wenn $\Delta\omega \ll \omega_0$ und $\Delta k \ll k_0$. Man nennt c_g die *Gruppengeschwindigkeit*. Ist c_g nicht von der Frequenz abhängig, so breitet sich eine jede Wellengruppe, beschrieben durch (12.13), ohne Formänderung aus. Denn wegen

$$\frac{\partial E_e}{\partial z} = i\Delta k E_e \quad \text{und} \quad \frac{\partial E_e}{\partial t} = -i\Delta\omega E_e \tag{12.16}$$

gehorcht $E_e(z, t)$ wieder der linearen Wellengleichung mit (12.15) als Dispersionsrelation. Die Gruppengeschwindigkeit ist also die Phasengeschwindigkeit der Einhüllenden eines Wellenpaketes. Da bei Vorliegen chromatischer Dispersion ω nicht proportional zu k ist, ist auch die Phasengeschwindigkeit $c = \omega/k$ nicht gleich der Gruppengeschwindigkeit $c_g = d\omega/dk$. Ist dagegen $c = \text{const}$, so ist $c = c_g$.

Der Brechungsindex n ist durch $n = c_0/c$ definiert. Arbeitet man mit kurzen Wellenpulsen und versucht, damit n zu messen, so erhält man einen anderen Wert, falls $c_g \neq c$. Daher definiert man einen Gruppenbrechungsindex

$$n_g = \frac{c_0}{c_g}. \tag{12.17}$$

Auch die Gruppengeschwindigkeit c_g hängt von der Frequenz ab, wie man aus der Kurve für den Brechungsindex in Abb. 12.11 schließen kann, da nicht nur n sondern auch $dn/d\omega$ keine Konstante ist. Um Solitonen zu erhalten, ist auch dieser Anteil der Dispersion zu berücksichtigen. Dazu entwickeln wir die Dispersionsrelation in der Form $k = k(\omega)$ um ω_0 und brechen nach dem zweiten Glied ab:

$$\begin{aligned} k - k_0 &= \left.\frac{dk}{d\omega}\right|_{\omega_0}(\omega - \omega_0) + \frac{1}{2}\left.\frac{d^2k}{d\omega^2}\right|_{\omega_0}(\omega - \omega_0)^2 \\ &= k'(\omega - \omega_0) + \frac{1}{2}k''(\omega - \omega_0)^2. \end{aligned} \tag{12.18}$$

Da sich die Einhüllende $E(z, t)$ aus harmonischen Wellen zusammensetzt, können wir wieder wie in (12.16) durch die Entsprechung

$$\Delta k \leftrightarrow -i\frac{\partial}{\partial z} \quad \text{und} \quad \Delta\omega \leftrightarrow i\frac{\partial}{\partial t} \tag{12.19}$$

zur Wellengleichung gelangen, die zur Dispersionsrelation (12.18) gehört. Es ergibt sich wegen $k' = 1/c_g$

$$i \left(\frac{\partial}{\partial z} + \frac{1}{c_g} \frac{\partial}{\partial t} \right) E_e(z, t) - \frac{1}{2} k'' \frac{\partial^2}{\partial t^2} E_e(z, t) = 0. \qquad (12.20)$$

Dieser Gleichung gibt man noch eine einfachere Gestalt, indem man sich mit der Gruppengeschwindigkeit c_g mit der Welle mitbewegt, d.h. die Koordinatentransformation

$$\zeta = z, \quad \text{und} \quad \tau = t - \frac{1}{c_g} z \qquad (12.21)$$

durchführt. Dann lautet die Ausbreitungsgleichung für die Einhüllende eines Wellenpulses

$$i \frac{\partial E_e}{\partial \zeta} - \frac{k''}{2} \frac{\partial^2 E_e}{\partial \tau^2} = 0. \qquad (12.22)$$

Die Lösungen dieser Gleichung zerfließen, wenn $k'' \neq 0$ ist. Man kann k'' als ein Maß für die Dispersion der Gruppengeschwindigkeit ansehen, da

$$
\begin{aligned}
k''(\omega_0) &= \frac{d}{d\omega}(k'(\omega))|_{\omega_0} = \frac{d}{d\omega} \left(\frac{1}{c_g(\omega)} \right)\bigg|_{\omega_0} \\
&= -\frac{1}{c_g^2(\omega_0)} \frac{dc_g(\omega)}{d\omega}\bigg|_{\omega_0}.
\end{aligned}
\qquad (12.23)
$$

Daraus folgt, daß bei $k'' > 0$ die Gruppengeschwindigkeit mit der Frequenz abnimmt, bei $k'' < 0$ nimmt sie zu.

In Analogie zu den Bezeichnungen normale und anomale Dispersion der Phasengeschwindigkeit führt man die Bezeichnungen normale und anomale Dispersion der Gruppengeschwindigkeit ein. Bei $k''(\omega) > 0$ spricht man von normaler Dispersion der Gruppengeschwindigkeit, bei $k''(\omega) < 0$ von anomaler Dispersion der Gruppengeschwindigkeit.

Wie wir weiter unten sehen werden, gibt es nur im Gebiet der anomalen Dispersion der Gruppengeschwindigkeit Lichtpulse bei sonst dunklem Untergrund, die sich als Solitonen ausbreiten. Im Gebiet der normalen Dispersion existieren nur Solitonen, die sich als Pulse verminderter Helligkeit auf sonst hellem Untergrund ausbreiten (Abb. 12.13). Man könnte die beiden Klassen von Solitonen Brightonen und Darkonen nennen, um die länglichen Bezeichungen "bright soliton" und "dark soliton" in der englischen Literatur abzulösen.

12.3.2 Nichtlinearität

Der Brechungsindex n eines dielektrischen, durchsichtigen Materials hängt nicht nur von der Frequenz ab, $n = n(\omega)$, sondern auch von der elektrischen Feldstärke. Von Bedeutung im Zusammenhang mit Solitonen in Glasfasern ist der sogenannte *Kerr–Effekt*, der die Intensitätsabhängigkeit des Brechungsindex' beschreibt:

$$n(\omega, |E_0|^2) = n_0(\omega) + n_2 |E_0|^2. \tag{12.24}$$

Die Kerr–Konstante n_2 hat für Glas etwa den Wert $n_2 = 10^{-22}$ m^2/V^2. Der Kerr–Effekt hat seine Ursache in der Deformation der Elektronenwolken der Atome und Moleküle durch das elektrische Feld der Lichtwelle und ist als sogenannter virtueller Übergang extrem schnell, von der Größenordnung einer Lichtperiode [12.8].

Die Nichtlinearität (12.24) kann in die Dispersionsgleichung (12.18) eingearbeitet werden. Dazu brauchen wir die Beziehung zwischen k und ω in einer Formulierung, die den Brechungsindex n enthält. Wegen $n = c_0/c = c_0 k/\omega$ gilt

$$k(\omega) = \frac{n\omega}{c_0} = \frac{1}{c_0}\left(n_0(\omega) + n_2 |E_0|^2\right)\omega \tag{12.25}$$

Für die Trägerwelle setzen wir wieder

$$k_0 = \frac{n_0(\omega_0)}{c_0}\omega_0 \tag{12.26}$$

an. Ohne Dispersion ergibt sich wegen der Nichtlinearität aus (12.25) zusammen mit (12.26)

$$k(\omega_0) = k_0 + k_0 \frac{n_2}{n_0(\omega_0)}|E_0|^2 = k_0 + k_0^{(NL)}. \tag{12.27}$$

Der nichtlineare Term

$$k_0^{(NL)} = k_0 \frac{n_2}{n_0(\omega_0)}|E_0|^2 \tag{12.28}$$

führt in Δk zu einer zusätzlichen Ablage von k_0 eben dieser Größe $k_0^{(NL)}$, die wir wegen der Schnelligkeit des Kerr–Effektes als instantane Änderung ansehen können (adiabatische Näherung). Die Dispersionsgleichung (12.18) lautet unter Einschluß dieser nichtlinearen Näherung mit $|E_0|^2 = |E_e|^2$

$$k - k_0 = k_0 \frac{n_2}{n(\omega_0)}|E_e|^2 + k'(\omega - \omega_0) + \frac{1}{2}k''(\omega - \omega_0)^2. \tag{12.29}$$

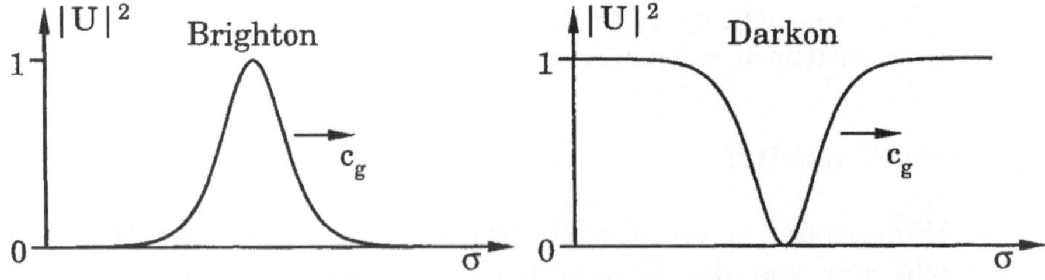

Abb. 12.13. Zwei spezielle Solitonen, das Brighton (sech$^2\sigma$) und das Darkon (tanh$^2\sigma$). Aufgetragen ist eine Größe $|U|^2$ proportional zur Lichtintensität.

Mit (12.19) folgt daraus die Ausbreitungsgleichung für die Einhüllende $E_e(z, t)$ eines Wellenpulses

$$i\left(\frac{\partial}{\partial z} + \frac{1}{c_g(\omega_0)}\frac{\partial}{\partial t}\right) E_e - \frac{1}{2}k''\frac{\partial^2}{\partial t^2}E_e = -k_0\frac{n_2}{n_0(\omega_0)}|E_e|^2 E_e. \qquad (12.30)$$

Geht man wieder zu einem Bezugssystem über, das sich mit der Gruppengeschwindigkeit $c_g(\omega_0)$ mitbewegt, so erhält man mit (12.21) analog zu (12.22), wobei jetzt $E_e = E_e(\zeta, \tau)$

$$i\frac{\partial E_e}{\partial \zeta} - \frac{1}{2}k''\frac{\partial^2 E_e}{\partial \tau^2} = -k_0\frac{n_2}{n_0(\omega_0)}|E_e|^2 E_e. \qquad (12.31)$$

Sie läßt sich durch die Variablentransformation

$$U = \sqrt{\frac{k_0 n_2}{n(\omega_0)}}E_e, \quad \sigma = \frac{\tau}{\pm\sqrt{|k''(\omega_0)|}} \qquad (12.32)$$

auf die normierte Form bringen, wobei $U = U(\zeta, \sigma)$,

$$i\frac{\partial U}{\partial \zeta} \pm \frac{1}{2}\frac{\partial^2 U}{\partial \sigma^2} + |U|^2 U = 0. \qquad (12.33)$$

Das positive Vorzeichen gilt dabei für $k''(\omega) < 0$, das negative für $k''(\omega) > 0$. Diese Gleichung hat die Form einer Schrödingergleichung, wie sie aus der Quantenmechanik bekannt ist, nur mit der nichtlinearen Größe $|U|^2$ statt eines Potentials. Sie heißt daher *nichtlineare Schrödingergleichung* (NLS). Die Gleichung mit dem positiven Vorzeichen

$$i\frac{\partial U}{\partial \zeta} + \frac{1}{2}\frac{\partial^2 U}{\partial \sigma^2} + |U|^2 U = 0 \qquad (12.34)$$

besitzt eine Lösung, die sich ohne Formänderung ausbreitet, das sogenannte fundamentale Soliton

$$U(\zeta, \sigma) = a\,\text{sech}(a\sigma)e^{ia^2\zeta/2}, \quad a > 0. \qquad (12.35)$$

Durch Einsetzen von (12.35) in (12.34) kann man sich davon überzeugen. Nützliche Formeln sind dabei $d\,\text{sech}\sigma/d\,\sigma = -\text{sech}\,\sigma\,\tanh\,\sigma$, $d\,\tanh\sigma/d\,\sigma = \text{sech}^2\sigma$ und $\tanh^2\sigma = 1 - \text{sech}^2\sigma$. Eine besonders einfache Form ergibt sich für $a = 1$:

$$U(\zeta, \sigma) = \text{sech}(\sigma)e^{i\zeta/2}. \qquad (12.36)$$

Die Lösung (12.35) ist ein 'helles' Soliton ("bright soliton") oder Brighton. Es wird mit zunehmender Amplitude a schmaler. Abbildung 12.14 zeigt einige Brightonen mit verschiedenen Amplituden. Aufgetragen ist $|U|^2$, die normierte Intensität des Solitons, über σ, der normierten Zeit.

Neben dem fundamentalen Soliton (12.35), dem Brighton, gibt es noch wechselwirkende Mehrsolitonenlösungen, die zwar gegenüber den

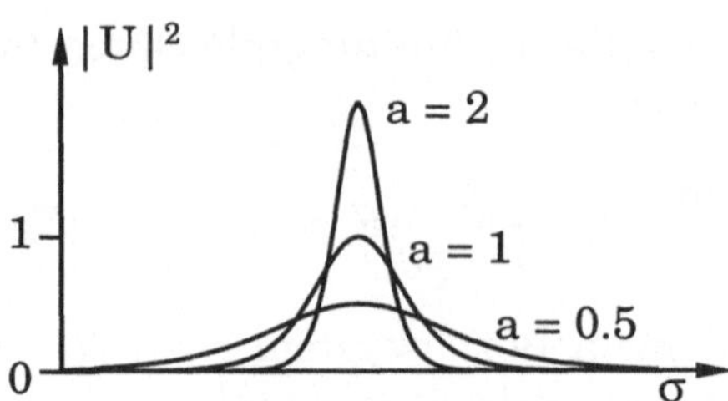

Abb. 12.14. Brightonen verschiedener Amplituden und Halbwertsbreiten.

Brightonen der Abb. 12.14 sich zeitlich ändern, aber immer wieder zu denselben Formen zurückkehren, also ebenfalls stabil sind. Man bezeichnet diese Lösungen daher auch als "atmende" oder auch gebundene Solitonenzustände.

Die nichtlineare Schrödingergleichung (12.33) mit dem negativen Vorzeichen,

$$i\frac{\partial U}{\partial \zeta} - \frac{1}{2}\frac{\partial^2 U}{\partial \sigma^2} + |U|^2 U = 0 \qquad (12.37)$$

besitzt kompliziertere Lösungen als die entsprechende Gleichung mit dem positiven Vorzeichen (12.34). Eine der einfachen Einsolitonenlösungen hat die Form

$$U(\zeta, \sigma) = a\,\tanh(a\sigma)e^{ia^2\zeta} \qquad (12.38)$$

und in der einfachsten Form mit der Amplitude $a = 1$

$$U(\zeta, \sigma) = \tanh(\sigma)e^{i\zeta}. \qquad (12.39)$$

Es ist in Abb. 12.13 dargestellt. Da es einen Puls verminderter Helligkeit darstellt, heißt es "dunkles" Soliton oder Darkon. Auch das Darkon wird mit zunehmender Amplitude schmaler. Um die Amplitude a zu erhöhen, muß die Grundhelligkeit erhöht werden. Im Pulsminimum ist die Lichtintensität des Wellenpulses Null.

Die Schrödinger–Solitonen der Form (12.35) und (12.38), Brightonen und Darkonen, breiten sich unabhängig von der Amplitude mit der Gruppengeschwindigkeit c_g aus. Es existieren aber Lösungen mit jeder beliebigen Geschwindigkeit unabhängig von der Amplitude. Da die Formen $U(\zeta, \sigma)$ von (12.35) und (12.38) nur die Einhüllenden oder Enveloppen des Wellenpulses sind, heißen Schrödingersolitonen auch Enveloppensolitonen. In Analogie zum Wort Wellenpuls oder Schwingungspuls könnte man sie auch Wellensolitonen oder Schwingungssolitonen nennen, da sie eine innere Wellen– oder Schwingungsstruktur besitzen. Allgemein spricht man einfach von optischen Solitonen.

Optische Solitonen in Glasfasern haben ein großes Anwendungspotential, insbesondere für die schnelle Nachrichtenübertragung. Elektronische Systeme werden kaum eine Bandbreite von etwa 40 GHz erreichen können, während eine Glasfaser allein in der Fenster–Region von 1.3 μm bis 1.6 μm eine Bandbreite von 40 THz aufweist, also das Tausendfache eines elektronischen Systems. Um diese Brandbreite effektiv nutzen zu können, braucht man vor allem schnelle, rein optische Schalter, damit Datenraten im Tbit/s–Bereich auch bearbeitet werden können. Solche Schalter sollten wegen der praktisch beliebig schnellen Antwortzeit bei virtuellen optischen Übergängen herstellbar sein. Rein physikalisch stehen keine Hindernisse im Weg. Die hauptsächlichen technischen Schwierigkeiten sind derzeit die Schaltenergien und Fragen der Kaskadierbarkeit.

Bereits bei einer Schaltenergie von 1 pJ/bit benötigt man bei 1 Tbit/s Übertragungsrate ein Watt Leistung. Laser dieser Leistung für hohe Bitraten im Faserwellenlängenbereich müssen erst noch entwickelt werden. Um Verluste auszugleichen, werden Verstärker benötigt. Dies kann durch Erbium–dotierte Fasern geschehen, die gepumpt werden, um die in ihnen laufenden Lichtpulse zu verstärken [12.4].

Die Kaskadierbarkeit ist wichtig zum Aufbau komplexer Systeme aus einheitlichen Modulen. Die Ausgangspulse sollten die gleichen Eigenschaften haben wie die Eingangspulse, um ohne Probleme Daten beliebig weiterverarbeiten zu können. Solitonen bieten sich dazu an, da sie durch geeignete Schalter als Gesamteinheit geschaltet werden und nicht unter dem Problem der Pulsaufspaltung leiden [12.7]. Das fundamentale Soliton (Brighton) kann daher als Informationseinheit dienen.

12.4 Faseroptische Signalverarbeitung

Licht eignet sich zur (fast) berührungslosen Messung vieler physikalischer Größen. Ein Beispiel für die Messung der Geschwindigkeit ist die Laser–Doppler–Anemometrie (Abschn. 6.3.3). Ein Beispiel für eine Druckmessung haben wir im vorigen Abschnitt kennengelernt. Da die Meßgrößen primär in der Form modulierter Lichtsignale vorliegen, kann man sich fragen, ob die optischen Signale für die weitere Verarbeitung unbedingt sofort in elektronische Signale umgesetzt werden müssen oder noch im optischen Bereich weiterverarbeitet werden können. Dies ist in vielen Fällen möglich. Insbesondere faseroptische Sensoren eignen sich dafür, da im Zuge der Entwicklung der optischen Nachrichtentechnik eine Reihe von Komponenten hergestellt wurden, die auch für die optische Meßsignalverarbeitung verwendet werden können. Dazu gehören Richtkoppler zum Teilen und Zusammenfügen von Strahlen, Verzögerungselemente und optische Faserverstärker.

Damit lassen sich lineare Filter und sogar Prozessoren für die Matrix–Matrix–Multiplikation bauen. Als Analogtechniken unterliegen sie aber den bekannten Einschränkungen hinsichtlich Genauigkeit und Stabilität. Gearbeitet wird mit möglichst inkohärentem Licht, um Interferenzeffekte zu vermeiden. Das beschränkt die Filterprozesse, da nur positive und reelle Werte zur Verarbeitung herangezogen werden können. Auch wird eindimensional gearbeitet und so eine wesentliche Stärke der Optik, die Mehrdimensionalität, nicht ausgenutzt.

Die Beschränkungen hinsichtlich der Genauigkeit lassen sich durch die Digitalisierung der Operationen vermeiden. Die in diesem Zusammenhang entwickelte, faseroptische Digitaltechnik befindet sich noch in den Anfängen, vor allem, weil die für die digitale Operationen benötigten nichtlinearen Elemente noch technische Schwierigkeiten bereiten [12.9]. Es konnte aber schon die grundsätzliche Durchführbarkeit der grundlegenden mathematischen Operationen der binären Addition, Subtraktion und Multiplikation in Einmoden–Glasfasern gezeigt werden.

Übungsaufgaben

12.1. Wir betrachten das im Text behandelte, ebene Modell einer Stufenprofilglasfaser. Leiten Sie einen Ausdruck für den kleinsten Modenindex $N > 0$ her, für den eine Mode in diesem Modell sich noch ausbreiten kann. Wie groß ist N in einer solchen Glasfaser mit $n_1 = 1.52$ (Mantel), $n_2 = 1.62$ (Kern), Kerndurchmesser $D = 2a = 50\mu m$ und Wellenlänge $\lambda = 1.3\mu m$? Welcher maximale Laufzeitunterschied pro km Glasfaser besteht zwischen den Moden?

12.2. Eine 2 m lange Glasfaser soll zur interferometrischen Messung von Temperaturänderungen eingesetzt werden. Der lineare thermische Ausdehnungskoeffizient des Materials beträgt $\alpha = 0.6 \cdot 10^{-6}$ K^{-1}, der Brechungsindex $n = 1.46$ und die Änderung des Brechungsindex' mit der Temperatur $dn/dT = 13 \cdot 10^{-6}$ K^{-1}. Welche Temperaturänderung kann man bei $\lambda = 632.8$ nm noch nachweisen, wenn sich Änderungen der Phase von mindestens 0.1 rad messen lassen?

12.3. Wieviele Wellenlängen finden bei $\lambda = 1.55$ μm in einem Enveloppensoliton (Brighton) mit einer Pulslänge (Halbwertsbreite) von 25 ps Platz? Wie groß ist umgekehrt die Pulslänge Δt_h eines Solitons mit einer Halbwertsbreite von 100λ? Bei der optischen Übertragung von Signalen soll das Detektionsfenster für ein Soliton (ein Bit) das Siebenfache der Solitonenlänge entsprechen. Welche maximale Übertragungsrate ist daher mit Solitonen der Breite Δt_h erreichbar? Welcher Bandbreite des Lichts entspricht das? Welche Strecke läuft ein solches Soliton in einer Glasfaser mit der Dämpfung 0.12 dB/km bevor seine Breite sich verdoppelt hat?

12.4. Ein Gaußsches Wellenpaket, das in einem dispersiven Material mit der Dispersionsrelation

$$k(\omega) = k_0 + \frac{dk}{d\omega}|_{\omega_0}(\omega - \omega_0) + \frac{1}{2}\frac{d^2k}{\omega^2}|_{\omega_0}(\omega - \omega_0)^2 \ldots$$

läuft, verbreitert sich gemäß $t(z) = t_0\sqrt{1 + 4z^2(d^2k/d\omega^2)^2/t_0^4}$. Dabei sind t_0 die Anfangspulsbreite und $t(z)$ die Pulsbreite am Ort z. Nach welcher Laufstrecke z ist ein Puls mit der Anfangsbreite $t_0 = 10$ ps, der in einer Faser mit $d^2k/d\omega^2 \approx 27$ ps^2/km läuft, auf $t(z) = 10t_0$ verbreitert?

12.5. Bestätigen Sie, daß das Brighton (12.35) eine Lösung der nichtlinearen Schrödinger–Gleichung (12.34) und das Darkon (12.38) entsprechend eine Lösung von (12.37) ist.

12.6. Schreiben Sie die Brightonenlösung (12.35) in nichtskalierter Form für die elektrische Feldstärke als Funktion der Zeit. Ein Brighton mit der Breite $t_0 = 10$ ps und der Wellenlänge $\lambda = 1.5\,\mu$m laufe in einer Monomode–Glasfaser mit $|d^2k/d\omega^2| = 20$ ps^2/km, Kerndurchmesser $D = 10\,\mu$m, Brechungsindex $n_0 = 1.5$ und Kerr–Koeffizient $n_2 = 1.2 \cdot 10^{-28}$ km^2/V^2. Berechnen Sie die Maximalamplitude der Feldstärke im Solitonenpuls und die maximale Pulsleistung. Hinweis: maximale Intensität $I_{max} = (1/2)\varepsilon_0 n_0 c |E_{max}|^2$.

12.7. Zeigen Sie, daß die Größe

$$I_0 = \int_{-\infty}^{+\infty} |U|^2 d\sigma \qquad (12.40)$$

eine Invariante der Bewegung der Nichtlinearen Schrödingergleichung (12.34) bzw. (12.37) ist, d.h. $\partial I_0/\partial\zeta = 0$. Dabei wird vorausgesetzt, daß die Lösung U den Randbedingungen $\lim_{\sigma\to\pm\infty} U(\zeta, \sigma) = 0$ und $\lim_{\sigma\to\pm\infty} \partial U(\zeta, \sigma)/\partial\sigma = 0$ genügt. Hinweis: Multiplizieren Sie die NLS mit U^* und subtrahieren Sie davon das konjugiert Komplexe dieser Gleichung.

Literatur

12.1 J. C. Palais: *Fiber Optic Communications* (Prentice Hall, Englewood Cliffs 1988)

12.2 D. Garthe: „Ein rein optisches Mikrofon", Acustica **73**, 72–89 (1991)

12.3 H. E. Engan: „Acoustic field sensing with optical fibers", in A. Alippi, (Hrsg.), *Acoustic Sensing and Probing*, S. 57–75 (World Scientific, Singapore 1992)

12.4 B. Culshaw: *Optical Fibre Sensing and Signal Processing* (Peregrinus, Stevenage 1984)

12.5 N. J. Zabusky, M. D. Kruskal: „Interaction of „solitons "in a collisionless plasma and the recurrence of initial states", Phys. Rev. Lett. **15**, 240–243 (1965)

12.6 A. Hasegawa: *Optical Solitons in Fibers*, Springer Trends Mod. Phys., Vol. 116 (Springer, Berlin, Heidelberg 1990)

12.7 H. J. Doran, D. Wood: „Nonlinear–optical loop mirror", Opt. Lett. **13**, 56–58 (1988)

12.8 P. M. Butcher, D. Cotter: *The Elements of Nonlinear Optics* (Cambridge University Press, Cambridge 1991)

Weiterführende Literatur

Goodman, J. W. (Hrsg.): *International Trends in Optics* (Academic Press, Boston 1991)

Kumar, A.: „Soliton dynamics in a monomode optical fibre", Phys. Reports **187**, 63–108 (1990)

Midwinter, J. E.: *Optoelectronics and Lightwave Technology* (Wiley, New York 1992)

Mills, D. L.: *Nonlinear Optics* (Springer, Berlin, Heidelberg 1991)

Sessler, G. M.: „Neue Mikrofone", Phys. Bl. **49**, 109–114 (1993)

Taylor, J. R. (Hrsg.): *Optical Solitons – Theory and Experiment* (Cambridge University Press, Cambridge 1992)

Udd, E.: *Fiber Optic Sensors* (Wiley, New York 1991)

A. Anhang

A.1 Fouriertransformation

In diesem Anhang werden die wichtigsten Tatsachen zur Fouriertransformation übersichtsartig und ohne Beweise dargestellt. Für eine eingehende Behandlung der Fouriertheorie und ihrer Anwendungen sei der Leser auf die umfangreiche Lehrbuchliteratur verwiesen [A.1–A.6]

A.1.1 Die eindimensionale Fouriertransformation

Die eindimensionale Fouriertransformation spielt bei der Analyse von Zeitsignalen, etwa der elektrischen Feldstärke $E(t)$ an einem Ort, eine wichtige Rolle. Ein Zeitsignal $f(t)$ wird dabei als Überlagerung harmonischer Schwingungen $\exp(i2\pi vt)$ dargestellt. Die auftretenden Gewichtungsfaktoren bilden das *komplexe Amplitudenspektrum* $H(v)$ des Signals. Es wird gegeben durch die *Fouriertransformation* von f,

$$H(v) = \mathcal{F}[f(t)](v) = \int_{-\infty}^{+\infty} f(t)e^{-2\pi ivt}dt. \tag{A.1}$$

Mit der komplexen Spektralfunktion $H(v)$ lautet die *Fourierdarstellung* des Signals:

$$f(t) = \int_{-\infty}^{+\infty} H(v)e^{2\pi ivt}dv. \tag{A.2}$$

Dieses Integral stellt die zu (A.1) umgekehrte Zuordnung dar, d.h. es definiert die *inverse Fouriertransformation*. Sie unterscheidet sich von (A.1) nur durch das Vorzeichen in der Exponentialfunktion. Vorfaktoren der Form $1/\sqrt{2\pi}$ oder $1/2\pi$, wie man sie in einigen Texten findet, entfallen bei der hier gewählten Form der Transformationsintegrale.

Die komplexen Exponentialfunktionen bilden ein orthonormales Funktionensystem, in das die Funktion f entwickelt wird. In reeller Schreibweise verwendet man dafür die Funktionen sin und cos (Sinus– bzw. Kosinustransformation). Die komplexe Darstellung ist jedoch eleganter und vorteilhafter, da sie direkt zum Begriff des analytischen Signals führt.

Die Fouriertransformation ist als eine umkehrbare lineare Abbildung (ein linearer Operator) zwischen Funktionenräumen zu verstehen. Die Umkehrbarkeit wird durch das Fouriersche Integraltheorem gesichert. Es besagt, daß die Beziehung

$$\mathcal{F}^{-1}(\mathcal{F}[f]) = \mathcal{F}(\mathcal{F}^{-1}[f]) = f \tag{A.3}$$

an jeder Stelle gilt, an der f stetig ist.

Da hier nicht auf mathematische Existenzfragen eingegangen werden kann, wollen wir hinreichende Eigenschaften der Funktionen f und g (z.B. absolute Integrierbarkeit) voraussetzen, so daß die Integrale (A.1) bzw. (A.2) existieren. Wenn man mit realen Signalen endlicher Energie arbeitet, die durch gewöhnliche Funktionen beschrieben werden, ergeben sich keine Probleme. Für andere, etwa nicht absolut integrierbare Funktionen bzw. Distributionen (schon die harmonische Schwingung ist dafür ein Beispiel), müssen die Definitionen durch Einbeziehung von Grenzprozessen erweitert werden. Man gelangt so zur *verallgemeinerten Fouriertransformation*. Wir wollen im folgenden der Einfachheit halber dort, wo es möglich ist, mit allen Funktionen so rechnen, als wären es gewöhnliche, finite Funktionen.

Oftmals wird in einem Experiment nur das *Leistungsspektrum* des Signals $f(t)$ gemessen. Es ist gegeben durch

$$W(v) = |\mathcal{F}[f](v)|^2, \tag{A.4}$$

d.h. es enthält nur noch Informationen über die Amplituden der einzelnen Frequenzkomponenten, nicht aber über ihre Phasenbeziehungen.

A.1.2 Die zweidimensionale Fouriertransformation

Die Fouriertransformation von Funktionen zweier Variablen ist analog zum eindimensionalen Fall (A.1) definiert:

$$\tilde{f}(v_x, v_y) = \mathcal{F}[f(x,y)](v_x, v_y) = \int\limits_{-\infty}^{+\infty} \int\limits_{-\infty}^{+\infty} f(x,y)e^{-2\pi i(v_x x + v_y y)}dx\,dy. \tag{A.5}$$

Die inverse Transformation $\mathcal{F}^{-1}$ hat bis auf ein geändertes Vorzeichen im Argument der Exponentialfunktion die gleiche Gestalt:

$$f(x,y) = \mathcal{F}^{-1}[f(v_x, v_y)](x,y) = \int\limits_{-\infty}^{+\infty} \int\limits_{-\infty}^{+\infty} \tilde{f}(v_x, v_y)e^{+2\pi i(x v_x + y v_y)}dv_x\,dv_y. \tag{A.6}$$

Läßt sich die Funktion f faktorisieren, d.h. als $f(x,y) = f_1(x)f_2(y)$ schreiben, dann zerfällt auch das Integral (A.5) in ein Produkt zweier eindimensionaler Fouriertransformationen,

$$\mathcal{F}[f_1(x)f_2(y)](v_x, v_y) = \mathcal{F}[f_1(x)](v_x)\mathcal{F}[f_2(y)](v_y). \qquad (A.7)$$

Eine der beiden Funktionen darf auch eine Distribution sein; das Produkt zweier Distributionen ist i.a. nicht definiert. Daher ist auch die Zerlegung von Distributionen, etwa der zweidimensionalen Deltafunktion, in ein Produkt streng genommen nicht erlaubt, wird aber dennoch oftmals formal angewandt, um die Rechnungen zu vereinfachen.

Das Leistungsspektrum ist wie zuvor durch

$$W(v_x, v_y) = |\mathcal{F}[f(x, y)]|^2(v_x, v_y) \qquad (A.8)$$

gegeben. Es taucht z.B. als Intensitätsverteilung in der hinteren Brennebene einer Linse auf, wenn f die Eingangsfeldverteilung in der vorderen Brennebene ist.

A.1.3 Faltung und Autokorrelation

Die Faltungsoperation ordnet zwei Funktionen f und g eine neue Funktion h zu. Wir schreiben die Definition für Funktionen in zwei Dimensionen:

$$
\begin{aligned}
h(\xi, \eta) &= [f(x, y) * g(x, y)](\xi, \eta) \\
&= \int\limits_{-\infty}^{+\infty}\int\limits_{-\infty}^{+\infty} f(x, y)g(\xi - x, \eta - y)dx\,dy.
\end{aligned}
\qquad (A.9)
$$

Auch hier setzen wir die Existenz des Integrals voraus.

Die Faltungsoperation ist kommutativ, d.h. $f*g = g*f$, und distributiv, d.h. $(f_1 + f_2) * g = f_1 * g + f_2 * g$. Sie hat eine große Bedeutung in der linearen Systemtheorie: Das Ausgangssignal eines linearen Systems mit der Impulsantwort h ergibt sich zu

$$a(t) = (e * h)(t), \qquad (A.10)$$

wobei $e(t)$ das Eingangssignal bezeichnet (Abb. A.1). Auch optische Systeme, sei es auch nur ein leeres Raumgebiet, kann man als lineare Systeme auffassen und ihnen eine Impulsantwort zuordnen (siehe das Kapitel Fourieroptik).

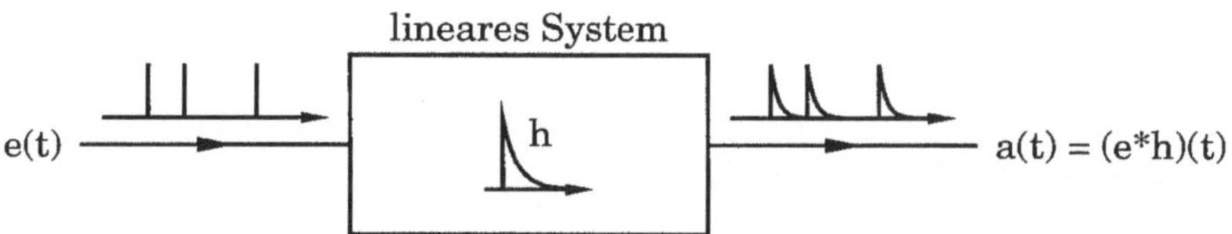

Abb. A.1 Das Ausgangssignal $a(t)$ eines linearen Systems entsteht durch Faltung des Eingangssignals $e(t)$ mit der Impulsantwort h.

Die Autokorrelationsfunktion einer Funktion f, symbolisch $f \otimes f$ geschrieben, ist definiert durch

$$(f \otimes f)(\xi, \eta) = \int\limits_{-\infty}^{+\infty} \int\limits_{-\infty}^{+\infty} f(x, y) f^*(x - \xi, y - \eta) dx\, dy. \qquad \text{(A.11)}$$

Dieser Ausdruck ist mit der Definition (A.9) verwandt, denn für eine reellwertige Funktion läßt sich schreiben: $f \otimes f = (f * f)^{(-)}$. Dabei bezeichnet $f^{(-)}$ die aus f durch Punktspiegelung der Koordinaten hervorgehende Funktion, d. h. $f^{(-)}(x, y) = f(-x, -y)$. Der Zusammenhang der Autokorrelation mit der Fouriertransformation wird durch das Wiener–Khintschin–Theorem hergestellt: Die Autokorrelationsfunktion und das Leistungsspektrum einer Funktion bilden ein Fouriertransformationspaar.

A.1.4 Eigenschaften der Fouriertransformation

Die Fouriertransformation hängt eng mit der Faltungsoperation zusammen. Sie erfüllt auch gewisse Regeln hinsichtlich der Vertauschung mit anderen Operationen, etwa der Verschiebung, Skalierung oder Differentiation der transformierten Funktion. Wir fassen diese Eigenschaften, formuliert für die zweidimensionale Fouriertransformation, im folgenden kurz zusammen:

1. Linearität
   Die Fouriertransformation ist eine lineare Operation (ein linearer Operator). Für beliebige reelle oder komplexe Konstanten a, b gilt:

   $$\mathcal{F}[a \cdot f + b \cdot g](v_x, v_y) = a\mathcal{F}[f](v_x, v_y) + b\mathcal{F}[g](v_x, v_y). \qquad \text{(A.12)}$$

2. Parsevalscher Satz
   Die Gesamtenergie der Funktion, gemessen als Integral über $|f|^2$, ist gleich der Gesamtenergie im Spektrum, gemessen als Integral über das Leistungsspektrum $|\mathcal{F}[f]|^2$:

   $$\int_{-\infty}^{+\infty} |f(x, y)|^2 dx\, dy = \int_{-\infty}^{+\infty} |\mathcal{F}[f](v_x, v_y)|^2 dv_x dv_y. \qquad \text{(A.13)}$$

3. Komplexe Konjugation
   Mit der oben eingeführten Notation $f^{(-)}$ läßt sich die Vorschrift für die Vertauschung von Fouriertransformation und Komplexer Konjugation so formulieren:

   $$\mathcal{F}[f^*(x, y)](v_x, v_y) = (\mathcal{F}[f(x, y)])^*(-v_x, -v_y). \qquad \text{(A.14)}$$

4. Verschiebungssatz
   Eine Verschiebung der zu transformierenden Funktion f in x– und

y–Richtung um Δx bzw. Δy führt zu einem Phasenfaktor im Amplitudenspektrum,

$$\mathcal{F}[f(x + \Delta x, y + \Delta y)](v_x, v_y) = e^{2\pi i(v_x \Delta x + v_y \Delta y)} \mathcal{F}[f(x, y)](v_x, v_y). \qquad \text{(A.15)}$$

Das Leistungsspektrum bleibt unbeeinflußt.

5. Ähnlichkeitssatz

Eine Skalierung der Funktion in x und y führt zu einer reziproken Skalierung des Fourierspektrums. Wegen des Parsevalschen Satzes ändert sich entsprechend auch die Amplitude des Spektrums:

$$\mathcal{F}[f(ax, by)](v_x, v_y) = \frac{1}{|a| \cdot |b|} \mathcal{F}[f(x, y)] \left(\frac{v_x}{a}, \frac{v_y}{b} \right). \qquad \text{(A.16)}$$

6. Faltungssätze

Die Fouriertransformierte eines Produkts zweier Funktionen f und g entspricht der Faltung der Einzelspektren:

$$\mathcal{F}[f(x, y) \cdot g(x, y)](v_x, v_y) = \mathcal{F}[f(x, y)] * \mathcal{F}[g(x, y)]. \qquad \text{(A.17)}$$

Analog dazu ergibt sich als Amplitudenspektrum der Faltung zweier Funktionen das Produkt der Einzelspektren,

$$\mathcal{F}[f(x, y) * g(x, y)](v_x, v_y) = \mathcal{F}[f(x, y)](v_x, v_y) \cdot \mathcal{F}[g(x, y)](v_x, v_y). \qquad \text{(A.18)}$$

7. Korrelationssätze

Die Korrelationssätze verbinden die Fouriertransformierte eines Produkts zweier Funktionen f und g mit der Korrelationsfunktion ihrer Einzelspektren:

$$\mathcal{F}[f^*(x, y) \cdot g(x, y)](v_x, v_y) = \mathcal{F}[f(x, y)] \otimes \mathcal{F}[g(x, y)]. \qquad \text{(A.19)}$$

Analog dazu ergibt sich als Amplitudenspektrum der Kreuzkorrelation zweier Funktionen ein Produkt von Einzelspektren,

$$\mathcal{F}[f(x, y) \otimes g(x, y)](v_x, v_y) = \mathcal{F}[f(x, y)](v_x, v_y) \cdot \mathcal{F}[g(x, y)]^*(v_x, v_y). \qquad \text{(A.20)}$$

8. Differentiation

Der Operator $\partial/\partial x$ übersetzt sich im Fourierspektrum in einen Faktor $i2\pi v_x$,

$$\mathcal{F}[\frac{\partial}{\partial x} f(x, y)](v_x, v_y) = i2\pi v_x \mathcal{F}[f(x, y)](v_x, v_y). \qquad \text{(A.21)}$$

Entsprechendes gilt für $\partial/\partial y$ mit dem Faktor $i2\pi v_y$.

Diese Regeln erlauben es, die Fouriertransformation von Funktionen, die sich aus anderen Funktionen zusammensetzen oder ableiten lassen, effektiv zu bestimmen, ohne das Fourierintegral komplett neu ausrechnen zu müssen. Wir machen davon im Kapitel Fourieroptik Gebrauch.

A.1.5 Spezielle Funktionen und ihre Fouriertransformierten

Der zeitliche oder räumliche Verlauf physikalischer Größen wird mathematisch oft in idealisierter Form beschrieben. Eine reine harmonische Schwingung oder Welle kann es in der Natur nicht geben; dennoch sind die Funktionen $\exp(i\omega t)$ oder $\exp[i(\omega t - kx)]$ in vielen Fällen sehr gute Approximationen für den wirklichen Verlauf. Die Diracsche Delta–Distribution δ wird zur idealisierten Beschreibung zeitlich oder räumlich konzentrierter Größen, z. B. eines kurzen Pulses (eindimensional) oder einer Punktlichtquelle (zweidimensional), verwendet. Die Vorstellung von der Diracschen Deltafunktion als einer Funktion, die in einem Punkt "Unendlich", sonst überall Null ist, mag für die Anschauung nützlich sein; man sollte aber immer im Auge behalten, daß das Symbol $\delta(x)$ bzw. die formale Integration $\int \delta(x)f(x)dx$ nur eine Abkürzung für die Abbildungsvorschrift

$$\delta(x) : f \mapsto f(0) = \int \delta(x)f(x)dx \tag{A.22}$$

bedeutet. Die (verallgemeinerte) Fouriertransformation des δ–Funktionals ergibt wegen der Identität (im Distributionssinn)

$$\delta(v) = \int_{-\infty}^{+\infty} \exp(i2\pi v t)dt \tag{A.23}$$

als Spektrum die Konstante Eins. Aus Deltafunktionen lassen sich weitere nützliche Funktionen zusammensetzen, z. B. die Kammfunktion. Sie eignet sich gut zur Darstellung periodischer Strukturen mittels der Faltungsoperation.

In der Abb. A.2 sind einige der in diesem Buch vorkommenden eindimensionalen Funktionen zusammen mit ihren Fouriertransformierten wiedergegeben. Einige Beispiele für zweidimensionale Fouriertransformationen werden im Kapitel Fourieroptik behandelt.

Übungsaufgaben

A.1. Rechnen Sie die Fouriertransformation der Gaußfunktion $f(t) = \exp(-\pi t^2)$ nach (siehe Tabelle). Geben Sie auch die Fouriertransformierte eines skalierten Gaußpulses $f_a(t) = \exp(-a\pi t^2)$, $a > 0$, an.

A.2. Berechnen Sie das Spektrum eines Dreieckpulses

$$\Delta(t) = \left\{ \begin{array}{ll} 1 - |t| & \text{für} \quad |t| \leq 1, \\ 0 & \text{sonst.} \end{array} \right. \tag{A.24}$$

A.3. Wie sieht die Autokorrelationsfunktion eines Rechteckpulses $\mathrm{rect}(t)$ aus? Verifizieren Sie an diesem Beispiel unter Verwendung des Resultats

Funktion $f(t)$	Fouriertransformierte $\mathcal{F}[f](\nu)$
Cosinusfunktion $\cos(2\pi\nu_0 t)$ 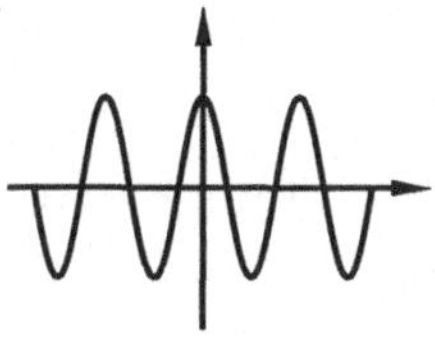	**Linienspektrum (reell)** $\tfrac{1}{2}\,\delta(\nu-\nu_0)$ $+\tfrac{1}{2}\,\delta(\nu+\nu_0)$ 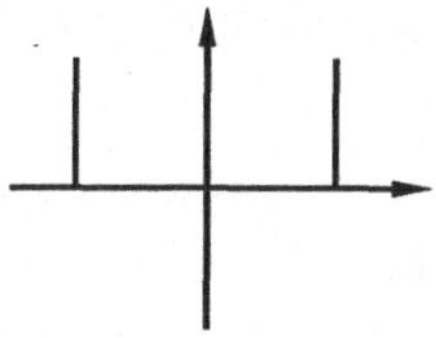
Sinusfunktion $\sin(2\pi\nu_0 t)$ 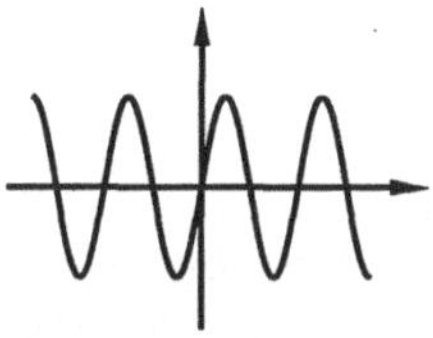	**Linienspektrum (imaginär)** $\tfrac{1}{2}\,i\delta(\nu-\nu_0)$ $-\tfrac{1}{2}\,i\delta(\nu+\nu_0)$ 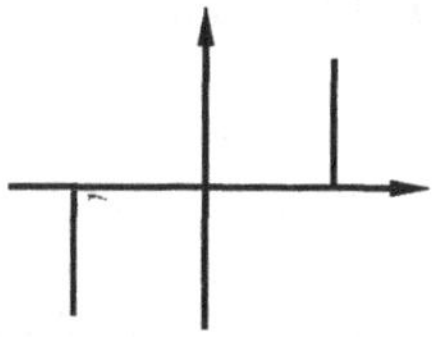
Deltafunktion $\delta(t)$ 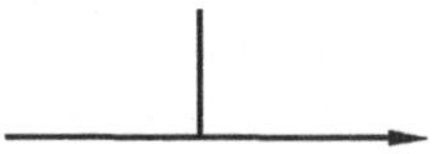	**Konstante Funktion** 1 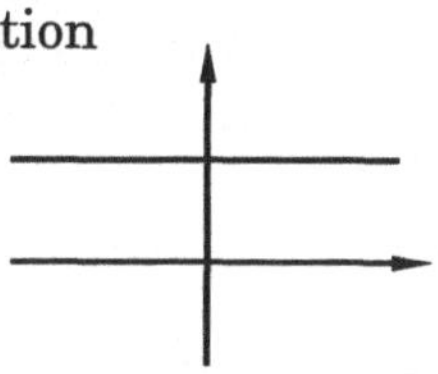
Gaußfunktion $\exp(-\pi t^2)$ 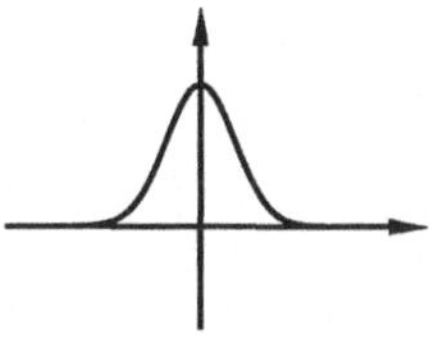	**Gaußfunktion** $\exp(-\pi\nu^2)$ 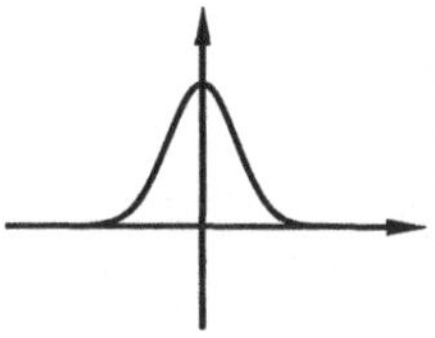
Rechteckfunktion $\mathrm{rect}(t)$ $=\begin{cases} 1\,, & \lvert t\rvert \le \tfrac{1}{2},\\ 0 & \text{sonst.}\end{cases}$ 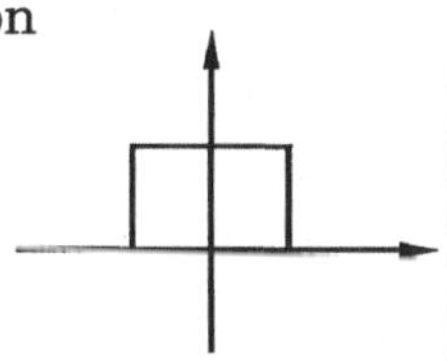	**Sinc–Funktion** $\mathrm{sinc}(\nu)$ $=\dfrac{\sin(\pi\nu)}{\pi\nu}$ 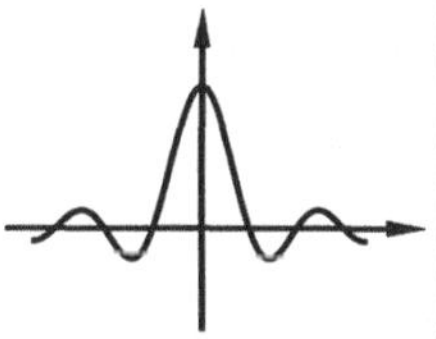
Kammfunktion $\mathrm{comb}(t)$ $=\displaystyle\sum_{-\infty}^{+\infty}\delta(n-t)$ 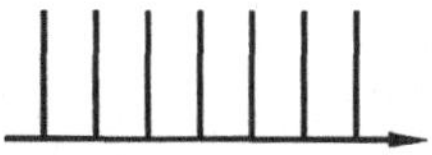	**Kammfunktion** $\mathrm{comb}(\nu)$ $=\displaystyle\sum_{-\infty}^{+\infty}\delta(n-\nu)$ 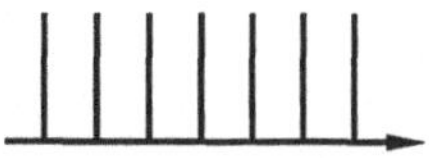

Abb. A.2. Einige häufig verwendete Funktionen und ihre Fouriertransformierten.

der vorangehenden Aufgabe und der Fouriertransformierten des Rechteckpulses (siehe Tabelle) das Wiener–Khintschin–Theorem.

A.4. Beweisen Sie die Faltungssätze (für die eindimensionale Fouriertransformation bzw. Faltung).

A.5. Bestimmen Sie das Spektrum einer sinusförmig modulierten Kosinusschwingung $f(t) = A \sin(2\pi v_1 t) \cos(2\pi v_2 t)$ mit Hilfe der Tabelle und eines Faltungssatzes.

Literatur

A.1 R. Bracewell: *The Fourier Transform and Its Applications* (McGraw–Hill, New York 1965)
A.2 J. W. Goodman: *Introduction to Fourier Optics* (McGraw–Hill, San Francisco 1965)
A.3 A. Papoulis: *The Fourier Integral and its Applications* (McGraw–Hill, New York 1962)
A.4 M. J. Lighthill: *Introduction to Fourier Analysis and Generalized Functions* (Cambridge University Press, Cambridge 1959)
A.5 E. C. Titchmarsh: *Introduction to the Theory of Fourier Integrals* (Clarendon, Oxford 1962)
A.6 D. C. Champeney: *A handbook of Fourier Theorems* (Cambridge University Press, Cambridge 1987)

A.2 Lösungen der Übungsaufgaben

Kapitel 1

1.1. Mit $v = c/\lambda$, $E = hc/\lambda$, $p = h/\lambda$ und $m = h/(\lambda c)$ ergibt sich für ein Photon bei 550 nm Wellenlänge: $v = 5.45 \cdot 10^{14}$ Hz, $E = 3.61 \cdot 10^{-19}$ J, $p = 1.20 \cdot 10^{-27}$ N s und $m = 4.02 \cdot 10^{-36}$ kg.

1.2. a) Einsetzen von $\lambda = c/v$ und $|d\lambda| = (c/\lambda^2)|dv|$ ergibt:

$$\rho(\lambda)d\lambda = \frac{8\pi hc}{\lambda^5} \frac{1}{\exp(\frac{hc}{\lambda kT}) - 1} d\lambda.$$

b) Das Extremum (hier: Maximum) der Funktion $\rho(v)$ erhält man durch Nullsetzen der Ableitung,

$$\frac{d\rho(v)}{dv} = \frac{8\pi h}{c^3} \frac{v^2}{(\exp(\frac{hv}{kT}) - 1)^2} \left(\exp(\frac{hv}{kT})(3 - \frac{hv}{kT}) - 3 \right) = 0.$$

Da die Lösung $v = 0$ hier nicht interessiert, fordern wir das Verschwinden der rechten Klammer. Mit der Abkürzung $z = \frac{hv}{kT}$ führt dies zu $e^z(3-z) = 3$. Mit der angegebenen Lösung $z = 2.821\ldots$ folgt:

$$v_{max} = 2.821\frac{kT}{h} = (5.88 \cdot 10^{10} \text{ K}^{-1} \text{ s}^{-1}) \cdot T.$$

Eine analoge Rechnung für $\rho(\lambda)$ führt mit $z = \frac{hc}{\lambda kT}$ auf die Gleichung $e^z(5 - z) = 5$ und mit deren Lösung $z = 4.965\ldots$ auf die übliche Form des *Wienschen Verschiebungsgesetzes*:

$$\lambda_{max} = \frac{hc}{4.965 \cdot kT} = (2.898 \cdot 10^{-3} \text{ K m}) \cdot \frac{1}{T}.$$

Daß $v_{max} \neq c/\lambda_{max}$ gilt, liegt daran, daß die Koordinatentransformation $v \leftrightarrow \lambda$ nichtlinear ist.

c) Die Integration von $\rho(v)$ über v ergibt

$$\rho_g = \int_0^\infty \rho(v)dv = \frac{8\pi h}{c^3} \left(\frac{kT}{h}\right)^4 \int_0^\infty \frac{z^3}{\exp(z) - 1} dz = \frac{8\pi^5 k^4}{15c^3 h^3} T^4.$$

Die Gesamtenergiedichte ρ_g nimmt also mit der vierten Potenz der Temperatur zu! Wenn man ρ_g noch mit $c/4$ multipliziert, erhält man für die spezifische Ausstrahlung eines schwarzen Körpers in den Halbraum das *Stefan–Boltzmannsche Strahlungsgesetz*:

$$M = \frac{c}{4}\rho_g = \frac{2\pi^5 k^4}{15c^2 h^3} T^4 = (5.67 \cdot 10^{-8} \text{ J K}^{-4} \text{ m}^{-2} \text{ s}^{-1}) \cdot T^4.$$

Kapitel 3

3.1. Für die Überlagerung der beiden Schwingungen ergibt sich wieder eine harmonische Schwingung mit der Frequenz ω. In reeller Schreibweise:

$$E(z, t) = (E_1 \cos \varphi_1 + E_2 \cos \varphi_2) \sin(kz - \omega t)$$
$$+ (E_1 \sin \varphi_1 + E_2 \sin \varphi_2) \cos(kz - \omega t).$$

Mit dem Ansatz $E(z, t) = E_0 \sin(kz - \omega t + \varphi_0)$ kommt man nach Entwickeln und Koeffizientenvergleich zu:

$$E_0 = \sqrt{E_1^2 + E_2^2 + 2E_1 E_2 \cos(\varphi_2 - \varphi_1)} ,$$
$$\tan \varphi_0 = \frac{E_1 \sin \varphi_1 + E_2 \sin \varphi_2}{E_1 \cos \varphi_1 + E_2 \cos \varphi_2}.$$

In komplexer Schreibweise erhält man:

$$E(z, t) = (\tilde{E}_1 + \tilde{E}_2)e^{i(kz - \omega t)} = \tilde{E}_0 e^{i(kz - \omega t)}.$$

Dabei ist $\tilde{E}_1 = E_1 \exp(i\varphi_1')$, $\tilde{E}_2 = E_2 \exp(i\varphi_2')$ mit $\varphi_{1,2}' = \varphi_{1,2} + \pi/2$. Für die komplexe Amplitude $\tilde{E}_0$ und den Phasenwinkel φ_0 ergibt sich wie oben:

$$|\tilde{E}_0| = \sqrt{|\tilde{E}_1|^2 + |\tilde{E}_2|^2 + 2\mathrm{Re}\{\tilde{E}_1 \tilde{E}_2^{*}\}},$$
$$\tan \varphi_0 = \frac{\mathrm{Im}\{\tilde{E}_0\}}{\mathrm{Re}\{\tilde{E}_0\}}.$$

3.2. Frequenz $\nu = 5$, Schwingungsperiode $T = 1/\nu = 0.2$, Wellenzahl $k = 6\pi$, Wellenlänge $\lambda = 1/3$, Amplitude $E_0 = \sqrt{4^2 + 3^2} = 5$, Phasengeschwindigkeit $v = \omega/k = \nu\lambda = 5/3$. Die Ausbreitung erfolgt in die positive z–Richtung. Die komplexe Amplitude ist $\tilde{E}_0 = 3 - 4i$.

3.3. Sei φ der Winkel, unter dem der Radius $r = 0.5$ cm der Kreisfläche im Abstand R von der Lichtquelle erscheint. Da φ klein sein wird, gilt $\varphi = r/R$ und $\cos \varphi = 1 - \varphi^2/2$. Weglängenunterschied zwischen Randstrahl und Strahl zur Mitte der Kreisfläche: $\Delta = R(1 - \cos \varphi) = R\varphi^2/2 = r^2/2R$. Mit $\Delta = \lambda/10 = 55$ nm, $r = 0.5$ cm folgt $R = r^2/2\Delta = 227.3$ m.

3.4. Mit dem Lösungsansatz $\exp(i(kz - \omega t))$ folgt die Dispersionsrelation $\omega(k) = c|k|\sqrt{1 - \eta k^2}$.

3.5. In den Zylinderkoordinaten (ρ, Θ, z) mit $\rho = \sqrt{x^2 + y^2}$, $\Theta = \arctan(y/x)$, hängt eine um die z–Achse zylindersymmetrische, monofrequente Welle nicht von z und Θ ab: $E(r, t) = E(\rho, t) = E_R(\rho)\exp(-i\omega t)$ mit geeigneter Funktion $E_R(\rho)$. Für $\rho \gg \lambda$ kann man erwarten, daß sich das E–Feld durch ebene, harmonische Wellen approximieren läßt, so daß die gesamte Strahlungsleistung der Welle pro Längeneinheit in z–Richtung $\sim E^2(\rho)$

und $\sim 1/(2\pi\rho)$ (= 1/Mantelfläche pro Längeneinheit) sein wird. Aus der Energieerhaltung folgt daher $E_R(\rho) \sim \rho^{-1/2}$. Einsetzen des Ansatzes in die skalare Wellengleichung in Zylinderkoordinaten führt auf die Differentialgleichung

$$\frac{dE_R}{d\rho}(\rho) + \rho\frac{d^2E_R}{d\rho^2}(\rho) + \rho k^2 E_R(\rho) = 0.$$

Die Besselfunktion $E_R(\rho) = J_0(k\rho)$ ist eine Lösung, wie durch Einsetzen leicht folgt. Die asymptotische Entwicklung $J_0(k\rho) \approx \sqrt{2/(\pi k\rho)}\cos(k\rho-\pi/4)$ für $k\rho \gg 1$ bestätigt die $1/\sqrt{\rho}$–Abhängigkeit der Amplitude.

3.6. Mit den in Abb. 3.3 angegebenen Näherungsformeln erhält man für den Durchmesser des Axicons: $L = 2R = 2z_B n(1 - \gamma) = 261.8$ m.

3.7. Das Einsetzen der Funktion (3.64) in die dreidimensionale skalare Wellengleichung führt nach Kürzen des Faktors $E_0 \exp(-i(\omega t - \beta z))$ zu

$$\left(\frac{J_1(\alpha\rho)}{\alpha\rho} - J_0(\alpha\rho)\right)\alpha^2 + \frac{dJ_0(z)}{dz}\Big|_{z=\alpha\rho}\frac{\alpha}{\rho} + J_0(\alpha\rho)(\frac{\omega^2}{c^2} - \beta^2) = 0.$$

Wegen $\omega^2/k^2 = k^2 = \alpha^2 + \beta^2$ und $dJ_0(z)/dz = -J_1(z)$ ist diese Gleichung erfüllt. Für $\alpha = \pm k$ ergibt sich eine Zylinderwelle $E_0 J_0(\pm k\rho)\exp(-i\omega t)$ (vgl. Aufgabe 3.5). Einsetzen der Integraldarstellung für J_0 in (3.64),

$$E(\boldsymbol{r}, t) = \frac{E_0}{2\pi}e^{-i\omega t}\int_0^{2\pi} e^{i(\alpha\rho\cos\varphi+\beta z)}d\varphi,$$

zeigt, daß die Lösung als Überlagerung ebener Wellen konstanter Amplitude aufgefaßt werden kann. Die zugehörigen Wellenvektoren $\boldsymbol{k}$ haben konstanten Betrag k, eine konstante z–Komponente $k_z = \beta$, also auch eine radiale Komponente mit konstantem Betrag $k_\rho = \alpha$, d.h. sie liegen auf einem Kegel mit Öffnungswinkel $\Theta = 2\arcsin(\alpha/k)$. Damit ist verständlich, warum Besselwellen durch Brechung ebener Wellen an einem kegelförmigen Glaskörper erzeugt werden. Bei kleinen Winkeln folgt für den Öffnungswinkel Θ (Brechungsgesetz, γ: Axiconwinkel, siehe Abb. 3.3): $\sin(\Theta + \gamma)/\sin\gamma \approx 1 + \Theta/\gamma = n$.

3.8. Intensität $I = 8$ W/m^2. In (3.72) wird durch die Mittelung über die Momentanintensität für eine harmonische Welle der Faktor 1/2 eingeführt. Für die elektrische Feldstärke ergibt sich daher: $E = \sqrt{2I/(\varepsilon_0 c)} = 77.6$ V/m.

3.9. Mit $\bar{\omega} = (\omega_1 + \omega_2)/2$ und $\Delta\omega = (\omega_1 - \omega_2)/2$ folgt:

$$E(z, t) = E_0 e^{-i\bar{\omega}t}\left(e^{-i\Delta\omega t} + e^{+i\Delta\omega t}\right) = 2E_0 e^{-i\bar{\omega}t}\cos(\Delta\omega t).$$

Die Zerlegung der *komplexen* Zeitfunktion in ein Produkt ist hier erlaubt, weil einer der Faktoren reell ist. Zur Berechnung der Momentanintensität $I(t)$ ist die reelle Feldstärke zu quadrieren:

$$I(t) \sim (\mathrm{Re}\,\{E(z,t)\})^2 = 4E_0^2 \cos^2(\overline{\omega}t)\cos^2(\Delta\omega t).$$

Die Momentanintensität folgt den schnellen Feldstärkeschwankungen. Wendet man hingegen die Definition (3.82) der Intensität direkt auf die Welle $E(z,t)$ an, erhält man

$$I'(t) = E(z,t)E^*(z,t) = 2E_0^2\,(1+\cos(\omega_1-\omega_2)t) = 4E_0^2\cos^2(\Delta\omega t).$$

Hierbei folgt die Intensität der langsamen Modulation der Schwebung, die Mittelung über die Schwingung mit der Frequenz $\overline{\omega}$ ist bereits impliziert. Es handelt sich bei I' um eine Kurzzeitintensität mit $T_m \ll T_s = 2\pi/|\omega_1 - \omega_2| = \pi/|\Delta\omega|$, aber $T_m \gg T_0 = \pi/\overline{\omega}$. Für $T_0 \ll T_m$ erhalten wir mit der Definition (3.84) der Kurzzeitintensität:

$$\bar{I}(t) = \frac{1}{T_m}\int_{t-T_m/2}^{t+T_m/2} I'(t')dt' = 2E_0^2\left(1+\mathrm{sinc}\left(\frac{T_m}{T_s}\right)\cos(\omega_1-\omega_2)t\right)$$

Im Integranden von (3.84) ist dabei wie bei $I'(t)$ oben die Mittelung über die schnelle Schwingung $\sim \cos(\overline{\omega}t)$ bereits enthalten. Für $T_0 \ll T_m \ll T_s$ ist der sinc–Term praktisch gleich eins, und die Kurzzeitintensität folgt der Modulation der Schwingung: $\bar{I}(t) = I'(t)$. Für $T_m \gg T_s$ schwankt die Kurzzeitintensität kaum noch, und man erhält die Intensität der Schwingung: $I_\infty = 2E_0^2$. Für $T_m \approx T_s$ hängt die Schwankungsamplitude der Kurzzeitintensität stark von der Wahl des Mittelungsintervalls ab.

Kapitel 4

4.1. Die Überlagerung schreiben wir reell, da sie in Produkte harmonischer Schwingungen umgeformt werden soll:

$$E(t) = \tfrac{1}{2}(E_{01}e^{-i\omega_1 t} + E_{02}e^{-i\omega_2 t} + \mathrm{c.c.}).$$

Zur Vereinfachung nehmen wir E_{01} und E_{02} reell an. Mit $\bar{E} = \tfrac{1}{2}(E_{01}+E_{02})$ bzw. $\Delta E = \tfrac{1}{2}(E_{01}-E_{02})$ und mit $\overline{\omega} = \tfrac{1}{2}(\omega_1+\omega_2)$ bzw. $\Delta\omega = \tfrac{1}{2}(\omega_1-\omega_2)$ folgt

$$
\begin{aligned}
E(t) &= \tfrac{1}{2}\bar{E}e^{-i\overline{\omega}t}(e^{-i\Delta\omega t}+e^{+i\Delta\omega t}) + \tfrac{1}{2}\Delta E e^{-i\overline{\omega}t}(e^{-i\Delta\omega t}-e^{+i\Delta\omega t}) + \mathrm{c.c.}\\
&= 2\bar{E}\cos(\overline{\omega}t)\cos(\Delta\omega t) - 2\Delta E \sin(\overline{\omega}t)\sin(\Delta\omega t).
\end{aligned}
$$

Es liegt ein i. a. nicht voll durchmoduliertes Schwebungssignal vor (siehe Abb. A.3). Die Selbstkohärenzfunktion $\Gamma(\tau)$, berechnet für die komplexe Schwingung $\tilde{E}(t)$, entspricht einer Überlagerung harmonischer Schwingungen (in τ),

$$\Gamma(\tau) = \langle \tilde{E}^*(t)\tilde{E}(t+\tau)\rangle = I_1 e^{-i\omega_1\tau} + I_2 e^{-i\omega_2\tau},$$

wobei $I_1 = |E_{01}|^2$ und $I_2 = |E_{02}|^2$ gesetzt wurden. Der komplexe Selbstkohärenzgrad ist damit gegeben durch $\gamma(\tau) = \Gamma(\tau)/(I_1+I_2)$. Die Kurve

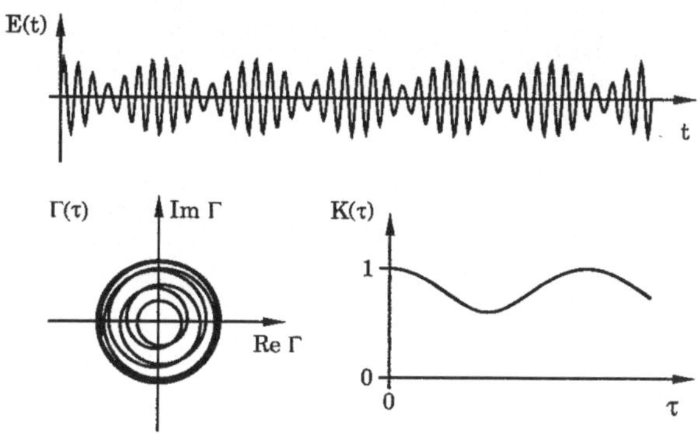

bb. A.3. Skizze der Zeitfunktion, der Selbstkohärenzfunktion und der Kon-
astfunktion des Schwebungssignals.

τ) verläuft in der komplexen Ebene zwischen den Kreisen $|\gamma = 1|$ und
$= |I_1 - I_2|/(I_1 + I_2)$. Die Kontrastfunktion lautet

$$K(\tau) = |\gamma(\tau)| = \frac{\sqrt{I_1^2 + I_2^2 + 2I_1 I_2 \cos((\omega_1 - \omega_2)\tau)}}{I_1 + I_2}.$$

2. Für Signale endlicher Energie ist die Division durch T wegzulassen
ıd über die gesamte reelle Achse zu integrieren:

$$\Gamma(\tau) = \int_{-\infty}^{+\infty} E^*(t) E(t + \tau) dt.$$

ır das Gaußsche Wellenpaket erhält man damit

$$\begin{aligned}
\Gamma(\tau) &= \frac{|E_0|^2}{2\pi\sigma^2} \int_{-\infty}^{+\infty} \exp(i\omega t - \frac{t^2}{2\sigma^2}) \exp(-i\omega(t + \tau) - \frac{(t + \tau)^2}{2\sigma^2}) dt \\
&= \frac{|E_0|^2}{2\pi\sigma^2} \exp(-\frac{\tau^2}{4\sigma^2}) \exp(-i\omega\tau) \int_{-\infty}^{+\infty} \exp(-\frac{(t + \tau/2)^2}{\sigma^2}) dt \\
&= \frac{|E_0|^2}{2\sqrt{\pi}\sigma} \exp(-\frac{\tau^2}{4\sigma^2}) \exp(-i\omega\tau).
\end{aligned}$$

ie Kontrastfunktion ist also auch eine Gaußfunktion:

$$K(\tau) = |\gamma(\tau)| = |\exp(-\frac{\tau^2}{4\sigma^2}) \exp(-i\omega\tau)| = \exp(-\frac{\tau^2}{4\sigma^2}).$$

ie Kohärenzzeit beträgt $\tau_k = 2\sigma$, denn $K(\tau_k) = 1/e$.

3. Einsetzen von

$$E(t) = \int_0^\infty E_0(\nu) e^{-i2\pi\nu t} d\nu$$

die Definition der Kohärenzfunktion ergibt unter Ausnutzung von

$$\lim_{T \to \infty} \frac{1}{T} \int_{-T/2}^{+T/2} e^{i2\pi(v-v')t} dt = \delta(v - v')$$

den Nachweis für (4.30):

$$
\begin{aligned}
\Gamma(\tau) &= \lim_{T \to \infty} \frac{1}{T} \int_{-T/2}^{+T/2} dt \int_0^\infty E_0^*(v)e^{i2\pi vt}dv \int_0^\infty E_0(v')e^{-i2\pi v'(t+\tau)}dv' \\
&= \int_0^\infty dv \int_0^\infty dv' E_0^*(v)E_0(v')\delta(v-v')e^{-i2\pi v'\tau} \\
&= \int_0^\infty |E_0(v)|^2 e^{-i2\pi v\tau} dv.
\end{aligned}
$$

4.4. Die Anwendung der räumlichen Kohärenzbedingung führt auf $d < \lambda R/2L = \lambda/2\Theta$. Der Winkeldurchmesser der Sonne beträgt $\Theta = L/R = 30'$. Es folgt $d < 31.5\ \mu$m.

4.5. Die Gesamtintensität in einem Punkt (ξ, η) des Schirms erhält man hier durch inkohärente Überlagerung der Beugungsbilder, d.h. Addition der Intensitäten. Die Integration von (4.2) über die Kreisscheibe (mit $\varphi_2 - \varphi_1 = kdx/L_1 = kd\,r\cos\Theta/L_1$ in Polarkoordinaten (r, Θ)) führt auf:

$$I(\xi, \eta) \sim \int_0^R dr\, r \int_0^{2\pi} d\Theta \left(1 + \cos\left(\frac{kd}{L_1}r\cos\Theta + \frac{kd}{L_2}\xi\right)\right).$$

Anwendung eines Additionstheorems auf die Cosinusfunktion im Integranden ergibt, wobei ein Teilintegral aus Symmetriegründen entfällt,

$$
\begin{aligned}
I(\xi, \eta) &\sim \pi R^2 + \cos(\frac{kd}{L_2}\xi) \int_0^R dr\, r \int_0^{2\pi} d\Theta \cos\left(\frac{kd}{L_1}r\cos\Theta\right) \\
&= \pi R^2 + 2\pi \cos(\frac{kd}{L_2}\xi) \int_0^R dr\, rJ_0\left(\frac{kd}{L_1}r\right) \\
&= \pi R^2 \left(1 + 2\cos(\frac{kd}{L_2}\xi)\frac{J_1(kdR/L_1)}{kdR/L_1}\right).
\end{aligned}
$$

4.6. Für die Intensität der Überlagerung zweier Wellen gilt $I = I_1 + I_2 + 2\text{Re}\{\Gamma_{12}\}$. Analog zur Diskussion im Text können wir für quasimonochromatisches Licht schreiben: $I_{max} = I_1 + I_2 + 2|\Gamma_{12}|$ und $I_{min} = I_1 + I_2 - 2|\Gamma_{12}|$. Für den Kontrast folgt mit der Definition (4.59) die Beziehung (4.61):

$$K_{12}(\tau) = \frac{4|\Gamma_{12}(\tau)|}{2(I_1 + I_2)} = 2\frac{\sqrt{I_1 I_2}}{I_1 + I_2}|\gamma_{12}(\tau)| = 2\frac{\sqrt{\Gamma_{11}(0)\Gamma_{22}(0)}}{\Gamma_{11}(0) + \Gamma_{22}(0)}|\gamma_{12}(\tau)|.$$

Der gegenseitige Kohärenzgrad einer Kugelwelle $E(r, t) = (E_0/r)\exp(i(kr - \omega t))$ ist gegeben durch $\gamma_{12}(\tau) = \exp(ik(r_1 - r_2))\exp(-i\omega\tau)$, der Kontrast durch

$$K_{12}(\tau) = \frac{2r_1 r_2}{r_1^2 + r_2^2}.$$

4.7. Das Fourierspektrum des Rechteckpulses, $f(t) = \text{rect}\,(t)$ ist

$$
\begin{aligned}
H(v) &= \mathcal{F}[\text{rect}](v) = \int_{-1/2}^{+1/2} \exp(-i2\pi v t)\,dt \\
&= \frac{1}{i2\pi v}(\exp(i\pi v) - \exp(-i\pi v)) = \frac{\sin(\pi v)}{\pi v} = \text{sinc}\,(v).
\end{aligned}
$$

Das analytische Signal $\tilde{f}(t)$ kann entweder durch Integration über die positive Hälfte des Spektrums, oder durch Anwendung der Hilbert–Transformationen (4.72) bzw. (4.73) gewonnen werden:

$$
\begin{aligned}
\text{Re}\,\tilde{f}(t) &= \text{rect}\,(t) \\
\text{Im}\,\tilde{f}(t) &= \frac{1}{\pi}\int_{-1/2}^{+1/2}\frac{1}{t'-t}dt' = \frac{1}{\pi}\ln\left(\frac{t-\frac{1}{2}}{t+\frac{1}{2}}\right).
\end{aligned}
$$

4.8. Die Beziehung (4.90) lautet für das Michelsonsche Stellarinterferometer

$$
I(\xi, \eta) \sim 1 + 2\cos(kd'\xi/L_2)\frac{J_1(kdR/L_1)}{kdR/L_1},
$$

Der Stern wird dabei als leuchtende Scheibe mit konstanter Helligkeit modelliert. Dieser einfache Ansatz berücksichtigt z. B. nicht eine mögliche Randverdunkelung des Sterns. Das erste Kontrastminimum liegt bei der ersten Nullstelle von J_1, d.h. der Winkeldurchmesser ist $\varphi = 2R/L_1 = 2 \cdot 3.83/kd = 1.22\lambda/d = 2.27 \cdot 10^{-7}$ bzw. $\varphi = 0.047''$ und der Durchmesser von Betelgeuse $2R = \varphi L_1 = 860 \cdot 10^6$ km.

4.9. Da mit $R_{12}(\tau) \sim |\gamma_{12}(\tau)|^2$ im wesentlichen der Kontrast der Intensitätsverteilung (4.90) vermessen wird, kann man die Formeln der Aufgabe **4.8** anwenden. Die maximale Basislänge (Objekt im Zenit) beträgt $d_{max} = 188$ m, der kleinste meßbare Winkeldurchmesser eines Sterns ist daher $\varphi_{min} = 3.83\lambda/\pi d_{max} = 1.22\lambda/d = 6.6 \cdot 10^{-4''}$.

4.10. Das Interferogramm I_b (im wesentlichen die Autokorrelationsfunktion der Feldstärke) werde über das Intervall $[0, \tau_{max}]$ aufgenommen, entspricht also einem Ausschnitt aus dem vollständigen Interferogramm ΔI:

$$
\Delta I_b(\tau) = \Delta I \,\text{rect}\left(\frac{t}{\tau_{max}} - \frac{1}{2}\right).
$$

Für das Leistungsspektrum $W(v)$ erhält man

$$
\begin{aligned}
W(v) &= \mathcal{F}[\Delta I](v) * \mathcal{F}[\text{rect}\left(\frac{t}{\tau_{max}} - \frac{1}{2}\right)](v) \\
&= \mathcal{F}[\Delta I](v) * (\tau_{max}\, e^{-i\pi v}\text{sinc}(\tau_{max}v)).
\end{aligned}
$$

Eine Spektrallinie des Leistungsspektrums hat somit mindestens eine durch die Verschmierung mit der sinc–Funktion bestimmte Halbwertsbreite $\Delta v \approx 1/\tau_{max}$, die Frequenzauflösung ist daher Δv. Für das konkrete Beispiel folgt für die maximale Zeitverschiebung τ_{max}:

$$\tau_{max} = \frac{1}{\Delta v_{min}} = \frac{\lambda_{max} A}{c} = 10^{-11} \text{ s.}$$

Dies entspricht einer Verschiebung des Spiegels im Michelson–Interferometer um $l = c/(2\tau_{max}) = 1.5$ mm. Die Anzahl der Abtastpunkte folgt aus dem Sampling–Theorem. Bei der maximalen Frequenz v_{max} sind über das Meßintervall die maximale Anzahl von Interferenzstreifen zu sehen, $N_{max} = 2\tau_{max} v_{max} = 1925$. Die Anzahl der Abtastpunkte muß mindestens doppelt so groß sein, $N_s \geq 2N_{max} = 3850$. Hier würde man $N_s = 4096$ wählen, da die digitale Fouriertransformation (FFT) mit einer Datenanzahl von 2^n arbeitet.

4.11. Interferogramm des Schwingungspulses (Autokorrelationsfunktion des reellen Signals):

$$\Delta I(\tau) = \exp(-\sigma|\tau|) \frac{\omega_0^2}{4(\omega_0^2 + \sigma^2)} \left(\frac{1}{\sigma} \cos(\omega_0 \tau) + \frac{1}{\omega_0} \sin(\omega_0|\tau|) \right).$$

Kohärenzzeit $\tau_k = 1/\sigma$. Leistungsspektrum:

$$W(v) = \frac{\omega_0^2}{(\omega_0^2 - \omega^2 + \sigma^2)^2 + 4\sigma^2\omega^2}.$$

Unter der Annahme $\tau_k \gg T$ (Schwingungsperiode), d.h. $\omega_0 \gg \sigma$, erhält man für die Halbwertsbreite des Spektrums $v_h = 2\sigma$, d.h. sie ist umgekehrt proportional zur Kohärenzzeit.

Kapitel 5

5.1. Spiegelreflektivität: $r = \sqrt{1 + \pi^2/4F^2} - \pi/2F \approx 1 - \pi/2F = 0.99984$; freier Spektralbereich: $\Delta v = c/2L = 3 \cdot 10^9$ Hz; Halbwertsbreite einer Linie: $v_h = \Delta v/F = c/2LF = 3 \cdot 10^6$ Hz; Auflösungsvermögen: $A = v/v_h = 2LF/\lambda = 2 \cdot 10^9$. Die beiden Spektrallinien haben den Frequenzabstand $\Delta v = c\Delta\lambda/\lambda^2 = 2.24 \cdot 10^{11}$ Hz. Der freie Spektralbereich ist etwa hundertmal kleiner als der Linienabstand, d.h. die Spektralkomponenten sind zwar aufgelöst, aber nicht eindeutig zuzuordnen.

5.2. Aufsummieren der reflektierten Teilwellen ergibt für die Amplitude der reflektierten Welle:

$$E_r = E_e r \left(1 - t^2 e^{ik2L} - t^2 r^2 e^{ik4L} - t^2 r^4 e^{ik6L} + \dots \right).$$

Zusammenfassen der geometrischen Reihe liefert den Amplitudenreflexionskoeffizienten

$$R = r \frac{1 - e^{ik2L}}{1 - r^2 e^{ik2L}}$$

und damit den Intensitätsreflexionskoeffizienten

$$|R|^2 = 2r^2 \frac{1 - \cos 2kL}{1 + r^4 - 2r^2 \cos 2kL} = \frac{K \sin^2 kL}{1 + K \sin^2 kL}.$$

Dabei ist $K = 4r^2/(1 - r^2)^2$ der Finessekoeffizient. Die Gültigkeit von $|R|^2 + |T|^2 = 1$ folgt mit (5.17) sofort.

5.3. Mit $I(kd) = 2I_1(1 + \cos(2kd))$ folgt für den freien Spektralbereich des Michelson–Interferometers $\Delta v = c/2d$, für seine Halbwertsbreite $v_h = c/4d$. Die Finesse des Michelson–Interferometers beträgt daher $F = \Delta v/v_h = 2$.

5.4. Gesuchte Spiegelverschiebung beim Fabry–Perot–Interferometer:

$$\Delta L = \frac{1}{k\sqrt{K}} = \frac{\lambda}{4F} = 15.8 \cdot 10^{-12} \text{ m}.$$

Beim Michelson–Interferometer beträgt die entprechende Verschiebung $\Delta L = \lambda/8 = 79.1$ nm (vergleiche vorige Aufgabe, $F = 2$). Das Fabry–Perot reagiert also gerade um den Faktor $F/2$, das Verhältnis der Finessen beider Instrumente, empfindlicher auf Weglängenänderungen als das Michelson–Interferometer.

5.5. Wir bezeichnen mit E_e die Amplitude der einfallenden Welle unmittelbar vor Spiegel 1, mit E_r die Amplitude der dort reflektierten Welle, mit E_1 die Amplitude der zurücklaufenden Welle direkt hinter Spiegel 1, mit E_2 die Amplitude der vorwärtslaufenden Welle unmittelbar vor Spiegel 2 und mit E_a die der auslaufenden Welle direkt hinter Spiegel 2 (vgl. Abb. 5.3). Es gilt allgemein (r, r', t, t' als reell angenommen):

$$E_a = E_2 t', \quad E_1 = E_2 r' e^{ikL}, \quad E_2 = (E_e t + E_1 r') e^{ikL}, \quad E_r = rE_e + t'E_1.$$

Maximale Transmission: $\exp(ikL) = \pm 1$ und $E_r = 0$, also $E_1 = (r'/t')E_e$, $E_2 = (1/t') \exp(ikL)E_e = \pm(1/t')E_e$. Im Innern des Fabry–Perots überlagern sich die gegenläufigen Wellen mit Amplitude E_1 und $E_2 \exp(-ikL) = E_e/t'$, es resultiert ein stehendes Wellenfeld E_s, dem sich eine vorwärtslaufende Welle E_l überlagert, mit

$$E_s(z, t) = 2E_e \frac{r'}{t'} \cos(kz)e^{-i\omega t}$$

und

$$E_l(z, t) = E_e \frac{1 - r'}{t'} e^{i(kz - \omega t)}.$$

Falls $t' \ll 1$ ist, kann die laufende Welle gegenüber dem stehenden Wellenfeld vernachlässigt werden. Dieses hat eine Amplitude $\approx 2E_e/t'$ und damit eine (räumlich gemittelte) Energiedichte

$$u = \frac{1}{cL} \int_0^L |E(z, t)|^2 dz \approx \frac{2I_e}{c|t'|^2} \gg \frac{I_e}{c}$$

Minimale Transmission: Tritt für $\exp(ikL) = \pm i$ auf, d.h. $E_2 = it/(1+r'^2)E_e$ und $E_1 = -tr'/(1+r'^2)E_e$. Es folgt

$$E_s(z,t) = 2iE_e\frac{r't}{1+r'^2}\sin(kz)e^{-i\omega t}$$

und

$$E_l(z,t) = E_e\frac{(1-r')t}{1+r'^2}e^{i(kz-\omega t)}.$$

Bei Vernachlässigung der vorwärtslaufenden Welle folgt entsprechend für die Energiedichte

$$u \approx \frac{2|E_e|^2t^2}{c(1+r'^2)^2} \approx \frac{(t^2)I_e}{2c} \ll \frac{I_e}{c}.$$

5.6. Frequenzabstand der Longitudinalmoden: $\Delta v = c/2nL$. Für den He–Ne–Laser ($n \approx 1$) ergibt sich $\Delta v = 250$ MHz, für den Halbleiterlaser $\Delta v = 86$ GHz. Bei der Differenzfrequenzanalyse der drei Lasermoden tritt eine Ausgangsspannung $U(t)$ gemäß

$$\begin{aligned}U(t) \sim |E(t)|^2 &= |e^{-i(\omega-\Delta\omega)t} + 2e^{-i\omega t} + e^{-i(\omega+\Delta\omega)t}|^2 \\ &= 6 + 8\cos(\Delta\omega t) + 2\cos(2\Delta\omega t)\end{aligned}$$

mit Komponenten bei den Frequenzen Δv und $2\Delta v$ auf.

Kapitel 6

6.1. Mit $I = |E|^2$, $dI = 2|E|d|E|$ und $\bar{E} = \sqrt{\langle I\rangle}$ ergibt sich die Verteilung

$$p(|E|) = 2\frac{|E|}{\bar{E}^2}\exp(-|E|^2/\bar{E}^2).$$

Der Mittelwert der Verteilung ist $\langle|E|\rangle = \sqrt{\pi}\bar{E}/2$.

6.2. (a) Kleinste Speckelkorngröße auf dem Schirm: $d_{min} = 1.2\lambda L_1/d = 0.38$ mm. (b) Auf der Netzhaut des Beobachters haben die Bilder dieser Speckels einen Durchmesser $d' = Vd_{min} = bd_{min}/L_2 = 2.6$ μm ($b = 1.7$ cm ist der Abstand Augenlinse–Netzhaut). (c) Die kleinsten subjektiven Speckels auf der Netzhaut sind $d'' = 1.2\lambda b/D_{pup} = 2.6$ μm groß, also in diesem Fall genauso groß wie die kleinsten gesehenen objektiven Speckels (D_{pup} = Pupillendurchmesser). Die Größe der subjektiv wahrgenommenen Granulation auf der Netzhaut hängt nicht direkt vom Abstand Beobachter–Schirm ab (solange sich z. B. der Pupillendurchmesser durch Adaption des Auges an den vom Abstand abhängigen Strahlungsfluß nicht ändert). Nimmt die Entfernung zum Schirm zu, so erscheinen jedoch die Speckels dem Betrachter größer, da sich das Netzhautbild der Szene entsprechend verkleinert. Die subjektiven Speckels werden auch von einem kurzsichtigen Beobachter scharf gesehen, da sie durch Überlagerung der durch die Pupille tretenden statistisch verteilten Lichtwellen entstehen, eine Abbildung durch die Augenlinse also keine Rolle spielt.

6.3. Kleinste zulässige Verschiebung des Objekts bei Öffnungsverhältnis $1/F = 0.5$ und Abbildungsmaßstab $M = 1$: $d_{min} = 2 \cdot (2.4\lambda F) = 6$ μm. Bei einer Abbildung mit Abbildungsmaßstab V soll die resultierende Objektverschiebung d_{min} mindestens doppelt so groß sein wie die minimale Speckelkorngröße:

$$d_{min} = 2 \cdot (1.2 \frac{V+1}{V}\lambda F) = (1 + \frac{1}{V}) \cdot 3 \ \mu\text{m}.$$

Eine Vergrößerung $V > 1$ ergibt daher gegenüber der $1 : 1$ Abbildung höchstens eine Verbesserung der Empfindlichkeit um den Faktor zwei, da die minimale Speckelkorngröße für große V proportional zum Abbildungsmaßstab anwächst. Eine Verkleinerung ($V < 1$) hingegen bringt einen starken Verlust an Empfindlichkeit (andererseits eine Steigerung der Bildhelligkeit).

6.4. Das in (6.31) vorkommende Integral läßt sich für eine beliebige Schwingungsform $f(t)$ schreiben:

$$\int_0^{T_s} e^{2\pi i v_x f(t)}dt = \int_{-\infty}^{+\infty} p(s)e^{2\pi i v_x s}ds.$$

Hierbei wurde ein stationäres Signal angenommen und das Zeitmittel durch ein Mittel über den Wertebereich ersetzt. Die Funktion $p(s)$ bezeichnet die Wahrscheinlichkeitsverteilung über die Werte. Die Dreiecksfunktion hat nun eine im Intervall $[-A/2, A/2]$ konstante Dichte $p(s) = 1/A$, d.h. für das Integral folgt der Wert $\text{sinc}(v_x A)$. Außerhalb von $(v_x, v_y) = (0, 0)$ gleicht das Interferenzmuster im wesentlichen einem mit dem Beugungsbild eines Spaltes modulierten Speckelmusters,

$$I \sim |\mathcal{F}[I(x, y)]|^2(v_x, v_y) \ \text{sinc}^2(v_x A).$$

6.5. Verwendung von (6.38) ergibt $u = \lambda v_{burst}/(2 \sin \alpha) = 1.0$ m/s.

Kapitel 7

7.1. Der Streifenabstand des entstehenden Interferenzmusters beträgt (vgl. Aufgabe 6.5):

$$d = \frac{\lambda}{2 \sin \alpha} = 0.5 \ \mu\text{m}.$$

D. h. der Film muß eine Auflösung von etwa 2000 Linien/mm haben.

7.2. Mit $T = a - b'I - c'I^2$, $I = (RR^* + SS^* + RS^* + R^*S)$ enthält die rekonstruierte Welle RT folgende Anteile:

$R(a - b'|R|^2 - c'|R|^4)$ nullte Ordnung,
$R(b'|S|^2 + 4c'|R|^2|S|^2 + c'|S|^4)$ verbreiterte nullte Ordnung,
$S(b'|R|^2 + 2c'|R|^4)$ direktes Bild (erste Ordnung),
$S(2c'|R|^2|S|^2)$ verbreiterte erste Ordnung (direktes Bild),
$S^*R^2(b' + 2c'|R|^2)$ konjugiertes Bild,
$S^*R^2(2c'|S|^2)$ verbreiterte erste Ordnung (konjugiertes Bild),
$S^2R^*(c'|R|^2)$ direktes Bild (zweite Ordnung),
$(S^*)^2R^3c'$ konjugiertes Bild (zweite Ordnung).
Die Nichtlinearität der photographischen Kennlinie führt also u.a. zum
Auftreten von Bildern in höheren Beugungsordnungen.

7.3. Das konjugierte Bild tritt unter einem Winkel $\beta = \arcsin(2\sin\alpha - \sin\gamma) = 51.8°$ gegen die optische Achse auf. Bei Rekonstruktion mit einer Referenzwelle R', die unter dem veränderten Winkel α' einfällt, verschwindet das konjugierte Bild für $\alpha' \geq \arcsin(1 + \sin\gamma - \sin\alpha) = 59°$.

7.4. Überlagerung ebene Welle–Kugelwelle (Amplitude Eins) ergibt, gleiche Amplituden vorausgesetzt, ein Interferenzmuster $I = 2(1 + \cos(kl))$, wobei $l = d - d_0$ den Weglängenunterschied zwischen dem Weg Punktlichtquelle – Punkt auf dem Schirm (d) und dem Weg Punktlichtquelle – Schirm auf der optischen Achse (d_0) darstellt. Dabei ist vorausgesetzt, daß in der Mitte des Interferenzmusters ein Maximum auftritt. Für $\cos(kl) = 0$ treten Ringkanten auf, d.h. $k(d_n - d_0) = (2n-1)\pi/2$ für die n–te Ringkante. Die entsprechenden Radien r_n $(n = 1, 2, \ldots)$ auf dem Schirm sind gegeben durch

$$r_n = \frac{\lambda}{4}\sqrt{(2n-1)^2 + (2n-1)\frac{8d_0}{\lambda}}.$$

7.5. Abstand der Schwärzungsschichten im entwickelten Hologramm: $d = \lambda/2$ (Aufnahmewellenlänge $\lambda = 633$ nm, Brechungsindex $n = 1$). Anwendung der Bragg–Bedingung für gelbes Licht (Rekonstruktionswellenlänge $\lambda' = 500$ nm):

$$\sin\alpha = \frac{\lambda'}{2d} = \frac{\lambda'}{\lambda} \to \alpha = 52.2°.$$

Der Winkel α ist dabei der Winkel zwischen einfallendem bzw. ausfallendem Strahl und der Hologrammplatte (Abb. 7.17).

7.6. Wir verwenden folgende Koordinatenbezeichnungen: für die Referenzlichtquelle bei der Aufnahme (x_R, y_R, z_R); für die Referenzlichtquelle bei der Rekonstruktion (x_R', y_R', z_R'), für den ersten Objektpunkt (x_{S1}, y_{S1}, z_{S1}), für den zweiten Objektpunkt (x_{S2}, y_{S2}, z_{S2}), für die entsprechenden Bildpunkte (x_{Q1}, y_{Q1}, z_{Q1}) bzw. (x_{Q2}, y_{Q2}, z_{Q2}) und für das Verhältnis von Rekonstruktions– zu Aufnahmewellenlänge $m = \lambda_2/\lambda_1$. Für den Fall (a) gilt $-\infty < z_R, z_R' < 0$.
Laterale Vergrößerung: die Koordinaten der Objektpunkte seien $x_{S2} =$

$x_{S1} + \Delta x$, $y_{S2} = y_{S1}$, $z_{S2} = z_{S1}$. Aus den Abbildungsgleichungen folgt für das direkte und konjugierte Bild $y_{Q1} = y_{Q2}$ und $z_{Q1} = z_{Q2}$. Für das direkte Bild erhält man

$$x_{Q1} - x_{Q2} = z_{Q1} m \frac{\Delta x}{z_{S1}} \rightarrow M_{lat,d} = \frac{x_{Q1} - x_{Q2}}{\Delta x} = \left(m + \frac{z_{S1}}{z_R{'}} - m\frac{z_{S1}}{z_R} \right)^{-1}.$$

Die laterale Vergrößerung für das konjugierte Bild ergibt sich durch Umkehrung der Vorzeichen von z_R und z_{S1}:

$$M_{lat,k} = \left(m - \frac{z_{S1}}{z_R{'}} - m\frac{z_{S1}}{z_R} \right)^{-1}.$$

Longitudinale Vergrößerung: Hier werden die Objektpunkte mit $x_{S2} = x_{S1}$, $y_{S2} = y_{S1}$, $z_{S2} = z_{S1} + \Delta z$ gewählt. Anhand der Abbildungsgleichungen erkennt man, daß sich mit der z–Koordinate des Objektpunktes i.a. nicht nur die z–Koordinate, sondern auch die x– und y–Koordinaten des Bildpunktes ändern (Verzerrung). Dieser Effekt ist jedoch quadratisch in Δz und wird vernachlässigt. Der Einfachheit halber sollen die beiden Objektpunkte auf der z–Achse liegen: $x_{S1} = x_{S2} = 0$, $y_{S1} = y_{S2} = 0$. Für das direkte Bild ergibt sich nach Einsetzen in die Abbildungsgleichungen und Umformung:

$$M_{lo,d} = \frac{z_{Q1} - z_{Q2}}{\Delta z} = \frac{m z_R{'}^2 z_R^2}{(z_R z_{S1} - m z_R{'} z_{S1} + m z_R{'} z_R)^2}.$$

Wie oben folgt für die longitudinale Vergrößerung des konjugierten Bildes (durch Vorzeichenwechsel)

$$M_{lo,k} = \frac{m z_R{'}^2 z_R^2}{(z_R z_{S1} + m z_R{'} z_{S1} - m z_R{'} z_R)^2}.$$

Durch Ausklammern von $m^2 z_R{'}^2 z_R^2$ im Nenner und Kürzen folgt sofort die Gültigkeit der Beziehung $M_{lo} = m M_{lat}^2$ für das konjugierte und das direkte Bild. Im Fall (b) (ebene Rekonstruktionswelle) gilt $z_R{'} = -\infty$, und es folgt $M_{lat,k} = M_{lat,d}$, $M_{lo,k} = M_{lo,d} = m M_{lat}^2$. Die laterale Vergrößerung ist unabhängig von m.

7.7. Der maximale Abstand (7.55) folgt sofort aus $z_{max}^2 + a^2 = (z_{max} + \lambda/2)^2$, siehe rechten Teil der Abb. 7.25. Der minimale Abstand (7.54) folgt aus $z_{min}^2 + a^2 = D^2$ und $z_{min}^2 + (a - b)^2 = (D - \lambda)^2$ nach Elimination von D und Auflösen nach z_{min}, siehe linken Teil der Abb. 7.25.

7.8. Für eine Abschätzung der Rechenzeit reicht es aus, den Zeitaufwand für die Hauptschleife bei der Hologrammberechnung zu bestimmen: bei L Bildpunkten und $M \times N$ Hologrammpunkten müssen die Ausdrücke $r_{ijl} = \sqrt{z_l^2 + (x_i - x_l)^2 + (y_j - y_l)^2}$, und eventuell $\cos(r_{ijl})$ insgesamt NML Mal berechnet werden. Dies ergibt bei Verwendung zwischengespeicherter Ergebnisse einen Aufwand von etwa $3NML$ Gleitkommaoperationen für das Wurzelargument und NML Wurzelberechnungen und eventuell NML Berechnungen der Kosinusfunktion. Im angegebenen Beispiel beträgt die Rechenzeit mit cos–Berechnung mindestens $T = NML(3 \cdot 0.1\,\mu s + 2 \cdot 1\,\mu s) \approx$ 9200 s $\approx$ 2.6 Stunden.

7.9. Das digitale Hologramm einer Punktlichtquelle ist eine Fresnelsche Zonenplatte (siehe Abb. 7.26). Eine mögliche Implementation stellt das folgende kleine C–Programm dar. Der Leser hat noch die Routinen init_output(), output_point() und end_output() bereitzustellen, die je nach Art der grafischen Ausgabe das Ausgabegerät initialisieren, einen Punkt schwärzen bzw. die Ausgabe abschließen.

```
#include <stdio.h>
#include <math.h>

/* ..... maximale Anzahl von Objektpunkten ..... */
#define MAXPTS 1000

int   npts;
int   xc[MAXPTS], yc[MAXPTS], zc[MAXPTS], zcq[MAXPTS],dyv[MAXPTS];

/* ..... hier wird die Groesse des
         digitalen Hologramms definiert ..... */
int   nxpixels =   5000;
int   nypixels =   3200;

main()
{
  char         buf[512];
  register int i,j,k,dx,dy;
  double       sum;

  /* ..... die Koordinaten der Objektpunkte werden von
           stdin gelesen, jede Eingabezeile enthaelt ein
           Koordinatentripel ..... */
  npts = 0;

  while( gets(buf) != NULL && npts<MAXPTS )
  {
    if(sscanf(buf," %d %d %d",xc+npts,yc+npts,zc+npts) == 3) npts++;
  }

  /* ..... Ausgabe initialisieren ..... */
  init_output(nxpixels,nypixels);

  /* ..... die Quadrate der z-Koordinaten werden in einem
           Feld abgespeichert  ..... */
  for(i=0; i<npts;i++) zcq[i] = zc[i]*zc[i];

  /* ..... Schleife ueber die Bildzeilen ..... */
  for(j=0; j<nypixels; j++)
```

```
{
  /* ..... der Vektor (y[i] - j)^2 wird in einem
           Feld abgespeichert  ..... */
  for(i=0;i<npts;i++)
    {  dy = yc[i] - j; dyv[i] = dy*dy; }


  /* ..... Schleife ueber die Bildspalten ..... */
  for(k=0; k<nxpixels; k++)
  {
    sum = 0.;


    /* .... Schleife ueber alle Objektpunkte ..... */
    for(i=0;i<npts;i++)
    {
      dx = xc[i] - k;
      sum += cos(fmod(sqrt((double)(dx*dx + dyv[i] + zcq[i])),
                6.28318530718));
    }


    /* ..... setze Punkt an der Stelle (j,k),
             falls sum>= 0. ..... */
    output_point(j,k,sum);
  }
}
/* ..... Ausgabe abschliessen ..... */
end_output();
}
```


Kapitel 8

8.1. Die rekonstruierte Objektwelle hat die Form $R'R(S_1 + S_2)$, wobei R' die Rekonstruktionswelle, R die Referenzwelle bei der Aufnahme und S_1, S_2 die Objektwellen bei der ersten und zweiten Aufnahme darstellen. Die Bildintensität $I = |R'|^2|R|^2|S_1 + S_2|^2 \sim \cos^2(\Delta\varphi/2)$ mit $\varphi = \arg(S_1 - S_2)$ hängt nur von der Phasendifferenz der Objektwellen ab, die unabhängig von der Rekonstruktionswelle ist. Das Aussehen des Interferenzmusters relativ zum Objektbild bleibt daher unverändert, jedoch wird das Bild skaliert oder verzerrt (siehe Abbildungsgleichungen).

8.2. In der linken Aufnahme schwingt der Deckel mit einer Knotenlinie. Es sind neun Interferenzminima zu sehen, d.h. die Schwingungsamplitude beträgt

$$d_1 = \frac{z_9\lambda}{2\pi(\cos\alpha + \cos\beta)} = 1.47\ \mu\text{m}.$$

Im mittleren Bild sind zwei Knotenlinien und ein Knotenkreis zu sehen, die Anzahl der Interferenzminima ist zwei, die Schwingungsamplitude (mit z_2) beträgt $d_2 = 0.3\ \mu\text{m}$. Im dritten Teilbild fehlt der Knotenkreis, es sind zehn Interferenzminima zu sehen, die Amplitude ist $d_3 = 1.64\ \mu\text{m}$.

8.3. Die Beziehung (8.10) lautet, für eine Auslenkungsfunktion $s(t)$ geschrieben,

$$E_d \sim \int_0^{t_B} S(t)dt = \int_0^{t_B} A e^{iks(t)} dt.$$

Für ein Rechtecksignal, das im Bruchteil γ der Schwingungsperiode T_s die Auslenkung $-d$ und im Intervall $(1-\gamma)T_s$ die Auslenkung $+d$ hat, folgt für $t_b \gg T_s$:

$$E_d \sim \gamma e^{ik(-d)} + (1-\gamma)e^{ikd}.$$

Für die Intensität ergibt sich

$$I \sim E_d E_d^* = \gamma^2 + (1-\gamma)^2 + 2\gamma(1-\gamma)\cos(2kd).$$

Das Tastverhältnis γ der Rechteckschwingung bestimmt also den Kontrast

$$K = \frac{2\gamma(1-\gamma)}{\gamma^2 + (1-\gamma)^2}.$$

Er ist maximal für $\gamma = 1/2$ (symmetrische Schwingung), und verschwindet für $\gamma \to 1$ bzw. $\gamma \to 0$.

Kapitel 9

9.1. Die Transmissionsverteilung der Doppellochblende läßt sich schreiben als $\tau(x, y) = \text{circ}_a(x, y) * (\delta(x - b/2) + \delta(x + b/2))$, wobei circ_a die Aperturfunktion einer einzelnen Lochblende mit Radius a ist. Es ergibt sich

$$\begin{aligned}
\mathcal{F}[E_0\tau](v_x, v_y) &= E_0 \mathcal{F}[\text{circ}](v_x, v_y)\mathcal{F}[\delta(x - b/2) + \delta(x + b/2)] \\
&= \frac{2aE_0}{\sqrt{v_x^2 + v_y^2}} J_1(2\pi a \sqrt{v_x^2 + v_y^2}) \cos b\pi v_x.
\end{aligned}$$

9.2. Mit $\tau = \text{circ}_{R_2} - \text{circ}_{R_1}$ folgt

$$\begin{aligned}
\mathcal{F}[E_0\tau](v_x, v_y) &= E_0 \frac{1}{\sqrt{v_x^2 + v_y^2}} \left(R_2 J_1(2\pi R_2 \sqrt{v_x^2 + v_y^2}) - R_1 J_1(2\pi R_1 \sqrt{v_x^2 + v_y^2}) \right) \\
&\approx E_0(2\pi R_1 \Delta R) J_0 \left(2\pi R_1 \sqrt{v_x^2 + v_y^2} \right).
\end{aligned}$$

9.3. Damit einerseits der Strahl gefiltert wird, andererseits nicht zuviel Licht verloren geht, sollte der Blendendurchmesser etwa gleich dem Durchmesser des zentralen Beugungsmaximums sein (der Strahldurchmesser entspricht der Blende):

$$d = \frac{2.4\lambda f}{D} = 6.2\ \mu\text{m}$$

Die Brennweite der Kollimationslinse sollte $f_K = f(d_a/d_e) = 125$ mm betragen.

9.4. Die Linse wirkt als Phasenfilter, indem Lichtwellen in verschiedenem Abstand $\rho = \sqrt{x^2 + y^2}$ von der optischen Achse (= z–Achse) unterschiedliche Wege im Glas und damit unterschiedliche optische Weglängen haben. Bezeichnen z_0 die Dicke der Linse auf der optischen Achse, k die Wellenzahl, r_1 und r_2 die Krümmungsradien und n den Brechungsindex des Glases, so folgt für die Phasenverschiebung einer Lichtwelle im Abstand ρ von der Achse

$$\Delta\varphi(\rho) = kz_0 n - k\frac{\rho^2}{2}\left(\frac{1}{r_1} - \frac{1}{r_2}\right)(n-1) = kz_0 n - k\frac{\rho^2}{2f}$$

und für die Transmissionsfunktion

$$\tau(\rho) = e^{i\Delta\varphi(\rho)} = e^{ikz_0 n}e^{-ik\rho^2/(2f)}.$$

Sei $E_1(x, y)$ die Feldverteilung unmittelbar vor der Linse. Das Feld in der Brennebene, $E_2(x', y')$ ergibt sich mit der Impulsantwort h_f des freien Raums zu

$$\begin{aligned}
E_2(x', y') &= (E_1(x, y)\tau(x, y)) * h_f(x', y') \\
&= \frac{e^{ikf}}{i\lambda f}\exp(ik(x'^2 + y'^2)/(2f))\mathcal{F}[E_1](\frac{x'}{\lambda f}, \frac{y'}{\lambda f}).
\end{aligned}$$

9.5. Für eine unter $\mathcal{F}$ invariante Funktion fordern wir: $\mathcal{F}[g(x, y)](v_x, v_y) = g(v_x, v_y)$. Notwendige Begingung dafür ist, daß g punktsymmetrisch ist, d.h. $g(x, y) = g(-x, -y)$, da $\mathcal{F}[\mathcal{F}[g]] = g^{(-)}$. Nun läßt sich aus jeder punktsymmetrischen Funktion g eine invariante Funktion g' konstruieren:

$$g'(x, y) = g(x, y) + \mathcal{F}[g](x, y).$$

9.6. Die Feldverteilung hinter der Fresnelplatte hat bei Beleuchtung mit einer senkrechten, ebenen, monofrequenten Welle (mit $E_0 = 1$) die Form

$$E(r) = T(r) = \sum_{n=-\infty}^{+\infty} 2\mathrm{sinc}\left(\frac{n}{2}\right)\exp(in\alpha r^2)\mathrm{circ}_a(r).$$

Das Feld in einem Abstand d von der Platte läßt sich durch ein Fresnel–Integral darstellen,

$$\begin{aligned}
E(x', y', d) &= \frac{e^{ikd}}{i\lambda d}e^{ik(x'^2+y'^2)/(2d)}\sum_{n=-\infty}^{+\infty} 2\mathrm{sinc}\left(\frac{n}{2}\right)\cdot \\
&\quad \cdot \int\int \exp\left(i[n\alpha + \frac{k}{2d}]r^2 - i\frac{k}{d}(x'x + y'y)\right)\mathrm{circ}_a(\sqrt{x^2 + y^2})dxdy.
\end{aligned}$$

Der quadratische Phasenfaktor im Integranden entfällt für $d = d_n = -2n\alpha/k$, wobei n ungerade ist (für gerade n ist $\mathrm{sinc}(n/2) = 0$). Das Teilintegral für den Index n liefert dann einen Brennpunkt auf der optischen Achse in Form einer Airy–Scheibe (Beugungsbild der Einfassung):

$$\int\int \exp\left(-i\frac{k}{d}(x'x + y'y)\right) \mathrm{circ}_a(\sqrt{x^2 + y^2})dxdy$$

$$= \frac{a\lambda d}{\sqrt{x^2 + y^2}}J_1\left(2\pi a\frac{\sqrt{x^2 + y^2}}{\lambda d}\right).$$

9.7. Amplitudengitter: Das Fourierspektrum des Amplitudengitters lautet:

$$\mathcal{F}[E_0\tau](v_x, v_y) = ab\,\mathrm{comb}\,(av_x)\,\mathrm{sinc}\,(bv_x)\delta(v_y).$$

Ausblenden der nullten Ordnung $(v_x, v_y) = (0, 0)$ (Dunkelfeldverfahren) ergibt im Bild die Feld– bzw. Intensitätsverteilung ($\gamma = a/b$)

$$E'(x, y) = E_0(\tau(x, y) - \gamma)$$

$$I'(x, y) = |E_0|^2\left([\gamma(\gamma - 1) + \frac{1}{2}] + (\tau(x, y) - \frac{1}{2})(1 - 2\gamma)\right).$$

Die Helligkeitsmodulation beträgt $|E_0|^2(1 - 2\gamma)$, sie verschwindet für ein symmetrisches Gitter ($a = b$). Beim Phasenkontrastverfahren ergibt sich bis auf eine größere Hintergrundhelligkeit das gleiche Resultat:

$$E'(x, y) = E_0(\tau(x, y) - (1 - i)\gamma)$$

$$I'(x, y) = |E_0|^2\left(\gamma(2\gamma - 1) + \frac{1}{2}\right) + (\tau(x, y) - \frac{1}{2})(1 - 2\gamma).$$

Phasengitter: Die Rechteckfunktion sei mit $f(x)$ abgekürzt, d. h. $f(x) = \mathrm{comb}_a(\xi) * \mathrm{rect}_b(\xi))(x)$. Das Dunkelfeldverfahren führt im Bild zur Feld– bzw Intensitätsverteilung:

$$E'(x, y) = i\alpha E_0(f(x) - \gamma)$$

$$I'(x, y) = \alpha^2|E_0|^2\left([\gamma(\gamma - 1) + \frac{1}{2}] + (f(x) - \frac{1}{2})(1 - 2\gamma)\right).$$

Die Intensität ist wegen des Faktors α^2 sehr klein, die relative Intensitätsmodulation die gleiche wie beim Amplitudengitter. Beim Phasenkontrastverfahren ergeben sich entsprechend

$$E'(x, y) = E_0\left(\alpha\gamma + i(1 + \alpha(f(x) - \gamma))\right)$$

$$I'(x, y) = |E_0|^2\left([1 + \alpha(1 - 2\gamma)] + 2(f(x) - \frac{1}{2})\alpha\right).$$

Dabei wurden Terme in α^2 vernachlässigt. Die Helligkeitmodulation beträgt hier 2α, die Phasenmodulation wurde in eine Amplitudenmodulation umgewandelt.

9.8. Jede Schar paralleler Geraden des Rasters erzeugt im Beugungsbild ein Linienspektrum, das senkrecht zur Richtung der Geradenschar liegt. Der Abstand der Punkte des Linienspektrums ist umgekehrt proportional zum Abstand der entsprechenden Geraden. Der Bildinhalt eines gerasterten Bildes ist niederfrequenter und konzentriert sich um die nullte Ordnung und schwächer um die höheren Beugungsordnungen des Rastergitters. Das Bild kann daher z.B. mit Hilfe einer Lochblende oder einer quadratischen bzw. hexagonalen Blende um $(v_x, v_y) = (0, 0)$ in der Fourierebene entrastert werden (Abb. abb:raster-spektren).

Abb. A.4. Beugungsbilder der in Abb. 9.27 gezeigten Raster. Die Kreise deuten Blendenlöcher zur Tiefpaßfilterung der Vorlagen in der Fourierebene an.

9.9. Feldverteilung in der Objektebene (die Referenzwelle am Ort des Hologramms wird durch eine Punktlichtquelle realisiert, Amplitude der Beleuchtungswelle = Amplitude der Referenzwelle):

$$E(x, y) = R\delta(x, y) + R \, \mathrm{rect}\,(\frac{x}{a})\mathrm{rect}\,(\frac{y}{b}).$$

Die Feldstärke in der Hologrammebene ist im wesentlichen die Fouriertransformierte der Feldstärke in der Objektebene und führt nach Intensitätsbildung auf die Transmissionsfunktion (C_1, C_2 Konstanten):

$$\tau(x', y') = C_1 - C_2|R|^2 \left(a^2 b^2 \mathrm{sinc}^2(a v_x)\mathrm{sinc}^2(b v_y) + 2ab\,\mathrm{sinc}\,(a v_x)\mathrm{sinc}\,(b v_y)\right).$$

Dies ergibt bei der Rekonstruktion mit der Punktlichtquelle $R\delta(x, y)$ in der Bildebene mit $\mathcal{F}[\mathrm{sinc}^2](x) = \Delta(x)$ (Dreiecksfunktion, vgl. Aufgabe A.2) eine Feldstärkeverteilung

$$E(x'', y'') = RC_1\delta(x'', y'') - C_2R|R|^2 \left(ab\Delta(\frac{x''}{a})\Delta(\frac{y''}{b}) + 2\,\mathrm{rect}\,(\frac{x}{a})\mathrm{rect}\,(\frac{y}{b})\right).$$

Bei der Filterung tritt an die Stelle der Referenzwelle die Fouriertransformierte der verschobenen Rechteckapertur, $\mathcal{F}[R\mathrm{rect}\,((x - x_0)/a)\mathrm{rect}\,((y -$

$y_0)/b)$]. Dies führt bei der holografischen Filterung zu folgender Feldverteilung in der Bildebene, wobei die Verschiebung der Blende im Phasenfaktor $\exp(i\varphi) = \exp(-2i\pi(x_0 v_x/a + y_0 v_y/b))$ steckt:

$$
\begin{aligned}
E(x'', y'') \;=\; & C_1 R e^{i\varphi}\mathrm{rect}\left(\frac{x''}{a}\right)\mathrm{rect}\left(\frac{y''}{b}\right) \\
& - C_2 R|R|^2 a^3 b^3 e^{i\varphi}\mathcal{F}[\mathrm{sinc}^3(a v_x)\mathrm{sinc}^3(b v_y)](x'', y'') \\
& - 2C_2 R|R|^2 a b e^{i\varphi}\Delta\left(\frac{x''}{a}\right)\Delta\left(\frac{y''}{b}\right)
\end{aligned}
$$

Der Term in der ersten Zeile entspricht dem Objektbild, der (nicht weiter berechnete) Term in der zweiten Zeile der verbreiterten nullten Ordnung, der Term in der dritten der Summe aus Autokorrelationsfunktion Faltung, die beide für das vorliegende punktsymmetrische Objekt übereinstimmen. Die Verschiebung (x_0, y_0) der Objektblende taucht nur als Phasenfaktor auf und wird in der Bildintensität nicht sichtbar.

Kapitel 10

10.1. Die Besetzungszahlen der Niveaus $E_0 \ldots E_3$ seien mit $N_0 \ldots N_3$ bezeichnet. Nach Voraussetzung sind $N_3 = 0$ und $N_1 = 0$, also $N_0 + N_2 = N$ (Gesamtzahl der laserfähigen Atome). Für die Besetzungszahl N_2 und die Photonenzahl Q formuliert lautet die Intensitätsgleichung

$$
\frac{dQ}{dt} = -\gamma Q + WQN_2 + W_{sm}N_2
$$

und die Materialgleichung

$$
\frac{dN_2}{dt} = -W_{20}N_2 - WQN_2 + W_{02}N_0.
$$

Dabei sind W_{02} die normierte Übergangsrate vom Grundniveau in das obere Laserniveau (über das Pumpniveau) und W_{20} die normierte Übergangsrate vom oberen Laserniveau in das Grundniveau (für Relaxationsprozesse). In der Materialgleichung entfällt gegenüber dem Drei–Niveau–System im wesentlichen der Term $+WN_1Q$. Vernachlässigung der spontanen Emission $W_{sm}N_2$ und Einführung skalierter Variablen $q = WQ/\gamma$, $n = WN_2/\gamma$, $p = WW_{02}N/\gamma^2$, $b = (W_{02} + W_{20})/\gamma$ und $\dot{} = (1/\gamma)d/dt$ ergeben (10.25).

10.2. Stationäre Punkte (setze $\dot{x} = \dot{y} = \dot{z} = 0$): $(0, 0, 0)$ bei allen Parameterwerten. Durch Berechnung der charakteristischen Gleichung der Jacobi–Matrix des Vektorfeldes findet man, daß diese Lösung für $\rho < 1$ stabil, für $\rho > 1$ instabil ist.
Für $\rho > 1$ existiert ein zusätzliches Paar zueinander symmetrischer stationärer Punkte $(x_0, x_0, \rho - 1)$ mit $x_0 = \pm\sqrt{\beta(\rho - 1)}$. Sie sind für $\rho < (\sigma(\sigma + \beta + 3))/(\sigma - \beta - 1)$ stabil, darüber instabil.

10.3. Man versuche zunächst, die Trajektorien der Abb. 10.10 zu reproduzieren. Für den dort gezeigten chaotischen Attraktor rechne man den Abstand $d(t)$ bzw $\log(d(t))$ zweier Trajektorien, die von dicht benachbarten Anfangspunkten ausgehen, als Funktion der Zeit aus (für verschiedene Anfangspunkte).

Kapitel 11

11.1. Die Zeitableitungen des Lösungsansatzes,

$$\dot{x} = (\dot{A}(t) - i\omega A(t))e^{-i\omega t} + \text{c.c.,}$$

$$\ddot{x} = (\ddot{A}(t) - i2\omega\dot{A}(t) - \omega^2 A(t))e^{-i\omega t} + \text{c.c.}$$

sowie

$$x^3 = A^3(t)e^{-i3\omega t} + 3A^2 A^* e^{-i\omega t} + \text{c.c.}$$

werden in die Duffing–Gleichung eingesetzt (der Term $\ddot{A}$ wird vernachlässigt):

$$\left[\dot{A}(d - 2i\omega) + \left(\omega_0^2 - \omega^2 - id\omega + 3\alpha|A|^2\right)A\right]e^{-i\omega t} + A^3 e^{i3\omega t} + \text{c.c.} = E_0\cos(\omega t).$$

Da sich die rechte Seite durch $(E_0/2)e^{-i\omega t} + $ c.c. darstellen läßt, folgt durch Koeffizientvergleich die Differentialgleichung (11.104). Für $\dot{A} = 0$ ergibt sich eine kubische Gleichung für die Größe $|A|^2$:

$$9\alpha^2|A|^6 + 6\alpha(\omega_0^2 - \omega^2)|A|^4 + \left((\omega_0^2 - \omega^2)^2 - \omega^2 d^2\right)|A|^2 - \frac{E_0^2}{4} = 0.$$

11.2. Unter Vernachlässigung des Terms αx^3, der Beiträge dritter Ordnung in den A_i liefert, haben wir einfach zwei überlagerte harmonische Schwingungen mit den Frequenzen ω_1 und ω_2 (Superpositionsprinzip) und den Amplituden A_i ($i = 1, 2$):

$$A_i = \frac{E_i}{\sqrt{(\omega_0^2 - \omega_i^2)^2 + d^2\omega_i^2}}.$$

Wird auch der nichtlineare Term berücksichtigt, erhält man:

$$\begin{aligned}
0 = {} & A_1\left(-\omega_1^2 - id\omega_1 + \omega_0^2 + \alpha(3A_1 A_1^* + 6A_2 A_2^*)\right)e^{-i\omega_1 t} \\
& A_2\left(-\omega_2^2 - id\omega_2 + \omega_0^2 + \alpha(3A_2 A_2^* + 6A_1 A_1^*)\right)e^{-i\omega_2 t} \\
& + \alpha\left(A_1^3 e^{-3i\omega_1 t} + 3A_1^2 A_2 e^{-i(2\omega_1 + \omega_2)t}\right. \\
& + 3A_1^2 A_2^* e^{-i(2\omega_1 - \omega_2)t} + 3A_1 A_2^2 e^{-i(\omega_1 + 2\omega_2)t} \\
& \left. + 3A_1(A_2^*)^2 e^{-i(\omega_1 - 2\omega_2)t} + A_2^3 e^{-3i\omega_2 t}\right) \\
& + \text{c.c.}
\end{aligned}$$

Es entstehen alle aus drei Frequenzen $\omega \in \{\omega_1, \omega_2\}$ bildbaren Kombinationsfrequenzen. Der Lösungsansatz in zweiter Näherung enthält daher 8 komplexe bzw. 16 reelle Parameter.

11.3. Die Eingangsamplitude der Grundwelle beträgt $A_1(0) = \sqrt{2S/nc\varepsilon_0} = 22.36 \cdot 10^6$ V/m. Mit (11.84) folgt die gesuchte Länge:

$$z_{1/2} = \frac{\operatorname{arctanh}(1/\sqrt{2})}{KA_1(0)} = \frac{0.88}{KA_1(0)} = 3.27 \text{ cm}.$$

11.4. Einsetzen der Ableitungen

$$\frac{dA_1}{dz}(z) = A_1(0)e^{-i\Delta kz/2}\left(-i\Delta k\cosh(bz) + (b + \frac{(\Delta k)^2}{4b})\sinh(bz)\right)$$
$$+ A_2^*(0)e^{-i\Delta kz/2}\left(iK_p\cosh(bz) + \frac{\Delta k}{2b}\sinh(bz)\right),$$
$$\frac{dA_2^*}{dz}(z) = A_2^*(0)e^{i\Delta kz/2}\left(b - i\frac{\Delta k}{2b}\right)\sinh(bz)$$
$$+ A_1(0)e^{i\Delta kz/2}\left(-iK_p\cosh(bz) + \frac{\Delta kK_p}{2b}\sinh(bz)\right),$$

in die Differentialgleichungen (11.87) und (11.88) führt zum Ergebnis.

Kapitel 12

12.1. Die Bedingung $\Theta_m \leq \Theta_T$ bzw. $\sin\Theta_m \leq \sin\Theta_T$, wobei $\Theta_T = 90° - \Theta_c$ und Θ_c der Grenzwinkel der Totalreflexion an der Grenzfläche Kern–Mantel ist, führt mit (12.2) und mit der Beziehung $\sin\Theta_T = \sqrt{1 - (n_2/n_1)^2}$ nach einigen Umformungen zu

$$m \geq N = \frac{4a}{\lambda}\frac{|\frac{1}{2} - (n_1/n_2)^2|}{\sqrt{1 - (n_1/n_2)^2}}.$$

In dem Modell sind daher unendlich viele Moden mit Index $m \geq N$ ausbreitungsfähig, und zusätzlich die unter dem Winkel $\Theta = 0$ laufende Welle, die im Ansatz von (12.2) nicht erfaßt ist (sie entspricht $m = \infty$). Für die angegebene Glasfaserdaten ergibt sich $N = 85$. Der maximale Laufzeitunterschied besteht zwischen der Welle $\Theta_0 = 0$, die mit der Lichtgeschwindigkeit im Material, $c_1 = c_0/n_1$, läuft, und der N–Mode mit der effektiven Ausbreitungsgeschwindigkeit $c_{min} \approx \cos\Theta_T(c_0/n_1) = \cos\Theta_T c_1$. Für das betrachtete Beispiel gilt $c_{min} = 0.938\,c_1$. Pro Kilometer Glasfaserstrecke beträgt der maximale Laufzeitunterschied auf Grund der Modendispersion daher

$$\Delta T = \frac{1000 \text{ m}}{c_1} \left(\frac{1}{\sin \Theta_c} - 1 \right) = \frac{1000 \text{ m}}{c_0} \frac{n_1}{n_2} (n_1 - n_2) = 0.355 \text{ } \mu s.$$

12.2. Minimale meßbare Temperaturänderung:

$$\Delta T = \frac{\Delta \varphi_{min}}{kL(dn/dT + n\alpha)} = 3.6 \cdot 10^{-4} \text{ K}.$$

12.3. Anzahl Wellenlängen (über Halbwertsbreite) $\approx$ 4800. Ein Soliton mit 100 Wellenlängen Halbwertsbreite hat Δt_h = 500 fs. Die Bitrate beträgt entsprechend b = 1/(7 · 500fs) = 286 GBit. Das Spektrum eines Solitonenzugs mit dieser Pulsrate ist ein Linienspektrum (Linienabstand 286 GHz) moduliert mit einer glockenförmigen Funktion, zentriert um die Mittenfrequenz v_0 = 1.93 · 10^{14} Hz, mit der Halbwertsbreite $\Delta v_h \approx 1/(\pi \Delta t_h)$ = 636 GHz = $0.0033 v_0$. Da die Pulsbreite umgekehrt proportional zur Pulsamplitude ist, kann das Soliton die Strecke l = $-20 \log_{10}(1/2)/0.12$ km = 50.2 km laufen, bevor sich seine Breite verdoppelt hat.

12.4. Nach 18.4 km.

12.5. Brighton: Die Ableitungen

$$\frac{\partial U}{\partial \zeta} = i \frac{a^3}{2} \text{sech}\,(a\sigma) e^{ia^2\zeta/2},$$

$$\frac{\partial^2 U}{\partial \sigma^2} = a^3 \left(\text{sech}\,(a\sigma) \tanh^2(a\sigma) - \text{sech}^3(a\sigma) \right) e^{ia^2\zeta/2},$$

$$|U|^2 U = a^3 \text{sech}^3(a\sigma) e^{ia^2\zeta/2},$$

werden in die Differentialgleichung (12.34) eingesetzt.
Darkon: entsprechend werden die Ausdrücke

$$\frac{\partial U}{\partial \zeta} = ia^3 \tanh\,(a\sigma) e^{ia^2\zeta},$$

$$\frac{\partial^2 U}{\partial \sigma^2} = -2a^3 \text{sech}^2(a\sigma) \tanh\,(a\sigma) e^{ia^2\zeta},$$

$$|U|^2 U = a^3 \tanh^3(a\sigma) e^{ia^2\zeta}$$

in (12.37) eingesetzt.

12.6. Brightonenlösung in physikalischen Einheiten (t_0 = Maß für die Pulsbreite):

$$E(z, \tau) = \sqrt{\frac{|k_0''|n_0}{k_0 n_2}} \frac{1}{t_0} \text{sech}\left(\frac{\tau}{t_0} \right) \exp(i|k_0''|z/(2t_0^2)).$$

Die maximale Feldstärke für einen 10 ps–Puls beträgt daher $E_{max} \approx$ 630 kV/m. Die Fläche des Faserkerns ist $F = \pi D^2/4$ und die Maximalleistung des Pulses P_{max} = $(1/2)\varepsilon_0 n_0 c F |E_{max}|^2$ = 62 mW.

12.7. Wir zeigen die Behauptung für (12.34), für (12.37) verläuft die Rechnung analog. Multiplikation der Gleichung mit U^* bzw der komplex konjugierten Gleichung mit U und Subtraktion der erhaltenen Ausdrücke eliminiert den nichtlinearen Term, es bleibt

$$i[U^*\frac{\partial U}{\partial \xi} + U\frac{\partial U^*}{\partial \xi}] + \frac{1}{2}[U^*\frac{\partial^2 U}{\partial \sigma^2} + U\frac{\partial^2 U^*}{\partial \sigma^2}] = 0.$$

Der erste Term ist gleich $i(\partial/\partial\xi)[UU^*]$. Integration der Gleichung über σ und Elimination des Integrals über den zweiten Term durch zweimalige partielle Integration (hierbei werden die Randbedingungen verwendet) führt zum gewünschten Ergebnis

$$\frac{\partial}{\partial \xi} \int_{-\infty}^{+\infty} |U|^2 d\sigma = 0.$$

Anhang A

A.1. Fouriertransformierte von $f(t) = \exp(-\pi t^2)$:

$$\mathcal{F}[f](v) = \exp(-\pi v^2) \int_{-\infty}^{+\infty} \exp(\pi(t+iv)^2)dt = \exp(-\pi v^2).$$

Im letzten Schritt wurde in der komplexen Ebene als Integrationsweg ein Rechteck zwischen $t = -C$ und $t = +C$ mit einer Seite bei v und der zweiten Seite bei $v = 0$ gewählt, die Holomorphie von $\exp(z^2)$ ausgenutzt, der Grenzübergang $C \to \infty$ betrachtet und $\int_{-\infty}^{+\infty} \exp(-\pi t^2)dt = 1$ verwendet. Mit Hilfe des Ähnlichkeitssatzes ergibt sich die Fouriertransformierte des skalierten Gaußpulses zu

$$\mathcal{F}[f_a](v) = a^{-1} \exp(-\frac{\pi v^2}{a}).$$

A.2. Das Amplitudenspektrum des Dreieckpulses,

$$\mathcal{F}[\Delta](v) = \int_{-\infty}^{+\infty} \Delta(t) \exp(-i2\pi vt)dt,$$

ist reell, da Δ symmetrisch ist, d. h.

$$\begin{aligned}
\mathcal{F}[\Delta](v) &= 2 \int_0^1 (1-t) \cos(2\pi vt)dt \\
&= \frac{1}{2\pi^2 v^2}(1 - \cos 2\pi v) = (\text{sinc } v)^2.
\end{aligned}$$

A.3. Autokorrelationsfunktion: rect $\otimes$ rect $(\tau) = \Delta(\tau)$ (Dreieckfunktion). Da $\mathcal{F}[\text{rect}] = \text{sinc}$, folgt sofort die Aussage des Wiener–Khintschin–Theorems:

$$\mathcal{F}[\mathrm{rect} \otimes \mathrm{rect}] = \mathcal{F}[\Delta] = |\mathcal{F}[\mathrm{rect}]|^2.$$

A.4. Beweis des ersten Faltungssatzes: es wird die Darstellung (A.23) der Delta–Distribution verwendet.

$$
\begin{aligned}
\mathcal{F}[fg](\nu) &= \int f(x)g(x)e^{-i2\pi\nu x}dx = \int \left(\int f(x')\delta(x-x')dx' \right) g(x)e^{-i2\pi\nu x}dx \\
&= \int \left(\int f(x')(\int e^{i2\pi\nu'(x-x')}d\nu')dx' \right) g(x)e^{-i2\pi\nu x}dx \\
&= \int \left(\int f(x')e^{-i2\pi x'\nu'}dx' \right) \left(\int g(x)e^{-i2\pi x(\nu-\nu')}dx \right) d\nu' \\
&= (\mathcal{F}[f] * \mathcal{F}[g])(\nu).
\end{aligned}
$$

Der Beweis des zweiten Faltungssatzes verläuft analog.

A.5. Fouriertransformierte des Schwebungssignals:

$$
\begin{aligned}
\tilde{f}(\nu) &= A\left(\frac{i}{2}\delta(\nu-\nu_1) - \frac{i}{2}\delta(\nu+\nu_1) \right) * \left(\frac{1}{2}\delta(\nu-\nu_2) + \frac{1}{2}\delta(\nu+\nu_2) \right) \\
&= \frac{iA}{4} \left[\delta(\nu-(\nu_1+\nu_2)) - \delta(\nu+(\nu_1+\nu_2)) \right. \\
&\quad \left. +\delta(\nu-(\nu_1-\nu_2)) - \delta(\nu+(\nu_1-\nu_2)) \right].
\end{aligned}
$$

Man beachte, daß zwar das Produkt zweier Deltafunktionen nicht definiert ist, aber das Faltungsprodukt. Das Spektrum besteht aus zwei Linien (Seitenbändern), das Signal $f(t)$ ist eine Überlagerung zweier Sinusschwingungen.

Namen- und Sachverzeichnis

Springer-Verlag und Umwelt

Als internationaler wissenschaftlicher Verlag sind wir uns unserer besonderen Verpflichtung der Umwelt gegenüber bewußt und beziehen umweltorientierte Grundsätze in Unternehmensentscheidungen mit ein.

Von unseren Geschäftspartnern (Druckereien, Papierfabriken, Verpackungsherstellern usw.) verlangen wir, daß sie sowohl beim Herstellungsprozeß selbst als auch beim Einsatz der zur Verwendung kommenden Materialien ökologische Gesichtspunkte berücksichtigen.

Das für dieses Buch verwendete Papier ist aus chlorfrei bzw. chlorarm hergestelltem Zellstoff gefertigt und im ph-Wert neutral.